Key Technologies for Carbon Neutrality Series

碳中和关键技术丛书

二氧化碳加氢

叶闰平　著

Carbon Dioxide Hydrogenation

化学工业出版社

·北京·

内容简介

国际社会广泛关注 CO_2 减排，利用绿氢将 CO_2 加氢转化为甲醇、甲烷、低碳烯烃等产品，既可实现 CO_2 资源化，又可减排 CO_2，具有重要战略意义。

《二氧化碳加氢》共分为 9 章，主要内容包括：CO_2 加氢技术概论，CO_2 加氢催化剂的制备、表征和评价方法，CO_2 加氢制甲烷、甲醇、低碳烯烃、汽油及其他产物，新兴 CO_2 加氢技术，总结与展望。书中简要介绍了 CO_2 加氢制备上述产物的背景、现有催化剂研究进展及工业化进展，内容简明扼要、通俗易懂，重难点突出。

本书可作为碳中和相关领域从业人员在 CO_2 资源化利用方面的入门参考书，也可作为高等学校化学、化工、环境及相关专业学生的教材。

图书在版编目（CIP）数据

二氧化碳加氢 / 叶闰平著. -- 北京 : 化学工业出版社，2025. 1. --(碳中和关键技术丛书). -- ISBN 978-7-122-46651-8

Ⅰ. X701.7

中国国家版本馆 CIP 数据核字第 2024WF6378 号

责任编辑：吕　尤　徐雅妮
文字编辑：胡艺艺
责任校对：宋　玮
装帧设计：刘丽华

出版发行：化学工业出版社
（北京市东城区青年湖南街 13 号　邮政编码 100011）
印　　装：河北延风印务有限公司
710mm×1000mm　1/16　印张 16½　字数 312 千字
2025 年 5 月北京第 1 版第 1 次印刷

购书咨询：010-64518888
售后服务：010-64518899
网　　址：http://www.cip.com.cn
凡购买本书，如有缺损质量问题，本社销售中心负责调换。

定　　价：148.00 元　

前言

2020年9月22日，国家主席习近平在第七十五届联合国大会上宣布，中国力争2030年前二氧化碳（CO_2）排放达到峰值，努力争取2060年前实现碳中和。面对“双碳”目标，实现碳减排的大方向是发展可再生能源，进一步利用可再生能源获得氢源。在此基础上，开发低成本且高效率的CO_2捕集、浓缩和运输技术，可靠的封存技术，以及下游CO_2利用技术（CCUS），既能实现碳减排，又能获得能源和化学品。为此亟需发展CO_2资源化利用技术，即将CO_2转化为其他燃料、化学品、生物质等资源，其中利用绿电催化分解水产生氢气（H_2），然后与CO_2加氢反应生成甲烷、甲醇、乙醇、低碳烯烃、汽油、柴油和航空煤油等高附加值产品的CO_2加氢技术，是国际前沿的热点和难点研究课题之一。

CO_2加氢技术始于20世纪初，1902年法国科学家Sabatier等人发现了CO_2加氢生成甲烷的反应，但受限于国际大环境及科学技术的发展，CO_2加氢技术发展缓慢。直到近几十年来，过量的CO_2排放带来一系列环境和社会问题，CO_2资源化利用尤其是CO_2加氢技术逐渐被广泛研究和报道。

CO_2加氢制甲醇等化学品和液体燃料是实现CO_2资源化利用的重要途径之一，有助于实现“双碳”目标，如何设计高效CO_2加氢催化剂是化学和化工学科研究热点和难点问题之一。但是，受限于CO_2分子动力学惰性及CO_2加氢反应热力学平衡限制等特点，高性能催化剂的设计依然是实现该过程大规模工业应用的重要挑战。本书从CO_2加氢催化剂的设计、制备、表征、评价、反应原理、构效关系及其工业化应用等综合角度深入剖析了CO_2加氢技术，对该领域的发展具有重要的学术价值和深远的学术意义。今后，人工智能、材料设计、表征测试等多方面的技术进步，将推动CO_2加氢技术往更深层次发展，有助于实现碳中和目标。

作者近年来一直从事新型绿色 CO_2 加氢催化剂的研发并取得一系列的研究成果，设计了一系列新型绿色 Ni 基、Cu 基和 Fe 基等催化剂应用于 CO_2 加氢反应，研究了 C—O 键解离、C—O 键非解离、C—C 键偶联等机理。为此本书基于作者近年来的研究成果展开介绍，主要包括以下内容。

首先是 CO_2 加氢技术概论（第 1 章），简要介绍 CO_2 加氢的研究背景和反应机理等；然后是 CO_2 加氢催化剂的制备、表征和评价方法（第 2 章），从实验和工业应用角度介绍了 CO_2 加氢催化剂的制备、表征和评价方法，有助于读者了解传统和最新的 CO_2 加氢催化剂的实验方案。本书中间主体部分按 CO_2 加氢产物分类，分别介绍了 CO_2 加氢制甲烷（第 3 章）、甲醇（第 4 章）、低碳烯烃（第 5 章）、汽油（第 6 章）和其他产物（第 7 章）的研究背景、研究进展和展望，大部分内容结合了作者所研究的催化体系，阐述了 CO_2 加氢生成不同产物的催化剂的构效关系，既有利于读者掌握最新的催化剂研究进展，又有利于读者具体了解如何设计催化剂。相比于传统的 CO_2 加氢技术，本书还介绍了新兴 CO_2 加氢技术（第 8 章），例如电催化 CO_2 还原技术、光热 CO_2 加氢技术和等离子体催化 CO_2 加氢技术，有利于读者了解新兴 CO_2 加氢技术促进碳中和的进展，从而掌握该学科发展动向。最后，作者进行了总结和展望（第 9 章），阐述了 CO_2 加氢技术面临的挑战和未来的发展方向。

本专著由南昌大学叶闰平著，本书得到了江西省“双千计划”项目（jxsq2023101072）、江西省自然科学基金杰出青年项目（20232ACB213001）、国家自然科学基金（22005296）、江西省自然科学基金青年项目（20224BAB213015）的支持。在撰写过程中，参阅了国内外相关文献，并得到了南昌大学张荣斌教授和冯刚教授指导，以及张义焕、陈小寒、胡飞扬、张冲、胡译之、孙学明、熊城、王雪梅、管彤、邓浩、黄诗权、刘栋、张敏、王昕尧、涂子傲、金诚开、胡鸿林等人的帮助和支持，在此一并表示衷心的感谢。

由于编者水平有限，书中难免存在不足之处，恳请各位专家和读者不吝赐教，批评指正。

叶闰平

2024 年 1 月

目 录

扫码可获取本
书部分彩图

CHAPTER 1

第1章 CO_2 加氢技术概论

1.1 CO_2 加氢技术背景

化石燃料作为重要的不可再生能源极大地促进了人类社会的发展和科技的进步。随着化石燃料的开发和使用日益增加，二氧化碳（CO_2）的排放量不断增加，环境污染加剧，导致全球的温室效应。目前，全球每年向大气排放约510亿吨的温室气体，要避免气候灾难，人类需停止向大气中排放温室气体，实现零排放。《巴黎协定》所规定的目标，是要求《联合国气候变化框架公约》的缔约方，明确国家自主贡献减缓气候变化，尽早使碳排放达到峰值（即碳达峰），在二十一世纪下半叶，碳排放净增量归零（即碳中和），以实现将全球平均气温升幅控制在工业化前的水平以上低于2℃以内。多数国家或地区在实现碳排放达峰后，明确了碳中和的时间，芬兰确认在2035年实现净零排放，瑞典、奥地利、冰岛等国家定在2045年实现净零排放，欧盟、英国、挪威、加拿大、日本等将碳中和的时间节点定在2050年。作为世界上最大的发展中国家和最大的煤炭消费国，中国力争2030年前碳达峰以及努力争取到2060年前实现二氧化碳净零排放对全球气候应对至关重要。2020年9月22日，国家主席习近平在第七十五届联合国大会上提出，中国力争于2030年前二氧化碳排放达到峰值，努力争取2060年前实现碳中和。

从技术层面上来看，开发可再生清洁能源新技术和通过物理化学手段对CO_2进行回收利用是实现“双碳”（碳达峰与碳中和简称为“双碳”）目标的有效途径。CO_2捕集、利用和封存（CCUS）技术是指将CO_2从工业过程、能源利用或者大气中分离出来，直接加以利用或者注入地层，以实现CO_2永久减排的过程。其中，碳捕集主要方式包括燃烧前捕集、燃烧后捕集和富氧燃烧等；碳运输是将捕集的CO_2通过管道、船舶等方式运输到指定地点；碳利用是指通过工程技术手段将捕集的 CO_2 实现资源化利用的过程，利用方式包括矿物碳化、物理利用、化学利用和生物利用等；碳封存指的是以捕获碳并安全存储的方式来取代直接向大气中排放 CO_2 的技术，封存方式主要包括地质封存和海洋封存。《中国二氧化碳捕集利用与封存（CCUS）年度报告（2021）——中国 CCUS 路径研究》中指出，CCUS 技术是我国化石能源低碳利用的唯一技术选择，是保持电力系统灵活性的主要技术手段，是钢铁、水泥等难减排行业实现低碳转型的可行技术方案。《国家“十二五”科学和技术发展规划》中已将 CCUS 技术列为应对 CO_2 减排的重点发展技术。

在 CCUS 背景下，CO_2 加氢受到了广泛关注，它是一种利用可再生能源转化成有用的可再利用能源的新技术。这种技术的特点是将 CO_2 视作碳源，利用可再生能源电解水制氢，与捕集的 CO_2 反应合成甲烷、甲醇等化学品和燃料，可有效缓和温室效应。

目前，以 CO_2 为原料在催化剂的作用下发生加氢反应生成甲烷、甲醇、乙醇、低碳烯烃、汽油、柴油和航空煤油等产品，在工业上有着很大的应用潜力，其中 CO_2 加氢制甲醇、汽油已经在工业上有着初步的建设。在 CO_2 加氢转化过程中，仍是以传统的热催化为主要研究方向，但热催化往往伴随着高温/高压的条件以及昂贵的催化剂，这对能源的消耗巨大。因此，需要进一步对催化剂进行研究。此外电化学催化、非光合作用、等离子体催化和光化学还原等技术仍处于初步探索阶段，难以应用于大规模工业生产之中，产能的增加、成本的降低、工艺的改进仍需进一步的研究。

当前，CO_2 加氢催化剂仍然是以多相催化剂为主，包括 Pd 基等贵金属催化剂和 Ni 基等非贵金属催化剂，根据 CO_2 加氢产物需求，需要设计不同种类的催化剂，比如 Ni 基和 Ru 基催化剂主要生成甲烷，Cu 基和 In 基催化剂主要生成甲醇，Fe 基和双功能催化剂主要用于合成 C_{2+} 产物。然而由于 CO_2 分子极其稳定，目前 CO_2 加氢催化剂仍然面临着转化率和选择性低、反应条件苛刻、催化剂稳定性差等问题，因此亟需设计出高效稳定的 CO_2 加氢催化剂。

1.2 CO_2 加氢技术原理

当前 CO_2 加氢技术原理普遍可概述为：二氧化碳和氢气在催化剂作用下发生还原反应，生成一系列高附加值产物（如甲醇、乙醇、汽油等）和水[1]。CO_2 加氢可以生成多种产物，而且每种产物也可能表现出几种不同的反应路径[2,3]。因此，鉴于其复杂的多步反应机理，如何控制一种产物的选择性具有重要意义和挑战，需要通过合理设计催化剂来调节产物的选择性，其调节的本质作用是影响反应物和中间体的吸脱附，进而影响加氢和脱氧过程的顺序，导致不同的生成产物路径，最终影响产物选择性[4,5]。

1.2.1 CO_2 加氢产 C_1 产物的反应机理

对于 C_1 产物（CO、CH_4、CH_3OH、HCOOH），与 C_{2+} 产物相比，反应机理相对清晰。通常，有两种主要的反应中间体，包括一氧化碳和甲酸盐[6,7]。$^*CO$ 可以通过逆水煤气变换（RWGS）或 CO_2 的 C—O 键直接裂解产生。然后 $^*CO$ 可以被加氢成最终产品。因此，C_1 产物的三个反应路径被指定为 RWGS+费-托合成（FTS）路径、C—O 键直接裂解路径和甲酸盐路径（图 1.1）。

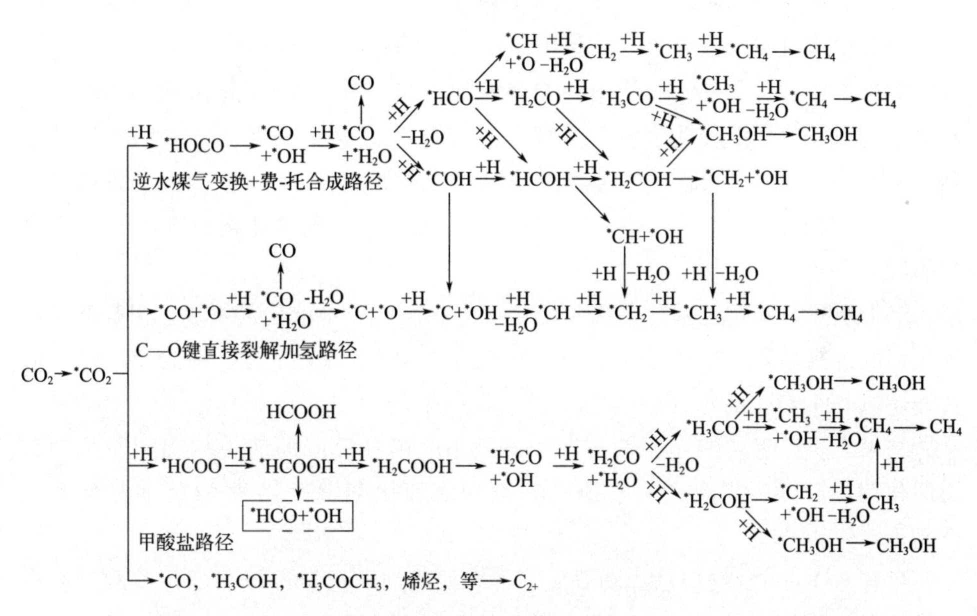

图 1.1 CO_2 加氢的主要反应路径

1.2.2 CO_2 加氢产 C_{2+} 产物的反应机理

对于大多数催化剂而言，合成甲醇决定反应速率的一步是 CO_2 的活化[8,9]，其中包括 CO_2 的化学吸附以及电子从 CO_2 向催化剂的转移[10,11]。根据密度泛函理论（DFT）计算表明，不同的催化剂通过不同轨道之间的电子转移来实现 CO_2 活化[12]。例如在 PtCo 基催化剂中，CO_2 中的碳倾向于以 η^1-C_{Pt} 键合模式与 Pt 位点结合，而 CO_2 中的氧更倾向于与具有 η^1-$OM^{\delta+}$ 的金属氧化物中 $M^{\delta+}$ 阳离子结合[13]。此外，金属氧化物表面和路易斯酸位点上的氧空位也被证明可以增强 CO_2 的活化[14,15]，使中间体更稳定[16]，减少烧结现象[17]。DFT 计算表明，可以通过直接热解吸或暴露在还原剂的情况下来产生表面氧缺陷[18]。活化以后，CO_2 最有可能通过甲酸盐的中间途径继续形成甲烷。

在 Cu-ZnO[19]、Cu-Pd[20,21]、In[22,23] 和 Ga[24] 催化剂上使用 DFT 和从头算分子动力学（AIMD）技术，表明甲醇合成是通过甲酸盐中间体产生。虽然对 Cu-ZnO 界面位点的计算表明甲酸盐的中间体确实存在[19]，但对近表面区域的计算表明也存在着 CO 中间体的途径[25]。此外根据计算，在掺入 Pd 的 Cu 基催化剂上，来自逆水煤气变换和 CH_3OH 原位形成的 H_2O 将 O—H 键形成步骤的动力学能垒降低 0.2～0.7eV，以此加快 CO_2 转化为甲醇的速率[21]。在 In 基催化剂上，存在表面缺陷的 In_2O_3 具有不同的 CO_2 活化能垒[22]。以此合成的甲醇可以通过烃池机制转化为更高价值的 C_{2+} 化合物，包括二甲醚、低碳烃和汽油，其中有机中心被困在沸石孔道中并充当助催化剂[26-28]。DFT 结果表明，决速步通常是复合催化剂上转化为甲醇过程中的 CO_2 的活化，其在 320℃下的 $\Delta G^{\ominus}$ 达到 47kJ/mol，远高于随后的脱水反应（例如，甲醇制备二甲苯在 320℃时的 $\Delta G^{\ominus}=-87$kJ/mol）[29,30]，因此，高效的 CH_3OH 合成催化剂有利于 C_{2+} 化合物的后续形成。

综上所述，双功能催化剂由甲醇合成催化剂和脱水催化剂组成，但是双功能催化剂的机制是否只是两个单独反应的简单加和呢？Li 等人基于混合催化剂的选择性对 CH_3OH 的选择性进行了预估，结果发现它远高于单独的 ZnZrO[31]。这一结果表明，双功能催化剂的产物不是两个单独反应的简单加和，而是具有协同作用。因此，需要进一步研究在双功能催化剂上直接将 CO_2 加氢成 C_{2+} 产品。

尽管 CO_2-FTS 反应已成功开发了许多催化剂，但活性位点的性质和反应机理仍然存在着争议。鉴于迄今为止报道的催化剂，RWGS 反应的机理可以解释为 *HOCO 中间体的分解或 C—O 键的断裂以产生 *CO[19]。Ko 等人表明，通过纯合金和双金属合金表面的电荷转移以及结构的弯曲和 π 轨道的分裂，CO_2 可以被激活为 $CO_2^{\delta-}$ 阴离子[32]。$CO_2^{\delta-}$ 的吸附能和 CO_2 解离的反应能都是与 *CO 和 *O 吸附能线性相关的函数。为了进一步促进 *CO 加氢，*CO 与催化剂界面之间的相互作用需要得到增强，否则 *CO 会随着 CO 选择性的增加而解吸。根据最普遍接受的反应机理可以得出，在活性位点上 *CO 解离化学吸附和氢辅助插入形成 $^*CH_x$ 中间体的 FTS 过程中，链的增长通过 $^*CH_x$ 偶联引发，并通过进一步加氢、脱氢或插入非解离吸附的 *CO 来终止催化剂表面上的链增长。*CO 中间体可以通过 RWGS 反应生成，随后是 FTS 反应。根据 Willauer 等人的建模和动力学分析，RWGS 反应速率最初可以达到 $3.5\times10^5 s^{-1}$，并在

2s内降低到0.032s^{-1}，而FTS反应速率最初为0并在18.7s才增加到0.004s^{-1}[33]。由于较低的反应速率，FTS反应便是反应的限速步。与Pour等人在评估不同动力学模型并应用遗传算法（GA）和Levenberg-Marquardt（LM）方法后所报道的方法类似，CO_2 加氢过程中FTS反应受到吸附的CO和 H_2 之间所形成的 *HCO中间体的反应限制[34]。因此，FTS反应的有效活性位点对于整个 CO_2 加氢过程是重要的。此外对于C—C耦合机制，FTS中链的增长仍然存在着争议[35]。由于反应的各种热力学和物理性质的原因，在未来研究中应解决的FTS的 CO_2 加氢过程中的最大限制过程或因素可能会受到显著影响。例如当使用较高的反应温度（>300℃）时，传质成为限速步，而不是在相对较低的温度下进行表面反应[36]。

关于Fe和Co催化剂中的活性位点，在反应过程中存在着多个物相并且在反应过程中动态变化。催化剂在结构和组成上的转变有多个步骤，且有着各自的动力学机理[37]。还原Fe的催化剂主要由α-Fe和 Fe_3O_4 组成，在FTS的初期活性极低，Fe_3O_4 能通过RWGS反应将 CO_2 活化为CO [13,38]。然后α-Fe与解离吸附的CO反应形成碳化铁（例如 Fe_5C_2），具有费-托活性，因此碳化铁的催化位点似乎对CO活化和链增长具有活性[38]。考虑到铁物种的不同功能以及沸石在低聚/芳构化/异构化反应中酸性位点的优越性能，开发了一种多功能结构的Na-Fe_3O_4/H-ZSM-5催化剂，实现了高达78%的汽油选择性，仅有4%的甲烷生成[39]。因此研究人员不仅需要优化催化剂的组成和结构，还需要通过使用可以直接调控催化剂微观结构的综合方法开发具有所需性能的新催化系统，并用于更准确地识别基于FTS的 CO_2 加氢过程中的反应路径。

目前普遍认为Fe催化剂的本征催化性能不足，加入助剂可以提高对 C_{2+} 产物的选择性，然而促进效应的本质仍不清楚，仍需要更多关注反应机理的研究。例如，Fe/Al_2O_3、Cu/Al_2O_3 和Fe-Cu/Al_2O_3 催化剂的反应路径不同，会导致产物分布的不同[40]。Cu对RWGS反应具有比 CO_2 甲烷化反应更高的活性，这导致更多的表面 *CO生成。因此双金属Fe-Cu/Al_2O_3 催化剂会形成更多的CO，与Fe/Al_2O_3 催化剂相比，前者会导致更多的 C_{2+} 碳氢化合物的生成。Nie等人还研究了Fe(100）和Cu-Fe(100）表面上 CO_2 加氢生成甲烷和 C_2 烃的机理，并表明 CH_2* 物种的加氢势垒高于Cu-Fe双金属催化剂上的C—C偶联和CH—CH* 转化为乙烯的加氢势垒 [41]，这会导致对乙烯选择性的增加。在Fe-Cu/Al_2O_3 催化剂中加入K可以通过增加碳的表面覆盖率来进一步抑制甲烷化，并促进富含烯烃的 C_2～C_4 烃的生成[40]。DFT计算表明，Fe基表面上K的存在可以增强 CO_2 吸附强度并降低 CO_2 的解离势垒［例如oct2-

$Fe_3O_4(111)$❶ 为 2.36eV，而 K/oct2-$Fe_3O_4(111)$ 为 1.13eV[42]。因此，助剂的引入可以改变表面电子特性。

1.2.3 CO_2 加氢产高碳醇的反应机理

与甲醇和 CO_2 加氢的其他 C_{2+} 产品相比，报道高碳醇（C_{2+} OH）的研究论文数量相对较少。但是，C_{2+} OH 作为燃料添加剂具有更高的能量密度和更广泛的应用。在 FTS 过程中，C_{2+} OH 的生成是一项与烃类竞争的平行反应，这导致 C_{2+} OH 的选择性要低得多。此外，由于需要 C—C 偶联和 OH 的形成，C_{2+} OH 的合成也困难。有研究发现，与 1%（质量分数）的 Pt/Co_3O_4 催化剂相比，水可以将 C_{2+} OH 的选择性提高到 82.5%[43]。此外 C_{2+} OH 的选择性受水体积分数的影响，随着添加少量（体积分数<20%）水而急剧增加，然后随着水量的进一步增加而略微降低。水的促进作用是通过协助甲醇解离，以形成更多的 CH_3^* 物质而发挥作用。然后 CH_3^* 可以与 $^*CO$ 反应形成 $^*CH_3CO$，再进一步加氢成乙醇（EtOH）。此外还有报道称，在 Pd 和 Cu 之间具有电荷转移的有序 Pd-Cu 纳米颗粒能够以 92.0%的选择性将 CO_2 转化为乙醇。在 Pd-Cu NPs❷/P25 催化剂上可以促进 $^*CO$ 加氢生成 $^*HCO$ 的决速步的反应速率，这会导致 $^*CO$ 覆盖度的降低和 $^*CO$ 吸附的减弱。Fe 掺杂的 K/Cu-Zn 催化剂中 Cu-Fe 和 Zn-Fe 具有相互协同作用，这可以促进催化剂的还原和金属的分散，并提高 C_{2+} OH 的产率[44]。Co 基催化剂可以通过调节不同的还原温度以获得不同的物相组成，例如在 600℃还原的负载在氧化铝上的催化剂（$CoAlO_x$-600）包含共存的 Co-CoO 相，并在 140℃时对乙醇的选择性为 92.1%，这是由于通过 $^*CH_x$ 从甲酸盐形成了乙酸中间体[45]。

武汉大学刘国亮副教授和牛津大学曾适之教授等人综述了高碳醇的合成机理[46]。到目前为止，关于 CO_2 加氢制低碳醇的反应机理还存在许多争议，其中 Arakawa 等人提出的 CO 插入机理是较广为接受的反应机理。该机理认为 CO_2 加氢制低碳醇反应经历了 RWGS 反应、CO 解离加氢得到烃基物种、非解离 CO 插入以及最后的多步加氢这几个主要的过程，贵金属基催化剂、Co 基催化剂以及 Cu 基催化剂均有报道证实遵循该反应机理[47]。另一种主要的反应机理是甲酸根/甲氧基介导的 CO 插入机理，它和 Arakawa 等人提出的 CO 插入机理的区别在于烃基来自甲酸根/甲氧基 C—O 键断裂，因此 Arakawa 等人提出的反应机理也可看作是 CO 介导的 CO 插入机理。这种反应机理在贵金属基催化剂和 Co

❶ oct2-$Fe_3O_4(111)$ 指的是八面体的四氧化三铁。

❷ NPs 指纳米颗粒。

基催化剂体系中均有报道，尤其是对于釜式反应体系，CO_2 加氢制低碳醇遵循该反应机理的报道较多。除了这两种主要的反应机理，近年来也有其他反应机理被报道，如烷基-甲酸根偶联机理、甲酰基-甲醇偶联机理以及甲基-CO_2 偶联机理。

虽然从首次报道 CO_2 加氢制低碳醇的研究到现在已经经过了几十年，但报道的多相催化剂体系普遍存在低活性和低选择性的问题，对于反应机理的认识依旧缺乏。未来应当结合更多先进的原位表征手段深入研究 CO_2 加氢制低碳醇的反应机理和催化剂的活性位点，进而借助先进的材料合成手段开发高活性催化剂，理论计算模拟也能为高活性催化剂的开发提供基础，从而更加清晰地认识催化剂结构和催化反应。

1.3 CO_2 加氢技术挑战和展望

1.3.1 CO_2 加氢技术挑战

由于 C═O 键的热力学稳定性和催化剂的快速失活，对于二氧化碳转化技术，实现高的二氧化碳转化率仍然是一个巨大的挑战[48]。尽管在重整、加氢、羧化和电化学技术方面报道了良好的转化效率（≥60%），但这些过程多是在高温/高压下运行，或者在过剩的过电位下运行，使用可用性低和成本高的催化剂（例如贵金属和离子液体）。因此，需要进一步研究，以找到在较安全的操作条件和较低的成本下具有更好稳定性和活性的新型催化剂。还需要揭示二氧化碳转化过程中的二氧化碳活化和/或电子转移机制，以确定和控制基本反应的不同步骤，从而克服二氧化碳转化的限制。

理论上，从二氧化碳转化中可以获得广泛的增值产品。然而，在所报道的产品的质量和数量之间存在着明显的差距。相比之下，等离子体催化、电化学和光化学方法对 C_{2+} 产品的选择性很差，而非光合作用的二氧化碳固定大多通过 W-L 途径（还原性乙酰辅酶 A 途径）形成甲烷和乙酸。虽然通过电化学还原法实现了 75%以上的选择性，但也需要高过电位。通过羧化作用合成大多数有机酸还没有取得令人满意的结果，DMC（碳酸二甲酯）仍然存在产量低的问题，只对环状碳酸盐和聚合物观察到可接受的选择性。除了甲醇，二氧化碳加氢对含氧化合物（主要是甲酸和二甲醚）的选择性很低。探索新型催化材料和微生物将在解决上述问题中发挥重要作用。研究具有更好的质量/液体转移的反应器设计和具有高活性比表面积的单元结构，有助于提高二氧化碳的转化效率和改善产品的选择性。

二氧化碳转化过程都需要大量的能量输入，大多数研究表明，增加能量输入

（光、热或电）会导致更好的二氧化碳转化和产品产量收率。然而，能源的使用伴随着成本的上升和二氧化碳排放，成本上升程度和二氧化碳排放量取决于能源来源，故需要进一步研究加强使用可再生自然能源（如光合作用和光化学二氧化碳还原）的二氧化碳转化技术，因为它们有可能降低成本；需要进行更多的研究，将可再生电力用于电化学还原、非光合 CO_2 固定和 H_2 生产用于 CO_2 加氢，以评估它们在 CO_2 转化方面的潜力；还需要研究在等离子体催化过程中如何在不降低二氧化碳转化率的情况下实现高能源效率；为了进一步优化能源效率和管理，也需要对热能整合技术进行研究。

二氧化碳转化技术的成本评估具有挑战，因为它们受到不同参数的影响，包括二氧化碳转化技术的类型、所需产品、所需能源，以及原材料的类型、产品价格、工厂位置等。与传统方法相比，大多数二氧化碳转化技术仍然昂贵，有些技术还没有进行过经济评估。降低二氧化碳转化技术的成本对提高二氧化碳衍生产品在市场上的竞争力至关重要。降低成本可以通过工艺强化和开发更好的催化剂来实现，这些催化剂可以降低能源需求。成本最小化也因不同的技术而异。例如，如果氢气生产的成本减半，CO_2 加氢成本将降低。还应评估二氧化碳捕获的成本。进一步研究降低能源密集型二氧化碳捕获过程的成本将促进二氧化碳转化技术的部署。

1.3.2 CO_2 加氢技术展望

未来的研究方向可以考虑一些前沿技术（如矿化、加氢、羧化成聚合物和有机碳酸盐以及光合作用）的长期运行和经济可行性上，以便可以实施有效的工业放大。还应考虑其他技术，包括非光合作用、等离子体催化和光化学还原，以便能够实现良好的早期实践和有效实施，这些技术的主要优势是在环境条件下运行。此外，非光合作用的二氧化碳固定可以合成一些使用 H_2 作为能源的生物化学/燃料，并避免二氧化碳加氢的高压操作条件，这可以降低成本。此外，亟需对二氧化碳转化技术的工艺优化和工艺强化进行研究，以评估不同操作参数之间的相互作用，提高工艺效率并降低成本。另一方面，大多数二氧化碳转化过程需要热能输入，而热能通常由外部来源提供。因此，未来应该研究二氧化碳捕集和二氧化碳利用的过程整合，以评估这两个过程的协同作用。炉子出口处的烟气温度较高（通常在 1200℃左右），必须冷却到 40～50℃才能进行二氧化碳捕获。故可以探索直接利用烟气进行一些二氧化碳转化过程（如重整、矿化、藻类生产和用于聚合物合成的羧化），因为它可以消除能源密集型二氧化碳捕获过程的成本。此外，当前氢气价格仍然较贵，如何降低氢气成本或者直接使用水作为氢源，是未来的研究方向之一。值得说明的是，二氧化碳转化技术不一定要单独使用，生物和化学转化的结合（例如，微生物强化矿化）可以提供一个高效的混合系统，可能超过单独的二氧化碳化学或生物过程。

参考文献

[1] Vogt C，Monai M，Kramer G J，et al. The renaissance of the Sabatier reaction and its applications on Earth and in space[J]. Nature Catalysis，2019，2：188-197.

[2] Vrijburg W L，Moioli E，Chen W，et al. Efficient base-metal NiMn/TiO_2 catalyst for CO_2 methanation[J]. ACS Catalysis，2019，9：7823-7839.

[3] Larmier K，Liao W C，Tada S，et al. CO_2-to-methanol hydrogenation on zirconia-supported copper nanoparticles：reaction intermediates and the role of the metal-support interface[J]. Angewandte Chemie International Edition，2017，56：2318-2323.

[4] Yin L T，Chen X Y，Sun M H，et al. Insight into the role of Fe on catalytic performance over the hydrotalcite-derived Ni-based catalysts for CO_2 methanation reaction[J]. International Journal of Hydrogen Energy，2022，47：7139-7149.

[5] Solymosi F，Erdöhelyi A，Bánsági T. Methanation of CO_2 on supported rhodium catalyst[J]. Journal of Catalysis，1981，68：371-382.

[6] Ahn J Y，Chang S W，Lee S M，et al. Developing Ni-based honeycomb-type catalysts using different binary oxide-supported species for synergistically enhanced CO_2 methanation activity[J]. Fuel，2019，250：277-284.

[7] Vogt C，Groeneveld E，Kamsma G，et al. Unravelling structure sensitivity in CO_2 hydrogenation over nickel[J]. Nature Catalysis，2018，1：127-134.

[8] Liu X Y，Kunkel C，Ramirez de la Piscina P，et al. Effective and highly selective CO generation from CO_2 using a polycrystalline α-Mo_2C catalyst[J]. ACS Catalysis，2017，7：4323-4335.

[9] Posada-Pérez S，Ramírez P J，Evans J，et al. Highly active Au/δ-MoC and Cu/δ-MoC catalysts for the conversion of CO_2：the metal/C ratio as a key factor defining activity，selectivity，and stability [J]. Journal of the American Chemical Society，2016，138：8269-8278.

[10] Ma Z，Porosoff M D. Development of tandem catalysts for CO_2 hydrogenation to olefins[J]. ACS Catalysis，2019，9：2639-2656.

[11] Wang Y，Kattel S，Gao W，et al. Exploring the ternary interactions in Cu-ZnO-ZrO_2 catalysts for efficient CO_2 hydrogenation to methanol[J]. Nature Communications，2019，10：1166.

[12] Zhao B，Liu Y，Zhu Z，et al. Highly selective conversion of CO_2 into ethanol on Cu/ZnO/Al_2O_3 catalyst with the assistance of plasma[J]. Journal of CO_2 Utilization，2018，24：34-39.

[13] Kattel S，Yu W，Yang X，et al. CO_2 hydrogenation over oxide-supported PtCo catalysts：the role of the oxide support in determining the product selectivity[J]. Angewandte Chemie International Edition，2016，55：7968-7973.

[14] Liu X，Wang M，Zhou C，et al. Selective transformation of carbon dioxide into lower olefins with a bifunctional catalyst composed of $ZnGa_2O_4$ and SAPO-34[J]. Chemical Communications，2018，54：

140-143.

[15] Lam E, Larmier K, Wolf P, et al. Isolated Zr surface sites on silica promote hydrogenation of CO_2 to CH_3OH in supported Cu catalysts[J]. Journal of the American Chemical Society, 2018, 140: 10530-10535.

[16] Tsoukalou A, Abdala P M, Stoian D, et al. Structural evolution and dynamics of an In_2O_3 catalyst for CO_2 hydrogenation to methanol: an operando XAS-XRD and in situ TEM study[J]. Journal of the American Chemical Society, 2019, 141: 13497-13505.

[17] Dang S, Gao P, Liu Z, et al. Role of zirconium in direct CO_2 hydrogenation to lower olefins on oxide/zeolite bifunctional catalysts[J]. Journal of Catalysis, 2018, 364: 382-393.

[18] Gao P, Dang S, Li S, et al. Direct production of lower olefins from CO_2 conversion via bifunctional catalysis[J]. ACS Catalysis, 2018, 8: 571-578.

[19] Kattel S, Ramírez P J, Chen J G, et al. Active sites for CO_2 hydrogenation to methanol on Cu/ZnO catalysts[J]. Science, 2017, 355: 1296-1299.

[20] Nie X, Jiang X, Wang H, et al. Mechanistic understanding of alloy effect and water promotion for Pd-Cu bimetallic catalysts in CO_2 hydrogenation to methanol [J]. ACS Catalysis, 2018, 8: 4873-4892.

[21] Liu L, Fan F, Jiang Z, et al. Mechanistic study of Pd-Cu bimetallic catalysts for methanol synthesis from CO_2 hydrogenation[J]. The Journal of Physical Chemistry C, 2017, 121: 26287-26299.

[22] Ye J, Liu C, Mei D, et al. Active oxygen vacancy site for methanol synthesis from CO_2 hydrogenation on In_2O_3(110): a DFT study[J]. ACS Catalysis, 2013, 3: 1296-1306.

[23] Richard A R, Fan M. The effect of lanthanide promoters on NiInAl/SiO_2 catalyst for methanol synthesis[J]. Fuel, 2018, 222: 513-522.

[24] Tang Q, Shen Z, Russell C K, et al. Thermodynamic and kinetic study on carbon dioxide hydrogenation to methanol over a Ga_3Ni_5(111) surface: the effects of step edge[J]. The Journal of Physical Chemistry C, 2018, 122: 315-330.

[25] Martinez-Suarez L, Siemer N, Frenzel J, et al. Reaction network of methanol synthesis over Cu/ZnO nanocatalysts[J]. ACS Catalysis, 2015, 5: 4201-4218.

[26] Olsbye U, Svelle S, Bjørgen M, et al. Conversion of methanol to hydrocarbons: how zeolite cavity and pore size controls product selectivity[J]. Angewandte Chemie International Edition, 2012, 51: 5810-5831.

[27] Shi J, Wang Y, Yang W, et al. Recent advances of pore system construction in zeolite-catalyzed chemical industry processes[J]. Chemical Society Reviews, 2015, 44: 8877-8903.

[28] Gao P, Li S, Bu X, et al. Direct conversion of CO_2 into liquid fuels with high selectivity over a bifunctional catalyst[J]. Nature Chemistry, 2017, 10: 1019-1024.

[29] Numpilai T, Wattanakit C, Chareonpanich M, et al. Optimization of synthesis condition for CO_2 hydrogenation to light olefins over In_2O_3 admixed with SAPO-34[J]. Energy Conversion and Management, 2019, 180: 511-523.

[30] Li Z, Qu Y, Wang J, et al. Highly selective conversion of carbon dioxide to aromatics over tandem catalysts[J]. Joule, 2019, 3: 570-583.

[31] Li Z, Wang J, Qu Y, et al. Highly selective conversion of carbon dioxide to lower olefins[J]. ACS Catalysis, 2017, 10: 8544-8548.

[32] Ko J, Kim B K, Han J W. Density functional theory study for catalytic activation and dissociation of CO_2 on bimetallic alloy surfaces[J]. J. Phys. Chem. C, 2016, 120: 3438-3447.

[33] Willauer H D, Ananth R, Olsen M T, et al. Modeling and kinetic analysis of CO_2 hydrogenation using a Mn and K-promoted Fe catalyst in a fixed-bed reactor[J]. Journal of CO_2 Utilization, 2013, 3: 56-64.

[34] Pour A N, Housaindokht M R, Monhemi H. A new LHHW kinetic model for CO_2 hydrogenation over an iron catalyst[J]. Progress in Reaction Kinetics and Mechanism, 2016, 41: 159-169.

[35] Gunasooriya G T K K, van Bavel A P, Kuipers H P C E, et al. Key role of surface hydroxyl groups in C—O activation during Fischer-Tropsch synthesis[J]. ACS Catalysis, 2016, 6: 3660-3664.

[36] Owen R E, Mattia D, Plucinski P, et al. Kinetics of CO_2 hydrogenation to hydrocarbons over iron-silica catalysts[J]. ChemPhysChem, 2017, 18: 3211-3218.

[37] Riedel T, Schulz H, Schaub G, et al. Fischer-Tropsch on iron with H_2/CO and H_2/CO_2 as synthesis gases: the episodes of formation of the Fischer-Tropsch regime and construction of the catalyst [J]. Topics in Catalysis, 2003, 26: 41-54.

[38] Visconti C G, Martinelli M, Falbo L, et al. CO_2 hydrogenation to lower olefins on a high surface area K-promoted bulk Fe-catalyst[J]. Applied Catalysis B: Environmental, 2017, 200: 530-542.

[39] Wei J, Ge Q, Yao R, et al. Erratum: directly converting CO_2 into a gasoline fuel[J]. Nature Communications, 2017, 8: 16170.

[40] Wang W, Jiang X, Wang X, et al. Fe-Cu bimetallic catalysts for selective CO_2 hydrogenation to olefin-rich C_{2+} hydrocarbons[J]. Industrial & Engineering Chemistry Research, 2018, 13: 4535-4542.

[41] Nie X, Wang H, Janik M J, et al. Mechanistic insight Into C—C coupling over Fe-Cu bimetallic catalysts in CO_2 hydrogenation[J]. The Journal of Physical Chemistry C, 2017, 121: 13164-13174.

[42] Nie X, Meng L, Wang H, et al. DFT insight into the effect of potassium on the adsorption, activation and dissociation of CO_2 over Fe-based catalysts[J]. Physical Chemistry Chemical Physics, 2018, 157: 14694-14707.

[43] He Z, Qian Q, Ma J, et al. Water-enhanced synthesis of higher alcohols from CO_2 hydrogenation over a Pt/Co_3O_4 catalyst under milder conditions[J]. Angewandte Chemie, 2016, 55: 737-741.

[44] Li S, Guo H, Luo C, et al. Effect of iron promoter on structure and performance of K/Cu-Zn catalyst for higher alcohols synthesis from CO_2 hydrogenation[J]. Catalysis Letters, 2013, 143: 345-355.

[45] Wang L, Wang L, Zhang J, et al. Selective hydrogenation of CO_2 to ethanol over cobalt catalysts [J]. Angewandte Chemie International Edition, 2018, 21: 6104-6108.

[46] Xu D, Wang Y, Ding M, et al. Advances in higher alcohol synthesis from CO_2 hydrogenation[J]. Chem, 2021, 7: 849-881.

[47] Kusama H, Okabe K, Sayama K, et al. CO_2 hydrogenation to ethanol over promoted Rh/SiO_2 catalysts[J]. Catalysis Today, 1996, 28: 261-266.

[48] Ye R P, Gong W, Sun Z, et al. Enhanced stability of Ni/SiO_2 catalyst for CO_2 methanation: derived from nickel phyllosilicate with strong metal-support interactions[J]. Energy, 2019, 188: 116059.

第2章 CHAPTER 2

CO_2加氢催化剂的制备、表征和评价方法

对于CO_2加氢反应应用较为广泛的仍是以热催化为主，即二氧化碳和氢气在催化剂作用下发生氧化还原反应，生成一系列高附加值产物（如甲醇、乙醇、汽油等）和水。其中，催化剂起着至关重要的作用，理论上设计好的CO_2加氢催化剂，首先要通过制备方法将其制备出来，为此本章将首先介绍催化剂的制备方法，主要包括浸渍法、蒸氨法（AEM）、溶胶-凝胶法（SGM）、溶剂热法和物理混合法；制备好的催化剂需要使用多种测试仪器，比如X射线粉末衍射仪、透射电子显微镜、扫描电子显微镜等，对催化剂进行结构性能参数表征，以期分析所制备的催化剂是否成功；此外，再通过固定床、反应釜等设备对催化剂性能进行测试评价。为此，本章主要介绍CO_2加氢催化剂的制备、表征和评价方法。

2.1 CO_2加氢催化剂的制备方法

2.1.1 浸渍法

浸渍法是指将活性组分溶解在水或乙醇等溶剂中，随后放入载体，当浸渍达到平衡后，将载体分离出来，随后通过干燥老化、煅烧等操作方式制备得到所需的催化剂。由于浸渍法有着操作方法简单、成本低廉等优点，被广泛地应用于工业生产之中，是催化剂最常用的制备方法，但该种方法在制备过程中需要考虑的因素较多，包括载体、浸渍液、浸渍类型的选择，浸渍时间和浓度的控制，以及还原、焙烧等热处理的方式，需多方面地进行调控以得到合适的催化剂，并且催化性能通常一般。例如，使用浸渍法制备Ni/CeO_2催化剂，将3.194g $Ni(NO_3)_2 \cdot 6H_2O$添加到50mL去离子水中，将该溶液与2.568g CeO_2混合，然后在80℃水浴加热下剧烈搅拌直至水完全蒸发。将所得固体在85℃下

干燥 24h，并在 300℃下以 1℃/min 的速率煅烧 2h，再在 450℃下以 2℃/min 的速率煅烧 2h，即可得到所需催化剂。

2.1.2 蒸氨法

蒸氨法属于沉淀法，沉淀法通常是指将不同的物质溶解在溶液中，随后加入沉淀剂（例如氨水）使有效成分沉淀，再进行过滤、干燥、焙烧等操作，制备得到相应的纳米颗粒。该种方法具有反应温度低、价格低廉、制得的催化剂分布均匀、纯度较高等优点，已成为目前研究最多的化学合成方法之一，但该方法容易排放大量的氨气。其适合制备多种纳米氧化物催化剂，例如，笔者此前采用蒸氨法制备 Ni/SiO_2 催化剂：将 11.632g 六水合硝酸镍溶解在 150mL 去离子水中，得到溶液的 pH 值为 4.82；然后加入 25mL 28.0%～30.0%（质量分数，下同）氨水和 11.8g 的 30.0%LUDOX® AS-30 硅溶胶并在室温下搅拌 5h，此时 pH 值为 10.72；悬浮液在 80℃水浴中剧烈搅拌，使得氨气蒸发，直到 pH 值为 6～7 时停止，同时悬浮液的颜色从蓝色变为绿色，通过过滤和用去离子水洗涤获得浅绿色沉淀物；催化剂前体在 80℃下干燥 12h，然后在空气中 450℃下煅烧 4h，最终获得 Ni/SiO_2-AEM 催化剂。

2.1.3 溶胶-凝胶法

溶胶-凝胶法是指以金属化合物或配合物作为前驱体，加入一定量的配位剂，在水浴搅拌条件下进行水解或聚合反应形成溶胶，接着继续搅拌直到形成凝胶状，最后经过干燥老化、煅烧等方式制备得到纳米催化剂颗粒[1]。该方法设备简单，操作方便并且制备出的催化剂颗粒尺寸集中、均匀度高、催化活性较好，但是存在着原料成本高以及在制备过程中对原料选择要求较高的缺点。例如使用溶胶-凝胶法制备 Ni/CeO_2-SGM 催化剂。制备开始时，将 3.194g $Ni(NO_3)_2 \cdot 6H_2O$ 和 6.513g $Ce(NO_3)_3 \cdot 6H_2O$ 溶解在 25mL 去离子水中，然后将其与由 4.995g 柠檬酸和 25mL 去离子水制备的 16.7%柠檬酸溶液混合。混合物在室温下搅拌 1h。然后将混合物在 80℃下干燥以获得均匀的凝胶。凝胶在 85℃下干燥 12h，粉碎，并在 300℃下以 1℃/min 的速率煅烧 2h，并在 450℃下以 2℃/min 的速率再煅烧 2h，即可得到所需催化剂。

2.1.4 溶剂热法

溶剂热法一般是指在反应釜等密闭的反应容器中，形成高温高压环境，在此环境下与水溶液或有机溶剂中的物质进行反应，从而制备得到纳米颗粒[2]。该方法制备出来的纳米材料具有结构可控、纯度较高、成本低等优点，但部分催化剂需用到有机溶剂，对环境存在污染。例如，笔者前期用水热法制备不同 Ni 负载量的 NiPS-X（Ni 基层状硅酸盐）催化剂：1.890g $Ni(NO_3)_2 \cdot 6H_2O$ 和 1.390g NH_4Cl 加入 60mL 去离子水中，在室温下剧烈搅拌 15min，然后超声处理 15min，并将 $Ni(NO_3)_2 \cdot 6H_2O$ 和 NH_4Cl 均匀混合，得到绿色透明溶液。然后加入 5.0mL 氨水 28%（质量分数）并搅拌 5min，得到蓝色溶液。将不同量的硅溶胶（质量分数 30%，0.8～12.8g）加入其中并剧烈搅拌 15min。然后将混合物转移到具有 100mL 容量的聚四氟乙烯内衬不锈钢高压釜中，在 180℃下水热加热 48h。通过离心收集绿色产物并用去离子水洗涤 3 次。将绿色产品转移到 80℃的真空干燥箱中干燥 12h。最后，样品在马弗炉中 500℃下煅烧 2h，升温速率为 2℃/min。

2.1.5 物理混合法

物理混合法只需要金属前驱体发生物理上的混合，不会有化学键的断裂和生成，没有新物质的生成。例如，使用物理混合法制备双功能金属氧化物/分子筛催化剂，只需将两者在球磨机进行物理混合均匀，然后煅烧即可。

2.2 CO_2 加氢催化剂的表征方法

2.2.1 常规表征方法

(1) 电感耦合等离子体发射光谱（ICP）

原子发射光谱法是根据处于激发态的待测元素的原子回到基态时发射的特征谱线对待测元素进行分析的方法。各种元素因其原子结构不同，而具有不同的光谱。因此，每一种元素的原子激发后，只能辐射出特定波长的光谱线，它代表了元素的特征，这是发射光谱定性分析的依据。

电感耦合等离子体发射光谱仪是以场致电离的方法形成大体积的 ICP 火焰，试样溶液以气溶胶态进入 ICP 火焰中，待测元素原子或离子即与等离子体中的高能电子、离子发生碰撞吸收能量处于激发态，激发态的原子或离子返回基态时发射出相应的原子谱线或离子谱线，通过对某元素原子谱线或离子谱线的测定，可以对元素进行定性或定量分析。ICP 光源具有 ng/mL 级的高检测能力，且元素间干扰小、分析含量范围宽、精度和重现性高等，在多元素同时分析上表现出极大的优越性，广泛应用于液体试样（包括经化学处理能转变成溶液的固体试样）中金属元素和部分非金属元素（共约 74 种）的定性和定量分析。

取 100mg 样品加入离心管，滴入 2～3mL 氢氟酸与硫酸，再加入适量水进行多次水浴加热对其除酸，操作完成以后将余下液体转移至 50mL 容量瓶，用一次性针头和滤嘴吸入干净的容器中，样品实际金属负载量由电感耦合等离子体发射光谱测试所得。

(2) 氮气吸脱附

氮气的吸附与脱附是以氮气为吸附质，以氦气或氢气作载气，两种气体按一定比例混合，达到指定的相对压力，然后流过固体物质。当样品管放入液氮保温时，样品即对混合气体中的氮气发生物理吸附，而载气则不被吸附。

当液氮被取走时，样品管重新处于室温，吸附氮气就脱附出来，在屏幕上出现脱附峰。最后在混合气中注入已知体积的纯氮，得到一个校正峰。根据校正峰和脱附峰的峰面积，即可算出在该相对压力下样品的吸附量。改变氮气和载气的混合比，可以测出几个氮的相对压力下的吸附量，从而可根据 BET（Brunauer-Emmett-Teller，布鲁诺尔-埃梅特-泰勒）公式计算比表面积。

取 100mg 样品先在 150℃下脱气预处理 11h，然后将其置于比表面积与孔隙度分析仪上测试，比表面积（S_{BET}）的分析采用 BET 方法计算所得，孔径分布、孔容（V_p）和平均孔径（D_p）采用吸附支曲线的 BJH（Barrett-Joyner-Halenda，巴雷特-乔伊纳-哈伦达）模型计算所得。

(3) X 射线衍射（XRD）

当一束单色 X 射线入射到晶体时，由于晶体是由原子规则排列成的晶胞组成，这些规则排列的原子间距离与入射 X 射线波长有相同数量级，故由不同原子散射的 X 射线相互干涉，在某些特殊方向上产生强 X 射线衍射，衍射线在空间分布的方位和强度与晶体结构密切相关。

通常采用日本理学公司生产的粉末衍射仪测试样品的物相组成。选用 Cu 靶产生的 $K_α$ 射线辐照，$λ=0.154nm$，管电压 40kV，管电流 200mA，扫描范围 10°～90°，扫描速度 0.05～8(°)/min。

(4) 扫描电子显微镜（SEM）

扫描电子显微镜电子枪发射出的电子束经过聚焦后汇聚成点光源；点光源在加速电压下形成高能电子束；高能电子束经由两个电磁透镜被聚焦成直径微小的光点，在透过最后一级带有扫描线圈的电磁透镜后，电子束以光栅状扫描的方式逐点轰击到样品表面，同时激发出不同深度的电子信号。此时，电子信号会被样品上方不同信号接收器的探头接收，通过放大器同步传送到电脑显示屏，形成实时成像记录。

样品的形貌主要采用 SEM 分析。扫描电镜测试粉末样品直接平铺分散在导电胶上，或者分散在乙醇后再滴在铜网上进行测试。

(5) 透射电子显微镜 (TEM)

透射电子显微镜电子枪发射出来的电子束，在真空通道中沿着镜体光轴穿越聚光镜，通过聚光镜将会聚成一束尖细、明亮而又均匀的光斑，照射在样品室内的样品上；透过样品后的电子束携带有样品内部的结构信息，样品内致密处透过的电子量少，稀疏处透过的电子量多；经过物镜的会聚调焦和初级放大后，电子束进入下级的中间透镜和第1、第2投影镜进行综合放大成像，最终被放大了的电子影像投射在观察室内的荧光屏板上；荧光屏将电子影像转化为可见光影像以供使用者观察。

样品金属纳米颗粒的分散性主要采用TEM分析。测试前先将粉末样品分散在乙醇中，然后将样品滴在铜网或者微栅上。

(6) 傅里叶变换红外光谱 (FTIR)

FTIR法实质上是一种根据分子内部原子间的相对振动和分子转动等信息来确定物质分子结构和鉴别化合物的分析方法。当一束具有连续波长的红外光通过物质，物质分子中某个基团的振动频率或转动频率和红外光的频率一样时，分子就吸收能量由原来的基态振（转）动能级跃迁到能量较高的振（转）动能级，分子吸收红外辐射后发生振动和转动能级的跃迁，该处波长的光就被物质吸收。

普通FTIR实验采用赛默飞世尔科技的在线红外测试粉末样品，样品以溴化钾压片方式测试，测试范围为4000～400cm^{-1}，分辨率为4cm^{-1}。

(7) 拉曼 (Raman) 光谱

拉曼光谱是一种散射光谱。拉曼光谱分析法是基于印度科学家C. V. 拉曼(Raman)所发现的拉曼散射效应，对与入射光频率不同的散射光谱进行分析以得到分子振动、转动方面的信息，并应用于分子结构研究的一种分析方法。样品需要完全干燥，测试在室温、干燥条件下进行。取少量样品置于玻片上压平，将载有样品的玻片置于拉曼光谱仪上，调整位置和焦距后测试，发射波长为532nm，拉曼激光强度选5%。

(8) X射线光电子能谱 (XPS)

XPS的原理是用X射线去辐射样品，使原子或分子的内层电子或价电子受激发射出来，被光子激发出来的电子称为光电子。测量光电子的能量，以光电子的动能/束缚能 [binding energy，$E_b=h\nu$(光能量)$-E_k$(动能)$-W$(功函数)] 为横坐标、相对强度（脉冲/s）为纵坐标可做出光电子能谱图，从而获得试样有关信息。XPS因对化学分析最有用，因此被称为化学分析用电子能谱。

XPS测试时，先将样品在管式炉中5% H_2-Ar气氛下350℃预还原。然后将样品移入样品瓶中，将其抽真空，填充Ar气，在赛默飞世尔科技Thermo ES-

CALAB 250Xi 或者 Thermo Scientific^{TM} K-Alpha^{TM} 装置测试。X 射线激发源为单色化 Al K_α 射线（$h\nu$=1486.6eV），样品采用 Si 2p 峰（103.7eV）或者 C 1s 峰（284.8eV）校准结合能。

(9) 程序升温还原（TPR）

TPR 是指在程序升温中，催化剂被还原的过程，它可以提供负载型金属催化剂在还原过程中，金属氧化物之间或金属氧化物与载体之间相互作用的信息。一种纯的金属氧化物具有特定的还原温度，可以利用此还原温度来表征该氧化物的性质。在氧化物中引入另一种氧化物，使两种氧化物混合在一起，如果在 TPR 过程中每一种氧化物仍保持自身的还原温度不变，则彼此没有发生作用；反之，如果两种氧化物发生了固相反应，氧化物的性质发生了变化，则原来的还原温度也要发生变化。

H_2-TPR 测试：称取 50mg 样品置于 U 形石英管中，以 10℃/min 从室温程序升温至 250℃干燥预处理 1h（Ar 气氛），然后降温冷却到 50℃，通入 10% H_2-Ar，待基线稳定后，以 10℃/min 的升温速率升至 950℃还原，用热导检测器（TCD）检测。

(10) 程序升温脱附（TPD）

TPD 是将已吸附吸附质的吸附剂或催化剂按预定的升温程序（如等速升温）加热，得到吸附质的脱附量与温度关系图的方法。

NH_3-TPD 测试：称取 100mg 样品置于 U 形石英管中，以 10℃/min 从室温程序升温至 250℃干燥预处理 1h（He 气氛），然后将样品在 350℃的 10% H_2-Ar 中还原 2h。He 气流吹扫 0.5h，冷却至 100℃，通入 10%NH_3-He 混合气 0.5h 待基线稳定后，剩余的 NH_3 用 He 气流吹扫 0.5h，样品在 He 气流中以 10℃/min 的升温速率升至 800℃脱附，用热导检测器-质谱（TCD-MS）检测脱出气体。

CO_2-TPD 测试：称取 100mg 样品置于 U 形石英管中，以 10℃/min 从室温程序升温至 350℃的 10%H_2-Ar 中还原 2h。通入 He 气吹扫 0.5h，冷却至 50℃，通入高纯 CO_2，0.5h 待基线稳定后，剩余的 CO_2 在 He 气流下吹扫 0.5h，样品在 He 气流中以 10℃/min 的升温速率升至 800℃脱附，用 TCD-MS 检测脱出气体。

(11) 笑气滴定

笑气滴定常用测试过程以中国科学院福建物质结构研究所 AutoChem Ⅱ 2920 装置测试为例进行说明：取 250mg 样品先在 120℃ He 气氛下预处理 2h，然后通入 10% H_2-Ar 在 350℃还原 2h，降温到 60℃后通入 99.9% N_2O 氧化 1.5h，然后用 Ar 气吹扫 30min，再在 300℃下用高纯氢气脉冲滴定还原。也有的笑气滴定测试过程为一次氧化和两次还原的过程，以中国科学院大连化学物理研究所 AutoChem Ⅱ 2920 装置测试为例进行说明：先通入 20% O_2-He（30mL/min）以 10℃/min 升到 150℃下处理 30min，然后降到 30℃；切换成 Ar 气，吹扫系统中残留的 O_2 5min；通入 10% H_2-Ar（50mL/min）加冷阱除水以 10℃/min 升到 350℃第一次还原样品；切换成 Ar 气降到 50℃，再通入 10% N_2O-He（30mL/min）1h；切换成 Ar 气吹扫 0.5h；通入 10% H_2-Ar（50mL/min）加冷阱除水以 10℃/min 升到 350℃第二次还原样品。

(12) 氢气-脉冲

通常采用氢气-脉冲法来测试金属的分散度、比表面积和金属纳米颗粒大小。比如：称取 130mg 样品置于 AutoChem Ⅱ 2920 装置 U 形石英管中，以 10℃/min 从室温程序升温至 450℃的 10% H_2-Ar 中还原 2h。He 气流（50mL/min）吹扫 0.5h，冷却至 50℃，用高纯 He 气流吹扫多余 H_2 待基线稳定，再用氢气-脉冲测待测金属 Ni 的分散度、金属 Ni 的比表面积和粒径。

2.2.2 新兴表征方法

(1) 原位漫反射红外傅里叶变换光谱（*in-situ* DRIFTS）

CO 吸附原位红外实验：常采用该实验来分析金属例如镍、铜、钯的种类。首先将样品在管式炉中 5% H_2-Ar 气氛下 350℃预还原。在原位红外装置测试过程中，使用高纯 H_2 在 350℃下再次原位还原样品 30min 后，将气氛更改为 Ar 气并降低至 30℃以采集背景。然后引入 5% CO-He 混合气并一直吸附 20min，达到 CO 饱和吸附，然后将气氛更改为 Ar 气进行吹扫，记录不同吹扫时间下的光谱。

CO_2 加氢原位红外反应实验：常采用该实验进一步分析 CO_2 的吸附以及反应中间体。首先将样品在管式炉中 5% H_2-Ar 气氛下 450℃预还原 2h。在原位红外装置测试过程中，再次使用 5% H_2-He 在 450℃下原位还原样品 30min 后，用 He 气吹扫 10min 后降温到 320℃，然后再用 He 气吹扫 20min 采集背景，之后将气氛切换为 10% CO_2-40% H_2-Ar 的反应气，在常压下采集反应在不同时间下的光谱图（64 次扫描，4000～800cm^{-1}，分辨率 4cm^{-1}），常见红外峰对应的官能团信息见表 2.1，选自文献[2]。

(2) 原位拉曼（*in-situ* Raman）光谱

样品需要完全干燥，测试在干燥条件下进行。首先调设装置，检查气路以及水循环系统是否正常使用。将样品置于坩埚中，在 5% H_2-Ar 气氛下 450℃原位还原 2h。随后降温至 100℃，将 5% H_2-Ar 气氛切换为 CO_2 气氛，采集 100～500℃范围内 CO_2 气氛下的原位拉曼光谱。发射波长为 532nm，拉曼激光强度选 5%。

表 2.1 常见红外峰对应的官能团信息

波数/cm^{-1}	物种
3732～3674,3710	Ⅰ型 OH
3680～3660,3650	Ⅱ型 OH
3651～3640,3634	Ce^{3+}-OH
3600,3564,3500	Ⅲ型 OH
3450	H 键 OH
2080	多金属羰基合物
2045,2013	CO 在高配位的 Ru 位点上线性吸附
1960	CO 在低配位的 Ru 位点上线性吸附
1824	在 Ru 位点上桥接 CO
1462,1353,1066	多齿碳酸盐
1504,1351,1085	单齿碳酸盐
1562,1286,1028	双齿碳酸盐
1728,1396,1219,1132	桥式碳酸盐
2933,2852,1575,1358,2945 1587,1329	桥接甲酸盐
3617,1613,1391,1218,1045	Ⅰ型碳酸氢盐
3617,1599,1413,1218,1025	Ⅱ型碳酸氢盐
1760	甲酰
1560,1510,1310	无机羧酸盐
3590,1695～1670,1338～1310	羧酸

(3) 球差透射电子显微镜（AC-TEM）

球差是像差的一种，是影响 TEM 分辨率的主要因素之一。由于像差（球差、像散、彗形像差和色差）的存在，无论是光学透镜还是电磁透镜，其透镜系统都无法做到完美。光学透镜中，可通过将凸透镜和凹透镜组合使用来克服由凸透镜边缘汇聚能力强、中心汇聚能力弱所致的所有光线（电子）无法会聚到一个焦点的缺点，可对于电磁透镜，没有凹透镜，球差便成了影响 TEM 分辨率最主要也最难解决的问题。

用球差校正装置扮演凹透镜修正球差的透射电镜即为球差透射电子显微镜（spherial aberration corrected transmission electron microscope，AC-TEM）。由于 TEM 分为普通的 TEM 和用于精细结构成像的 STEM，故球差透射电子显微镜也可分为 AC-TEM（球差校正器安装在物镜位置）和 AC-STEM（球差校正装置安装在聚光镜位置）。此外，还有在一台 TEM 上同时安装两个校正器，同时校正汇聚束（probe）和成像（image）的双球差校正 TEM。

(4) X 射线吸收精细结构谱（XAFS）

以往的物质结构探测技术一般都是以晶体-长程有序结构的衍射现象为基础，X 射线吸收精细结构谱（X-ray absorption fine structure，XAFS）则不相同。由于 XAFS 是以散射现象——近邻原子对中心吸收原子出射光电子的散射为基础，反映的仅仅是物质内部吸收原子周围短程有序的结构状态。晶体学的理论和结构研究方法不适用于非晶体，而 XAFS 的理论和方法却能同时适用于晶体和非晶体。

扩展 X 射线吸收精细结构（EXAFS）的产生与吸收原子及其周围其他原子的散射有关，即都与结构有关。因而可通过测量 EXAFS 来研究吸收原子周围的近邻结构，得到原子间距、配位数、原子均方位移等参量。EXAFS 方法的特点主要是可以对不同种类原子分别进行测量，给出指定元素原子的近邻结构，也可区分近邻原子的种类。利用强 X 射线源还可研究含量很少的原子的近邻结构状况，而且无论对于有序物质或无序物质均可进行研究，因此 EXAFS 就能用于解决一些其他方法难以或不能解决的物质结构问题。

总之，上述常规表征方法和新兴表征方法已经广泛应用于 CO_2 加氢催化剂的表征，XRD、物理吸附和电镜仍然是实验室常用的催化剂表征方法，对于催化剂的初始结构性能表征极其有用，号称催化剂表征的“三把斧”；对于性能优良的催化剂，需要结合同步辐射和原位红外等表征进一步深入分析催化剂结构，以期阐述其构效关系。

2.3 CO_2 加氢催化剂的评价方法

2.3.1 反应釜评价

将催化剂样品在间歇式反应釜评价。例如：将 20mg 催化剂和 3mL 水加入内衬中，再将其放入 1000kPa 的 CO_2 和 5000kPa 的 H_2 高压釜中，并在 200℃下以 400r/min 的速率搅拌 5h。等高压釜冷却至室温后，收集气体混合物，气体的分析使用配备 HP-5 色谱柱与 TCD 的 Agilent 6890N 气相色谱仪（GC）进行。液体混合物通过离心收集，并使用配备 HP-FFAP 色谱柱的 Agilent 7890B GC 进行分析，该色谱柱连接到火焰离子化检测器（FID），其中将已知量的 1,4-二氧六环作为内标引入液体混合物中，对每种催化剂重复催化试验 3 次。在确保加氢不受扩散限制后，转化频数（TON）和初始转化频率（TOF）的计算公式如下：

$$\mathrm{TON}=\frac{c_{\mathrm{Ethanol}}V}{n_{\mathrm{Ir}}},\quad \mathrm{TOF}=\frac{c_{\mathrm{Ethanol}}V}{n_{\mathrm{Ir}}t}$$

式中，c_{Ethanol} 为色谱所检测的乙醇的浓度；n_{Ir} 是催化剂中 Ir 原子的总物质的量；V 是反应物的体积；t 是反应的初始时间。

2.3.2 固定床评价

将催化剂样品在连续式固定床评价。例如，取 0.2g Ni/ZrO_2 样品（20～40 目）混合 1.0g 石英砂（20～40 目）装入固定床不锈钢（型号 3161）反应管中，在温度为 450℃、压力为 1000kPa 的氢气（40mL/min）中预处理 2h。接着进行 CO_2 加氢合成甲烷的反应，工艺条件为：反应温度 230～410℃，反应压力 1000kPa，氢气、二氧化碳和氮气混合气气时空速（GHSV）为 30000～10000mL/[g 催化剂·h]，其中 $n(H_2)∶n(CO_2)∶n(N_2)$ 摩尔比为 96∶24∶1，CO_2 钢瓶里的 4% N_2 用作内标。产物经气相色谱自动取样进入岛津 GC-2014 色谱仪，所用色谱仪配备 TCD 和 FID，其中 TCD 搭配的色谱柱为 Porapak S 80/100 和 Molecular sieve 13X 80/100 填充柱，FID 搭配的色谱柱为 Rtx®-1（60m）和 Rt®-Q-BOND（30m）。CO_2 转化率（x_{CO_2}）和甲烷选择性（y_{CH_4}）的计算公式如下：

$$x_{CO_2}=\frac{f_{CO}A_{CO}+i(f_{CH_4}A_{CH_4}+2f_{C_2H_6}A_{C_2H_6})}{f_{CO_2}A_{CO_2}+f_{CO}A_{CO}+i(f_{CH_4}A_{CH_4}+2f_{C_2H_6}A_{C_2H_6})}$$

$$y_{CH_4}=\frac{if_{CH_4}A_{CH_4}}{f_{CO}A_{CO}+i(f_{CH_4}A_{CH_4}+2f_{C_2H_6}A_{C_2H_6})}$$

$$i=\frac{f_{CH_4\text{-TCD}}A_{CH_4\text{-TCD}}}{f_{CH_4\text{-FID}}A_{CH_4\text{-FID}}}$$

式中，f 为 TCD 和 FID 上相应物质的相对摩尔校正因子；A 为相应物质在色谱检测器上的峰面积；i 为 TCD 和 FID 的转换系数。

总之，当前 CO_2 加氢催化剂的评价仍然是以固定床的为主，因为该方法与未来工业化应用接轨，而反应釜评价方法操作简单，适合于实验室初步筛选催化剂性能。

参考文献

[1] 赵兵．纳米催化剂的发展现状及制备方法[J]．四川化工，2021，24：30-33.

[2] Guo Y，Mei S，Yuan K，et al. Low-temperature CO_2 methanation over CeO_2-supported Ru single atoms，nanoclusters，and nanoparticles competitively tuned by strong metal-support interactions and H-spillover effect[J]. ACS Catalysis，2018，8：6203-6215.

第3章 CHAPTER 3

CO_2 加氢制甲烷

CO_2 加氢制甲烷反应又称为 Sabatier 反应，由 Sabatier 等人于 1902 年提出[1]，属于比较早发现的 CO_2 加氢反应，为此本章优先进行介绍。该反应目前广泛应用于电转气、煤制天然气、氢气存储以及密闭空间 CO_2 的去除等领域，研究极其广泛。使用的催化剂主要有 Ni/Ru 基催化剂，甲烷的选择性通常可达 99%，然而低温下 CO_2 的转化率依然较低，催化剂的稳定性依然具有较大挑战。

3.1 CO_2 加氢制甲烷研究背景

第二次工业革命以来，随着化石燃料的开发和使用日益增加，能源危机和全球气候变暖已经成为人类在 21 世纪亟待解决的两大严峻挑战。由于现存化石资源的减少和二氧化碳的大量排放，全球面临着严重的能源危机和严峻的环保形势。目前，有三种措施可以减少空气中二氧化碳浓度：①控制二氧化碳排放；②二氧化碳的捕获和存储；③二氧化碳转化成化学品。二氧化碳存储可以快速地减少空气中二氧化碳浓度，但是存在潜在的泄漏风险，而二氧化碳转化技术可以将排放在空气中的二氧化碳转化成高附加值化学品或液体燃料，如甲烷、甲醇、二甲醚、甲酸及其衍生物等低碳化合物，有效地缓解二氧化碳的大量排放和化石能源的日益枯竭，因此在解决能源和环境危机方面具有极大的研究价值。目前二氧化碳转化过程所需要的氢气主要来源于化石能源重整和水电解。传统化石能源制备氢气会造成能源大量消耗和环境污染问题，而电解水制氢气立足于未来碳中和甚至负碳，被各界给予厚望。如果风电制氢技术能够有效突破，则能够得到低成本、清洁的氢气。二氧化碳甲烷化反应可以将二氧化碳转化为高附加值燃料甲烷，通过该反应可以实现碳资源的有效循环利用。二氧化碳甲烷化相比于其他反应具有众多优点：①在常压和较温和的温度下就能进行反应；②直接通过管路输送至千家万户，降低了甲烷的运输和储存成本，避免了诸多安全问题；③该反应可以用于潜艇和宇宙飞船等的封闭体系，将工作人员呼出的二氧化碳转化为甲烷。

二氧化碳甲烷化技术促进整个二氧化碳循环经济并减少二氧化碳排放，既“清洁”地消耗二氧化碳，同时也促进了以二氧化碳和水为介质实现光伏电、风电和水电等非碳能源向化学能的转化，将可再生能源与化学能耦合，达到二氧化碳资源利用的最大化，同时也能够有效地缓解我国缺油、少气的能源结构问题。天津大学刘昌俊教授等人对二氧化碳甲烷化反应进行深入研究，并作了大量相关技术储备。一旦可再生洁净氢源问题得到解决，该反应有望投入转化应用。

Sabatier 在 γ-Al_2O_3 负载镍的催化剂上观察到氢气与 CO_2 在高温下产生甲烷和水。这是一个放热反应，方程式如下：

$$CO_2+4H_2 \longrightarrow CH_4+2H_2O(\Delta H_{298K}=-165kJ/mol)$$

由于 CO_2 是一种高度稳定的分子，因此 CO_2 的活化和转化在技术上具有挑战性[2]。一方面，由热力学平衡计算可得，CO_2 甲烷化反应放热（$-165kJ/mol$），所以在较低的温度有利于得到更高的 CO_2 转化率[3]。另一方面，CO_2 甲烷化是一个涉及八电子的过程，惰性 CO_2 的活化需要高温来克服动力学障碍[4]。同时，由于热力学平衡的控制，较高的温度又将导致转化率较低（在 400℃达到热力学平衡时 CO_2 转化率为 77.2%），以及 CH_4 选择性较低[5]。因此，设计能够在中等温度下活化 CO_2 和 H_2 且具有高 CH_4 选择性的高性能催化剂是 CO_2 甲烷化工业化的关键因素。

由于催化 CO_2 甲烷化的重要性，之前的许多实验和理论工作都关注到 CO_2 甲烷化的反应途径和高性能催化剂的开发[6]。了解反应机理是合理设计催化剂的基础，对于 CO_2 甲烷化反应，已提出两种主要反应途径：CO_2 分子的缔合和解离[7]。缔合机制涉及 CO_2 与吸附的氢原子缔合生成甲酸盐[8]，随后甲酸盐加氢生成 CH_4。解离机制表明，CO_2 会在催化剂表面以 CO 作为中间体解离，然后进行加氢。

总而言之，CO_2 甲烷化遵循的机理路径可能与反应条件（温度、压力等）和催化剂微观反应环境（羟基丰富度、O^{2-} 吸附位点等）有关。甲酸盐路径在动力学方面有利，容易在高温条件下发生，而 CO 路径在热力学方面有利，容易在低温条件下发生。反应路径的变化会影响产物的选择性，从而影响最终的产物分布。除此之外，也有研究认为，无须分为甲酸盐路径和 CO 路径，两种反应路径中都会形成吸附态 CO，其稳定性决定了进一步的反应去向，即与 H_2 反应生成其他中间体或解离为 C 和 O 单原子物种后加氢生成 CH_4，它们的区别只是中间体的形成方式不同。

钌、铂、镍、钴等金属都具有很强的吸附氢能力，所以能用作加氢类催化剂。为了甲烷的大量生产，需要设计制备高活性和廉价的催化剂。很多研究者研究了高活性的催化剂，其中对金属镍的研究颇为广泛，得到了 Ni/CeO_2-ZrO_2、Ni/USYzeolites、Ni/SiO_2、Ni/Al_2O_3 等一系列以镍为活性中心的催化剂。一些研究者也制备了一些合金催化剂，对 CO_2 甲烷化也展现了良好的催化活性。另外，贵金属催化剂在 CO_2 甲烷化催化剂稳定性方面有突出的表现。活性金属的选择对于加氢高活性的重要性毋庸置疑，同时对于载体的研究也是至关重要的，如何选择载体和活性金属是一个重要的课题。让转化效率提高，获得高转化率，提高 CO_2 甲烷化反应性能是科学家们努力的目标。

3.2 CO_2 加氢制甲烷催化剂研究进展

3.2.1 Ru 基催化剂

迄今为止，报道的用于 CO_2 甲烷化的最活跃和化学稳定的催化剂是铂族金属（如 Pt，Rh，Ru，Pd）催化剂[9,10]。在这种催化剂上的初始反应步骤是 CO_2 解离吸附生成被吸附的 CO^* 和 O^* （$CO_2 \longrightarrow CO^* + O^*$）[11,12]。剩余碳氧键的限速裂解可以通过碳氧直接解离成 C^* 和 O^*，也可以通过 H 辅助路径生成甲酰或羰基氢化物中间体[13]。进一步加氢到 CH_x，最后到 CH_4 完成催化循环。

本节旨在阐明不同金属氧化物载体对钌基催化剂 CO_2 甲烷化反应机理的影响。其中包括了许多金属氧化物载体，从不可还原性 Al_2O_3 到两性可还原性 CeO_2 和 MnO_x 以及强碱性可还原性 ZnO，报道了载体性质与 CO_2 转化动力学以及产物选择性之间的相关性。有必要深入了解载体的作用，以便通过利用金属-载体相互作用更好地设计 CO_2 甲烷化催化剂。

(1) 活性金属

Solymosi 等人[14] 比较了氧化铝负载贵金属催化 CO_2 加氢制 CH_4 的催化性能，其中 Ru 的催化性能最优，且远远大于 Rh、Pd、Pt 和 Ir 等贵金属；Prairie 等人[15] 探究了不同载体对催化剂 CO_2 加氢性能的影响，他们发现 TiO_2 上负载的 Ru 具有最高的活性，由于 TiO_2 载体与金属 Ru 之间的强相互作用，金属 Ru 稳定分布于 TiO_2 载体上，因此其活性高于氧化铝以及氧化硅负载的 Ru。Zamani 等人[16] 发现在 Mn/Cu-Al_2O_3 催化剂（表 3.1）中加入 Ru，可使催化剂的转化率更稳定，催化活性更高，该小组研究了不同配比、不同煅烧温度的新型氧化铝负载钌锰铜三金属催化剂在 CO_2 甲烷化反应中的应用，并发现钌原子比在三金属催化剂的制备中起着重要的作用，当 Ru/Mn/Cu-Al_2O_3 的比例为 10：30：60 时［图 3.1(a)］，可在较低的反应温度下实现 CO_2 的高效催化转化。

表 3.1　氧化铝载体负载 Cu/Mn 催化剂用于甲烷化反应时 CO_2 的转化率[16]

过渡金属基催化剂	CO_2转化率/%			
	100℃	200℃	300℃	400℃
Cu/Al_2O_3	0.5	1.1	2.5	5.7
Mn/Al_2O_3	0.3	0.9	2.1	4.8
$Mn/Cu(10:90)/Al_2O_3$	5.2	11.7	14.7	27.9
$Mn/Cu(40:60)/Al_2O_3$	7.8	17.5	25.6	18.4
$Mn/Cu(60:40)/Al_2O_3$	4.1	12.3	16.2	19.9
$Mn/Cu(90:10)/Al_2O_3$	5.3	10.2	13.4	15.3

Zheng 等人[17] 制备了一种 Ru-CaO/Al_2O_3 双功能材料催化剂，通过 CaO 吸附二氧化碳，Ru 催化加氢反应使 CO_2 甲烷化，该催化剂在 320℃条件下达到最佳催化效果。Bermejo 等人[18] 进一步尝试了 Ru-Na_2CO_3/Al_2O_3 催化剂，发现相较于 CaO，Na_2CO_3 高添加量下也不会阻碍 Ru 的高分散，且后者的分解温度更低，可以在更温和的条件下达到较好的催化二氧化碳甲烷化效果。Xu 等人[19] 采用溶胶热法合成了 Zr-MOF 材料，通过初浸渍负载钌，其在等离子体气氛中可以与之协调作用，选择性地产生甲烷，甲烷的选择性和产率分别达到 94.6%和 39.1%。

(2) 载体

金属氧化物载体 Al_2O_3[11]、CeO_2、TiO_2[12] 和 SiO_2[12] 等在甲烷化催化剂中很常见，但对金属-载体相互作用及其反应机理的影响了解甚少。金属 Ru 在二氧化碳甲烷化中表现出了优良的催化性能，Ru 基催化剂的活性与载体关系密切，一般认为金属-载体强相互作用（SMSI）提高了 Ru 的分散度与稳定性，但 Ru 与载体间的强相互作用不利于 Ru 对后续中间产物 CO^* 的活化，同时对 Ru 基甲烷化催化剂的研究以 CeO_2、TiO_2 等载体为主，对碱性载体负载 Ru 基催化剂的研究较少，碱性载体有利于 CO_2 的吸附与活化，有很大的应用潜力，因此分别通过提高金属分散度，调节金属电子结构以及制备合适的碱性载体负载 Ru 基催化剂均有希望构筑高效的甲烷化催化剂。根据载体类型的不同，其与载体金属的相互作用可能会改变活性位点的电子状态，例如 Ru/ZSM-5，导致 Ru—CO 键变弱。Ru—CO 和 Ru—H 键的强度直接决定了吸附反应物的表面覆盖范围，从而决定了 CH_4 的选择性[20]。同时，载体上的活性位点如 CeO_{2-x} 上的氧空位可以直接将 CO_2 解离为 CO^*，而 MgO 可以与 CO_2 反应生成 $MgCO_3$，作为反应中间体[21]。这些活性位点应该位于活性金属附近，并在活性位点上发

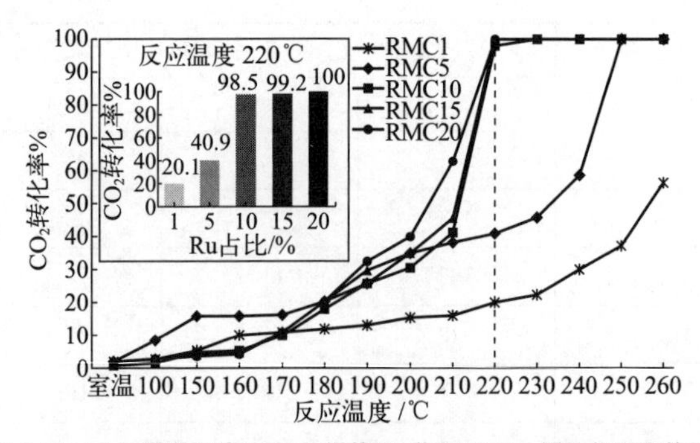

(a) Ru/Mn/Cu-Al_2O_3 催化剂在 1000℃燃烧 5h 作用于 CO_2 甲烷化反应的催化性能[16]

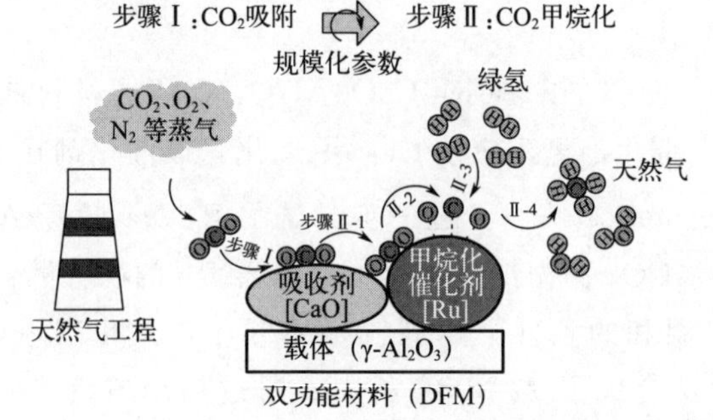

(b) Ru-CaO/Al_2O_3 双功能材料催化剂作用于 CO_2 甲烷化反应的催化性能[17]

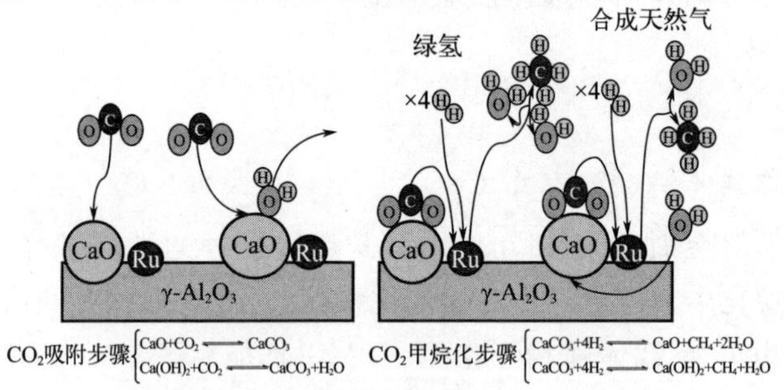

(c) Ru-Na_2CO_3/Al_2O_3 催化剂作用于 CO_2 甲烷化反应[18]

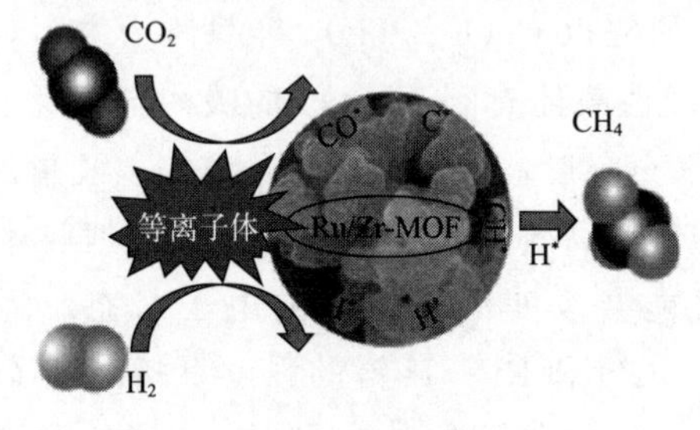

(d) Zr-MOF 材料用于 CO_2 甲烷化反应[19]

图 3.1 不同金属氧化物载体的钌基催化剂作用于 CO_2 甲烷化反应

生 H_2 解离和溢流，载体进而解离 CO_2 发生甲烷化。

3.2.2 Pt基催化剂

Pt 基金属纳米粒子作为重要的催化活性中心，由于具有较高的表面能，通常需要负载在载体上合成复合催化材料以解决均相催化剂稳定性差和分离困难等问题。催化二氧化碳加氢甲烷化反应体系中，负载型贵金属催化剂以其优异的催化性能备受重视。其中，Pt 基金属催化剂由于反应活性好、选择性高等优点受到广泛关注。

(1) 活性金属

贵金属 Pt 基催化剂在二氧化碳加氢甲烷化反应中催化性能显著，但由于其价格昂贵，始终未大规模应用于二氧化碳甲烷化，使用 Pt 金属和其他非贵金属形成合金来构造负载型催化剂是一种既充分利用 Pt 金属优势又减少 Pt 金属用量控制催化剂成本的一种方式。P. Unwiset 等人研究了 Pt-Ni/TiO_2 催化剂，对于 Pt-Ni 双金属样品的结构性能而言，铂氧化物分散在催化剂表面，Ni 物种掺杂于 TiO_2 晶格。Pt 的加入改变了金属-载体间的相互作用，提高了 Ni 在催化剂表面的分散性，也提高了催化剂的还原性。催化剂表面富电子的 Pt 位点有利于吸附 CO_2 解离过程中的 CO（图 3.2），并进一步激活被吸附的 CO 与附近的氢原子相互作用形成 CH_4，从而在低温下具有较高的 CO_2 甲烷化活性，使得 Pt-Ni/TiO_2 催化剂具有突出的催化性能优势[22]；从 A. Efremova 等人的研究中我们可以得知，将 1% 5nm Pt 纳米颗粒掺入介孔 m-Co_3O_4 和商用 c-Co_3O_4 中，可以提高 CO_2 消耗速率，略微降低其在 CO_2 加氢反应中的 CH_4 选择性。Pt/c-Co_3O_4 的催化活性增强效果更为显著，同时弱碱性位点数量的增加也更为明显[23]。

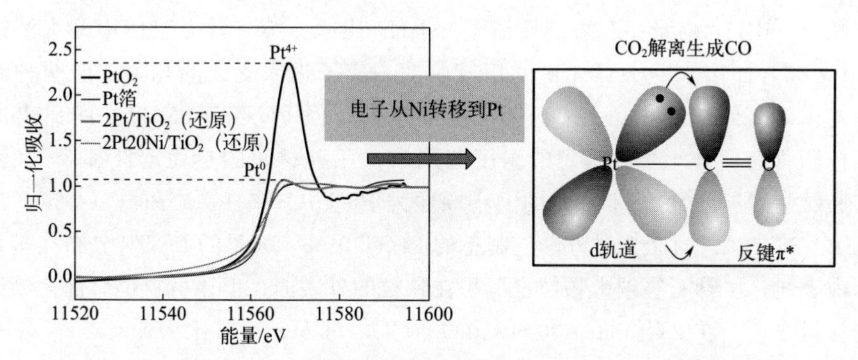

图 3.2　Pt-Ni/TiO_2 催化剂的结构解析及其对 CO_2 的吸附解离图[22]

(2) **载体**

在负载型金属催化剂体系中，发现SMSI能有效地调控金属纳米颗粒的形貌和电子结构，进而改变其吸附或者催化性能[24,25]。在此之前，负载型金属催化剂的结构变化与吸附或者催化性能之间的关联已做了大量研究，金属与载体之间的相互作用较为复杂，另外载体的选择也是科学研究问题的重点。Tauster 等人[26] 研究 Pt/TiO_2 的实验结果，和金属 Ni 与载体 TiO_2 之间一样都形成了较强金属-载体相互作用；Pt/CeO_2 催化剂的 CO_2 加氢活性随还原温度升高而迅速降低，直至完全失活；可还原氧化物载体迁移到金属 Rh 颗粒表面并对其进行修饰；Pt 与载体 SiO_2 之间形成金属间化合物[25]。

金属有机骨架（MOF）化合物是近年来研究最多的多孔材料之一。它们由金属离子或与有机配体配合形成三维结构，具有高比表面积和均匀的孔径分布。在 MOF 参与的催化应用中，特别是作为催化剂载体，具有重要应用前景，这是由于许多因素：高比表面积，沉积在 MOF 孔内的金属纳米颗粒（MeNPs）获得的限域效应，通过 MOF 功能化调整表面酸碱性质的可能性，等等。UiO-66 是一种锆基 MOF，由［$Zr_6O_4(OH)_4$］团簇和 1,4-苯二羧酸连接剂组成，由于其良好的热稳定性和化学稳定性、高比表面积、无毒和较好的 CO_2 吸附性能而被选择用于 CO_2 加氢甲烷化。先前的一些报道描述了 UiO-66 负载催化剂在一系列催化过程中的使用：Au/UiO-66 用于氧化反应，Ag/UiO-66 用于选择性还原和氧化[27]，Pd/UiO-66 用于 Suzuki-Miyaura 反应[28,29] 或苯酚加氢，Cu/UiO-66 用于 CO 加氢制备甲醇。针对 CO_2 加氢的具体过程进行了理论研究，预测了 UiO-66（及其功能化衍生物）在甲酸中转化 CO_2 的催化能力，并取得了令人鼓舞的结果。针对 CO_2 甲烷化过程，报道了 Ni/ZIF-67[30]、Ni/MIL-101[31] 和最近的 Ni/UiO-66[32] 催化剂的实验结果。M. Mihet 等人[33] 采用三种制备方法制备了铂靶浓度为 3%（质量分数）的 Pt/UiO-66 催化剂：湿浸渍＋H_2 还原；湿浸渍＋$NaBH_4$ 还原；双溶剂浸渍＋$NaBH_4$ 还原。第三种方法使用疏水溶剂分散 UiO-66，而亲水的 H_2PtCl_6 水溶液驱动铂离子进入支架的孔隙。前两种制备方法均未观察到铂沉积后 MOF 结晶度的损失，但 Pt/UiO-66（1）的比表面积和孔体积都有所减小。在理想的温度范围内，三种材料的热稳定性都令人满意。由实验结果可知，Pt 纳米颗粒的大小顺序为 Pt/UiO-66（1）＞Pt/UiO-66（2）＞Pt/UiO-66（3）。对于通过方法三制备的 Pt/UiO-66，大量的 PtNPs 分布在多孔载体的内表面，尽管一些纳米颗粒也沉积在颗粒的外表面，但该材料仍为催化测试的首选材料之一。在 2℃/min、30～350℃、CO_2 与 H_2 摩尔比为 1∶2.2、GHSV 为 $1650h^{-1}$ 时，CO_2 加氢效果较好，CO_2 转化率约为 50%，CH_4 选择性为 36%，其余转化的 CO_2 转化为 CO。反应产物中大量（$CO+H_2$）混合物的存在为进一步利用其进行甲烷化或其他合成开辟了新的可能性。

如 P. Unwiset 等人[22] 所述，采用铂助剂作为双金属催化剂，对催化剂性能进行了调整，以提高 CO_2 甲烷化反应速率。然而，在 CO_2 甲烷化反应中形成的双金属中加入 Pt 和 Ni 的研究较少。因此，通过溶胶-凝胶法合成 Pt、Ni 共掺杂 TiO_2，并将合成的催化剂用于 CO_2 甲烷化反应，图 3.3 展示了这些催化剂的催化性能。

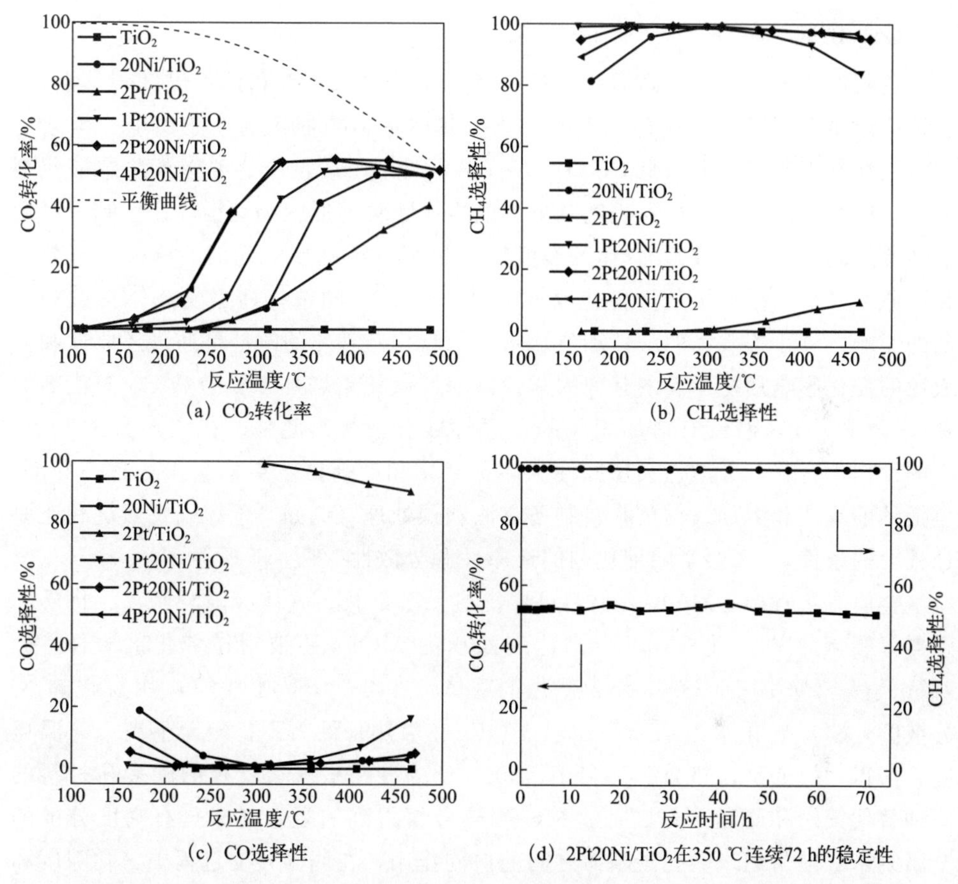

图 3.3 TiO_2、20Ni、2Pt、1Pt20Ni、2Pt20Ni 和 $4Pt20Ni/TiO_2$ 的催化性能[22]

[反应条件：$H_2/CO_2/He=24:6:10$，GHSV=48000mL/(g·h)]

3.2.3 Co 基催化剂

(1) 活性金属

过渡金属氧化物通常被认为是很好的加氢催化剂。此外，Weatherbee 和

Bartholomew[34] 研究了 SiO_2 负载的各种Ⅷ族金属催化剂在 177～377℃和 140～1030kPa 对 CO_2 甲烷化反应的活性，发现活性大小依次为 Co＞Ru＞Ni＞Fe。Co 和 Ni 基催化剂的工作压力比 Fe 催化剂的高压要低得多（约 1atm，1atm＝101325Pa），因此是首选催化剂。与 Ru[35] 相比，负载型钴催化剂成本较低。此外，研究发现金属对积炭的催化活性依次为 Ni＞Co＞Fe[36,37]。前人研究表明，Al_2O_3、SiO_2、ZrO_2、TiO_2 和 CeO_2 等载体能有效地影响 CO 和 CO_2 加氢钴催化剂的活性和选择性[38-41]。

(2) 载体

负载型钴催化剂因其高活性、对长链石蜡的高选择性和低水煤气转移活性，已被广泛研究用于天然气合成气的转化。载体是影响催化剂性能的重要因素之一。钴在其还原状态下，是 CO/H_2 反应的活性成分。两个主要因素决定催化剂活性，即金属前驱体的还原程度和形成的金属颗粒的形状和大小，这控制了可用活性位点的数量（分散）。载体的类型和结构影响负载型催化剂的分散性、粒径和还原性，从而影响负载型催化剂的活性[40]。C_{5+} 的选择性也受载体类型和助剂的影响。氧化铝载体的酸性和氧化锆对二氧化硅载体的改性是通过还原性和分散性的变化影响加氢活性的其他因素。然而，氧化锆增加了铝负载 Co 催化剂的费-托合成活性，但没有增加相应的还原性或分散性。此外，在大多数情况下，不同助剂也会影响分散性和还原性。除了载体和助剂，还有其他几个制备变量，包括钴前驱体和溶剂、钴负载、制备方法和预处理（例如，干燥以及煅烧和还原过程中的条件），都会影响催化剂的还原性和分散性[40]。

金属有机骨架（MOFs）材料已广泛应用于催化、气体吸附和储存、化学传感器等领域[42-44]，此外，具有高比表面积的 MOFs 还被用作催化剂载体[45]。Zhen 等人[46] 使用 MOF-5 作为催化剂载体，在 280℃下增加 CO_2 甲烷化的 Ni 分散度，CO_2 转化率为 47.2%。但 MOFs 在水热条件下不稳定，不利于高温反应。值得一提的是，热分解是利用 MOFs 作为硬模板获得稳定的碳多孔材料的一种替代策略和研究方向。通过 MOFs 热分解得到的复合材料具有高度分散的金属纳米颗粒与纳米多孔碳基体之间的协同作用，在固固转变过程中，孔隙度和形态得以部分保留。Hu 等人[47] 采用 ZIF-8 和 MIL-53(Al) 作 CO_2 加氢的载体，与 γ-Al_2O_3 相比它们表现出了出色的性能。Zhou 等人[48] 对 ZIF-67 进行碳化，得到了 Co NPs 用于醇的氧化，表现出了优异的性能；Co NPs 是在催化剂上 H_2 加氢的热分解过程中直接形成的。Shen 等人[49] 开发了 Co@Pd 核壳 NPs 用于硝基苯加氢，其活性高于 ZIF-67 和 MIL101 负载的 Pd NPs。此外，MOFs 碳化得到的金属纳米颗粒被石墨化碳包裹，可以有效地防止金属烧结。有文献报道研究了不同形貌和粒径的 MOF 衍生催化剂用于 CO_2 甲烷化。在原溶液中加入十六烷基三甲基溴化铵（CTAB）表面活性剂，调节催化剂的形貌和粒径，从而改变其对 CO_2 的吸附能力。此外，如图 3.4(a)～(b)所示，ZIF-67 模板多孔碳和 CoNPs 在低反应温度下对 CO_2 甲烷化反应表现出优异的催化活性和选择性[50,51]。

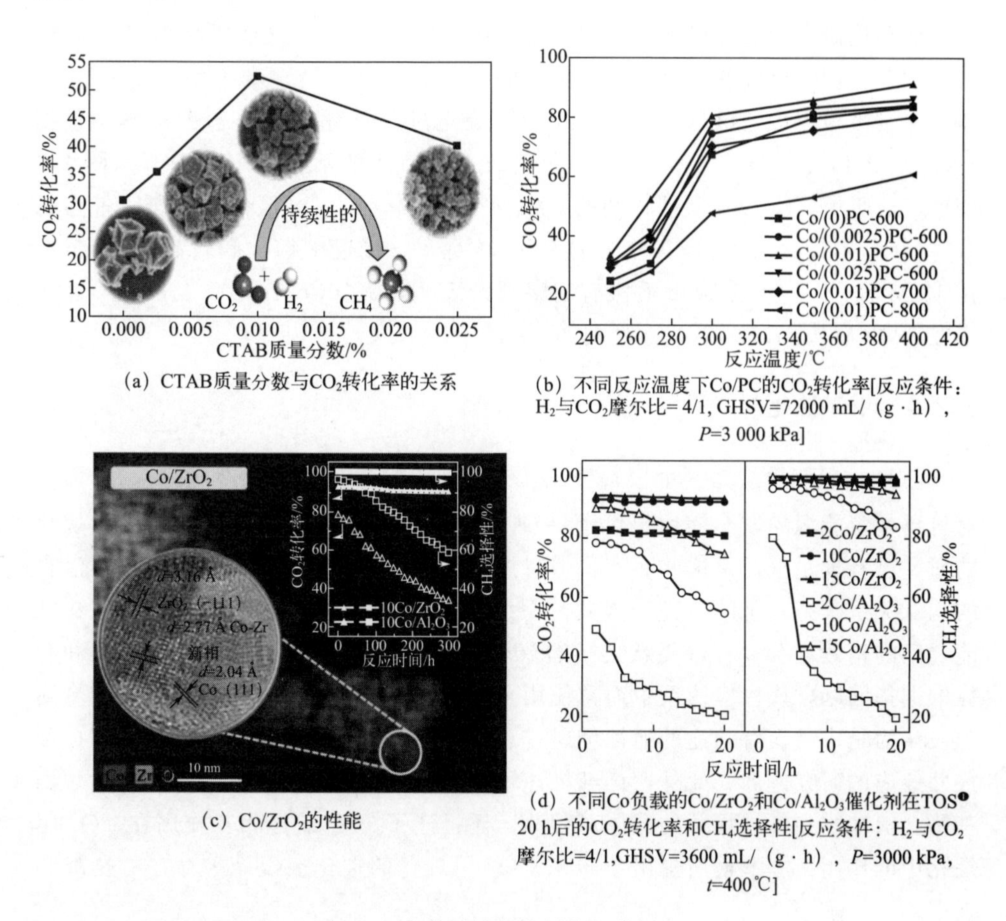

(a) CTAB质量分数与 CO_2 转化率的关系

(b) 不同反应温度下Co/PC的 CO_2 转化率[反应条件：H_2 与 CO_2 摩尔比= 4/1, GHSV=72000 mL/（g · h），P=3 000 kPa]

(c) Co/ZrO_2 的性能

(d) 不同Co负载的Co/ZrO_2 和Co/Al_2O_3 催化剂在TOS❶ 20 h后的 CO_2 转化率和 CH_4 选择性[反应条件：H_2 与 CO_2 摩尔比=4/1,GHSV=3600 mL/（g · h），P=3000 kPa, t=400℃]

图 3.4　负载型钴催化剂的相关研究

与载体有关的影响金属催化剂性能的因素有很多，如孔径[52]、载体结构[53]、表面化学和金属-载体相互作用[54]。这些催化剂的活性和选择性已被证明对活性金属和氧化物载体之间的相互作用敏感[55]。以往研究表明 CO_2 的还原需要解离 H_2 的金属和激活 CO_2 的金属-载体界面的配合。因此，金属氧化物的负载度和还原度影响催化剂的活性。Kangvansura 等人[56] 发现适量的氧化锆有利于钴的还原。Oukaci 等人报道 Zr 在调节钴-载体相互作用和提高催化剂稳定

❶ TOS（time on stream）指催化时间。

性方面发挥了重要作用。ZrO_2 可能同时含有弱酸位点和碱位点，具有不同的晶相。m-ZrO_2 上较高浓度的氧缺陷可以改善含氧物质（包括 CO_2）的吸附[57]。此外，ZrO_2 具有优良的水热稳定性，适应高温高压反应的 CO_2 甲烷化。ZrO_2 常用作载体。γ-Al_2O_3 通常用作氧化物载体，并以其强金属载体效应而闻名。已有一些理论研究考察了载体对金属催化剂性能的影响[58]，这些研究表明，金属-载体相互作用对活性和选择性起着重要的作用。

在已被报道的 CO_2 工作中，CO_2 甲烷化过程首先筛选了各种载体，包括 ZrO_2、Al_2O_3、SiO_2、SiC、TiO_2 和负载 10% Co 的活性炭（AC）。如图 3.4(c)～(d)所示，Co/ZrO_2 催化剂的 CH_4 产率最高，Al_2O_3 催化剂是研究最多的载体。Co/ZrO_2 催化剂具有较高的 CO_2 转化率（接近平衡）和较高的稳定性。在 $10Co/ZrO_2$ 上反应 300h 后没有观察到失活，但在 $10Co/Al_2O_3$ 上，CO_2 转化率在 300h 后从 77.8%迅速下降到 36.8%。

3.2.4 Ni 基催化剂

CO_2 加氢制甲烷是一个极具吸引力的反应，不仅可以回收利用 CO_2，而且对可再生氢能源的安全使用提供了一种有效方法。长期以来，关于 CO_2 甲烷化的研究已有大量报道。这些研究虽然对提高催化剂的活性进行了讨论，但对潜在的构效关系没有系统的研究。因此，系统分析催化剂结构与 CO_2 甲烷化催化性能之间的构效关系具有重要意义。本节从 CO_2 加氢机理讨论了活性金属镍和载体的选择问题，该反应体系中通常使用金属氧化物和碳材料作为载体，其中金属镍被认为是一种很有前途的活性金属；总结了近年来镍基催化剂活性金属组成和尺寸效应的研究进展；此外，详细描述了该反应中载体的组成和形貌，包括表面基团、氧缺陷和各种尺寸的载体形貌等，还描述了金属-载体相互作用在 CO_2 甲烷化中的作用；本节最后提出了未来 CO_2 甲烷化的催化剂设计中存在的挑战和展望。

作为催化剂的主要活性位点，活性金属在 CO_2 甲烷化中起着关键作用。CO_2 甲烷化催化剂中的活性金属主要用于活化 H_2 以及加氢成中间体。实验发现两类金属可用作 CO_2 甲烷化的活性位点：一种是前期过渡金属，如 Fe[59,60]、Co[61,62] 和 Ni[63,64]；另一种是后期贵金属，即 Ru[65,66]、Rh[67,68]、Pt[69] 和 Pd[70]。DFT 计算结果表明，Ru、Rh 和 Ni_3Fe 对甲烷化的活性最高[71]。Ni 对 CO_2 甲烷化的活性和选择性略差于贵金属 Ru[72]。此外，Ni 金属也可以通过制备镍基合金以及调控载体改变其电子和催化剂结构，从而使催化性能增强。因此，Ni 是用于 CO_2 加氢生成甲烷的极具潜力的活性金属。

通常，CO_2 甲烷化反应涉及两个主要过程。第一步是 CO_2 的吸附和活化，许多文献认为载体在这个过程中起关键作用[73]。另一个过程是 H_2 分子的活化和加氢过程，许多碳物种（包括 $^*CO_2$、$^*CO$、$^*CH$、$^*CHO$、$^*CH_2$、$^*CH_2O$ 和 $^*CH_3$）加氢过程需要过渡金属。除了载体和活性金属的成分会影响催化剂的性能外，活性中心电子和几何结构是影响 CO_2 甲烷化催化效果的另一个敏感因素[74]。

为了对 CO_2 甲烷化催化剂的设计有一个清晰的认识，本部分将首先讨论活性金属和催化剂载体的选择。然后，将阐明金属和载体之间的构效关系。此外，还将讨论掺杂活性金属对 CO_2 甲烷化的影响。

(1) 活性金属

① 镍及其合金

由于 Ni 在甲烷化反应中性能有待优化，因此添加另一种成分来制备 Ni 合金可以有效调整 Ni 的催化性能。Huynh 等人制备了不同摩尔比的 NiFe 合金[75]，发现 $NiFe_{2.5}$ 在 300℃下的 CO_2 转化率可以达到 76.5% [图 3.5(a)]，远高于纯 Ni 催化剂的性能。de Masi 等人通过共沉淀方法制备了 $Fe_{30}Ni_{70}$ 合金[76]，进一步沉积少量 Ni，生成 $Fe_{30}Ni_{70}$@Ni 纳米颗粒，对 CO_2 催化加氢表现出高 CO_2 转化率和 100%甲烷选择性。与 Ni 单金属催化剂相比，Ni_3Fe 催化剂可以大大提高低温下的活性，这在高压下尤为突出[77]。Serrer 等人制备了第二种“牺牲”金属以防止 Ni 氧化 [图 3.5(b)][78]。他们将 X 射线吸收光谱分析与 DFT 计算相结合，验证了 Fe^0、Fe^{2+} 和 Fe^{3+} 之间的氧化还原机制，证实了双金属 NiFe 催化剂中铁的高动态价态[79]。除了 NiFe 合金，双金属 NiMn 也引起了广泛关注。

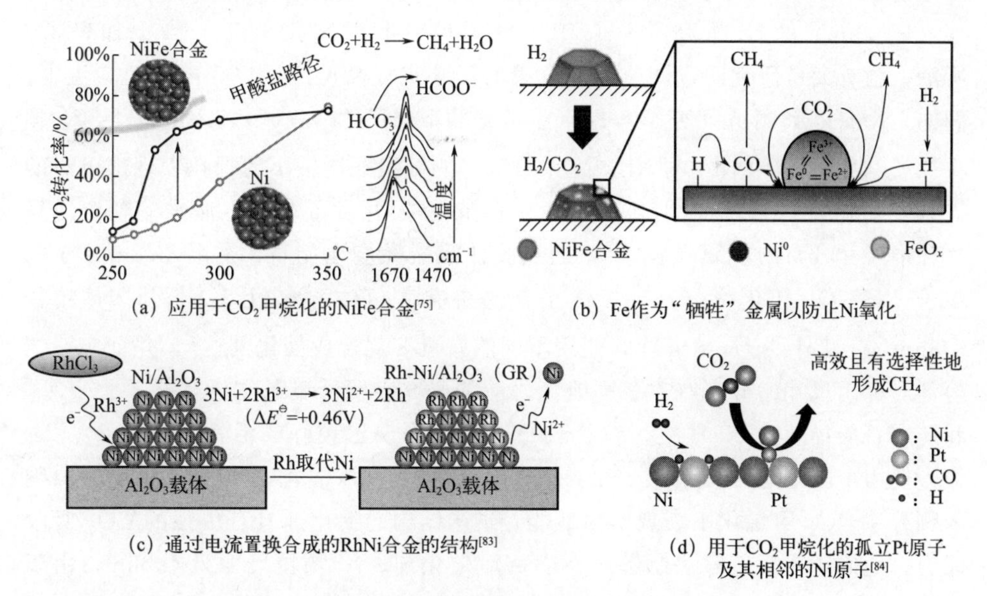

(a) 应用于CO_2甲烷化的NiFe合金[75]

(b) Fe作为“牺牲”金属以防止Ni氧化

(c) 通过电流置换合成的RhNi合金的结构[83]

(d) 用于CO_2甲烷化的孤立Pt原子及其相邻的Ni原子[84]

图 3.5 镍基合金催化剂在 CO_2 甲烷化过程中的应用

例如，Vrijburg 等人研究发现，由于 MnO 上的缺陷位点，添加 Mn 可以促进 CO_2 吸附和活化[80,81]。Wu 等人使用一系列过渡金属（Fe、Co、Cr 和 Mn）作为助剂对 Ni 催化剂进行改性[82]，发现金属助剂有利于 NiO 颗粒在载体上的分散，从而提高了催化剂的还原性。Wang 等人还合成 Ni@Rh 核壳催化剂[83]，这种 Ni@Rh 核壳催化剂中 Rh 原子高度分散，具有较高的 CO_2 甲烷化活性和选择性。

除了过渡金属可以与 Ni 形成合金外，贵金属（Rh、Ru 和 Pt）也可用于提高 Ni 基催化剂的 CO_2 加氢性能。因此，由 Ni 和贵金属组成的双金属合金也备受关注。一方面，可以通过合金获得高催化性能；另一方面，在催化剂制备中可以减少贵金属的量。例如，在 CO_2 甲烷化反应中，报道了一种通过电偶置换封装 Ni 催化剂的 RhO_x 壳层[83]，使得 Rh 原子高度分散在活性组分的外边缘［图 3.5(c)］。该方法也可用于制备其他贵金属和非贵金属的复合催化剂，可以有效利用贵金属。此外，Amal 等人提出了一种出溶法[85]，可以在三维有序大孔钙钛矿载体的外表面和内表面制备高度分散的 NiRh 合金，不仅催化剂的转化频率（TOF）提高了 52%，而且催化剂的稳定性也得到了增强。此外，NiRu 双金属可用于改善催化性能，因为添加 Rh 减小了粒径并提高了催化剂的还原性和稳定性[86]。Tanaka 等人设计具有孤立 Pt 原子的 NiPt 合金来增强氢活化[84]，这有利于加速 Ni 催化剂的决速步骤［图 3.5(d)］。

② 活性金属的尺寸效应

有人提出 π 键的活化需要一个具有少量金属原子和台阶边缘位点的反应中心，而小于 2nm 的粒子将没有活性[87]。然而，这一结论现已被推翻，在不同尺寸（1～7nm）的 Ni 纳米颗粒（NPs）上可以发生 CO_2 加氢反应[88]。如表 3.2 所示，已有大量研究通过调节活性金属的尺寸来提高反应活性，降低反应温度。例如，Karelovic 等人研究了 γ-Al_2O_3 负载的不同尺寸（3.6～15.4nm）的 Rh 颗粒[89]，他们观察到较大的 Rh 颗粒在 150℃的低温下比较小的颗粒表现出更高的 TOF，而在 200℃时没有明显的区别。Tang 等人开发了多种方法来制备合适尺寸和窄尺寸分布的金属颗粒[90]，通过胶体溶液燃烧法制备了粒径 3.2nm 的 Ni 粒子，其 CO_2 转化率（76%）优于普通催化剂（CO_2 转化率 47%，Ni 粒径 6.8nm）。此外，Bacariza 等人使用不同的有机溶剂合成催化剂[91]，并证实浸渍溶剂对金属尺寸的分布有显著影响。之前的研究表明，负载在活性炭、γ-Al_2O_3 和还原石墨烯上的 Ni 颗粒，粒径较小的粒子表现出较好的活性（表 3.2）。Ye 等人使用溶胶-凝胶法合成了 Ni/CeO_2 催化剂[92]，该催化剂由于其较小的镍纳米颗粒在 CO_2 甲烷化中表现出高性能，纳米结构的催化剂具有更强的 CO_2 吸收能力。他们还采用蒸氨法制备了 Ni/SiO_2 催化剂，Ni 颗粒尺寸为 4.2nm，由于尺寸小于浸渍法制备的 Ni/SiO_2 催化剂（12.0nm），因此表现出较强的金属-载体相互作用和高活性。Ashok 等人采用蒸氨法、浸渍法和沉积沉淀法制备了三种不同的 Ni/CeO_2-ZrO_2 催化剂[93]，发现蒸氨法可以将部分 Ni 物种很好地掺入到 CeO_2 晶格中，生成更多的氧空位。

表 3.2 尺寸对 CO_2 甲烷化最佳活性的优化温度、TOF、CO_2 转化率和 CH_4 选择性的影响

催化剂	金属尺寸/nm	温度/℃	TOF×10^{-2} /s^{-1}	CO_2 转化率/%	CH_4 选择性/%
Rh(1%)/γ-Al_2O_3[82]	3.6	150	0.092	—	—
		200	1.720		
Rh(1.5%)/γ-Al_2O_3[82]	4.5	150	0.115	—	—
		200	1.241		
Rh(2.0%)/γ-Al_2O_3[82]	6.1	150	0.228	—	—
		200	1.515		
Rh(2.5%)/γ-Al_2O_3[82]	15.4	150	0.333	—	—
		200	1.818		
Rh(3.0%)/γ-Al_2O_3[82]	15.1	150	0.203	—	—
		200	1.193		
Ni-La_2O_3[83]	3.2	350	—	47	87.4
Ni-La_2O_3-M[83]	6.8	350	—	76	99.5
Ni/Cs-USY_{H_2O}①[67]	24	350	—	69.7	95.1
Ni/Cs-USY_{EtOH}①[83]	25	350	—	65	94
Ni/Cs-USY_{MeOH}①[83]	21	350	—	69.4	93.7
Ni/Cs-$USY_{2\text{-}PrOH}$①[83]	16	350	—	72.1	96.4
Ni/Cs-$USY_{Acetone}$①[83]	34	350	—	66.1	94.2
Ni/Cs-USY_{EG}①[83]	13	350	—	70.1	94.3
Ni/AC[85]	18.6	450	0.1144	60.1	93.4
Ni-Ce/AC[85]	9.9	350	0.1150	75.2	95.3
Ni/γ-Al_2O_3[85]	8.1	400	0.0836	63.1	94.8
Ni-Ce/-Al_2O_3[85]	7.0	400	0.1195	78.7	95.7
Ni/RGO②[85]	7.7	350	0.0673	78.1	96.3
Ni-Ce/RGO②[85]	6.1	350	0.2240	84.5	96.1

① USY 是一种分子筛。

② RGO 指还原氧化石墨。

活性金属的尺寸效应也会影响 CO_2 甲烷化的加氢路线。图 3.6(a) 说明甲酸盐容易在较大尺寸（21.0nm）的颗粒上产生，而副产物 CO 容易在尺寸较小的 Ni（8.3nm）上产生[94]。相比之下，Men 等人发现较小的 Ni 纳米颗粒更容易生

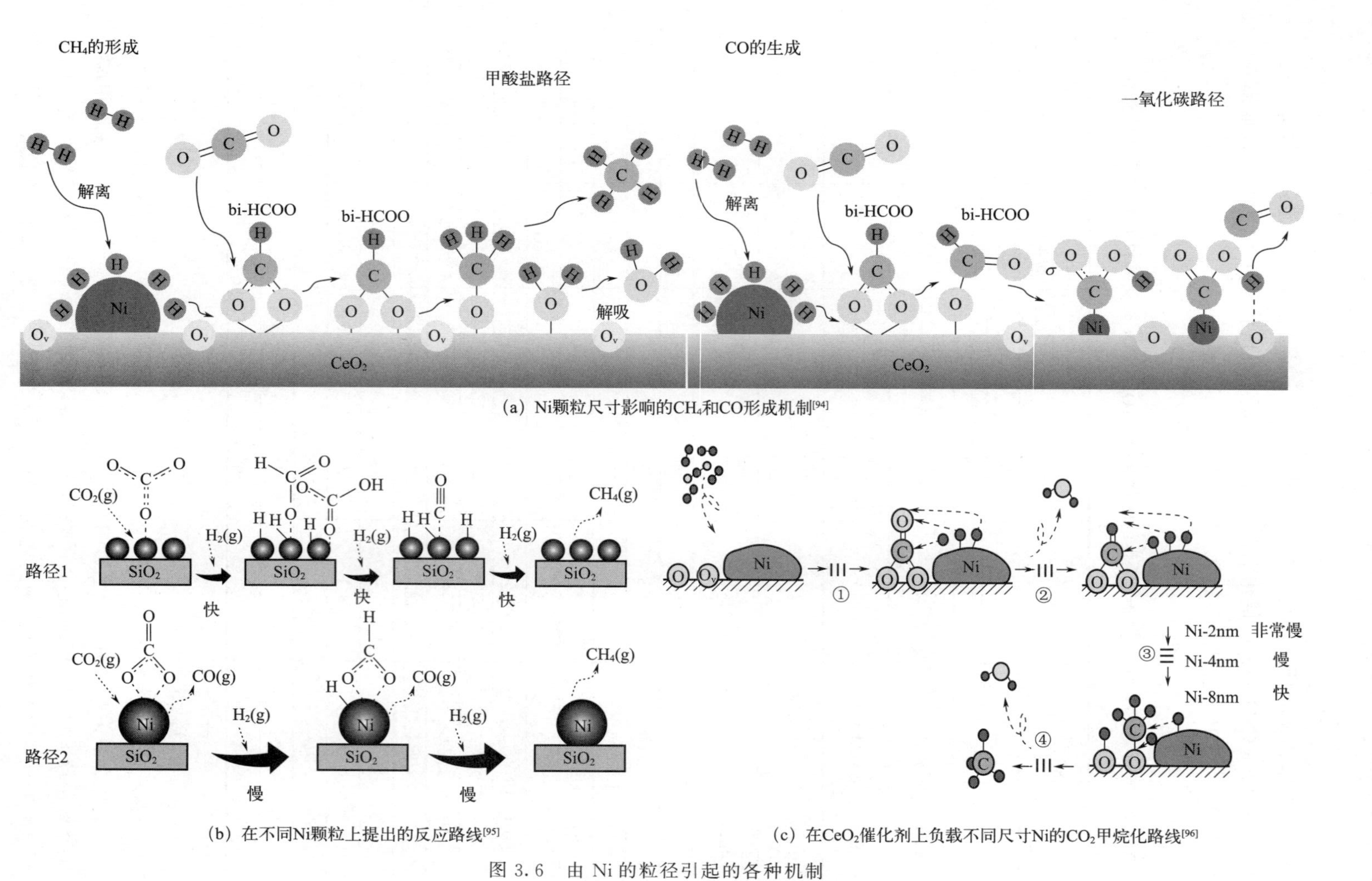

(a) Ni颗粒尺寸影响的CH_4和CO形成机制[94]

(b) 在不同Ni颗粒上提出的反应路线[95]

(c) 在CeO_2催化剂上负载不同尺寸Ni的CO_2甲烷化路线[96]

图 3.6　由 Ni 的粒径引起的各种机制

成甲酸盐的中间产物，而在较大的Ni纳米颗粒更容易生成CO［图3.6(b)］[95]。Lin等人合成了不同尺寸的Ni催化剂[96]，8nm的Ni颗粒比2～4nm的Ni颗粒表现出更高的CO_2甲烷化活性，所有催化剂的速率决定步骤都是甲酸的生成［图3.6(c)］。Varvoutis等人发现，负载在CeO_2纳米棒上10～25nm的Ni粒子，尺寸越大的活性越优越，这可能是由于不协调台阶和扭结位点的产生导致的[97]。

(2) 载体

① 载体的选择

催化剂中的载体有助于优化活性金属的分散和活化CO_2。迄今为止，已经选择了众多材料作为甲烷化的载体。催化剂载体应用最广泛的是各种金属氧化物，如ZrO_2[98,99]、Al_2O_3[100,101]和TiO_2[102]等，它们对于分散良好的活性金属具有优异的稳定性。同时，镧系金属被认为是最有前途的CO_2甲烷化载体，例如CeO_2[92,103]和La_2O_3[90,104]，它们可以提供大量的碱性位点，为CO_2的吸收和活化提供更多的缺陷。更重要的是，一些载体比如石墨烯材料和氮化硼材料等可以调节电子结构，从而影响活性金属的分散和反应中形成的吸附物种的性质[105-107]。

② 载体组成

据报道，载体的组成对CO_2甲烷化过程有显著影响。研究发现镧可以用作合适的助剂，通过控制催化剂的酸碱性质来提高CO_2甲烷化的催化性能[108]。La_2O_3-Al_2O_3负载的Ni催化剂，由于其更强的吸附性而获得更高的性能［图3.7(a)］[109]。Mertens等人调整路易斯碱（Mg,Al)O_x混合氧化物载体中氧化镁的比例，发现Mg含量为50%时可以获得最优性能，这主要是由于其增强了CO_2吸附能力［图3.7(b)］[110]。大量金属氧化物，如Sm_2O_3、Pr_2O_3和MgO被用于掺杂到CeO_2中［图3.7(c)］[111]。这是因为Sm^{3+}和Pr^{3+}可以进入CeO_2的晶格，从而产生更多的氧缺陷和路易斯碱性位点。相比之下，Mg^{2+}的加入可以提高催化剂的抗烧结性能。Xu等人[112]采取了一种简单的Cr^{3+}掺杂方法来实现Ru/CeO_2催化剂的高性能，使得表面氧空位和羟基的数量大大增加［图3.7(d)］。

③ 载体形貌

据报道，由于表面原子构型的变化，调整催化剂的形貌可以显著改变催化剂的性能。载体材料的形貌通常分为一维、二维和三维。作为一种典型的具有均匀稳定结构的一维纳米材料，碳纳米管（CNT）常被用作催化中的载体[113]。Wang等阐述了Ni负载在多壁CNT上对CO_2加氢的限制作用[114]，与Ni/Al_2O_3催化剂相比，Ni/CNT增强了Ni物质的分散和还原性，从而提高了抗积

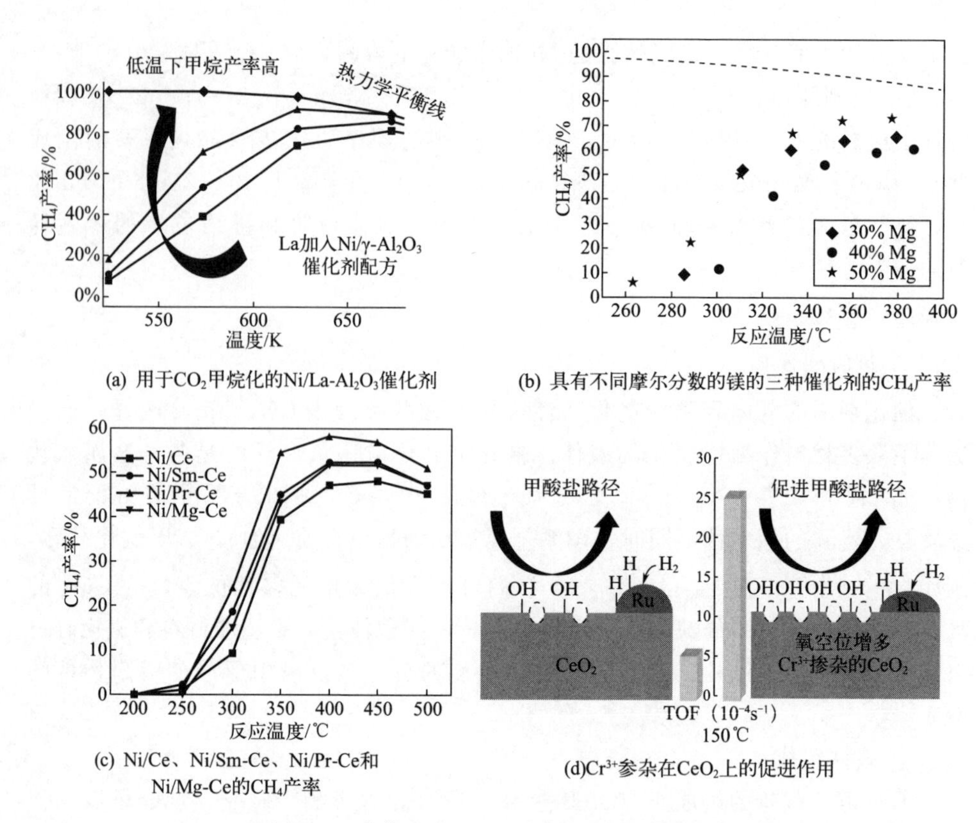

图 3.7 载体组成对 CO_2 甲烷化过程的影响

炭的能力。值得注意的是，通过 N 掺杂（NCNTs）可以增强 CNTs 的碱性，从而产生 CO_2 浓度梯度。如图 3.8(a) 所示，NCNTs 可以很好地与镍纳米颗粒结合，具有较强的碱性和短的反应物扩散路径的表面特性的催化剂能显著抑制焦炭的生成。Gödde 等人阐明了 CO_2 在 Ni/NCNTs 上的加氢路线与 CO_2 解离路径有关[115]，该催化剂可以获得近 95%的 CH_4 选择性，并保持了 100h 以上催化性能不损失。除了碳纳米管，CeO_2 纳米棒具有更高的表面氧空位浓度[116]，表现出比纳米立方体和纳米八面体更多的（110）和（100）晶面，具有丰富的活性氧空位，这对 CO_2 吸收和活化至关重要［图 3.8(b)］。

二维（2D）材料在 CO_2 甲烷化方面也引起了广泛的关注。Quan 等人制备了纳米片形貌的 ZrO_2[117]，其中含有丰富的氧空位［图 3.8(c)］。研究发现，具有氧空位的 ZrO_2 催化剂增加了适量碱性位点的数量，促进了 CO_2 分子的吸附和解离，表现出优越的 CO_2 甲烷化催化性能。Guo 等人以二维 Ni-Al 层状双氢氧化物（LDH）为前驱体制备了 CO_2 甲烷化催化剂[118]，并在低温下获得了优异的催化性能。2D 硅氧烷也被用作该反应的载体，活性金属的位置可以通过 2D 硅氧烷上的表面基团来控制。催化剂上的 CO_2 加氢性能对活性金属的位置高度敏感。

此外，用不同溶剂预处理的催化剂会导致催化反应过程中催化剂上生成的中间体不同。对于以 H_2O 为溶剂制备的 Ni@Si XNS-H_2O 催化剂，化学吸附的 $^*CO_2$ 物种可以解离成 $^*CO$，而在乙醇溶剂制备的 Ni@Si XNS-EtOH 催化剂上，CO_2 转化为 $^*HCO_2$ 进而转化为甲烷。石墨烯作为一种经典的二维碳材料，在催化领域受到了广泛的关注。Yue 等人制备了 Ni-泡沫连接氧化石墨烯（GO）负载的 Ni 催化剂，由于高度分散的 Ni 位点和表面大量的 OH 基团，其 CO_2 转化率高于未负载 GO 的催化剂［图 3.8(d)］。Jurca 等人[119] 报道 N 掺杂缺陷石墨烯增强了催化活性，研究发现吡啶 N 原子的形成吸附了 CO_2，形成了氨基甲酸酯。

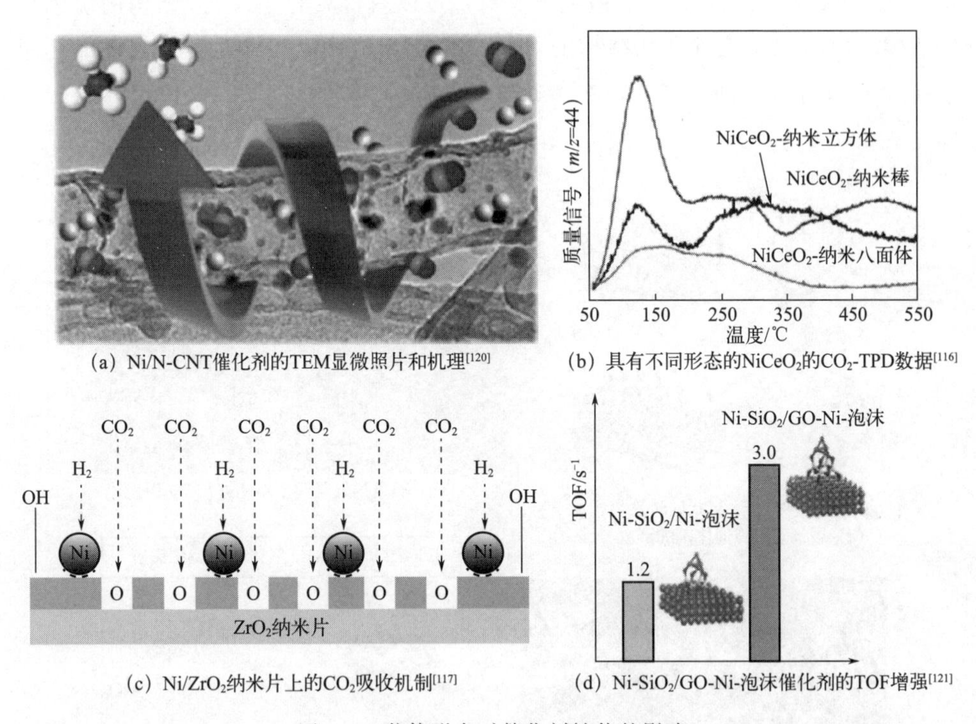

(a) Ni/N-CNT催化剂的TEM显微照片和机理[120]

(b) 具有不同形态的$NiCeO_2$的CO_2-TPD数据[116]

(c) Ni/ZrO_2纳米片上的CO_2吸收机制[117]

(d) Ni-SiO_2/GO-Ni-泡沫催化剂的TOF增强[121]

图 3.8　载体形态对催化剂性能的影响

如图 3.9(a) 所示，Liu 等人[122] 设计了一种 3D 网络化的层状硅酸镍催化剂，并发现这种独特的结构具有高的比表面积，从而增强了 CO_2 甲烷化反应过程 H_2 和 CO_2 的吸附能力。Fang 等人以聚甲基丙烯酸甲酯（PMMA）为模板[123]，提出了一种制备具有丰富和分级多孔结构的三维有序大孔（3DOM）$Y_2Zr_2O_7$ 的模板法。由于 3DOM $Y_2Zr_2O_7$ 样品中 Ni 表面较大，因此 3DOM $Y_2Zr_2O_7$ 催化剂的活性远高于共沉淀法制备的 $Y_2Zr_2O_7$-CP。Cardenas 等人以

PMMA 为模板剂制备了 3DOM Ni/CeO_2 催化剂[124]，发现在 275℃下，3DOM Ni/CeO_2 催化 CO_2 甲烷化的活性比基准催化剂（无模板剂）提高了近 3 倍。Liu 等人以海藻糖的乙二醇溶液为牺牲模板[125]，合成了 Ni/FDU-12❶ 催化剂用于 CO_2 甲烷化反应，碳物种的去除为 Ni 的固定提供了空间，大大增强了 Ni 的分布并提高了活性。笔者课题组最近研究发现[126]，负载在石墨烯气凝胶（Ni/GA）上的 Ni 比负载在氧化石墨烯（Ni/GO）上的 Ni 具有更优异的还原性和更多的吸附活性位点［图 3.9(b)］，这有助于提高 Ni/GA 的活性，值得注意的是介孔材料也具有良好的催化性能。Vrijburg 等人报道了介孔二氧化硅作为载体[127]，将 Ni 纳米颗粒包裹在孔隙中。这种催化剂在 350℃的条件下焙烧 70h，显示出显著的耐烧结能力。以稻壳为原料，可以获得具有 3D 开放结构的绿色介孔结构 SiO_2[128]。这种介孔结构的 SiO_2 负载 Ni 后可以大大提高催化性能［图 3.9(c)］。Jalil 等人制造了一种新的纤维状 SBA-15❷ 支架[129]，可以很好地嵌入 Ni［图 3.9(d)］，而且其中含有大量的中等碱性位点有利于 CO_2 的吸收。

(a) 层状硅酸镍催化剂的形成

(c) Ni介观结构SiO_2催化剂的TEM图片

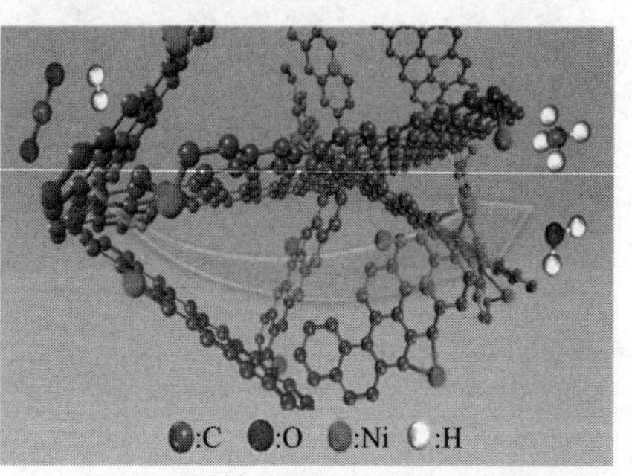

(b) 石墨烯气凝胶支持Ni进行CO_2甲烷化

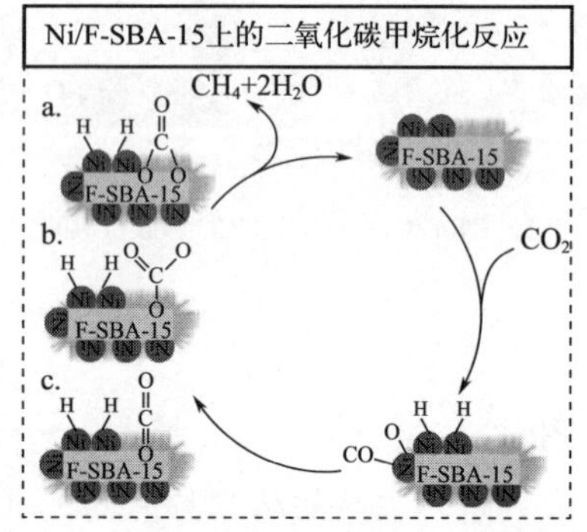

(d) Ni/SBA-15上的CO_2甲烷化反应路线

图 3.9 用于 CO_2 甲烷化的三维材料

❶ FDU-12 是一种典型的三维有序介孔硅基材料。

❷ SBA-15 是一种介孔分子筛。

此外，笔者课题组[130]采用硬模板法和水热法制备了三维有序大孔 La_2O_3 载体（3DOM-La_2O_3）和三维有序大孔 $La_2O_2CO_3$ 载体（3DOM-$La_2O_2CO_3$）。通过浸渍法制备了一系列 Ni/m-La_x 催化剂，每种催化剂均负载 10%（质量分数）Ni，催化剂制备过程如图 3.10 所示。

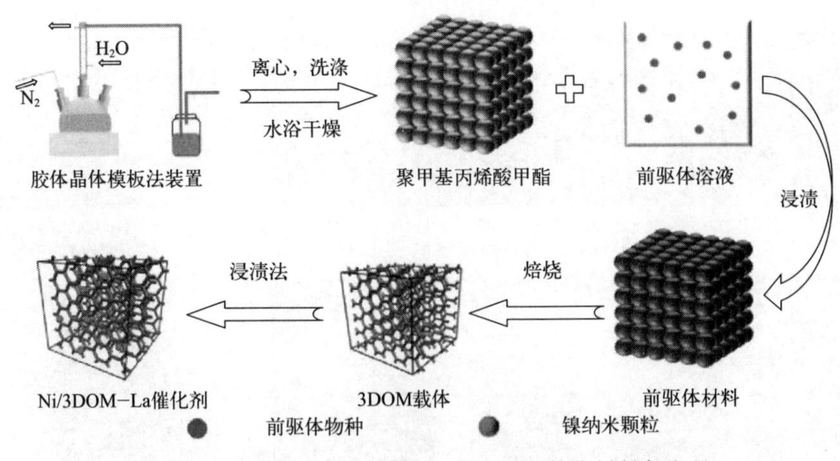

图 3.10　具有 3DOM 结构的 Ni/m-La_x 催化剂制备流程

SEM 图结果表明，传统的 Ni/La_2O_3 和 Ni/$La_2O_2CO_3$ 催化剂表现出不规则的形貌［图 3.11(a)～(b)］。PMMA 硬模板的 SEM 图［图 3.11(c)～(d)］表明有机模板均匀有序，因此用它制备 3DOM 催化剂。图 3.11(e)～(h) 中 Ni/3DOM-La_2O_3 和 Ni/3DOM-$La_2O_2CO_3$ 催化剂的 SEM 图显示催化剂具有 3DOM 结构。此外，图 3.11(i)～(j) 所示的 TEM 图进一步表明 Ni/3DOM-$La_2O_2CO_3$ 催化剂具有 3DOM 框架，并且 Ni 物质均匀地分散在大孔壁上。由于其长程有序结构，这种形貌比传统负载材料表现出更大的比表面积，更有利于 CO_2 甲烷化反应。

在 200 至 450℃、GHSV 为 18000mL/(g・h) 的条件下评价了四种 Ni/m-La_x 样品的 CO_2 加氢性能，结果如图 3.12 所示。Ni/3DOM-$La_2O_2CO_3$ 催化剂的 CO_2 转化率仅在 275℃时可以达到 76.5%，在 350℃时达到最大值 85.6%［图 3.12(a)］，表明其在低温（≤300℃）下具有良好的 CO_2 加氢性能。然而，在 275℃时，Ni/La_2O_3 和 Ni/$La_2O_2CO_3$ 催化剂上的 CO_2 转化率仅分别为 6.6%和 26.0%。对比催化剂在低温下的催化性能远低于 Ni/3DOM-$La_2O_2CO_3$ 催化剂，表明 3DOM-$La_2O_2CO_3$ 载体的优越性。使用 Ni/3DOM-$La_2O_2CO_3$ 催化剂，CO_2 甲烷化过程中 CH_4 选择性可达 99.9%，优于 Ni/La_2O_3 催化剂在 275℃下 90.4%的 CH_4 选择性［图 3.12(b)］。这表明 Ni/3DOM-$La_2O_2CO_3$ 催化剂可以实现更好的 CO_2 转化率和 CH_4 选择性，从而在相同反应条件下相对于其他样品获得更高的 CH_4 产率［图 3.12(c)］。为了验证 3DOM 结构是否会影响

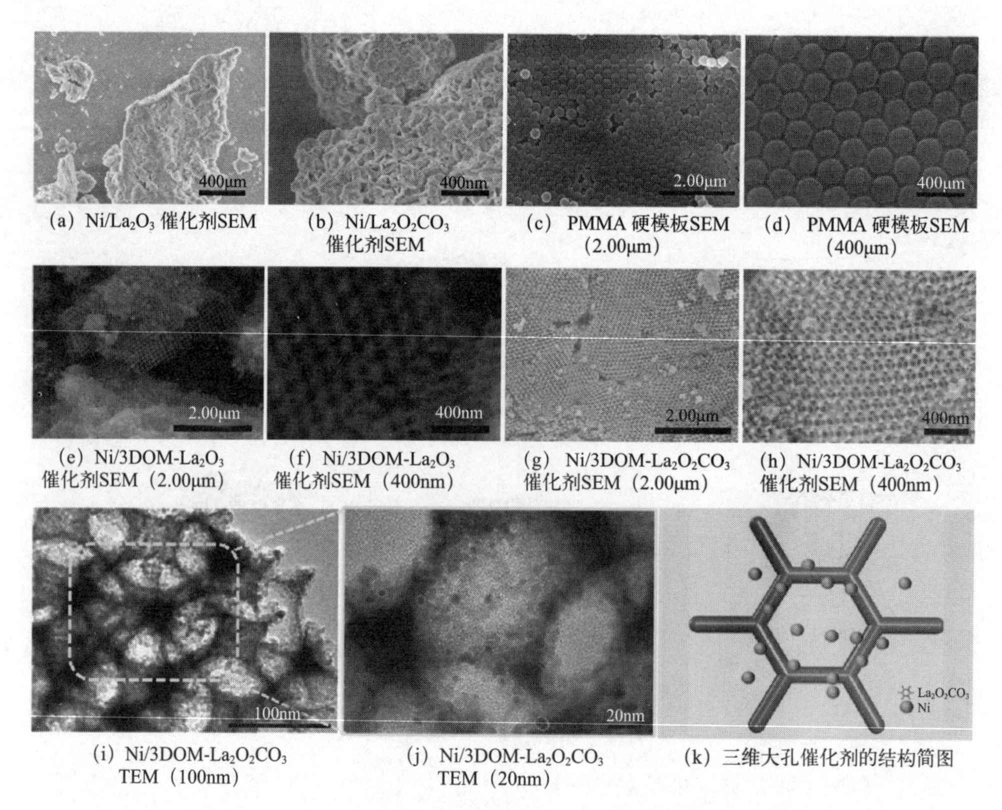

(a) Ni/La_2O_3 催化剂SEM　(b) $Ni/La_2O_2CO_3$ 催化剂SEM　(c) PMMA 硬模板SEM (2.00μm)　(d) PMMA 硬模板SEM (400μm)

(e) $Ni/3DOM\text{-}La_2O_3$ 催化剂SEM (2.00μm)　(f) $Ni/3DOM\text{-}La_2O_3$ 催化剂SEM (400nm)　(g) $Ni/3DOM\text{-}La_2O_2CO_3$ 催化剂SEM (2.00μm)　(h) $Ni/3DOM\text{-}La_2O_2CO_3$ 催化剂SEM (400nm)

(i) $Ni/3DOM\text{-}La_2O_2CO_3$ TEM (100nm)　(j) $Ni/3DOM\text{-}La_2O_2CO_3$ TEM (20nm)　(k) 三维大孔催化剂的结构简图

图 3.11　硬模板和催化剂的 SEM 与 TEM

催化剂稳定性，在 300℃、GHSV 为 18000mL/(g·h) 的条件下进行了 100h 的 CO_2 甲烷化反应。图 3.12(d) 显示 $Ni/3DOM\text{-}La_2O_2CO_3$ 的 CO_2 转化率和 CH_4 选择性分别稳定在 79.6%～76.3%和 99.9%～99.6%。$Ni/La_2O_2CO_3$ 催化剂在相同条件下表现出 71.5%～61.1%的 CO_2 转化率和 99.7%～99.0%的 CH_4 选择性。这表明 $Ni/La_2O_2CO_3$ 催化剂易失活，100h 后 CO_2 转化率损失了 14.5%。催化剂评价结果表明，具有 3DOM 结构的催化剂可以提高 CO_2 转化率、CH_4 选择性和长期稳定性，3DOM 的长程有序内部结构提高了传质能力、抗烧结能力以及消除积炭的能力。

总之，3DOM 结构的 $La_2O_2CO_3$ 载体负载 Ni 基催化剂具有优异的低温 CO_2 甲烷化性能，275℃下 CO_2 转化率高达 76.5%，并具有长期稳定性，CO_2 甲烷化反应持续 100h。优异的催化性能归因于 $3DOM\text{-}La_2O_2CO_3$ 上丰富的中等碱性位点以及 $Ni/3DOM\text{-}La_2O_2CO_3$ 催化剂的长程有序物理结构增强了 Ni 物质的分散。值得注意的是 $Ni/3DOM\text{-}La_2O_2CO_3$ 催化剂在氨分解制氢反应中也表现出了良好的催化活性，这为利用 3DOM 结构材料的 CO_2 甲烷化技术与化学储氢的联合应用提供了新的研究思路。

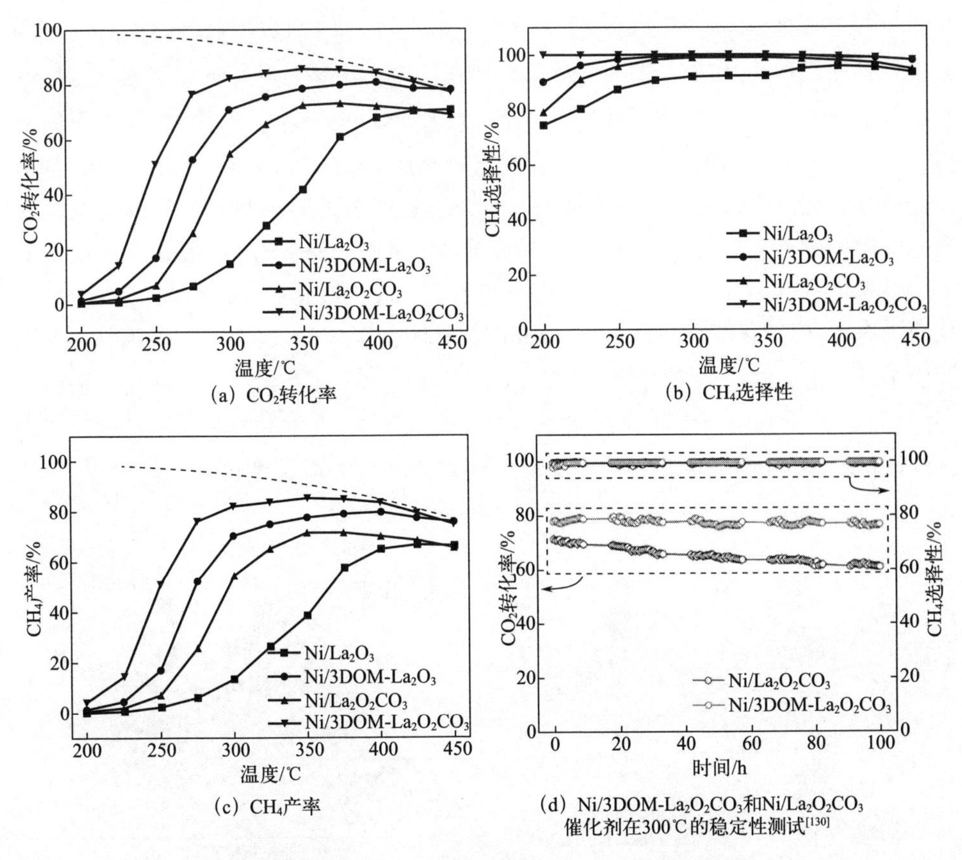

图 3.12 Ni/m-La_x 催化剂上的 CO_2 甲烷化性能

(3) 金属-载体相互作用

金属-载体相互作用对催化性能有重大影响。Tauster 于 20 世纪对影响反应物在 TiO_2 负载 Pt 上化学吸附能力的热处理研究中，提出了“金属-载体强相互作用（SMSI）”一词[131]。最初，负载型催化剂降低的程度可以认为是对 SMSI 的评价，它可以通过程序升温上氢化学吸附的氢/金属原子比值（H/M）来呈现。SMSI 催化剂在 700℃时有望获得较高的 H/M，而非 SMSI 催化剂在较低温度（≤500℃）下仍保持该值。金属-载体相互作用（metal support interaction，MSI）逐渐被用来表示金属与载体界面金属间化合物的生成[25,132]。MSI 取决于金属与载体的结合以及催化剂的制备和工作条件[133]。

如图 3.13(a) 所示，包信和院士团队[134] 通过控制不同焙烧气体，制备了 TiO_2 载体部分包裹 Ni 纳米颗粒的 CO_2 甲烷化催化剂。H_2 焙烧的催化剂由于 SMSI 导致 Ni 完全封闭，只能生成 CO；而 NH_3 焙烧的催化剂由于 MSI 适中导致 Ni 部分封闭，可以生成更多的 CH_4。Lin 等人制备了一系列在空气、氮气和氢气中预处理的 Ni/TiO_2 催化[135]。通入 H_2 进行热处理，由于 MSI 效应适中，催化剂的活化效果最佳［图 3.13(b)］。Thalinger 等人研究了 MSI 对 Ni-$La_{0.6}Sr_{0.4}FeO_3$（LSF）和 Ni-$SrTi_{0.7}Fe_{0.3}O_3$（STF）CO_2 甲烷化催化剂的影响[136]。与 Ni-LSF 相比，Ni-STF 表现出更高的 CO_2 TOF，由于强的 MSI 导致其还原性较低，从而形成了部分 NiFe 合金。如图 3.13(c) 所示，Ren 等人通过调节前驱体的 pH 设计了 4 种不同形貌的 Mg-Al 载体[137]，表明具有“玫瑰花状”结构的催化剂［图 3.13(c) 中的 HT-E］能够抑制 SMSI 引起的 Ni 聚集，从而提高 CO_2 转化率。Hongmanorom 等人通过蒸氨法（AE）和浸渍法（WI）合成了 Ni-Mg/SBA-15 催化剂[138]，由于 Ni-Mg/SBA-15-AE 比 Ni-Mg/SBA-15-WI 具有更强的 MSI，因此在低温下（275～300℃），Ni-Mg/SBA-15-AE 可以获得较高的 CO_2 转化率，并通过增加表面羟基来增强介质碱性位点。

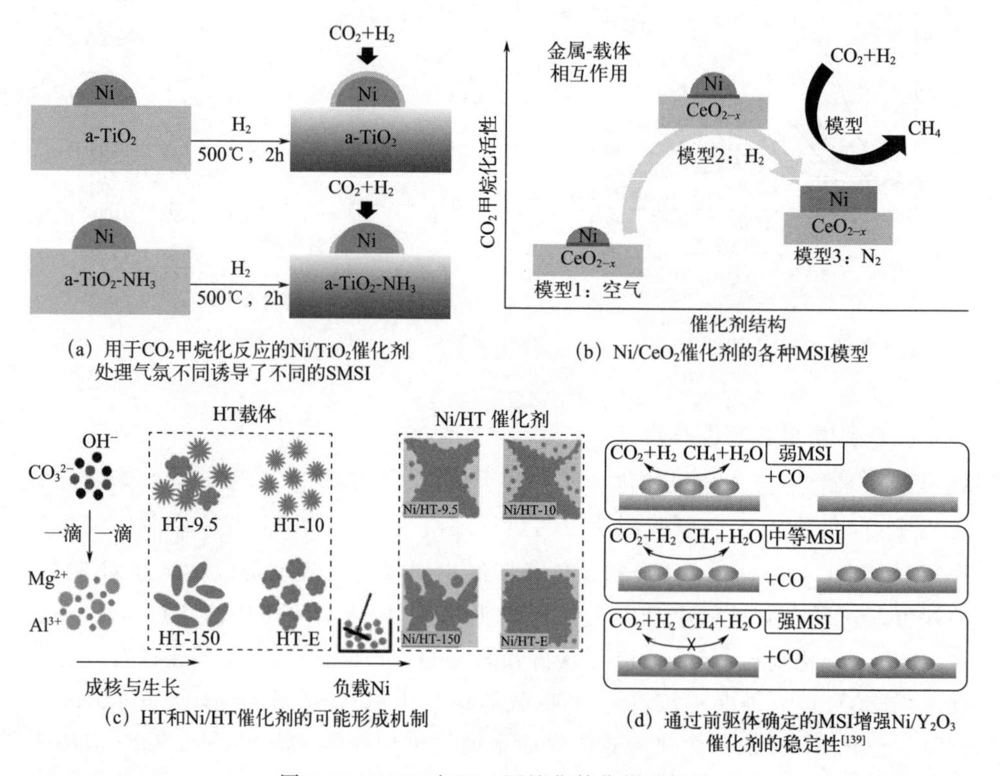

(a) 用于CO_2甲烷化反应的Ni/TiO_2催化剂处理气氛不同诱导了不同的SMSI

(b) Ni/CeO_2催化剂的各种MSI模型

(c) HT和Ni/HT催化剂的可能形成机制

(d) 通过前驱体确定的MSI增强Ni/Y_2O_3催化剂的稳定性[139]

图 3.13 MSI 对 CO_2 甲烷化催化剂的影响

活性金属的大小和催化剂的稳定性都与 MSI 有关。两种不同方法制备的 Ni/SiO_2 催化剂由于 MSI 的影响也表现出不同的 CO_2 甲烷化性能。与普通浸渍的 Ni/SiO_2 催化剂相比，MSI 增强的蒸氨法 Ni/SiO_2 催化剂具有更小的 Ni 颗粒尺寸和更高的 Ni 分散度，具有更好的 CO_2 甲烷化性能[140]。研究发现[139] 以 $YO(NO_3)$ 为前驱体的 Y_2O_3 对 Ni 有更多的锚定位点，生成了适中的 MSI。相比之下，$Y_4O(OH)_9(NO_3)$ 前驱体的 Y_2O_3 引起相对较弱的 MSI，导致 Ni 的聚集［图 3.13(d)］。Li 等人研究发现[141] Ni-CNT 催化剂在高温焙烧后（400℃）存在较弱的 MSI，分析证实了 MSI 与 CNT 表面氧基团有很强的关系。氧基团在高温下会发生分解，对颗粒的粒径、分散性和电子状态有很大影响。Parastaev 等人研究发现，Co/CeO_2-ZrO_2 催化剂上载体的粒径可以通过 MSI 调节[142]，从而大幅提高 CO_2 加氢速率。虽然这是一种用于 CO_2 甲烷化的 Co 基催化剂，但这项工作代表了 MSI 在 CO_2 甲烷化方面的巨大进展。

此外，笔者课题组[143] 也通过优化 SMSI 和氧空位浓度，从而调控活性位的局域电子密度，增强低温 CO_2 和 H_2 的活化，突破了低温 CO_2 甲烷性能的瓶颈，在 230℃和空速 12000mL/(g・h) 下，最优催化剂 Ni/ZrO_2 的 CO_2 转化率达到 84.0%，甲烷选择性为 98.6%，并且稳定运行 106h，超越了大多数已报道的 CO_2 甲烷化催化剂。结合系列（准）原位表征，揭示了 Ni/ZrO_2 的结构重构（由 c-ZrO_2 转化为 m-ZrO_2）现象及甲酸盐反应路径。

该工作采用溶胶-凝胶法制备了一系列 Ni/SiAlZr 催化剂。如图 3.14(a) 所示，相同反应条件下［240℃和 12000mL/(g・h)］，Ni/ZrO_2 呈现最高的 CO_2 转化率为 91.9%，而 Ni/SiO_2、Ni/Al_2O_3 表现出低得多的 CO_2 转化率，尤其是浸渍法制备的 Ni/ZrO_2-IM CO_2 转化率低于 10%，表明该系列催化剂的性能与催化剂载体种类和结构有关；除了 Ni/SiO_2 在低反应温度下产生明显的 CO 产物，其余样品的甲烷选择性接近 100%。进一步测试表明，Ni/ZrO_2 催化剂能在 140℃启动 CO_2 甲烷化反应，在 200℃下 CO_2 转化率突破 30%，TOF 值为 $39.6\times10^{-3}s^{-1}$，优异于目前报道的商用 Ni 基催化剂性能［图 3.14(b)］。与文献报道的 Ni 基催化剂相比，在低温和高空速条件下，Ni/ZrO_2 催化剂的甲烷化性能依然优异［图 3.14(c)］，240℃ 下甲烷的时空收率（STY）为 311.2mmol CH_4/(g 催化剂・h)。在 220～230℃和 12000～24000mL/(g・h) 下，Ni/ZrO_2 催化剂能够稳定运行 160 多个小时［图 3.14(d)］，上述性能超越了大多数已报道的 CO_2 甲烷化催化剂。

催化剂的基本结构性能表征：焙烧后 Ni/ZrO_2 样品 ZrO_2 晶相主要是 *c*-ZrO_2，而还原后和反应后 *m*-ZrO_2 的衍射峰更明显，说明存在结构重构现象［图 3.15(a)］，笔者课题组之前的工作已证明由于 Ni 的局域电子密度不同，Ni/*m*-ZrO_2 比 Ni/*c*-ZrO_2 具有更高的 CO_2 甲烷化活性[144]（*Chem. Eng. J.*，2022，446，137031)；另外，从 XRD 分析，溶解胶-凝胶法制备的三个样品 Ni NPs 尺寸（11.0～14.7nm）接近，远低于 Ni/ZrO_2-IM 样品的 Ni NPs 尺寸

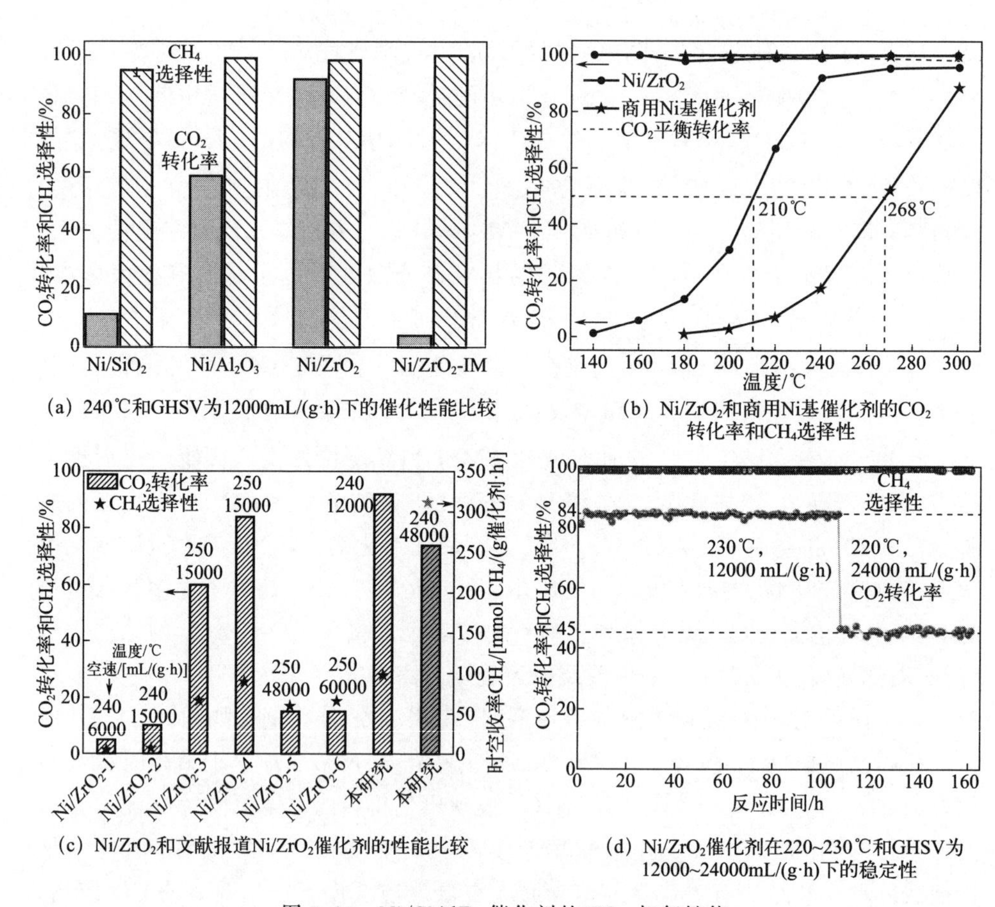

(a) 240℃和GHSV为12000mL/(g·h)下的催化性能比较

(b) Ni/ZrO_2和商用Ni基催化剂的CO_2转化率和CH_4选择性

(c) Ni/ZrO_2和文献报道Ni/ZrO_2催化剂的性能比较

(d) Ni/ZrO_2催化剂在220~230℃和GHSV为12000~24000mL/(g·h)下的稳定性

图 3.14　Ni/SiAlZr 催化剂的 CO_2 加氢性能

(39.3nm)；H_2-TPR 结果显示 Ni/ZrO_2 样品的还原温度相对较低，而 Ni/SiO_2 样品的还原峰面积相对较小［图 3.15(b)］，是由于 Ni 的实际负载量偏低(32.91%)，跟 ICP 结果一致，笔者前期研究结果表明即使更高 Ni 负载量的 Ni/SiO_2 催化剂，在 300℃以下 CO_2 甲烷化性能依然较弱；有趣的是 CO_2-TPD 结果表明 Ni/SiAlZr 样品具有大量的中强碱性位，尤其是 Ni/ZrO_2 样品 CO_2 的脱附峰温度高达 500～750℃，说明该样品对 CO_2 具有较强的吸附作用［图 3.15(c)］；通过 TEM 结合氢气脉冲吸附分析，Ni/ZrO_2 样品具有较强的 SMSI 效应和 Ni-O-Zr 界面，同时 Ni/Al_2O_3 样品也具有一定程度的 SMSI 效应［图 3.15(d)～(f)］。

这项工作通过优化载体种类和制备方法，精细调控 Ni 基催化剂的金属-载体强相互作用，制备了迄今为止性能较优异的低温高活性 Ni/ZrO_2 催化剂。多种表征测试证明了 SMSI 效应和氧空位影响活性位的局域电子密度，进而影响 CO_2和 H_2 的吸附活化及解离，最终调控 CO_2 甲烷化的反应路径和催化性能。

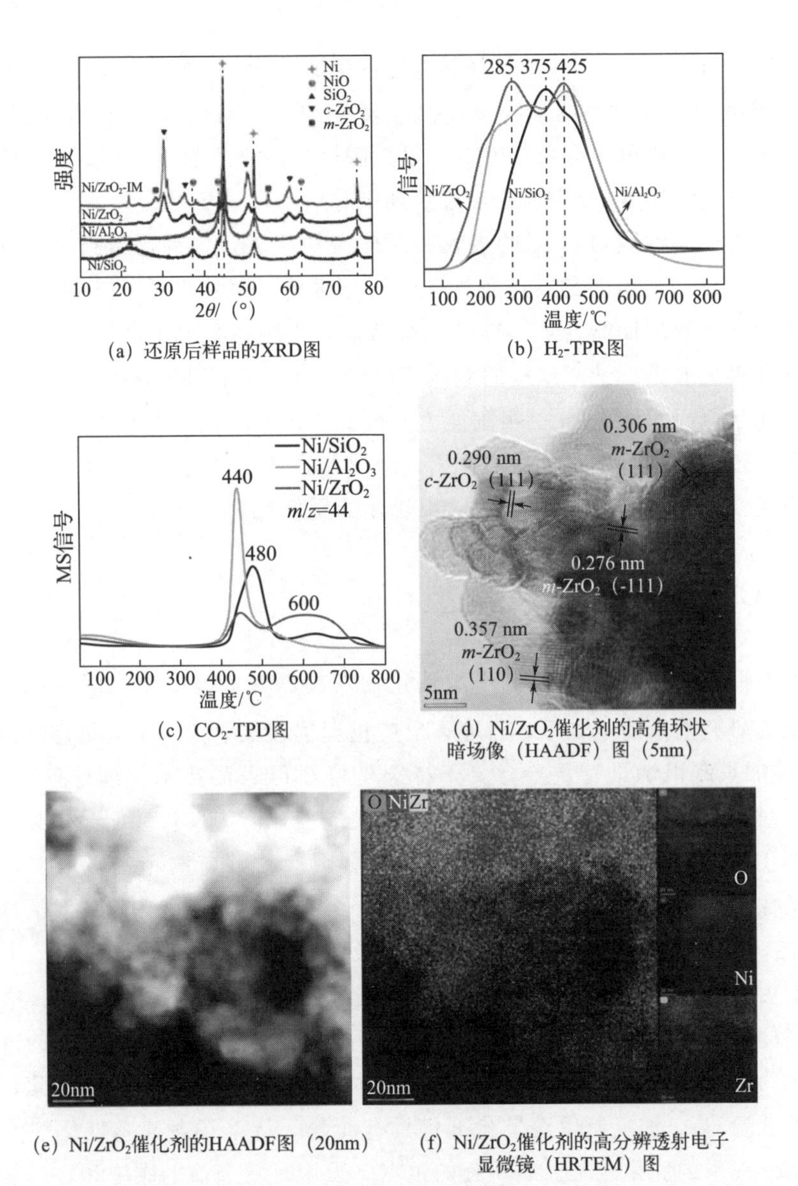

图 3.15 Ni/SiAlZr 催化剂的结构性能表征结果

此外，结果表明 Ni/ZrO_2 催化剂在活化和反应过程中会发生结构重构，生成更多的 m-ZrO_2，该工作为设计高效 CO_2 加氢催化剂拓宽思路。

(4) 挑战与展望

Ni 基催化剂的 CO_2 甲烷化活性在低温（<300℃）下表现并不能令人满意，而在高温（> 400℃）下又容易产生积炭。因此，人们为解决这一挑战做出了许多努力，并取得了较大的进展[145]。通过引入另一种金属可以得到双金属 Ni 催化剂，因此合金策略在 Ni 和其他金属之间表现出明显的协同作用，具有比原金属更好的电子和化学性质。同时，CO_2 转化和加氢路线对 Ni 的粒径极为敏感，较小的颗粒最大限度地分散活性位，最大限度地减少积炭。然而，尺寸效应的影响仍不明确，大多数 Ni 颗粒在经过长期试验后不可避免地变大。

载体的化学性质与 CO_2 的吸收和活化密切相关，各种掺杂组成也存在着不同的活性差异。已经证实混合载体可以结合原始材料的性质，并在 CO_2 甲烷化方面表现出优异的性能。从一维到三维载体，发现它们与 CO_2 甲烷化过程的催化活性和机理有关。纳米结构的载体不仅可以获得高的 Ni 分散度和较高的反应速率，而且可以增强 CO_2 的吸附能力。因此，设计独特的结构对 CO_2 加氢制甲烷工艺的工业化具有不可替代的作用。因此，合理设计特殊尺寸的镍和合金，深入研究构效关系，有助于实现 CO_2 甲烷化的规模化生产。

3.3 CO_2 加氢制甲烷展望

虽然近些年来 CO_2 加氢制甲烷催化剂发展迅速，但仍面临诸多挑战，现将该领域的研究前景简述如下：首先，反应机理仍存在争议。反应机理的深入研究对 CO_2 加氢制甲烷具有重要意义，特别是将原位表征技术与理论计算相结合。其次，对于催化构效关系的理解仍然具有挑战性，因为催化性能会受到金属、载体、催化剂结构和金属-载体相互作用等综合因素的影响。第三，从 CO_2 加氢制甲烷工业化的角度来看，氢气价格昂贵是一个严峻挑战，催化剂低温活性差（$<200℃$）。因此，氢能源制备的发展将促进 CO_2 加氢制甲烷的进程。越来越多的科学家关注直接以水为氢源的光催化和电催化 CO_2 加氢制甲烷反应。这可能将是未来的研究方向，但目前转化率仍较低。值得关注的是，新兴技术的进步可以为 CO_2 加氢制甲烷作出贡献，例如等离子体方法和 3D 打印技术。因此，研发高性能的低温 CO_2 加氢制甲烷催化剂仍具有前景。从本章对镍基催化剂的研究来看，构效关系的优化应是今后研究的重点。无论是从当前的碳中和，还是人类可持续发展的长远目标，CO_2 加氢制甲烷对我们的生活和经济发展具有前景。

总之，将 CO_2 转化为甲烷具有较大的工业生产潜力，该技术不仅提供了有效的减缓 CO_2 排放的途径，而且为绿色经济的能源提供了思路。近年来，镍基催化剂因其高催化性能而在该领域得到广泛应用。本章从金属和载体的性质以及金属-载体的相互作用等方面总结了镍基催化剂用于 CO_2 甲烷化的构效关系。最后，对 CO_2 甲烷化过程的挑战和前景进行了初步的讨论。总之，CO_2 甲烷化的发展目前还处于瓶颈期，但特殊结构催化剂的不断创新可以为 CO_2 甲烷化注入活力，为其工业化应用铺垫。

参考文献

[1] Sabatier P, Senderens J. Direct hydrogenation of oxides of carbon in presence of various finely divided metals[J]. CR Acad Sci, 1902, 134: 689-691.

[2] Fukuhara C, Hayakawa K, Suzuki Y, et al. A novel nickel-based structured catalyst for CO_2 methanation: a honeycomb-type Ni/CeO_2 catalyst to transform greenhouse gas into useful resources[J]. Applied Catalysis A: General, 2017, 532: 12-18.

[3] Ratchahat S, Sudoh M, Suzuki Y, et al. Development of a powerful CO_2 methanation process using a structured Ni/CeO_2 catalyst[J]. Journal of CO_2 Utilization, 2018, 24: 210-219.

[4] Rui N, Zhang X, Zhang F, et al. Highly active Ni/CeO_2 catalyst for CO_2 methanation: preparation and characterization[J]. Applied Catalysis B: Environmental, 2021, 282: 119581.

[5] Hu F, Ye R, Jin C, et al. Ni nanoparticles enclosed in highly mesoporous nanofibers with oxygen vacancies for efficient CO_2 methanation[J]. Applied Catalysis B: Environmental, 2022, 317: 121715.

[6] Bian Y, Xu C, Wen X, et al. CO_2 methanation over the Ni-based catalysts supported on nano-CeO_2 with varied morphologies[J]. Fuel, 2023, 331: 125755.

[7] Wu Q, Li H, Yang G, et al. Surface intermediates steer the pathways of CO_2 hydrogenation on Pt/γ-Al_2O_3: importance of the metal-support interface[J]. Journal of Catalysis, 2023, 425: 40-49.

[8] Hu F, Jin C, Wu R, et al. Enhancement of hollow Ni/CeO_2-Co_3O_4 for CO_2 methanation: from CO_2 adsorption and activation by synergistic effects [J]. Chemical Engineering Journal, 2023, 461: 142108.

[9] Gao J, Liu Q, Gu F, et al. Recent advances in methanation catalysts for the production of synthetic natural gas[J]. RSC Advances, 2015, 5: 22759-22776.

[10] Polanski J, Siudyga T, Bartczak P, et al. Oxide passivated Ni-supported Ru nanoparticles in silica: a new catalyst for low-temperature carbon dioxide methanation[J]. Applied Catalysis B: Environmental, 2017, 206: 16-23.

[11] Beuls A, Swalus C, Jacquemin M, et al. Methanation of CO_2: further insight into the mechanism over Rh/γ-Al_2O_3 catalyst[J]. Applied Catalysis B: Environmental, 2012, 113/114: 2-10.

[12] Karelovic A, Ruiz P. Mechanistic study of low temperature CO_2 methanation over Rh/TiO_2 catalysts [J]. Journal of Catalysis, 2013, 301: 141-153.

[13] Inderwildi O R, Jenkins S J, King D A. Mechanistic studies of hydrocarbon combustion and synthesis on noble metals[J]. Angewandte Chemie International Edition, 2008, 47: 5253-5255.

[14] Solymosi F, Erdőhelyi A. Hydrogenation of CO_2 to CH_4 over alumina-supported noble metals[J]. Journal of Molecular Catalysis, 1980, 8: 471-474.

[15] Prairie M R, Renken A, Highfield J G, et al. A fourier transform infrared spectroscopic study of CO_2 methanation on supported ruthenium[J]. Journal of Catalysis, 1991, 129: 130-144.

[16] Zamani A, Ali R, Bakar W A. The investigation of Ru/Mn/Cu-Al_2O_3 oxide catalysts for CO_2/H_2 methanation in natural gas[J]. Journal of the Taiwan Institute of Chemical Engineers, 2014, 45: 143-152.

[17] Zheng Q, Farrauto R, Chau Nguyen A. Adsorption and methanation of flue gas CO_2 with dual functional catalytic materials: a parametric study[J]. Industrial & Engineering Chemistry Research, 2016, 55: 6768-6776.

[18] Bermejo-López A, Pereda-Ayo B, González-Marcos J, et al. Mechanism of the CO_2 storage and in situ hydrogenation to CH_4. Temperature and adsorbent loading effects over Ru-CaO/Al_2O_3 and Ru-Na_2CO_3/Al_2O_3 catalysts[J]. Applied Catalysis B: Environmental, 2019, 256: 117845.

[19] Xu W W, Zhang X L, Dong M Y, et al. Plasma-assisted Ru/Zr-MOF catalyst for hydrogenation of CO_2 to methane[J]. Plasma Science and Technology, 2019, 21: 044004.

[20] Eckle S, Augustin M, Anfang H-G, et al. Influence of the catalyst loading on the activity and the CO selectivity of supported Ru catalysts in the selective methanation of CO in CO_2 containing feed gases[J]. Catalysis Today, 2012, 181: 40-51.

[21] Park J Y, Krauthammer T. Development of an LEFM dynamic crack criterion for correlated size and rate effects in concrete beams[J]. International Journal of Impact Engineering, 2009, 36: 92-97.

[22] Unwiset P, Kidkhunthod P, Poo-arporn Y, et al. One pot sol-gel synthesis of Pt-Ni/TiO_2 with high CO_2 methanation catalytic activity at low temperature[J]. Applied Catalysis A: General, 2022, 641: 118670.

[23] Efremova A, Szenti I, Kiss J, et al. Nature of the Pt-Cobalt-Oxide surface interaction and its role in the CO_2 Methanation[J]. Applied Surface Science, 2022, 571: 151326.

[24] Shen Y, Lua A C. Sol-gel synthesis of titanium oxide supported nickel catalysts for hydrogen and carbon production by methane decomposition[J]. Journal of Power Sources, 2015, 280: 467-475.

[25] Penner S, Armbrüster M. Formation of intermetallic compounds by reactive metal-support interaction: a frequently encountered phenomenon in catalysis[J]. ChemCatChem, 2015, 7: 374-392.

[26] Tauster S, Fung S, Garten R L. Strong metal-support interactions. Group 8 noble metals supported on titanium dioxide[J]. Journal of the American Chemical Society, 1978, 100: 170-175.

[27] Li Y X, Wei Z Y, Liu L, et al. Ag nanoparticles supported on UiO-66 for selective oxidation of styrene[J]. Inorganic Chemistry Communications, 2018, 88: 47-50.

[28] Dong W, Feng C, Zhang L, et al. Pd@ UiO-66: an efficient catalyst for Suzuki-Miyaura coupling reaction at mild condition[J]. Catalysis Letters, 2016, 146: 117-125.

[29] Pourkhosravani M, Dehghanpour S, Farzaneh F. Palladium nanoparticles supported on zirconium metal organic framework as an efficient heterogeneous catalyst for the Suzuki-Miyaura coupling reaction[J]. Catalysis Letters, 2016, 146: 499-508.

[30] Aldoghachi A, Yun Hin T Y, Saiman M I, et al. Development of highly stable Ni-doped zeolitic imidazole framework (ZIF-67) based catalyst for CO_2 methanation reaction[J]. International Journal of Hydrogen Energy, 2024, 57: 1474-1485.

[31] Zhen W L, Gao F, Tian B, et al. Enhancing activity for carbon dioxide methanation by encapsulating (1 1 1) facet Ni particle in metal-organic frameworks at low temperature[J]. Journal of Catalysis, 2017, 348: 200-211.

[32] Zhao Z W, Zhou X, Liu Y N, et al. Ultrasmall Ni nanoparticles embedded in Zr-based MOFs provide high selectivity for CO_2 hydrogenation to methane at low temperatures[J]. Catalysis Science & Technology, 2018, 8: 3160-3165.

[33] Mihet M, Blanita G, Dan M, et al. Pt/UiO-66 nanocomposites as catalysts for CO_2 methanation process[J]. Journal of Nanoscience and Nanotechnology, 2019, 19: 3187-3196.

[34] Weatherbee G D, Bartholomew C H. Hydrogenation of CO_2 on group Ⅷ metals: Ⅳ. Specific activities and selectivities of silica-supported Co, Fe, and Ru[J]. Journal of Catalysis, 1984, 87:

352-362.

[35] Jongsomjit B, Panpranot J, Goodwin Jr J G. Co-support compound formation in alumina-supported cobalt catalysts[J]. Journal of Catalysis, 2001, 204: 98-109.

[36] Khavrus V, Lemesh N, Gordeichuk S, et al. Catalytic synthesis of carbon nanotubes from ethylene in the presence of water vapor[J]. Theoretical and Experimental Chemistry, 2006, 42: 234-238.

[37] Khavrus V O, Lemesh N V, Gordijchuk S V, et al. Chemical catalytic vapor deposition (CCVD) synthesis of carbon nanotubes by decomposition of ethylene on metal (Ni, Co, Fe) nanoparticles [J]. Reaction Kinetics and Catalysis Letters, 2008, 93: 295-303.

[38] Guerrero-Ruiz A, Rodriguez-Ramos I. Hydrogenation of CO_2 on carbon-supported nickel and cobalt [J]. Reaction Kinetics and Catalysis Letters, 1985, 29: 93-99.

[39] Suo Z H, Kou Y, Niu J Z, et al. Characterization of TiO_2-, ZrO_2-and Al_2O_3-supported iron catalysts as used for CO_2 hydrogenation[J]. Applied Catalysis A: General, 1997, 148: 301-313.

[40] Storsæter S, Tøtdal B, Walmsley J C, et al. Characterization of alumina-, silica-, and titania-supported cobalt Fischer-Tropsch catalysts[J]. Journal of Catalysis, 2005, 236: 139-152.

[41] Zhao Z, Yung M M, Ozkan U S. Effect of support on the preferential oxidation of CO over cobalt catalysts[J]. Catalysis Communications, 2008, 9: 1465-1471.

[42] Banerjee R, Furukawa H, Britt D, et al. Control of pore size and functionality in isoreticular zeolitic imidazolate frameworks and their carbon dioxide selective capture properties[J]. Journal of the American Chemical Society, 2009, 131: 3875-3877.

[43] Rieter W J, Pott K M, Taylor K M, et al. Nanoscale coordination polymers for platinum-based anticancer drug delivery[J]. Journal of the American Chemical Society, 2008, 130: 11584-11585.

[44] Yaghi O M, O'Keeffe M, Ockwig N W, et al. Reticular synthesis and the design of new materials [J]. Nature, 2003, 423: 705-714.

[45] Esken D, Turner S, Lebedev O I, et al. Au@ ZIFs: stabilization and encapsulation of cavity-size matching gold clusters inside functionalized zeolite imidazolate frameworks, ZIFs[J]. Chemistry of Materials, 2010, 22: 6393-6401.

[46] Zhen W, Li B, Lu G, et al. Enhancing catalytic activity and stability for CO_2 methanation on Ni@ MOF-5 via control of active species dispersion [J]. Chemical Communications, 2015, 51: 1728-1731.

[47] Hu S, Liu M, Ding F, et al. Hydrothermally stable MOFs for CO_2 hydrogenation over iron-based catalyst to light olefins[J]. Journal of CO_2 Utilization, 2016, 15: 89-95.

[48] Zhou Y X, Chen Y Z, Cao L, et al. Conversion of a metal-organic framework to N-doped porous carbon incorporating Co and CoO nanoparticles: direct oxidation of alcohols to esters[J]. Chemical Communications, 2015, 51: 8292-8295.

[49] Shen K, Chen L, Long J, et al. MOFs-templated Co@ Pd core-shell NPs embedded in N-doped carbon matrix with superior hydrogenation activities[J]. ACS Catalysis, 2015, 5: 5264-5271.

[50] Li W, Zhang A, Jiang X, et al. Low temperature CO_2 methanation: ZIF-67-derived Co-based porous carbon catalysts with controlled crystal morphology and size[J]. ACS Sustainable Chemistry & Engineering, 2017, 5: 7824-7831.

[51] Li W, Nie X, Jiang X, et al. ZrO_2 support imparts superior activity and stability of Co catalysts for CO_2 methanation[J]. Applied Catalysis B: Environmental, 2018, 220: 397-408.

[52] Liu Y, Fang K, Chen J, et al. Effect of pore size on the performance of mesoporous zirconia-supported cobalt Fischer-Tropsch catalysts[J]. Green Chemistry, 2007, 9: 611-615.
[53] Duyar M S, Ramachandran A, Wang C, et al. Kinetics of CO_2 methanation over Ru/γ-Al_2O_3 and implications for renewable energy storage applications[J]. Journal of CO_2 Utilization, 2015, 12: 27-33.
[54] Sokolov S, Kondratenko E V, Pohl M M, et al. Stable low-temperature dry reforming of methane over mesoporous La_2O_3-ZrO_2 supported Ni catalyst[J]. Applied Catalysis B: Environmental, 2012, 113: 19-30.
[55] Abdel-Mageed A M, Widmann D, Olesen S E, et al. Selective CO methanation on Ru/TiO_2 catalysts: role and influence of metal-support interactions[J]. ACS catalysis, 2015, 5: 6753-6763.
[56] Kangvansura P, Schulz H, Suramitr A, et al. Reduced cobalt phases of ZrO_2 and Ru/ZrO_2 promoted cobalt catalysts and product distributions from Fischer-Tropsch synthesis[J]. Materials Science and Engineering: B, 2014, 190: 82-89.
[57] Oukaci R, Singleton A H, Jr J G G. Comparison of patented Co F-T catalysts using fixed-bed and slurry bubble column reactors[J]. Applied Catalysis A: General, 1999, 186: 129-144.
[58] Andersson M P, Bligaard T, Kustov A, et al. Toward computational screening in heterogeneous catalysis: pareto-optimal methanation catalysts[J]. Journal of Catalysis, 2006, 239: 501-506.
[59] Mebrahtu C, Krebs F, Perathoner S, et al. Hydrotalcite based Ni-Fe/(Mg, Al)O_x catalysts for CO_2 methanation-tailoring Fe content for improved CO dissociation, basicity, and particle size[J]. Catalysis Science & Technology, 2018, 8: 1016-1027.
[60] Sengupta S, Jha A, Shende P, et al. Catalytic performance of Co and Ni doped Fe-based catalysts for the hydrogenation of CO_2 to CO via reverse water-gas shift reaction[J]. Journal of Environmental Chemical Engineering, 2019, 7: 102911.
[61] Garbarino G, Cavattoni T, Riani P, et al. Support effects in metal catalysis: a study of the behavior of unsupported and silica-supported cobalt catalysts in the hydrogenation of CO_2 at atmospheric pressure[J]. Catalysis Today, 2020, 345: 213-219.
[62] Yu W Z, Fu X P, Xu K, et al. CO_2 methanation catalyzed by a Fe-Co/Al_2O_3 catalyst[J]. Journal of Environmental Chemical Engineering, 2021, 9: 105594.
[63] Liang C, Ye Z, Dong D, et al. Methanation of CO_2: impacts of modifying nickel catalysts with variable-valence additives on reaction mechanism[J]. Fuel, 2019, 254: 115654.
[64] Wolf M, Schüler C, Hinrichsen O. Sulfur poisoning of co-precipitated Ni-Al catalysts for the methanation of CO_2[J]. Journal of CO_2 Utilization, 2019, 32: 80-91.
[65] Le Saché E, Pastor-Perez L, Haycock B J, et al. Switchable catalysts for chemical CO_2 recycling: a step forward in the methanation and reverse water-gas shift reactions[J]. ACS Sustainable Chemistry & Engineering, 2020, 8: 4614-4622.
[66] Uddin M A, Honda Y, Kato Y, et al. Catalytic methanation of CO_2 with NH_3[J]. Catalysis Today, 2017, 291: 24-28.
[67] Arellano-Treviño M A, He Z, Libby M C, et al. Catalysts and adsorbents for CO_2 capture and conversion with dual function materials: limitations of Ni-containing DFMs for flue gas applications[J]. Journal of CO_2 Utilization, 2019, 31: 143-151.
[68] Yang Y, Liu J, Liu F, et al. Reaction mechanism of CO_2 methanation over Rh/TiO_2 catalyst[J].

Fuel, 2020, 276: 118093.

[69] Wang L, Yi Y, Guo H, et al. Atmospheric pressure and room temperature synthesis of methanol through plasma-catalytic hydrogenation of CO_2[J]. ACS Catalysis, 2018, 8: 90-100.

[70] Li Y, Zhang B, Tang X, et al. Hydrogen production from methane decomposition over Ni/CeO_2 catalysts[J]. Catalysis Communications, 2006, 7: 380-386.

[71] Shan W, Luo M, Ying P, et al. Reduction property and catalytic activity of $Ce_{1-X}Ni_XO_2$ mixed oxide catalysts for CH_4 oxidation[J]. Applied Catalysis A: General, 2003, 246: 1-9.

[72] Tang K, Liu W, Li J, et al. The effect of exposed facets of ceria to the nickel species in nickel-ceria catalysts and their performance in a NO+CO reaction[J]. ACS Applied Materials & Interfaces, 2015, 7: 26839-26849.

[73] Ayastuy J, González-Marcos M, Gil-Rodríguez A, et al. Selective CO oxidation over $Ce_XZr_{1-X}O_2$-supported Pt catalysts[J]. Catalysis Today, 2006, 116: 391-399.

[74] Bian Z, Chan Y M, Yu Y, et al. Morphology dependence of catalytic properties of Ni/CeO_2 for CO_2 methanation: a kinetic and mechanism study[J]. Catalysis Today, 2018, 347: 31-38.

[75] Huynh H L, Zhu J, Zhang G, et al. Promoting effect of Fe on supported Ni catalysts in CO_2 methanation by in situ DRIFTS and DFT study[J]. Journal of Catalysis, 2020, 392: 266-277.

[76] de Masi D, Asensio J M, Fazzini P F, et al. Engineering iron-nickel nanoparticles for magnetically induced CO_2 methanation in continuous fow[J]. Angewandte Chemie International Edition, 2020, 59: 6187-6191.

[77] Mutz B, Belimov M, Wang W, et al. Potential of an alumina-supported Ni_3Fe catalyst in the methanation of CO_2: impact of alloy formation on activity and stability[J]. ACS Catalysis, 2017, 7: 6802-6814.

[78] Serrer M A, Kalz K F, Saraci E, et al. Role of iron on the structure and stability of $Ni_{3.2}$ during dynamic CO_2 methanation for P2X applications[J]. ChemCatChem, 2019, 11: 5018-5021.

[79] Serrer M A, Gaur A, Jelic J, Structural dynamics in Ni-Fe catalysts during CO_2 methanation-role of iron oxide clusters[J]. Catalysis Science & Technology, 2020, 10: 7542-7554.

[80] Vrijburg W L, Moioli E, Chen W, et al. Efficient base-metal NiMn/TiO_2 catalyst for CO_2 methanation[J]. ACS Catalysis, 2019, 9: 7823-7839.

[81] Vrijburg W L, Garbarino G, Chen W, et al. Ni-Mn catalysts on silica-modified alumina for CO_2 methanation[J]. Journal of Catalysis, 2020, 382: 358-371.

[82] Wu Y, Lin J, Xu Y, et al. Transition metals modified Ni-M (M=Fe, Co, Cr and Mn) catalysts supported on Al_2O_3-ZrO_2 for low-temperature CO_2 methanation[J]. ChemCatChem, 2020, 12: 3553-3559.

[83] Wang Y, Arandiyan H, Bartlett S A, et al. Inducing synergy in bimetallic RhNi catalysts for CO_2 methanation by galvanic replacement[J]. Applied Catalysis B: Environmental, 2020, 277: 119029.

[84] Kikkawa S, Teramura K, Asakura H, et al. Ni-Pt alloy nanoparticles with isolated Pt atoms and their cooperative neighboring Ni atoms for selective hydrogenation of CO_2 toward CH_4 evolution: in situ and transient fourier transform infrared studies[J]. ACS Applied Nano Materials, 2020, 3: 9633-9644.

[85] Arandiyan H, Wang Y, Scott J, et al. In situ exsolution of bimetallic Rh-Ni nanoalloys: a highly efficient catalyst for CO_2 methanation[J]. ACS Applied Materials & Interfaces, 2018, 10:

16352-16357.

[86] Paviotti M A, Faroldi B M, Cornaglia L M, et al. Ni-based catalyst over rice husk-derived silica for the CO_2 methanation reaction: effect of Ru addition[J]. Journal of Environmental Chemical Engineering, 2021, 9: 105173.

[87] van Santen R A. Complementary structure sensitive and insensitive catalytic relationships[J]. Accounts of Chemical Research, 2009, 42: 57-66.

[88] Vogt C, Groeneveld E, Kamsma G, et al. Unravelling structure sensitivity in CO_2 hydrogenation over nickel[J]. Nature Catalysis, 2018, 1: 127-134.

[89] Karelovic A, Ruiz P. CO_2 hydrogenation at low temperature over Rh/γ-Al_2O_3 catalysts: effect of the metal particle size on catalytic performances and reaction mechanism[J]. Applied Catalysis B: Environmental, 2012, 113/114: 237-249.

[90] Tang G, Gong D, Liu H, et al. Highly loaded mesoporous Ni-La_2O_3 catalyst prepared by colloidal solution combustion method for CO_2 methanation[J]. Catalysts, 2019, 9: 442.

[91] Bacariza M C, Amjad S, Teixeira P, et al. Boosting Ni dispersion on zeolite-supported catalysts for CO_2 methanation: the influence of the impregnation solvent [J]. Energy Fuels, 2020, 34: 14656-14666.

[92] Ye R P, Li Q, Gong W, et al. High-performance of nanostructured Ni/CeO_2 catalyst on CO_2 methanation[J]. Applied Catalysis B: Environmental, 2020, 268: 118474.

[93] Ashok J, Ang M L, Kawi S. Enhanced activity of CO_2 methanation over Ni/CeO_2-ZrO_2 catalysts: influence of preparation methods[J]. Catalysis Today, 2017, 281: 304-311.

[94] Hao Z, Shen J, Lin S, et al. Decoupling the effect of Ni particle size and surface oxygen deficiencies in CO_2 methanation over ceria supported Ni [J]. Applied Catalysis B: Environmental, 2021, 286: 119922.

[95] Wang K, Men Y, Liu S, et al. Decoupling the size and support/metal loadings effect of Ni/SiO_2 catalysts for CO_2 methanation[J]. Fuel, 2021, 304: 121388.

[96] Lin L, Gerlak C A, Liu C, et al. Effect of Ni particle size on the production of renewable methane from CO_2 over Ni/CeO_2 catalyst[J]. Journal of Energy Chemistry, 2021, 61: 602-611.

[97] Varvoutis G, Lykaki M, Stefa S, et al. Deciphering the role of Ni particle size and nickel-ceria interfacial perimeter in the low-temperature CO_2 methanation reaction over remarkably active Ni/CeO_2 nanorods[J]. Applied Catalysis B: Environmental, 2021, 297: 120401.

[98] Ren J, Qin X, Yang J Z, et al. Methanation of carbon dioxide over Ni-M/ZrO_2 (M=Fe, Co, Cu) catalysts: effect of addition of a second metal [J]. Fuel Processing Technology, 2015, 137: 204-211.

[99] Jia X, Zhang X, Rui N, et al. Structural effect of Ni/ZrO_2 catalyst on CO_2 methanation with enhanced activity[J]. Applied Catalysis B: Environmental, 2019, 244: 159-169.

[100] Mutz B, Sprenger P, Wang W, et al. Operando Raman spectroscopy on CO_2 methanation over alumina-supported Ni, Ni_3Fe and $NiRh_{0.1}$ catalysts: Role of carbon formation as possible deactivation pathway[J]. Applied Catalysis, A: General, 2018, 556: 160-171.

[101] Yang L, Pastor Pérez L, Villora Pico J J, et al. CO_2 valorisation via reverse water-gas shift reaction using promoted Fe/CeO_2-Al_2O_3 catalysts: showcasing the potential of advanced catalysts to explore new processes designn[J]. Applied Catalysis A: General, 2020, 593: 117442.

[102] Tada S, Kikuchi R, Wada K, et al. Long-term durability of Ni/TiO_2 and Ru-Ni/TiO_2 catalysts for selective CO methanation[J]. Journal of Power Sources, 2014, 264: 59-66.

[103] Razzaq R, Li C, Amin N, et al. Co-methanation of carbon oxides over nickel-based $Ce_xZr_{1-x}O_2$ catalysts[J]. Energy Fuels, 2013, 27: 6955-6961.

[104] Song H, Yang J, Zhao J, et al. Methanation of carbon dioxide over a highly dispersed Ni/La_2O_3 catalyst[J]. Chinese Journal of Catalysis, 2010, 31: 21-23.

[105] Tasbihi M, Fresno F, Á lvarez-Prada I, et al. A molecular approach to the synthesis of platinum-decorated mesoporous graphitic carbon nitride as selective CO_2 reduction photocatalyst[J]. Journal of CO_2 Utilization, 2021, 50: 101574.

[106] Wu J, Wang L, Yang X, et al. Support effect of the Fe/BN catalyst on Fischer-Tropsch performances: role of the surface B-O defect[J]. Industrial & Engineering Chemistry Research, 2018, 57: 2805-2810.

[107] Alves L M N C, Almeida M P, Ayala M, et al. CO_2 methanation over metal catalysts supported on ZrO_2: effect of the nature of the metallic phase on catalytic performance[J]. Chemical Engineering Science, 2021, 239: 116604.

[108] Riani P, Valsamakis I, Cavattoni T, et al. Ni/SiO_2-Al_2O_3 catalysts for CO_2 methanation: effect of La_2O_3 addition[J]. Applied Catalysis B: Environmental, 2021, 284: 119697.

[109] Garbarino G, Wang C, Cavattoni T, et al. A study of Ni/La-Al_2O_3 catalysts: a competitive system for CO_2 methanation[J]. Applied Catalysis B: Environmental, 2018, 248: 286-297.

[110] Vls P, Hilbert S, Strr B, et al. Methanation of CO_2 and CO by (Ni, Mg, Al)-hydrotalcite-derived and related catalysts with varied magnesium and aluminum oxide contents[J]. Industrial & Engineering Chemistry Research, 2021, 60: 5114-5123.

[111] Siakavelas G I, Charisiou N D, AlKhoori S, et al. Highly selective and stable nickel catalysts supported on ceria promoted with Sm_2O_3, Pr_2O_3 and MgO for the CO_2 methanation reaction[J]. Applied Catalysis B: Environmental, 2021, 282: 119562.

[112] Xu X L, Liu L, Tong Y Y, et al. Facile Cr^{3+}-doping strategy dramatically promoting Ru/CeO_2 for low-temperature CO_2 methanation: unraveling the roles of surface oxygen vacancies and hydroxyl groups[J]. ACS Catalysis, 2021, 11: 5762-5775.

[113] Chernyak S A, Suslova E V, Egorov A V, et al. Effect of Co crystallinity on Co/CNT catalytic activity in CO/CO_2 hydrogenation and CO disproportionation[J]. Applied Surface Science, 2016, 372: 100-107.

[114] Wang W, Chu W, Wang N, et al. Mesoporous nickel catalyst supported on multi-walled carbon nanotubes for carbon dioxide methanation[J]. International Journal of Hydrogen Energy, 2016, 41: 967-975.

[115] Gödde J, Merko M, Xia W, et al. Nickel nanoparticles supported on nitrogen-doped carbon nanotubes are a highly active, selective and stable CO_2 methanation catalyst[J]. Journal of Energy Chemistry, 2021, 54: 323-331.

[116] Hashimoto N, Mori K, Asahara K, et al. How the morphology of NiO_x-decorated CeO_2 nanostructures affects catalytic properties in CO_2 methanation[J]. Langmuir, 2021, 37: 5376-5384.

[117] Quan Y, Zhang N, Zhang Z, et al. Enhanced performance of Ni catalysts supported on ZrO_2 nanosheets for CO_2 methanation: effects of support morphology and chelating ligands[J]. Interna-

tional Journal of Hydrogen Energy, 2021, 46: 14395-14406.

[118] Guo X, He H, Traitangwong A, et al. Ceria imparts superior low temperature activity to nickel catalysts for CO_2 methanation[J]. Catalysis Science & Technology, 2019, 9: 5636-5650.

[119] Jurca B, Bucur C, Primo A, et al. N-doped defective graphene from biomass as catalyst for CO_2 hydrogenation to methane[J]. ChemCatChem, 2019, 11: 985-990.

[120] Wang W, Duong-Viet C, Ba H, et al. Nickel nanoparticles decorated nitrogen-doped carbon nanotubes (Ni/N-CNT); a robust catalyst for the efficient and selective CO_2 methanation[J]. ACS Applied Energy Materials, 2019, 2: 1111-1120.

[121] Ma H, Ma K, Ji J, et al. Graphene intercalated Ni-SiO_2/GO-Ni-foam catalyst with enhanced reactivity and heat-transfer for CO_2 methanation[J]. Chemical Engineering Science, 2019, 194: 10-21.

[122] Dong H, Liu Q. Three-dimensional networked Ni-phyllosilicate catalyst for CO_2 methanation: achieving high dispersion and enhanced stability at high Ni loadings[J]. ACS Sustainable Chemistry & Engineering, 2020, 8: 6753-6766.

[123] Fang X, Xia L, Li S, et al. Superior 3DOM $Y_2Zr_2O_7$ supports for Ni to fabricate highly active and selective catalysts for CO_2 methanation[J]. Fuel, 2021, 293: 120460.

[124] Cardenas-Arenas A, Cortes H S, Bailon-Garcia E, et al. Active, selective and stable NiO-CeO_2 nanoparticles for CO_2 methanation[J]. Fuel Processing Technology, 2021, 212: 106637.

[125] Liu Q, Dong H. In situ immobilizing Ni nanoparticles to FDU-12 via trehalose with fine size and location control for CO_2 methanation[J]. ACS Sustainable Chemistry & Engineering, 2020, 8: 2093-2105.

[126] Hu F, Chen X, Tu Z, et al. Graphene aerogel supported Ni for CO_2 hydrogenation to methane[J]. Industrial & Engineering Chemistry Research, 2021, 60: 12235-12243.

[127] Vrijburg W L, van Helden J W, van Hoof A J, et al. Tunable colloidal Ni nanoparticles confined and redistributed in mesoporous silica for CO_2 methanation[J]. Catalysis Science & Technology, 2019, 9: 2578-2591.

[128] Paviotti M A, Hoyos L A S, Busilacchio V, et al. Ni mesostructured catalysts obtained from rice husk ashes by microwave-assisted synthesis for CO_2 methanation[J]. Journal of CO_2 Utilization, 2020, 42: 101328.

[129] Bukhari S N, Chong C C, Setiabudi H D, et al. Ni/Fibrous type SBA-15: highly active and coke resistant catalyst for CO_2 methanation[J]. Chemical Engineering Science, 2021, 229: 116141.

[130] Chen X, Ye R, Jin C, et al. A highly efficient Ni/3DOM-$La_2O_2CO_3$ catalyst with ordered macroporous structure for CO_2 methanation[J]. Journal of Catalysis, 2023, 428: 115129.

[131] Tauster S J, Fung S C, Baker R T K, et al. Strong interactions in supported-metal catalysts[J]. Science, 1981, 211: 1121-1125.

[132] van Deelen T W, Hernández Mejia C, de Jong K P. Control of metal-support interactions in heterogeneous catalysts to enhance activity and selectivity[J]. Nature Catalysis, 2019, 2: 955-970.

[133] Li S, Gong J. Strategies for improving the performance and stability of Ni-based catalysts for reforming reactions[J]. Chemical Society Reviews, 2014, 43: 7245-7256.

[134] Li J, Lin Y, Pan X, et al. Enhanced CO_2 methanation activity of Ni/anatase catalyst by tuning strong metal-support interactions[J]. ACS Catalysis, 2019, 9: 6342-6348.

[135] Lin S, Hao Z, Shen J, et al. Enhancing the CO_2 methanation activity of Ni/CeO_2 via activation

treatment-determined metal-support interaction [J]. Journal of Energy Chemistry, 2021, 59: 334-342.

[136] Thalinger R, Gocyla M, Heggen M, et al. Ni-perovskite interaction and its structural and catalytic consequences in methane steam reforming and methanation reactions [J]. Journal of Catalysis, 2016, 337: 26-35.

[137] Ren J, Mebrahtu C, Palkovits R. Ni-based catalysts supported on Mg-Al hydrotalcites with different morphologies for CO_2 methanation: exploring the effect of metal-support interaction[J]. Catalysis Science & Technology, 2020, 10: 1902-1913.

[138] Hongmanorom P, Ashok J, Zhang G, et al. Enhanced performance and selectivity of CO_2 methanation over phyllosilicate structure derived Ni-Mg/SBA-15 catalysts[J]. Applied Catalysis B: Environmental, 2021, 282: 119564.

[139] Yan Y, Dai Y, Yang Y, et al. Improved stability of Y_2O_3 supported Ni catalysts for CO_2 methanation by precursor-determined metal-support interaction[J]. Applied Catalysis B: Environmental, 2018, 237: 504-512.

[140] Ye R P, Gong W, Sun Z, et al. Enhanced stability of Ni/SiO_2 catalyst for CO_2 methanation: Derived from nickel phyllosilicate with strong metal-support interactions [J]. Energy, 2019, 188: 116059.

[141] Li J, Zhou Y, Xiao X, et al. Regulation of Ni-CNT interaction on Mn-promoted nickel nanocatalysts supported on oxygenated CNTs for CO_2 selective hydrogenation[J]. ACS Applied Materials & Interfaces, 2018, 10: 41224-41236.

[142] Parastaev A, Muravev V, Huertas Osta E, et al. Boosting CO_2 hydrogenation via size-dependent metal-support interactions in cobalt/ceria-based catalysts[J]. Nature Catalysis, 2020, 3: 526-533.

[143] Ye R, Ma L, Hong X, et al. Boosting low-temperature CO_2 hydrogenation over Ni-based catalysts by tuning strong metal-support interactions[J]. Angewandte Chemie International Edition, 2024, 63: e202317669.

[144] Ma L, Ye R, Huang Y, et al. Enhanced low-temperature CO_2 methanation performance of Ni/ZrO_2 catalysts via a phase engineering strategy[J]. Chemical Engineering Journal, 2022, 446: 137031.

[145] Hu F, Ye R, Lu Z, et al. Structure-activity relationship of Ni-based catalysts toward CO_2 methanation: recent advances and future perspectives[J]. Energy Fuels, 2022, 36: 156-169.

第4章 CHAPTER 4
CO_2 加氢制甲醇

上一章阐述了 CO_2 加氢制甲烷的研究进展，甲烷属于气体燃料，本章将介绍 CO_2 加氢制甲醇的科研情况和工业化应用，甲醇属于液体化学品。该反应属于“液态阳光”项目的一个重要反应，甲醇也容易储存和运输，为此 CO_2 加氢制甲醇对于碳循环和氢气的存储运输具有重要作用；该反应主流催化剂是铜基和钯基催化剂，近些年新兴了一系列铟基等非铜基催化剂，在 CO_2 加氢制甲醇反应起到重要作用；该反应目前已有工业化应用，然而在大部分地区仍然受限于氢气成本和催化剂稳定性问题，没有大规模推广。

4.1 CO_2 加氢制甲醇研究背景

随着工业的快速发展，人类对化石能源（主要包括煤、石油以及天然气）的需求也不断增加。然而，大气中 CO_2 浓度的增加导致全球变暖、冰川融化、海平面上升等问题[1]。联合国政府间气候变化专门委员会（IPCC）预测[2]，持续增加的温室气体排放将导致全球变暖加剧，在纳入考虑的情景和模拟路径中，全球气候变暖的最佳估计值在近期（2021—2040 年）将达到 1.5 ℃。在接下来的 2000 年里，如果升温控制在 1.5℃以内，全球平均海平面将上升 2～3m，如果升温限制在 2℃以内，全球平均海平面将上升 2～6m。CO_2 的捕集、利用和封存（CCUS）技术因其能够减少大气中 CO_2 浓度的增加而受到广泛关注[3,4]。此外，CO_2 作为一种无毒、可再生、易获得且丰富的碳资源，可与氢气反应制取高附加值化学品，对解决环境和能源危机等问题具有重要意义[5,6]。

由于 CO_2 分子本身具有化学惰性、热力学稳定性，故活化需要大量能量，因此开发高效稳定的催化剂降低反应的活化能是 CO_2 加氢生成甲醇的关键。在 20 世纪 60 年代，英国帝国化学公司（ICI）研制出一种 $Cu/ZnO/Al_2O_3$ 催化剂，在较低的压力和温度（5000～10000kPa，200～300℃）下进行 CO_2 的加氢合成甲醇反应[7]，从而推动了工业上合成甲醇的迅速发展。

甲醇储氢及其蒸汽重整制氢的技术路线如图4.1所示[8]。可再生氢气和二氧化碳合成甲醇被认为是“液态阳光”的关键一环[9]。此外，甲醇作为高密度储氢材料之一，是一种方便运输的液体燃料，可以制备其他化学品和燃料，也可以在低温（<300℃）下重整为氢气，这就带来了甲醇和氢的经济[10,11]。迄今为止，绿色氢能面临的挑战之一是其储存和运输。金属氢化物和金属有机骨架已被广泛用于储氢，但其有限的容量仍然难以大规模应用[11,12]，且目前大多数研究都集中于通过 CO_2 加氢合成短链产物，如 CO、CH_4、CH_3OH、HCOOH 和低碳烯烃等[13]，对长链烃的研究相对较少[14]。

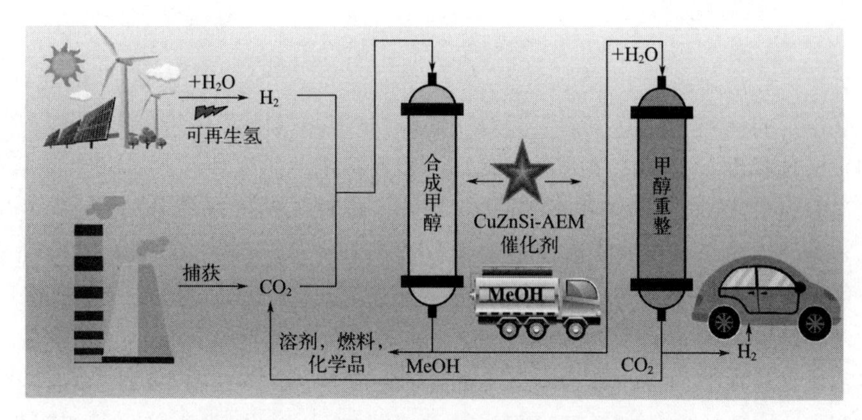

图4.1　甲醇储氢及其蒸汽重整制氢的技术路线

在各种 CO_2 加氢反应途径中，甲醇被认为是其他化工产品的起点，是 CO_2 加氢的基础。然而 CO_2 加氢制甲醇是一个放热反应，反应在较低温度下有利于进行，而作为副反应的逆水煤气变换反应必须在较高温度下进行。故开发一种能够在适当的温度下有效地用于 CO_2 活化和中间体向目标产物转化的催化剂非常重要。目前用于 CO_2 加氢制甲醇的催化剂主要有铜基催化剂（以Cu元素为主要活性成分）、负载型贵金属催化剂（以Pd、Au、Ag等贵金属为主要活性成分）和其他金属氧化物催化剂［In_2O_3、$MaZrO_x$（Ma=Zn、Cd和Ga)］[15]。传统的铜基催化剂上甲醇选择性低，水诱导活性相的烧结导致其稳定性不足[16]。

相比之下，贵金属催化剂因其高稳定性、抗烧结和抗中毒能力而被用来代替铜基催化剂。然而，这些催化剂选择性低，成本高，并且由于与 CO_2 的结合较弱，不能有效地催化反应和控制产物的分布[17]。下面从催化剂的研究进展和工业化应用进展这两方面来介绍 CO_2 加氢制甲醇的国内外发展现状。

4.2 CO_2 加氢制甲醇催化剂研究进展

典型的非均相催化剂由活性相、载体和助剂三大部分组成。活性相是催化剂中发生反应的部分。由于过渡金属及其氧化物具有催化化学反应的独特能力，因此通常用于参与催化反应。由于表面低能电子态的多样性，过渡金属可以很容易地接受或给予电子，从而促进表面化学键的断裂或形成。本节介绍了多种金属基催化剂对二氧化碳加氢制甲醇的催化作用，主要有 Cu 基催化剂、Pd 基催化剂、In 基催化剂、Ag 基催化剂。

4.2.1 Cu 基催化剂

近年来，科研人员广泛选择具有费-托工艺活性的过渡金属催化剂（Cu、Co、Fe）用于 CO_2 加氢反应[18]。其中，Cu 基催化剂因具有良好的 CO_2 加氢活性和甲醇选择性，以及优异的可持续发展和经济效益而受到深入研究。自 ICI 公司首次开发 CO_2 加氢制备甲醇 $Cu/ZnO/Al_2O_3$ 催化剂以来的 60 多年中，尽管已经不断开发出多种用于甲醇合成的催化剂，但改性 Cu 基催化剂是 CO_2 加氢制甲醇中最重要的催化体系。

单独的金属 Cu 容易发生烧结，甲醇选择性和二氧化碳转化率都非常低，甲醇不能有效合成。选择合适的载体或助剂不仅可以增加 Cu 物种的比表面积，有效抑制 Cu 物种的聚集，还可以促进主要活性成分 Cu 与载体之间的相互作用，从而提高催化剂的活性和结构性能[19]。

(1) Cu/ZnO 催化剂

无论是作为工业上二氧化碳加氢制备甲醇催化剂，还是作为理论研究的催化剂模型，Cu/ZnO 都是目前研究的重点，主要是由于 Cu 和 ZnO 之间复杂的协同作用。关于 Cu 和 ZnO 之间的协同作用以及反应机制的长期争论多不相同，Cu/ZnO 已经成为研究多相反应中复杂促进作用的模型催化剂[20]。

Bell 研究小组[21] 提出了一种双功能、双位点机制来解释 Cu/ZnO 催化剂具有高活性和高甲醇选择性的原因。根据双位点理论，H_2 分子在金属 Cu 表面发生解离吸附，CO_2 分子则以碳酸盐的形式吸附在 ZnO 表面。通过氢溢流作用，氢原子从 Cu 表面迁移到 ZnO 表面，然后将吸附的含碳物种逐步加氢形成甲醇。Kuld 等人[20] 通过 H_2-TPD 将 Cu 表面 Zn 的覆盖度精密定量化，随着 Zn 覆盖度的增加，甲醇合成的活性逐渐增加，Cu 与表面覆盖的 Zn 很可能形成了 CuZn 合金。Zheng 等人[22] 为了探索 Zn 对 Cu 表面活性位点的影响，利用密度泛函理论在纯 Cu 和 Zn 修饰的 Cu 催化剂上进行了 CO_2 加氢合成甲醇的反应动力学计算。在 Zn 修饰的 Cu 催化剂上，反应速控步骤的活化能势垒远低于纯 Cu 催化剂，Zn 的存在改变了 CO_2 加氢合成甲醇的最佳反应路线。

ZnO 的形貌也是影响催化剂性能的重要因素，Cu-ZnO 接触面积越大，越有利于甲醇的生成。Lei 等人[23] 通过水热法合成了丝状和棒状 ZnO，采用氨蒸发诱导法合成了 2 种不同形貌的 Cu/ZnO 催化剂，并与传统共沉淀法制备的 Cu/ZnO 进行了对比。实验结果表明，催化剂的活性与 ZnO 的形貌密切相关。丝状 ZnO 制备的 Cu/ZnO 催化剂的甲醇活性最好，甲醇的时空收率可达 0.55g/(g·h)，甲醇的选择性最高为 78.2%。作者认为丝状 Cu/ZnO 催化剂中 Cu 与 ZnO 之间的相互作用更强，而且具有更高浓度的氧空位。

Cu 催化剂的制备方法影响催化剂的微观结构、还原性及 Cu 与氧化物载体之间的相互作用。在众多 CO_2 加氢合成甲醇 Cu/ZnO 催化剂的合成方法中，共沉淀法是常用的方法之一，但是该方法受 pH、化学计量偏差的影响较大[24]。Ramli 等人[25] 研发了一种新型超声喷雾沉淀制备技术，通过引入喷雾沉淀技术和超声波辐照相结合，可以产生更细、Cu 物种粒径更小的催化剂，与传统共沉淀法相比，该方法制备的催化剂的 CO_2 转化率提高了 20.9%，甲醇的选择性和收率分别提高了 2.7%和 27%，同时也降低了副产物 CO 的含量。Guo 等人[24] 利用甘氨酸和硝酸盐通过燃烧法合成了一系列 CuO-ZnO-ZrO_2 催化剂，结果表明，当甘氨酸的化学计量比为 50%时，催化剂表现出最佳活性，此时 CO_2 转化率为 12%，甲醇选择性达到了 71.1%，甲醇收率为 8.5%。催化剂的粒径和 ZrO_2 的晶相会随着甘氨酸的用量而发生变化，改变了 Cu 物种在载体表面的分散性，进而影响了催化性能。

为了进一步提高 Cu/ZnO 催化剂的甲醇活性和稳定性，可加入不同的金属氧化物作为助剂。Li 等人[26] 在 Cu 盐和 Zn 盐前驱体中引入 Ga^{3+}，采用共沉淀法制备了一系列 Cu/ZnO 催化剂，发现引入 Ga^{3+} 后，可产生含 Ga 的尖晶石，形成 Zn-MGa_2O_4（M=Zn 或 Cu）的电子异质结，促进了 ZnO 载体中 Zn^{2+} 的深度还原，生成的 Zn 原子和 Cu 纳米粒子形成了 Cu-Zn 合金，提高了甲醇的选择性，Cu-Zn 合金是生成甲醇的活性位点。Wang 等人[27] 采用共沉淀法制备了 WO_3 修饰的 CuO-ZnO-ZrO_2 催化剂，加入少量的 WO_3 可提高 CuO-ZnO-ZrO_2 的催化活性，与未加入 WO_3 的催化剂相比，甲醇收率提高了 20%，并且催化剂具有更高的稳定性。少量 WO_3 的加入可提高催化剂表面碱性活性中心的数量，有利于 CO_2 的吸附，从而提升了甲醇收率。

(2) Cu/CeO_2 催化剂

氧化铈（CeO_2）是一种可还原的氧化物载体，近些年在 CO_2 加氢反应中受到了广泛的关注。原因可以归结为以下几点：大量的氧空位、高活性的 Ce^{4+}/

Ce^{3+}氧化还原对能够增强 CO_2 的解离吸附和活化[28]；Cu-CeO_2 界面有助于 CO_2 的活化，有利于 CO_2 加氢合成甲醇；强烈的金属-载体相互作用、CeO_2 和 Cu 之间的电子转移可提高 CO_2 加氢合成甲醇的活性[29]。作为自然丰度最高的镧系元素，Ce 元素具有巨大的研究和应用前景。目前，在 CO_2 加氢合成甲醇方面，已有大量的研究集中在 Cu/CeO_2 催化剂体系。

Graciani 等人[30] 提出了一种高效合成甲醇的 Cu-CeO_2 界面，实验结果和理论计算表明，这是一种具有不同类型的 CO_2 活化位点的界面。由于 Cu-CeO_2 界面中金属和氧化物位点结合可提供互补的化学性质，使得 CO_2 加氢产生了一条合成甲醇的特殊反应路径。通过适当调整甲醇合成催化剂中金属-氧化物界面的性质可极大提高生成甲醇的活性和选择性。CeO_2 的形貌也会对催化剂的性能产生重要影响。Lin 等人[28] 采用纳米棒（CeO_2-NR）和纳米球（CeO_2-NS）载体制备了两种不同的 Cu/CeO_2 催化剂，用来研究 CeO_2 载体的形貌效应。实验结果表明，Cu/CeO_2-NR 催化剂比 Cu/CeO_2-NS 表现出更高的甲醇选择性，甲醇选择性最高可达 68.2%。原位红外光谱结果显示，双齿碳酸盐物种是 CO_2 加氢合成甲醇的活性中间体，CeO_2-NR 表面优先形成高覆盖度的双齿碳酸盐和双齿甲酸盐物种是其催化性能优异的主要原因。

(3) Cu-ZnO/SiO_2 催化剂

此外，氧化硅负载的 Cu 基催化剂也广泛应用于 CO_2 加氢合成甲醇。例如，笔者等人报道了一例高活性 CuZnSi 催化剂应用于甲醇合成及其蒸汽重整制氢反应，下面重点介绍该工作：蒸氨法制备的 CuZnSi-AEM 催化剂具有极低的金属负载量和高度分散的 Cu/Zn 物种，尤其是高浓度的 Cu^+ 物种，表现出最佳的甲醇时空收率 [1888.3g/(kgCu·h)] 和 282.6molCO_2/(kgCu·h) 活性，高于大多数报道的催化剂。此外，CuZnSi-AEM 催化剂在甲醇蒸汽重整反应中还具有较低的 CO 选择性。笔者等人的研究结果表明，催化剂形态、暴露的 Cu^+ 物种和 Cu-ZnO_x 协同的相互作用是成功利用甲醇作为氢载体的关键因素。

事实上，已经报道了在基于相同 Ru-pincer 催化剂的均相催化体系，甲醇与胺的水相重整及其逆反应[31]。为了降低催化剂成本和开发更简便的分离工艺，笔者等人设计了基于相同 CuZnSi 催化剂的多相催化体系。

然而，考虑到 CO_2 的惰性、产品选择性方面的挑战以及高温反应过程中催化剂失活的缺点，高效稳定的催化剂成为甲醇合成及其蒸汽重整的关键[32,33]。众多催化剂，例如经典的铜基[34,35]、镍基[36]、新兴的铟[37] 或二硫化钼基[38] 和贵金属基催化剂已被开发用于甲醇合成或其蒸汽重整反应[39]。然而，用于 CO_2 加氢合成和甲醇蒸汽重整反应的双功能高效多相催化剂鲜有报道。例如，大多数镍基催化剂对甲醇蒸汽重整（MSR）具有活性，但镍基催化剂上的 CO_2

加氢产物几乎是甲烷而不是甲醇。铜基催化剂，特别是成本低、活性高的铜锌基体系被广泛研究并用于 CO_2 加氢制甲醇或其逆反应过程[40,41]，然而，铜基催化剂往往表现出较差的稳定性，原因是 Cu 烧结，特别是在水蒸气存在下。二氧化硅是一种广泛研究的载体，具有高热稳定性、大的比表面积、可调控的孔结构和绿色合成过程[42,43]，CuSi 基催化剂已广泛用于羰基化合物加氢，例如 CO_2 和草酸二甲酯的加氢[44]。2015 年报道了一种以 Cu^+ 物种为主的优良 Cu/SiO_2 催化剂，用于 CO_2 加氢制甲醇[45]。然后，具有核壳结构的 CuZn@SiO_2 和 CuIn@SiO_2 催化剂显示出更优异的催化稳定性和甲醇选择性[43,46]。此外，用于 MSR 的 Cu/SiO_2 催化剂具有包含以甲酸甲酯中间体的新反应途径[47]。然后将 Zn 添加到 Cu/SiO_2 中以降低 CO 选择性并在 MSR 反应中稳定了 Cu^+ 物种[40]。

人们普遍认为，负载型催化剂的催化性能直接受到结构特性、表面组成和金属-载体相互作用的影响，而这些因素也都受到制备方法的显著影响[43,45,48-51]。CuZn 和 CuSi 基催化剂通常通过共沉淀和浸渍方法制备。然而，这些通过常规制备方法合成的催化剂大多具有较低的比表面积和较差的催化稳定性[45,48]。最近，几种新的制备方法如超声辅助法[48]、蒸氨法[45] 和旋转蒸发辅助沉积-沉淀法已被用于合成 CuZn 和 CuSi 基催化剂[49]。例如，采用蒸氨法制备了微球形 SiO_2（50～100μm）负载的 Cu/ZnO 催化剂，并应用于 CO_2 加氢制甲醇[44]。此外，甲醇合成及其蒸汽重整的活性位点、选择性调控参数、关键稳定性因素等基本问题一直是激烈争论的焦点。为了解决这些问题并避免其争议，需要一种简单且有效的催化剂设计方案，这正是这项工作的起源。

在这项工作中，采用改性 Stöber 法、溶胶-凝胶法和蒸氨法合成了 Cu-ZnO/SiO_2 催化剂。在 CO_2 加氢反应中对所得三种催化剂进行了性能测试，以揭示其构效关系，并确定调控 CO_2 加氢合成甲醇的关键因素。此外，将优化的蒸氨法扩展到制备其他合成甲醇催化剂，同时进一步将 CuZnSi-SGM 和 CuZnSi-AEM 催化剂用于 MSR 反应。因此，这项研究工作对碳循环、碳中和、甲醇经济和氢气运输都具有一定参考价值。

① Cu-ZnO/SiO_2 催化剂的物化性质

图 4.1 为绿色甲醇储氢和制氢的技术路线图，其工艺流程为利用太阳能等可再生能源产生的电力电解水生产氢气，并将其与捕集的 CO_2 在装有 CuZnSi-AEM 催化剂甲醇合成塔里合成甲醇，将便于储运的绿色液态燃料甲醇运输到另一端后，同样在装有 CuZnSi-AEM 催化剂的甲醇重整塔里原位重整制氢，从而利用甲醇作载体实现氢气的存储和运输以及二氧化碳的循环利用。为此，该工作主要是利用蒸氨法合成一种双功能催化剂，其既能用于 CO_2 加氢合成甲醇，也能用于甲醇重整制氢。

该工作的 CuZnSi 催化剂主要采用图 4.2 所示的路线制备，使用改进的 Stöber 法制备 CuZnSi-StM 样品，溶胶-凝胶法制备 CuZnSi-SGM 样品，蒸氨法制备 CuZnSi-AEM 样品，合成过程中控制 Cu 和 Zn 的理论负载量一致。从图 4.3 可以看出，CuZnSi-StM 样品具有更大的球形结构，而其他两个样品球形

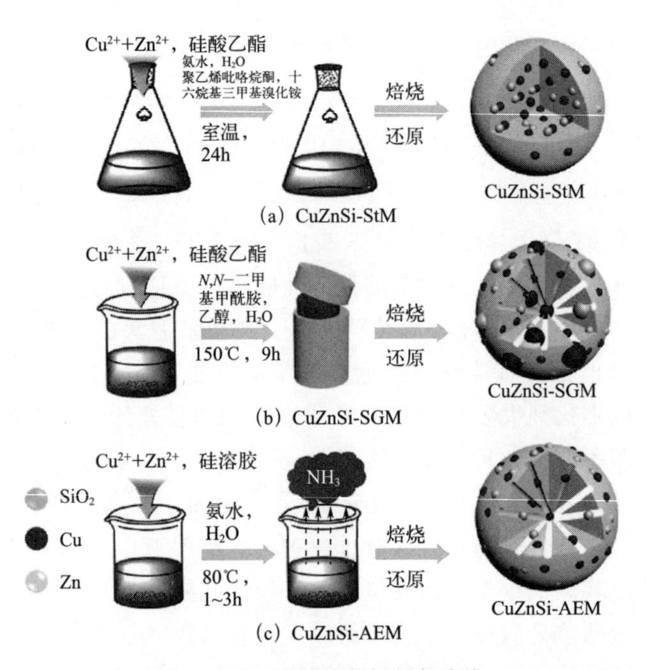

(a) CuZnSi-StM
(b) CuZnSi-SGM
(c) CuZnSi-AEM

图 4.2　CuZnSi 催化剂制备路线

(a) CuZnSi-StM (10μm)　(c) CuZnSi-SGM (10μm)　(e) CuZnSi-AEM (10μm)
(b) CuZnSi-StM (500nm)　(d) CuZnSi-SGM (500nm)　(f) CuZnSi-AEM (500nm)

图 4.3　CuZnSi 催化剂的 SEM 图

SiO_2 载体具有更小更均匀的形貌（尺寸约 265nm）。从图 4.4 中焙烧后样品的 TEM 可以进一步看出 CuZnSi-AEM 样品形貌均匀（尺寸约 14nm）。这是由于使用的硅溶胶原料具有尺寸均匀的小球结构 [图 4.4(d)]。将样品在 5% H_2-Ar 气氛中还原后再测 TEM，图 4.5 显示出更多的 Cu/ZnO 纳米颗粒（尺寸约 5nm），

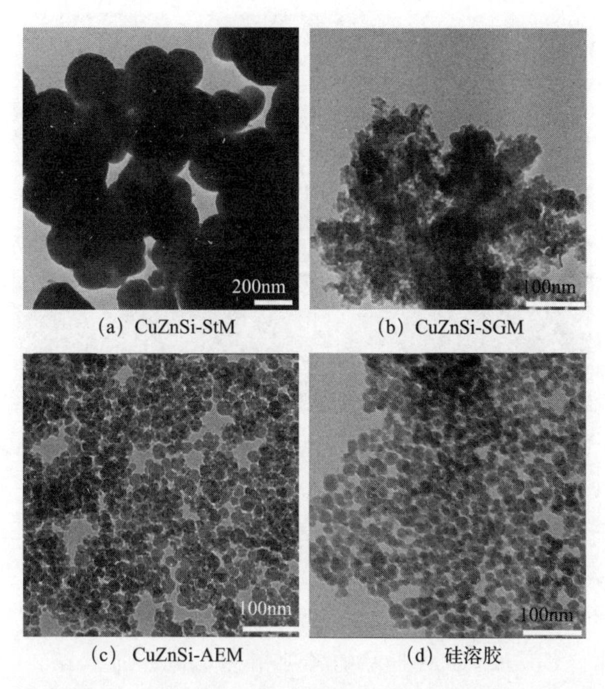

(a) CuZnSi-StM (b) CuZnSi-SGM (c) CuZnSi-AEM (d) 硅溶胶

图 4.4 焙烧后样品的 TEM 图

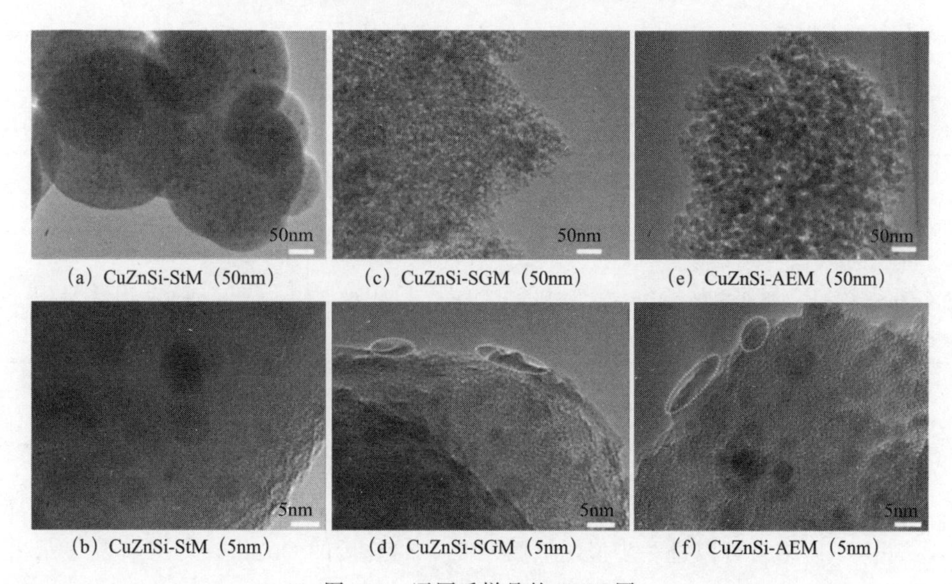

(a) CuZnSi-StM (50nm) (c) CuZnSi-SGM (50nm) (e) CuZnSi-AEM (50nm) (b) CuZnSi-StM (5nm) (d) CuZnSi-SGM (5nm) (f) CuZnSi-AEM (5nm)

图 4.5 还原后样品的 TEM 图

CuZnSi-StM 样品中的金属颗粒主要是嵌入在 SiO_2 里，而另外两个样品在 SiO_2 表面可以看到一些金属颗粒。通过能量色散 X 射线谱（EDS）元素分布图，可以进一步看出 CuZnSi-AEM 样品中元素分布均匀（图 4.6）。

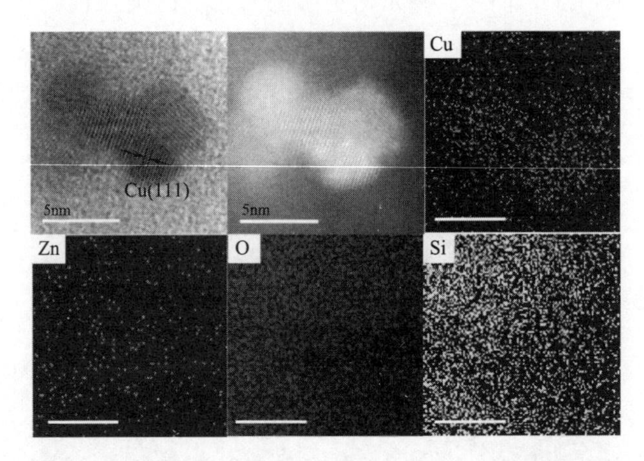

图 4.6　CuZnSi-AEM 样品高倍 TEM 及 EDS 元素分布图

对样品进一步表征测试结构性能（表 4.1），发现三个 CuZnSi 样品里 Cu/Zn 金属的负载量接近，Cu/Zn 负载总量约 10%（质量分数），因此可以忽略金属负载量对催化性能的影响。然而，从氮气吸脱附和笑气滴定结果来看，三者的结果差异较大。其中，CuZnSi-StM 样品的各项指标均低；而 CuZnSi-SGM 样品虽然具有最高的 S_{BET}（图 4.7），但其表面暴露的活性铜面积及铜的分散度仍然比 CuZnSi-AEM 的低，说明蒸氨法制备的样品更有利于金属 Cu 的分散。

表 4.1　CuZnSi 催化剂的物化性质

催化剂	Cu 质量分数/%	Zn 质量分数/%	S_{BET}/(m^2/g)	D_p/Nm	V_p/(cm^3/g)	S_{Cu}/(m^2/g)	D_{Cu}/%	TOF①/h^{-1}
CuZnSi-StM	6.7	3.4	24	9.9	0.04	1.2	2.9	14.4
CuZnSi-SGM	8.2	3.6	313	11.6	1.07	2.9	5.5	25.5
CuZnSi-AEM	6.0	2.6	144	20.8	0.78	5.5	14.2	14.8

① 根据 Cu 活性位点计算的 TOF 值[45]：$\mathrm{TOF}=\dfrac{\text{反应的 }CO_2\text{ 物质的量}}{\text{活性位点物质的量}\times\text{反应时间}}$，测试条件为 $p=2000\mathrm{kPa}$，$t=240℃$，GHSV=4000mL/(g·h)，$H_2:CO_2:N_2=72:24:1$。

由 XRD 结果可以进一步说明（图 4.8），焙烧后的 CuZnSi-SGM 样品显示出较强的 CuO 衍射峰，而其他两个样品没有 CuO 衍射峰；经过还原处理后，

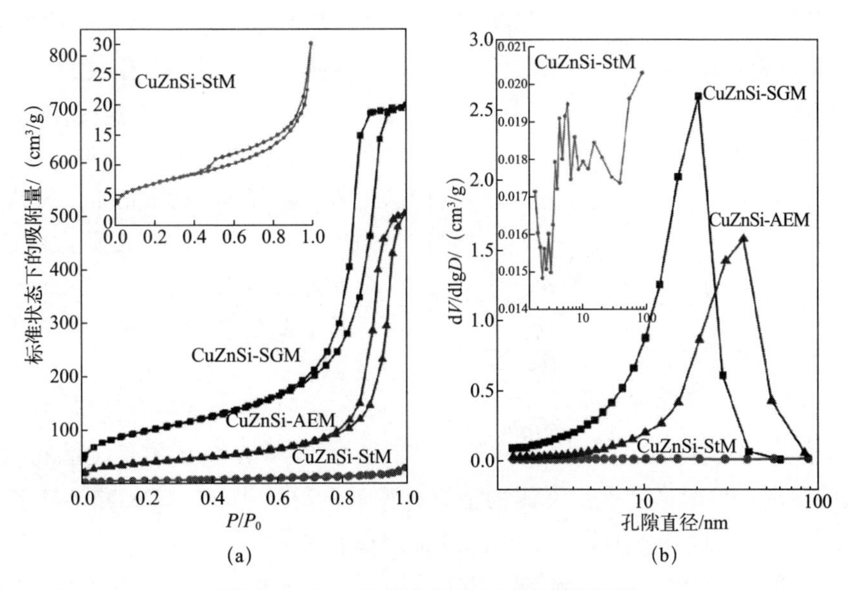

图 4.7　CuZnSi 催化剂的 N_2 吸脱附结果

CuZnSi-AEM 和 CuZnSi-SGM 样品可以观察到 Cu_2O 的衍射峰，并且 CuZnSi-SGM 显示较强的 Cu 的衍射峰，进一步说明了蒸氨法可以制备高分散的催化剂。红外结果说明焙烧后的样品并没有在 670cm^{-1} 出现页硅酸铜的特征峰，而是在 470cm^{-1} 附近有 Cu-O-Si 的峰，说明 Cu_2O 主要是由 Cu-O-Si 还原所得（图 4.9）。

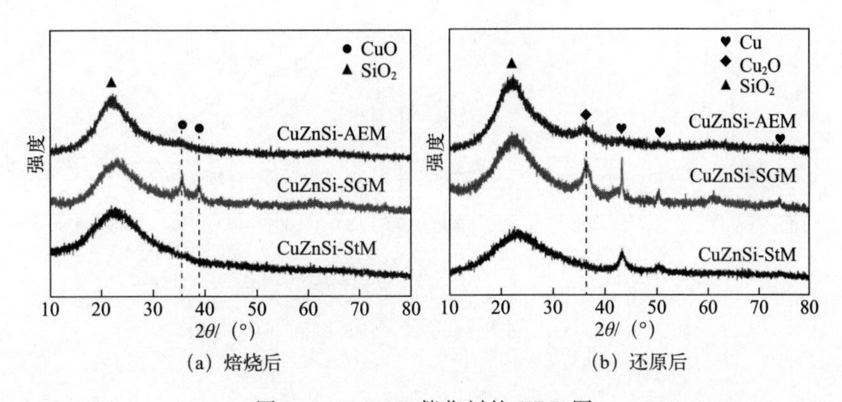

图 4.8　CuZnSi 催化剂的 XRD 图

通过 H_2-TPR 测试发现［图 4.10(a)］，三个样品里的铜物种包含氧化铜和铜氧硅主要是在 250℃之前被还原，但是三者的还原峰有些差异，CuZnSi-StM 样品的还原峰较弱，可能是由于铜被镶嵌在 SiO_2 里，难以被还原；CuZnSi-

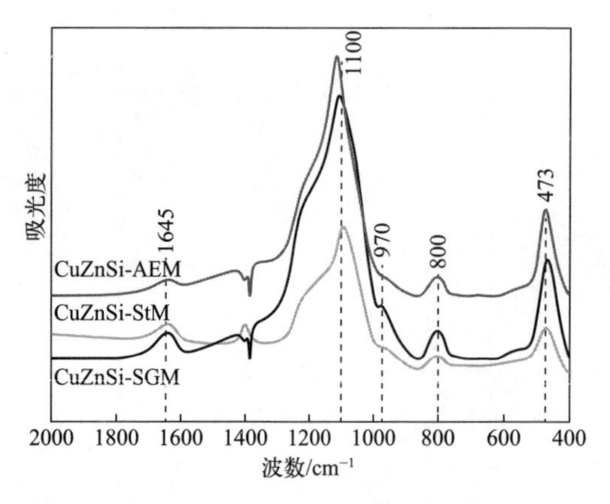

图 4.9 CuZnSi 样品的 FTIR 图

AEM 样品的还原峰顶点相比 CuZnSi-SGM 往后移 10℃，说明 CuZnSi-AEM 里的金属-载体相互作用更强，更难被还原。NH_3-TPD 结果进一步显示 CuZnSi 催化剂具有较强的 Lewis 酸性位［图 4.10(b)］，主要来自 Si-O-Cu^+，而 CuZnSi-AEM 样品主要是 175℃出峰，说明其表面主要是一些弱酸性位。

通过 XPS 表征发现（图 4.11），CuZnSi-StM 样品表面 Cu 2p 和 Zn 2p 的峰最弱，说明样品表面暴露的金属含量低，与之前 H_2-TPR 和笑气滴定结果一致。由于测试过程中还原后的样品仍然接触了空气，而 Cu^0 和 Cu^+ 容易被氧化，因此 Cu 2p 里可以观察到一些 Cu^{2+} 的峰。有趣的是，CuZnSi-SGM 样品表面具有最高的 Zn 含量，而 CuZnSi-AEM 样品最高含量的金属是 Cu(表 4.2)，说明两者表面 Cu 和 Zn 的分布不一样。

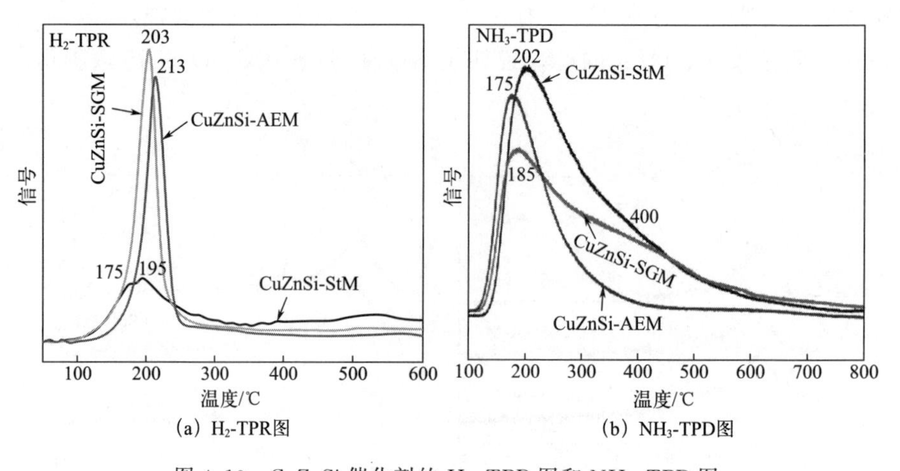

图 4.10 CuZnSi 催化剂的 H_2-TPR 图和 NH_3-TPD 图

通过 Cu 的俄歇谱进一步显示，三者具有类似的表面 Cu^+ 比例，但由于测试过程中样品部分被氧化，因此 Cu^+ 比例的值仅供参考。为了进一步分析样品表面的铜物种，测试了原位漫反射红外傅里叶变换光谱（DRIFTS)-CO 吸附(图 4.12)，发现 CuZn-StM 的 CO 吸附峰最弱，并且表面主要是 Cu^0，而 CuZn-AEM 的 CO 吸附峰最强，并且表面主要是 Cu^+。

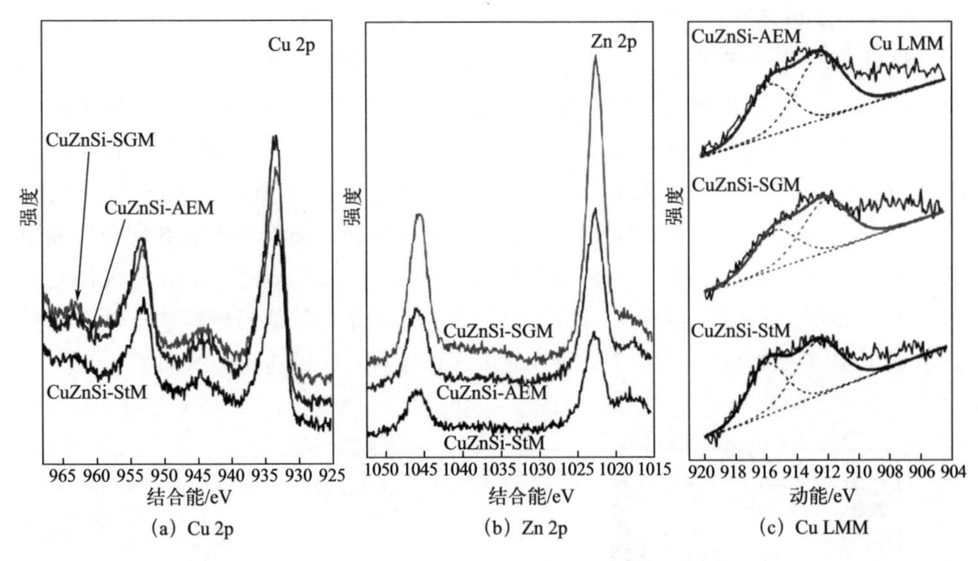

(a) Cu 2p　　(b) Zn 2p　　(c) Cu LMM

图 4.11　CuZnSi 催化剂的 XPS 结果图

表 4.2　CuZnSi 催化剂表面 CuZn 物种性质

催化剂	结合能/eV		表面原子浓度/%			动能/eV		X_{Cu^+}[①] /%
	Cu $2p_{3/2}$	Zn $2p_{3/2}$	Cu $2p_{3/2}$	Zn $2p_{3/2}$	Si 2p	Cu^+	Cu^0	
CuZnSi-StM	933.3	1022.7	0.95	0.44	30.01	912.7	916.0	55.7
CuZnSi-SGM	933.4	1022.6	0.92	1.21	30.46	912.2	915.5	58.3
CuZnSi-AEM	933.4	1022.7	1.18	0.71	30.76	912.6	915.8	57.7

① $X_{Cu^+}=Cu^+/(Cu^++Cu^0)$，由 Cu LMM 俄歇谱测定。

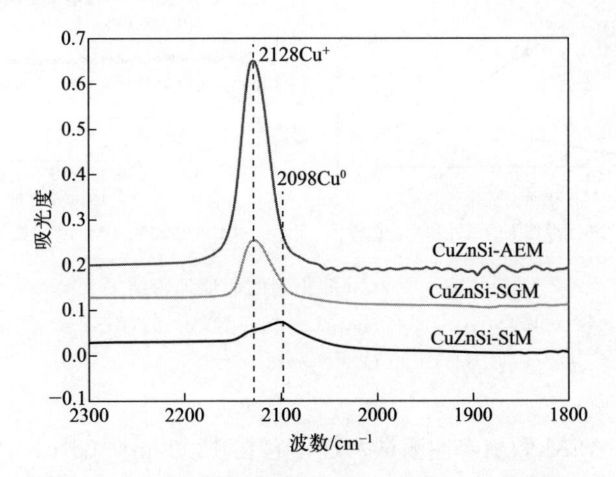

图 4.12　CuZnSi 催化剂的原位 DRIFTS-CO 吸附图

② Cu-ZnO/SiO_2 催化剂合成甲醇及其蒸汽重整性能

将合成的 CuZnSi 样品应用于 CO_2 加氢合成甲醇反应，研究发现蒸氨法制备的 CuZnSi-AEM 催化剂的甲醇合成性能最佳（图 4.13），在不同反应温度下，甲醇的时空收率皆最高［图 4.13(a)］。在 280℃下的 CuZnSi-AEM 位点活性也最高，为 122.6mol CO_2/(kgCu·h)［图 4.13(b)］。具体而言，CuZnSi 催化剂中 CO_2 转化率和 CO 选择性随着反应温度的升高而增加，而低温下更有利于生成甲醇［图 4.13(c) 和图 4.14］，CuSi-AEM 样品即使在低温反应时，甲醇的选择性依然较低；如果不添加硅溶胶，制备 Cu-ZnO-AEM 样品，其低温甲醇选择性可以达到 80%以上（图 4.14），说明 Cu-ZnO 的协同作用有利于提高甲醇的选择性。

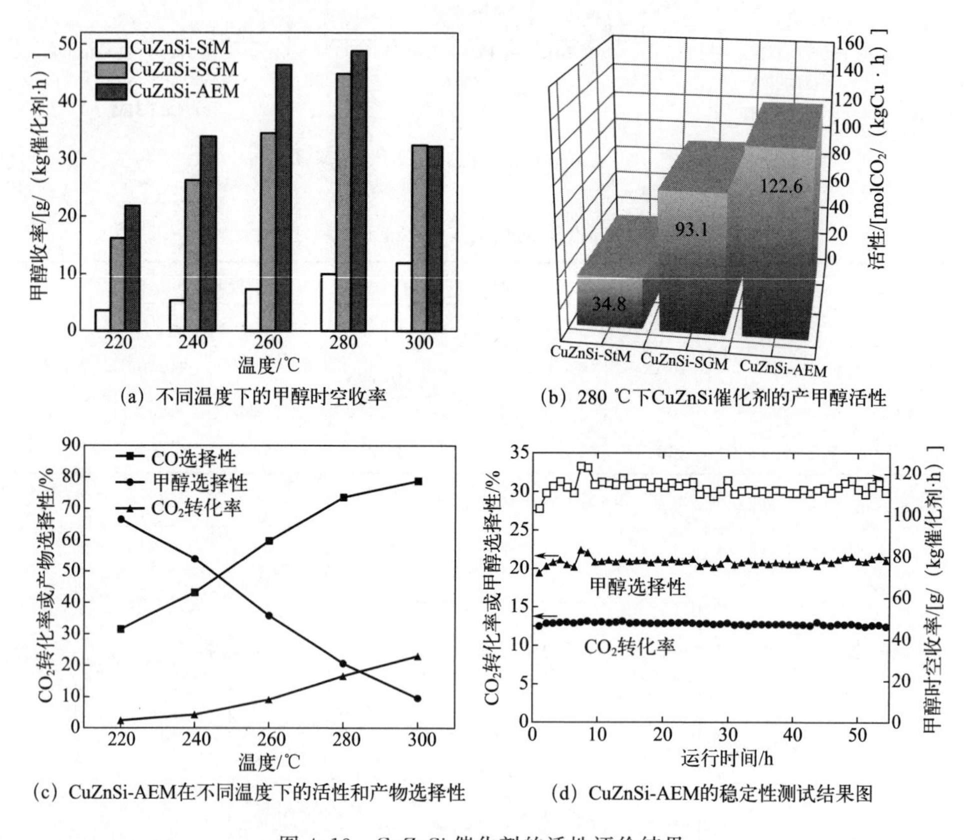

图 4.13 CuZnSi 催化剂的活性评价结果

［反应条件：p=2000kPa，GHSV=4000mL/(g·h)；图（d）的 GHSV=12000mL/(g·h)，H_2 : CO_2 : N_2=72 : 24 : 1］

对 CuZnSi-AEM 做稳定性测试发现，它在 12000mL/(g·h) 高空速下依然可以保持较好的稳定性［图 4.13(d)］。对使用后的样品表征也没发现团聚的

CuO，而且金属纳米颗粒仍然分散较好（图 4.15），说明催化剂的稳定性较好。为了进一步验证蒸氨法的普适性，笔者合成了 CuZnX-AEM 催化剂（图 4.16），

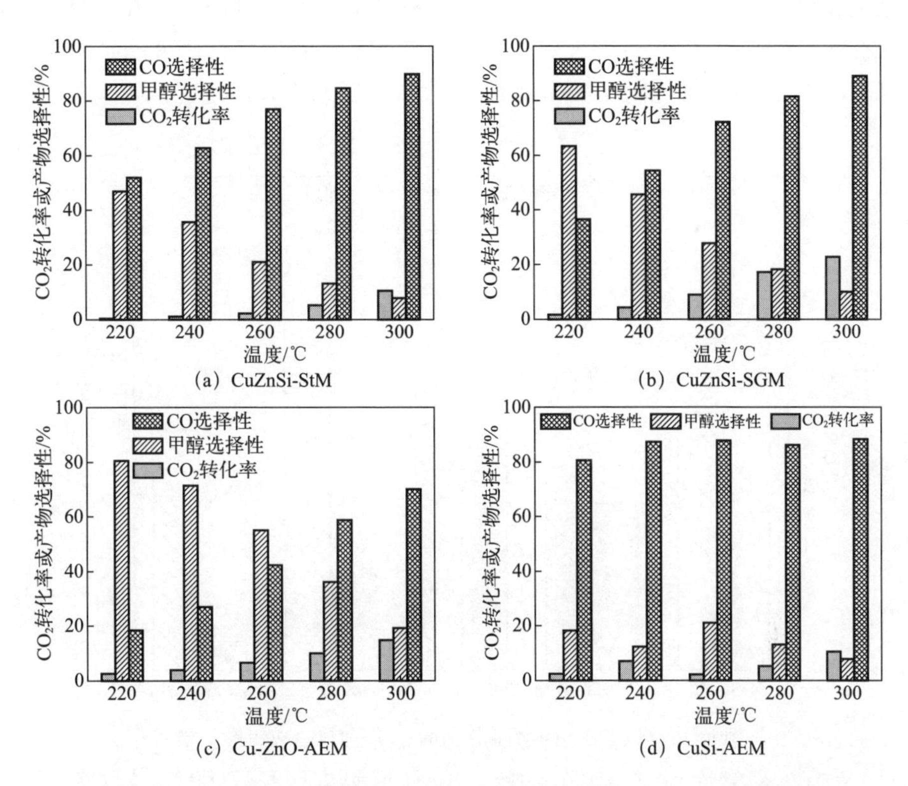

(a) CuZnSi-StM (b) CuZnSi-SGM
(c) Cu-ZnO-AEM (d) CuSi-AEM

图 4.14　CuZnSi-StM、CuZnSi-SGM、Cu-ZnO-AEM 和 CuSi-AEM 样品在不同温度下的活性和产物选择性

[反应条件：p=2000kPa，GHSV=4000mL/(g·h)，H_2∶CO_2∶N_2=72∶24∶1]

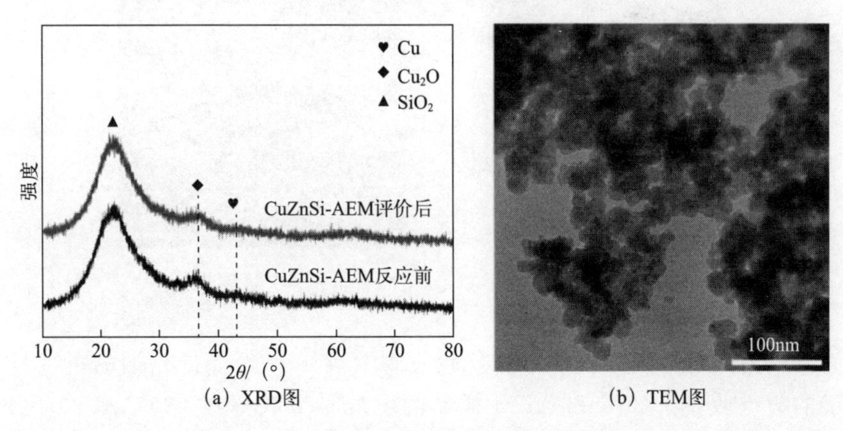

(a) XRD图 (b) TEM图

图 4.15　CuZnSi-AEM 催化剂稳定性评价测试后的 XRD 和 TEM 图

发现蒸氨法有利于拓展到其他硅基材料载体，比如 CuZnSBA-AEM 的甲醇时空收率最高，达到 133.7g/(kg 催化剂·h)，蒸氨法制备过程中并没有破坏 SBA-15 的孔道结构，金属纳米粒子高度分散在 SBA-15（图 4.17）。而其他金属氧化物（ZrO_2，CeO_2）则不适合于蒸氨法制备 CuZn 基催化剂，这可能是由于蒸氨过程中，Cu 并不与氧化物相互作用而团聚成 CuO（图 4.18）。

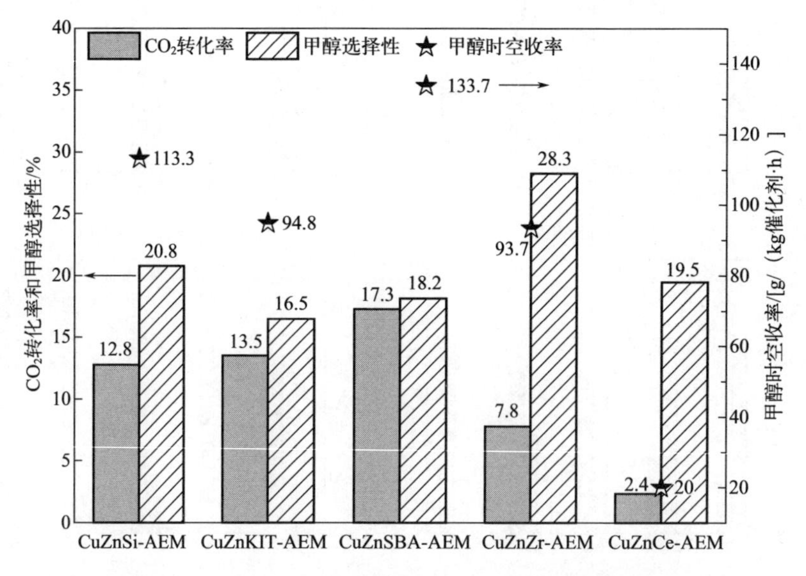

图 4.16　CuZnX-AEM 催化剂的 CO_2 加氢合成甲醇性能

[反应条件：p=2000kPa，t=280℃，GHSV=12000mL/(g·h)，H_2：CO_2：N_2=72：24：1]

图 4.17　CuZnSBA-AEM 样品的 TEM 图

查阅相关文献并且与本成果相比较发现（表 4.3），如果以铜的负载量来计算甲醇的时空收率，CuZnSi-AEM 样品的甲醇时空收率在 280℃ 和 2000kPa 下高达 1888.3g/(kgCu·h)，这比文献报道的大部分催化剂的性能更好。进一步增

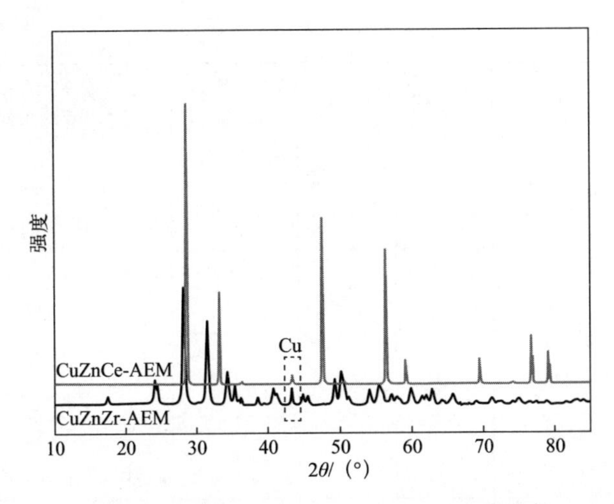

图 4.18 还原后 CuZnCe-AEM 和 CuZnZr-AEM 样品的 XRD 图

表 4.3 CuZnSi 催化剂的活性与文献对比结果

催化剂	Cu 质量分数/%	CO_2 转化率/%	甲醇选择性/%	甲醇收率/[g/(kg 催化剂·h)]	反应条件	文献
Cu/m-SiO_2	12.1	4.0	15.6	13.1	270℃,5000kPa,6000h^{-1},$H_2/CO_2/N_2$=73/24/3	[43]
Cu@m-SiO_2	12.0	12.6	17.8	46.9	270℃,5000kPa,6000h^{-1},$H_2/CO_2/N_2$=73/24/3	[43]
Cu/SiO_2-AE	10.7	28.0	21.3	260.0	320℃,3000kPa,16000h^{-1},H_2/CO_2=4	[45]
Cu/SiO_2-AE	17.0	1.4	52.8	5.4	190℃,3000kPa,2040h^{-1},H_2/CO_2=3	[50]
Cu/SiO_2-FSP①	17.8	5.2	79.3	28.6	190℃,3000kPa,2040h^{-1},H_2/CO_2=3	[50]
Cu/ZnO@m-SiO_2	11.8	11.9	61.8	153.9	270℃,5000kPa,6000h^{-1},$H_2/CO_2/N_2$=73/24/3	[43]
10Cu/ZnO/SiO_2	8.2	7.8	49.4	26.4	220℃,3000kPa,2000h^{-1},$H_2/CO_2/N_2$=73/24/3	[44]
30Cu/ZnO/SiO_2	22.9	14.1	57.2	55.4	220℃,3000kPa,2000h^{-1},$H_2/CO_2/N_2$=73/24/3	[44]
Cu/Zn/Al/Y	51.3	26.9	52.4	520.0	250℃,5000kPa,12000h^{-1},H_2/CO_2=3	[52]
CuZn-filament②	66.2	16.5	78.2	550.0	240℃,3000kPa,H_2/CO_2=3	[23]

续表

催化剂	Cu质量分数/%	CO_2转化率/%	甲醇选择性/%	甲醇收率/[g/(kg催化剂·h)]	反应条件	文献
CuZn-rod③	66.7	8.0	61.8	210.0	240℃,3000kPa,$H_2/CO_2=3$	[23]
CuZn	50.4	4.2	52.0	84.0	270℃,4500kPa,10800h^{-1},$H_2/CO_2=3$	[53]
Pd-CuZn-0.1	47.3	8.3	64.0	207.0	270℃,4500kPa,10800h^{-1},$H_2/CO_2=3$	[53]
Cu-ZnO-AEM	61.2④	10.0	36.1	50.9	280℃,2000kPa,4000h^{-1},$H_2/CO_2/N_2=72/24/1$	[8]
Cu/SiO_2-AEM	6.3④	21.3	13.1	39.4	280℃,2000kPa,4000h^{-1},$H_2/CO_2/N_2=72/24/1$	[8]
Cu-ZnO/SiO_2-StM	6.7	5.3	13.2	9.8	280℃,2000kPa,4000h^{-1},$H_2/CO_2/N_2=72/24/1$	[8]
Cu-ZnO/SiO_2-SGM	8.2	17.3	18.3	44.8	280℃,2000kPa,4000h^{-1},$H_2/CO_2/N_2=72/24/1$	[8]
Cu-ZnO/SiO_2-AEM	6.0	16.7	20.7	48.8	280℃,2000kPa,4000h^{-1},$H_2/CO_2/N_2=72/24/1$	[8]
Cu-ZnO/SiO_2-AEM	6.0	12.8	20.8	113.3	280℃,2000kPa,12000h^{-1},$H_2/CO_2/N_2=72/24/1$	[8]
Cu-ZnO/SiO_2-AEM	6.0	2.3	66.4	21.7	220℃,2000kPa,12000h^{-1},$H_2/CO_2/N_2=72/24/1$	[8]
Cu-ZnO/SiO_2-SGM⑤	8.2	15.6	16.6	212.2	320℃,5000kPa,24000h^{-1},$H_2/CO_2/Ar=72/24/4$	[8]

① FSP 指火焰喷雾热解。

② filament 指丝状。

③ rod 指棒状。

④ 理论数值。

⑤ 测试条件为 0.1g 催化剂混合 0.5g 石英砂。

加反应压力到5000kPa，加氢性能相对更弱的CuZnSi-SGM样品也能展现较高的甲醇时空收率［2587.8g/(kgCu·h)］。为此，进一步将这两个样品应用到甲醇蒸汽重整反应（MSR），发现虽然两个样品具有接近的 CO_2 加氢合成甲醇性能，但是在MSR反应中，CuZnSi-AEM样品依然表现出更佳的制氢性能（表4.4），在300℃和4.5h^{-1}时，甲醇的转化率为75.5%，氢气的生成速率为85.7μmol/

(g 催化剂·s)，同时 CO 的选择性也较低（3.0%）。因此，CuZnSi-AEM 催化剂既能较好地将 CO_2 加氢合成甲醇，又能将甲醇蒸汽重整制氢，有利于实现氢气的存储和释放。为此，笔者进一步研究了其中可能的反应机理，发现 CuZnSi-AEM 会生成微弱的甲酸盐中间体的峰（$1595cm^{-1}$），而无 CO 的吸收峰（图 4.19），为此笔者推断 CuZnSi-AEM 经历一个甲酸盐路径合成甲醇，再结合文献报道的 MSR 可能的反应路径，描述了 CuZnSi-AEM 样品在 CO_2 加氢合成甲醇及 MSR 过程的可能机理（图 4.20）：CO_2 与 H_2 在 Cu-ZnO/Cu-O-Si 界面上活化转化为 $^*HCOO$ 中间体，然后再加氢生成 $^*CH_3O$，最后生成甲醇和水；而其逆反应则先通过 $^*HCHO$ 或者 $^*HCOOCH_3$ 生成 $^*HCOOH$ 中间体，然后再分解成 CO_2 和 H_2。

表 4.4　CuZnSi 催化剂的甲醇蒸汽重整性能

催化剂	t/℃	甲醇转化率/%	CO 选择性/%	H_2 生成速率/[μmol/(g 催化剂·s)]
CuZnSi-SGM	300	10.3	5.6	11.4
	280	8.2	1.8	9.4
	250	6.4	0.8	7.4
CuZnSi-AEM	300	75.5	3.0	85.7
	280	68.4	1.0	79.1
	250	43.1	0.4	50.1

注：反应条件为 $nH_2O/nCH_3OH=1$，WHSV(质量空速)$=4.5h^{-1}$，100kPa，30mL/min N_2。

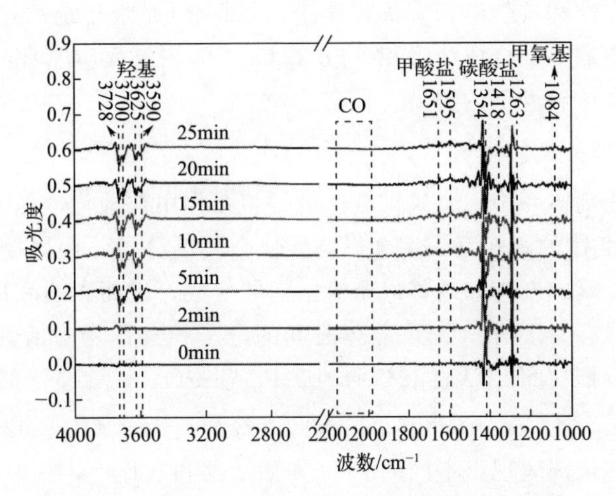

图 4.19　CuZnSi-AEM 的 CO_2 加氢原位红外谱图

（测试条件：原料气为 $10\%CO_2$-$40\%H_2$/Ar，260℃，100kPa）

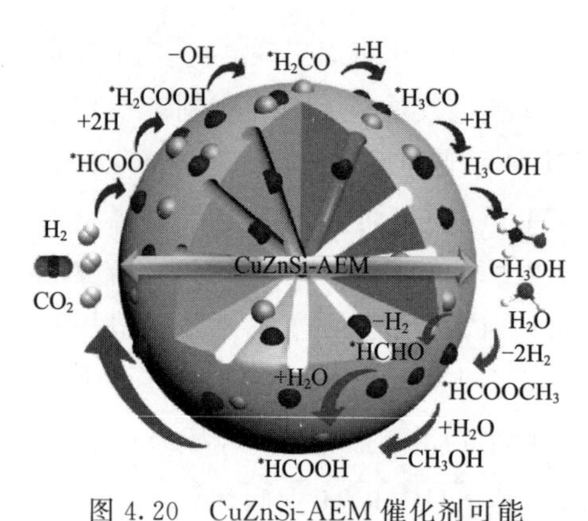

图 4.20 CuZnSi-AEM 催化剂可能的反应机理

（上半部分为 CO_2 加氢合成甲醇机理，下半部分为甲醇蒸汽重整机理）

CO_2 加氢制甲醇和甲醇蒸汽重整反应是氢气运输和现场制氢的两个关键反应，但是核心有效的催化剂仍然缺少。笔者首先是采用改进的 Stöber 法制备了 CuZnSi-StM 催化剂，然而大部分 Cu/Zn-O-Si 活性位集中于 SiO_2 内部；为了暴露出更多的活性位，采用溶胶-凝胶法合成 CuZnSi-SGM 催化剂，然而部分 Cu/Zn-O-Si 活性位容易团聚于催化剂表面；进一步优化制备方法，发现蒸氨法合成的 CuZnSi-AEM 催化剂既能暴露出较多的 Cu/Zn-O-Si 活性位又能将其分散于催化剂表面，为此该样品既可用于 CO_2 加氢合成甲醇又能在甲醇蒸汽重整反应中表现出较佳性能。通过系列表征发现，暴露的表面 Cu^{+} 含量及 Cu-ZnO_x 的协同作用是设计一个高效甲醇合成及其重整制氢催化剂的关键因素。往后着重优化 SiO_2 载体的形貌，同时将金属纳米颗粒限域于空心 SiO_2 载体中，适当提高金属负载量，有利于进一步提升催化性能。

4.2.2 Pd 基催化剂

Pd 是最常用的加氢催化剂，H_2 活化能力远高于 Cu 和其他金属催化剂，且具有优良的稳定性和抗烧结、抗毒化性能，因此 Pd 是继传统 Cu-ZnO 体系之后，文献中研究较多的甲醇合成活性相。Pd 对 CO_2 的加氢反应非常活跃，对甲醇的选择性取决于载体和助剂的类型。

(1) Pd 基单金属催化剂

在多相催化剂体系中，金属与载体的强相互作用在催化过程中起着至关重要的作用。金属-载体的强相互作用会影响活性金属的分散、金属-载体界面位点的形成、表面氢溢流的发生和迁移以及氧空穴的形成，进而影响底物和中间体在载体表面的吸附状态。同时，金属-载体之间的电子相互作用对活性金属电子状态的改性可以调节催化剂的活性和选择性。Pd 基 CO_2 加氢催化剂的常见载体有 CeO_2[54]、TiO_2[55]、ZnO[56] 和 Al_2O_3[57] 等。活性金属 Pd 与载体之间多样的强相互作用使催化剂表现出不同的 CO_2 加氢活性和选择性。

CeO_2 具有独特的结构特性和可逆的价态变化（Ce^{4+} 和 Ce^{3+}）[58]，是一种新型的 CO_2 吸附和活化催化剂载体，被广泛应用于 CO_2 的加氢反应。早在 1997

年，Fujimoto 等人[59] 就发现在不同的温度下还原处理 Pd/CeO_2 催化剂可调控金属与载体之间的强相互作用，金属和载体之间存在明显的电荷转移，改变了底物 CO_2 和中间体 CO 的吸附状态，进而提高 CO_2 加氢合成甲醇的选择性。2020 年，Liu 等人[54] 通过水热法合成了 4 种不同形态的 CeO_2，包括棒（rods）、立方体（cubes）、多面体（polyhedrons）和八面体（octahedrons），用作 Pd 基催化剂载体，探究了 CeO_2 不同暴露晶面和活性金属 Pd 之间的相互作用对 CO_2 加氢合成甲醇活性和选择性的影响。结合 DFT 计算发现，在 CeO_2 的（110）暴露晶面氧缺陷形成能最小，金属 Pd 表面形成的活性 H^* 溢流至 CeO_2 载体表面，在 CeO_2(110) 表面形成较高密度和数量的氧空位，因此 CeO_2(110) 表现出较高的 CO_2 加氢合成甲醇活性。

在可还原载体（CeO_2、ZrO_2 和 TiO_2）负载的 Pd 基催化剂催化过程中，通常认为不同晶型的表面氧空位或表面酸碱位是吸附和活化 CO_2 分子的活性中心。然而，在多相催化过程中，金属载体的界面位点也是不可忽视的，金属-载体强相互作用产生的金属-载体界面位点在 CO_2 活化中起着重要作用。2020 年，Ou 等人[55] 通过 DFT 探究了模型催化剂 Pd/TiO_2 对 CO_2 加氢的性能，差分电荷密度和 Millikan 电荷分析结果表明，金属 Pd 是 H_2 的解离吸附位点，H_2 在金属 Pd 上活化后，溢流至金属-载体界面处，与被界面吸附活化的 CO_2 分子发生加氢反应生成甲醇（图 4.21）。但关于 Pd/TiO_2 界面位点类别、性质及在 CO_2 加氢反应过程中的作用还不够清晰，相关的实验数据很少，仍需进行深入探究。

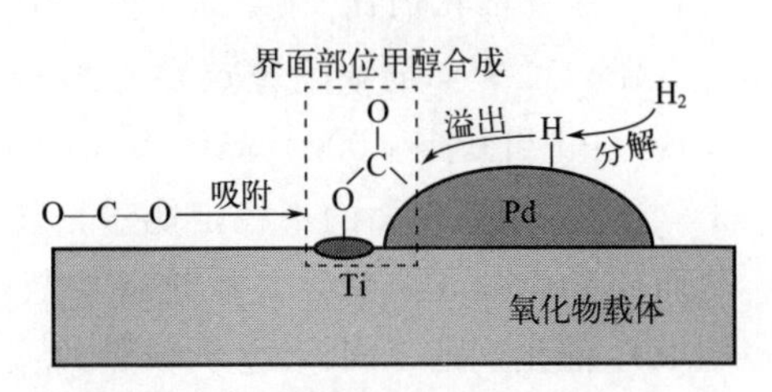

图 4.21　二氧化碳在 Pd/TiO_2 的界面位点上加氢合成甲醇

(2) Pd 基双金属催化剂

在二氧化碳还原合成甲醇中添加 ZnO、Ga_2O_3、CuO 以及 In_2O_3 等金属氧化物，主要有助于以下作用：a. 金属氧化物与 Pd 的相互作用有助于 Pd 颗粒的分散和稳定或形成双金属化合物；b. 金属氧化物添加剂表面的碱性位和还原的氧空位有助于二氧化碳的吸附和活化；c. 提高催化剂的耐水性和热稳定性。因此，双金属及其氧化物 Pd 基催化剂被广泛应用于二氧化碳加氢制甲醇的研究中，并取得了一系列优良的研究成果。一般来说，双金属钯基催化剂的活性位点主要分为表面缺陷或氧空位、双金属合金或金属间化合物，以及金属或合金与金属氧化物之间的协同作用。

活性金属 Pd 具有良好的 H_2 解离能力，但 CO_2 吸附能力较差。相反，可还原性过渡金属氧化物（如 ZnO、Ga_2O_3 和 In_2O_3）对 H_2 的活化能力极差，但部分还原后易于形成丰富的氧空位，有利于 CO_2 的吸附活化。因此，将具有各自功能的活性金属 Pd 与还原性载体结合将有利于促进 CO_2 加氢性能的提升。

负载在 ZnO 上的钯形成双金属 PdZn 合金，作为选择性生产甲醇的活性相[56]。双金属 PdZn 合金相是通过还原形成的，因此，还原条件决定了形成的 PdZn 合金的程度和特征。在这个意义上，小于 4nm 的 PdZn 粒子表现出高活性和选择性，促进二氧化碳转化为甲醇。Pd/ZnO 催化剂还原后生成的活跃位点（包括 Pd^0 和 PdZn）决定了最终二氧化碳的选择性加氢。值得注意的是，尽管存在金属钯纳米颗粒，但它们仅支持有限的 RWGS 反应形成甲醇，而 PdZn 合金粒子则更倾向于选择性形成甲醇[56]。

以类似的方式研究了氧化镓（Ga_2O_3）负载的 Pd 用于 CO_2 合成甲醇的活性和选择性[56]。在这种情况下，还原后的 Pd 与 Ga_2O_3 相互作用不仅形成了 Pd-Ga 合金，还形成了 Pd-Ga 金属间化合物。与 Pd-Ga 合金和传统 Cu-ZnO 催化剂相比，Pd_2Ga 金属间化合物表现出更高的活性和甲醇选择性，因为金属间化合物为 Ga_2O_3 表面提供了原子氢，阻碍了甲醇的分解和 CO 的生成[60]。Ota 等人[61] 也报道了在取代水滑石前体还原后得到的催化剂上生成 Pd_2Ga 金属间化合物，这种催化剂在 CO_2 合成甲醇中表现出更高的活性和甲醇选择性。

Ga_2O_3 表面的缺陷位点在 CO_2 加氢反应中起着重要作用[62]。Qu 等人[63] 发现，Pd 和暴露（002）晶体表面的平板型 Ga_2O_3 纳米晶之间的相互作用是由于（002）晶体表面的不稳定能量，使 Ga_2O_3 更有可能产生氧空缺和激发电子，从而使 Pd/Ga_2O_3 催化二氧化碳加氢，显示更高的甲醇产量。平板和棒状 Pd/Ga_2O_3 催化剂的 EPR（电子顺磁共振）结果表明，平板 Pd/Ga_2O_3 比棒状 Pd/Ga_2O_3 具有更高的不饱和电子信号。Ga_2O_3(002) 晶体表面的不稳定性和高电子转移倾向促进了其在 Schottky-Mott 界面与 Pd 的相互作用，有利于氧空位的形成，进而促进了二氧化碳加氢制甲醇的活性和选择性。此外，Malik 等人[51] 发现在 PdZn/CeO_2 催化剂中引入钙离子可提高催化剂还原程度，增加催化剂表面的氧空位和碱性位点，促进 CO_2 分子的吸附和加氢得到甲醇。

In 的引入也会提升 Pd 基催化剂的催化性能。Jiang 等人[64] 采用两步柠檬酸还原法制备了不同 Pd 负载量的 Pd/In_2O_3/SBA-15 催化剂，他们发现 In_2O_3 的掺杂不仅提高了对 H_2 的活化能力，同时促进了表面氧空位的形成，促进了 CO_2 的吸附和活化，从而提高了 CO_2 加氢制甲醇的活性和选择性。

4.2.3 In 基催化剂

近年来，氧化铟（In_2O_3）作为一种新型高效的 CO_2 加氢制甲醇催化剂，在学术界广受关注。In_2O_3 表面经活化后产生大量氧空位，使其表现出比 Cu、Co、

Zn或贵金属催化剂更高的催化活性和甲醇选择性[16]。此外，In_2O_3 有利于负载和修饰，可进一步促进 CO_2 的活化和 H_2 的解离，抑制活性纳米颗粒的烧结，显著提高催化剂的稳定性，为可持续生产甲醇催化剂提供了良好的设计思路。

In_2O_3 是一种n型、带隙宽度在3.55～3.75eV间的透明半导体功能材料，在纳米电子学和光电子学领域有着广泛的应用。In_2O_3 纳米颗粒（NPs）具有表面体积比大和易于形成氧空位的优点，在气体传感器、生物传感器、光催化和热催化等方面有很好的应用前景。In_2O_3 主要有三种晶型：立方铁锰型（c-In_2O_3）、六方刚玉型（h-In_2O_3）和斜方晶系 Rh_2O_3 型（o-In_2O_3）。c-In_2O_3 结构性质稳定，常温下即可获得；h-In_2O_3 结构呈亚稳态，通常在高温下制得；o-In_2O_3 在超过 1.5×10^6 kPa的高压力下形成。因此 In_2O_3 的合成与研究大部分集中于立方结构[65]。Dang和Wang等人[9,66] 分别发现不同晶型的 In_2O_3 表现出不同的催化活性。具有不同形貌的 c-In_2O_3 纳米板、h-In_2O_3 纳米层和 h-In_2O_3 纳米棒[62]，分别主要暴露出（111）、（012）和（014）晶面，CO_2 加氢的催化性能取决于 In_2O_3 的晶型和暴露面。与球形 c-In_2O_3 纳米颗粒相比，c-In_2O_3 纳米板（111）具有较高的甲醇选择性，h-In_2O_3 纳米棒（014）则表现出更高的催化活性和甲醇选择性，并具有良好的催化稳定性。在300℃、5000kPa、$H_2/CO_2=6$ 的反应条件下，甲醇选择性为92.4%，CO_2 单程转化率为17.6%。原位漫反射红外傅里叶变换光谱实验结果表明，h-In_2O_3 纳米棒表面能稳定 CO_2 加氢制甲醇反应中的 CH_3O^*，这说明 h-In_2O_3 纳米棒比其他的 In_2O_3 样品具有更好的催化性能。

In_2O_3 作为一种独特的金属氧化物，在非均相催化领域逐渐引起人们的关注。Umegaki等人[67] 合成了一种蠕虫状的氧化铟，在乙醇水蒸气重整反应中具有较高的 CO_2 选择性，而整个过程中几乎没有CO的生成。Lorenz等人[68] 以纯 In_2O_3 为催化剂，在甲醇水蒸气重整反应中 CO_2 的选择性接近100%。他们推测 CO_2 的高选择性主要是因为 In_2O_3 能够有效抑制逆水煤气变换反应的发生。Ye等人[69] 通过DFT计算了含氧缺陷 In_2O_3(110）表面对 CO_2 加氢合成甲醇反应的影响，并提出了 CO_2 加氢合成甲醇的两条路线。研究结果表明有氧空位缺陷的 In_2O_3(110）表面更有利于甲醇的生成，且能够有效抑制逆水煤气变换反应生成CO，反应遵循氧空位的循环产生和湮没机制。

了解活性中心对开发新催化剂和提高催化性能至关重要。关于 In_2O_3 催化 CO_2 加氢制甲醇的活性中心，通过计算发现在反应条件下 In_2O_3 表面极易被还原形成氧空位并在催化反应中起到重要作用。In_2O_3 表面氧空位可以有效活化 CO_2 和 H_2 并催化 CO_2 向甲醇方向转化，氧空位在反应过程中可循环再生，为 In_2O_3 催化二氧化碳加氢制甲醇提供了理论依据。研究者利用DFT对 In_2O_3 最稳定的两个晶面（110）和（111）进行了理论计算分析，普遍认为表面氧空位是反应的活性中心。Ye等人[70]对CO_2在In_2O_3(110）表面的吸附构型和加氢进行了理论计算，发现CO_2通过与表面氧空位相邻In结合而被吸附活化，形成碳酸盐物种，同时H_2被解离吸附，生成表面羟基（H结合到表面O位）和氢化物（H结合到In位）。理论计算进一步表明，氧空位的位置和稳定性影响CO_2的吸附和加氢途径。在CO_2加氢制甲醇过程中In_2O_3容易被还原为In_2O_{3-X}，在其表面产生大量的氧空位。

Frei等人[71]研究了In_2O_3上暴露最多的（111）表面，他们指出被三个铟原子包围的氧空位能够活化CO_2并使H_2杂化异裂，从而稳定中间体。在能量上最有利的合成甲醇途径包括氢化物和质子的三次连续加成，以CH_2OOH和$CH_2(OH)_2$为中间体，在反应过程中，甲醇的生成补充了氧空位，而H_2有助于氧空位的再生，表面的完整状态和缺陷状态之间的循环催化了CO_2加氢生成甲醇。Nørskov等人[72]研究发现In_2O_3(110）和In_2O_3(111）的前几层均不存在晶格氧，实际表面为几层负载在氧化铟上的还原金属In。甲醇生成的理论活性火山模型表明，In_2O_3表面的还原层数与活性有关。In_2O_3(111）氧空位在1～5ML（nML还原层数）之间的表面活性最高，In_2O_3(110）氧空位在2～1ML之间的表面活性最佳。因此适当的氧空位对In_2O_3催化剂上甲醇的生成至关重要。

单纯In_2O_3解离H_2的能力有限，金属元素的加入可有效增强H_2的解离能力和H_2溢流能力，促进氧空位的形成和加氢反应的进行，从而显著提高对CO_2甲醇化的催化性能。钯（Pd）催化剂因其优异的吸附和解离氢的能力被广泛应用于加氢反应中。Ye等人[73]利用DFT计算和微动力学建模研究了模型Pd_4/In_2O_3催化剂上CO_2加氢制甲醇的反应机理，发现Pd与In_2O_3之间的强相互作用导致Pd-In合金的形成，界面位点性质发生改变，阻碍了CH_3OH的合成。为了解决这一问题，Rui等人[74]在Pd/In_2O_3催化剂的制备中引入了肽模板，这有助于在一定条件下控制催化剂的尺寸和晶体表面。在Pd-肽复合物中，Pd离子通过与Pd^{2+}和特定点的静电相互作用结合，形成负分布的Pd^{2+}。加入In_2O_3后，Pd纳米颗粒保留良好，热处理可去除肽配合物。在300℃、5000kPa的反应条件下，Pd/In_2O_3催化剂对CO_2加氢生成CH_3OH具有较高的催化性能，CH_3OH的CO_2转化率、STY和CH_3OH选择性分别为20%、0.89g甲醇/(g催化剂·h）和70%。分散的钯纳米颗粒促进了催化剂表面氧空位的形成，促进了H_2的解离和CO_2的吸附，为加氢步骤提供了更多的氢原子。Snider等人[75]也观察到类似的Pd诱导促进作用，浸渍法制备的In∶Pd（2∶1)/SiO_2催化剂在300℃、4000kPa条件下具有最高的CH_3OH活性（5.1μmol/gPdInSi）和选择性（61%），活性位点来源于铟氧化物相与 In-Pd 金属协同作用，表面富集了 In。还原时 In-Pd 双金属相的形成导致催化剂失活，不利于甲醇的形成。Tian 等人[76] 以酸蚀花粉为模板制备了负载 In_2O_3/Pd 催化剂。用盐酸处理花粉会溶解有机生物成分，产生空腔，改变表面化学，促进 In_2O_3 在花粉模板上的生长。采用浸渍还原法制备了 Bio-In_2O_{3-x}/Pd 催化剂，发现催化剂有利于 Pd-In_2O_3 界面位的形成，限制了 In-Pd 双金属相的形成。

Zhan 等人[77] 以 TCPP(Pd)@MIL-68(In) 为前驱体，研究了 Pd/In_2O_3 催化剂的还原过程。在催化剂制备过程中，金属卟啉［TCPP(Pd)］既是 MIL-68(In) 生长的封盖剂，又是 Pd^{2+} 迁移的穿梭剂，在煅烧和还原过程中增强了 Pd^0 在 In_2O_{3-x} 上的分散，防止了 In-Pd 双金属相的形成。当 Pd 负载量为 0.53%（质量分数）时，Pd/In_2O_3 催化剂在 295℃、3000kPa、19200mL/(g·h) 反应条件下，甲醇的最大 STY 为 81.1g 甲醇/(g 钯·h)，CO_2 转化率为 8.0%，甲醇选择性为 81%。

此外，Pt、Rh[78,79] 等金属也被用于 In_2O_3 的改性。López 等人[80] 采用火焰喷雾热解（FSP）作为标准化合成方法，在 In_2O_3 中引入 9 种金属助剂（0.5%，质量分数）（图 4.22）。相关表征、动力学分析和理论计算揭示了一系列金属形态与催化剂的结构和促进程度的关系。原子分散的助剂（Pd、Pt、Rh、Ru、Ir）对催化性能有较大改善，尤其是 Pd 和 Pt 显著地促进了氢的活化，同时阻止了 CO 生成。相反，团簇（Ni、Co）和纳米粒子（Ag、Au）金属分别表现出较弱或无促进作用。在原子水平上理解相关金属促进 In_2O_3 性能上迈出了新的一步，揭示了促进程度与金属形态的相互关系。

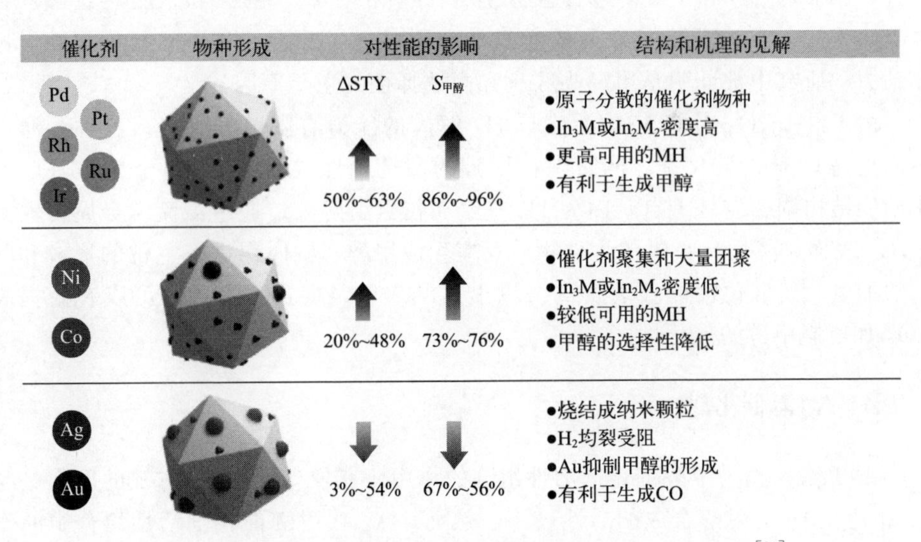

图 4.22 M-In_2O_3 催化剂的助剂形态及其相关结构-机理特征[80]

为进一步扩大催化界面，提高 In_2O_3 的稳定性，有学者开发了核壳结构催化剂。Wu 等人[46] 采用溶剂热法制备了核壳结构的 CuIn@SiO_2 催化剂，并以浸渍法制备的 CuIn/SiO_2 催化剂作为参考。在 300℃下，CuIn@SiO_2 催化剂的甲醇选择性为 78.1%，甲醇的 STY 为 6.55mmol/(g 催化剂・h)，显著高于 CuIn/SiO_2 催化剂上甲醇的 STY［4.22mmol/(g 催化剂・h)］。金属分散度越高，核壳催化剂中形成的 Cu_2In-In_2O_3 界面越多，对 CO_2 的活化能力越强，且核壳结构抑制了小颗粒的烧结（图 4.23）。

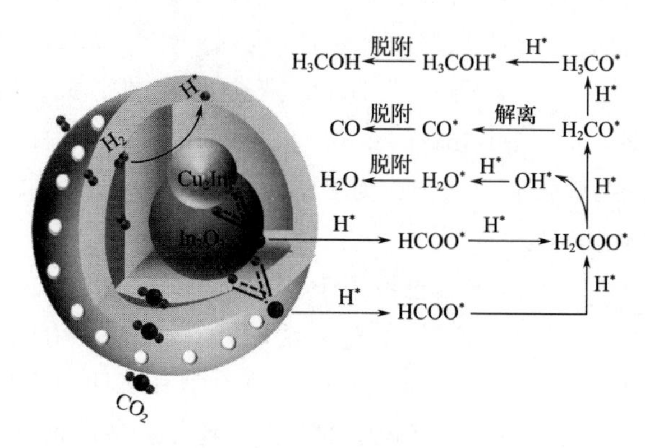

图 4.23　CuIn@SiO_2 催化剂下 CO_2 加氢合成 CH_3OH 的反应机理[46]

Gascon 等人[81] 合成了以金属有机骨架 ZIF-67(Co) 衍生的 In_2O_3@Co_3O_4 催化剂。在 300℃下，甲醇的 STY 为 20.3mmol/(g 催化剂・h)，选择性为 87%，副产物 CO 和甲烷的选择性分别为 11%和 2%。TEM 和 XRD 结果表明，Co_3O_4 和 In_2O_3 在反应条件下的重组导致形成无定形混合 Co-In 氧化物壳，这在动力学研究中被证明是甲醇高收率和高选择性的主要原因。

由于纯 In_2O_3 对 CO_2 的活化与 H_2 解离的能力有限，因此引入各种金属助剂来提高 CO_2 的转化率，同时保持甲醇的高选择性（图 4.22）。金属-In_2O_3 催化剂的结构调整应是重点，因为 H_2 在金属位点上解离，通过溢流从金属传输到 In_2O_3 表面，然后与吸附的含碳物质反应生成甲醇，同时促进氧空位的形成和随后的加氢，使催化性能显著提高。以上总结表明，促进 H_2 活化可以有效提高 CO_2 加氢制甲醇的催化性能。

4.2.4　Ag 基催化剂

银（Ag）作为甲醇催化剂活性组分的作用研究较少。Ag 被忽视的原因是与 Cu 相比，Ag 对甲醇合成的活性较小。然而，Ag 在甲醇催化剂活性组分中的作用，文献描述尚不完全明确。Köppel 等人[82] 报道，在低温（低于 227℃）甲醇合成中，Ag/ZrO_2 的选择性高于 Cu/ZrO_2。在 CO_2 转化率几乎相同的情况下，将 Ag 掺杂到 Cu/ZrO_2 中，可以提高 CO_2 加氢制甲醇的选择性[83]。Bell 和 Rhodes 在 2005 年[84] 获得了银催化剂 100%的甲醇选择性，而在相同的反应条件下，Cu/ZrO_2 的选择性为 75%～90%。同样，在相同的反应条件下，Ag/ZrO_2 催化剂比 Ag/ZnO 催化剂具有更高的活性和低选择性。这表明在给定的反应条件下，Ag/ZnO 体系比 Ag/ZrO_2 体系对甲醇的选择性更强。

当两种氧化物在 $Ag/ZnO/ZrO_2$ 体系中混合时，活性和选择性均显著提高。然而，与 $Cu/ZnO/ZrO_2$ 相比，所有 Ag 基催化剂都表现出更好的选择性，但活性较低，表明 Ag 在 CO_2 加氢制甲醇中的活性低于 Cu。前段时间报道的一项数据也支持 Ag 对甲醇选择性的促进作用，其中 Ag 添加到 CuO/ZrO_2 催化剂中可以增强对甲醇的选择性[85]。有趣的是，Ag 分散程度越高，甲醇的选择性越低。这是由于 Ag 的分散程度与逆水煤气变换反应途径而非甲酸酯合成速率呈线性关系[83]。

4.3 CO_2 加氢制甲醇工业化应用进展

从工业角度来看，甲醇催化剂应满足以下要求：应在制备甲醇时具有较低的压强，可以通过选择合适的粒径和形状，使其具有高颗粒强度，从而保证加载运行的机械稳定性[20]，同时也应能够以合理的成本工业生产数百吨。这些要求是当今世界甲醇催化剂面临的主要挑战。到目前为止，我们还缺乏一种高效的催化剂，能够在工业运行条件下实现较高的甲醇选择性和稳定性，以满足大规模工业生产的要求。

理想的甲醇催化剂还应具有良好的活性和选择性、较高的热稳定性，对硫、氯、镍、铁等有毒物质具有良好的抗性，这是学术界面临的重要挑战[86]。虽然工业甲醇合成催化剂在富含二氧化碳的原料气中效率略低，热烧结速率较快，但现有技术为 CO_2 和 H_2 反应生产甲醇提供了一种可行的解决方案，使工业甲醇催化剂更加稳定。另一个改进可能是提高甲醇合成催化剂的低温活性，因为较低的温度将允许更好的平衡条件和更低的合成压力，从而降低压缩成本。

甲醇作为重要的有机原料应用在众多化工产品的生产过程中，经过一次加工之后得到的产品达到三十种以上，经过多次加工后得到的产品更是达到了一百种以上。目前国内外多为煤和天然气制甲醇工业装置，CO_2 加氢制甲醇尚未实现大规模工业化。表 4.5 和表 4.6 分别列出了 CO_2 加氢制甲醇技术开发历程和二氧化碳加氢制甲醇工业化历程[87]。

表 4.5 CO_2 加氢制甲醇技术开发历程[87]

时间	主要进展工作	企业/机构
2009	百吨级甲醇生产中试	三井化学公司
2016	工业单管试验成功	中国科学院山西煤炭化学研究所
2016	工业单管试验成功;编写十万吨级甲醇生产工艺包	中国科学院上海高等研究院/上海华谊集团
2018	利用可再生能源,建造千吨级甲醇生产示范装置	兰州新区石化产业投资集团有限公司/苏州高迈新能源有限公司/中国科学院大连化学物理研究所
2023	十万吨级绿色甲醇	吉利控股集团和河南省顺成集团

表 4.6 CO_2 加氢制甲醇工业化历程[87]

单位/机构	年份/年	规模	技术特点
日本三菱重工	2009	100t/a	$CuZnOAl_2O_3$ 9000kPa,247℃
德国鲁奇	2010	—	$CuZnOAl_2O_3$,MK101 5000～8000kPa,220～270℃
中国科学院山西煤炭化学研究所	2016	单管实验	$CuZnOAl_2O_3$
德国克莱恩	2018	—	$CuZnOAl_2O_3$,MegaMax
中国石油大庆油田有限责任公司	2019	实验室放大	$CuZnOAl_2O_3$,大连瑞克技术
冰岛碳循环国际公司	2013	中试及示范,1000～4000t/a	地热 CO_2＋发电,托普索技术
中国科学院大连化学物理研究所	2020	中试及示范,1200t/a	光伏-电解水制氢,$ZnZrO_x$
中国科学院上海高等研究院	2020	工业侧线,5000t/a	富碳天然气,$CuZnOAl_2O_3$
西南化工研究设计院有限公司	2022	1.8×10^6t/a	煤基合成气,DAVY 工艺

在 2020 年，中国科学院大连化学物理研究所李灿院士指导实施的液态阳光绿色氢能示范项目利用以太阳能为代表的可再生能源高效电解水制氢，耦合二氧化碳加氢合成“液态阳光”甲醇，是集甲醇在线制氢、分离纯化、升压加注及二氧化碳液化回收等功能于一体的自主创新制氢加氢装备技术，以甲醇作为储氢载体，解决高密度储运氢气的安全性问题，降低了氢气储运成本，可灵活调整产能，实现氢气的现产现用，结合中集安瑞科公司的撬装装备占地面积较小，可广泛应用于港口码头、公路场站及大型交通工具等多种制氢用氢场景。其碳回收装

置可将制氢过程产生的二氧化碳液化回收利用。相比于碳捕集与封存（CCS），将二氧化碳转化为“液态阳光”甲醇是碳捕获利用（CCU）技术，在获得液态能源产品的同时实现可再生能源转化利用、二氧化碳减排和大规模储能。

同年，中国科学院上海高等研究院、海洋石油富岛有限公司和中国成达工程有限公司合作的5000t/a二氧化碳加氢制甲醇工业试验装置实现稳定运行并通过考核评估。

国家能源集团1.8×10^6 t/a甲醇装置以煤基合成气为原料，采用DAVY工艺的低压甲醇合成技术生产MTO（甲醇制烯烃）级甲醇。该甲醇合成技术采用双反应器串并联的方式，具有合成气转化率高、原料消耗低、系统压降小、流程简练、控制简单、三废排放量少等特点。装置从2016年7月投产以来，一直使用原工艺包配套的国外甲醇合成催化剂。2021年，为了解决大型甲醇装置合成催化剂的“卡脖子”技术难题，国家能源集团到西南化工研究设计院有限公司就甲醇合成催化剂的研发及应用情况进行了深入交流与考察。2022年5月，西南化工研究设计院有限公司在国家能源投资集团有限责任公司1.8×10^6 t/a大型甲醇装置的甲醇合成催化剂招标项目上，从国内外竞争对手中脱颖而出，一举中标。此次中标是国内1.8×10^6 t/a规模甲醇装置DAVY径向塔首次全部替换为国产催化剂，也是国家能源集团对西南化工研究设计院有限公司甲醇合成催化剂研究及应用能力的高度认可。2023年1月，中煤鄂尔多斯能源化工有限公司拟投资建设1×10^5 t/a液态阳光——二氧化碳加绿氢制绿色甲醇技术示范项目，该项目是CO_2加氢技术走向产业化的又一重要里程碑，将加快实现低密度不稳定的太阳能、风能转化为易储存、运输的甲醇能源产品这一目标，对清洁能源发展、二氧化碳减排具有重要意义。

2023年2月，吉利给业内再次带来重磅惊喜。由吉利控股集团和河南省顺成集团共同投资的全球首个十万吨级绿色甲醇工厂在安阳正式投产，这是我国首套、全球规模最大的二氧化碳加氢制绿色甲醇工厂，为中国能源多样化战略点燃了一座新的灯塔。

目前，CO_2加氢制甲醇催化剂的发展方向总结如下：铜基催化剂应不断提高热稳定性和耐硫稳定性；氧化物催化剂应提高氢活化能力，降低反应温度，最好保持氧化物优势；降低甲烷选择性，新体系强调甲烷选择性低于0.5%；注意一氧化碳加氢副产物，可增加废气循环过程，使废气中的一氧化碳作为反应物。甲醇合成催化剂的发展和机理仍然是一个非常活跃的研究领域，希望在实验证据的基础上获得具有预测能力的理论描述，尤其是利用人工智能筛选催化剂，以增强我们对具有较高低温活性或抗杂质的催化剂的研究。

CO_2催化加氢制甲醇的总体工业成本较高，制氢成本是影响该工艺经济性的关键因素。传统的电解水制氢技术通常规模较小，能量转换效率一般为

50%～70%，难以规模化工业应用，且制氢能耗高，生产 $1m^3$ 氢气消耗 4.5～5.5kW·h。如何降低制氢的成本和能耗需要进一步考虑和研究。将光、风、水等可再生能源转化为电能，然后利用电解水生产绿色氢气是目前较为理想的研究方向，不仅不会排放大量的 CO_2，而且还会消耗 CO_2，符合国家“双碳”和“绿色环保”的战略规划。CO_2 催化加氢制甲醇的研究对人类社会的可持续发展具有重要意义，研究 CO_2 加氢制甲醇的新工艺，优化换热网络和工务工程量，节省设备投资和运营成本，引导企业进行改造，达到增产、节能、降耗的目的。

参考文献

[1] Sun C, Świrk K, Wang Y, et al. Tailoring the yttrium content in Ni-Ce-Y/SBA-15mesoporous silicas for CO_2 methanation[J]. Catalysis Today, 2021, 382: 104-119.

[2] Lee H, Calvin K, Dasgupta D, et al. Climate change 2023: synthesis report. Contribution of working groups Ⅰ, Ⅱ and Ⅲ to the sixth assessment report of the intergovernmental panel on climate change [R/OL]. (2023-03-20) [2023-12-25]. https://www.ipcc.ch/report/ar6/syr/downloads/report/IPCC_AR6_SYR_LongerReport.pdf.

[3] Meylan F D, Moreau V, Erkman S. CO_2 utilization in the perspective of industrial ecology, an overview[J]. Journal of CO_2 Utilization, 2015, 12: 101-108.

[4] Nocito F, Dibenedetto A. Atmospheric CO_2 mitigation technologies: carbon capture utilization and storage[J]. Current Opinion in Green and Sustainable Chemistry, 2020, 21: 34-43.

[5] Banerjee A, Dick G R, Yoshino T, et al. Carbon dioxide utilization via carbonate-promoted C-H carboxylation[J]. Nature, 2016, 531: 215-219.

[6] Porosoff M D, Yan B, Chen J G. Catalytic reduction of CO_2 by H_2 for synthesis of CO, methanol and hydrocarbons: challenges and opportunities[J]. Energy & Environmental Science, 2016, 9: 62-73.

[7] Tada S, Watanabe F, Kiyota K, et al. Ag addition to $CuO-ZrO_2$ catalysts promotes methanol synthesis via CO_2 hydrogenation[J]. Journal of Catalysis, 2017, 351: 107-118.

[8] Ye R P, Chen Y, Reina T R, et al. Fabrication method-engineered $Cu-ZnO/SiO_2$ catalysts with highly dispersed metal nanoparticles toward efficient utilization of methanol as a hydrogen carrier[J]. Advanced Energy and Sustainability Research, 2021, 2: 2100082.

[9] Dang S S, Qin B, Yang Y, et al. Rationally designed indium oxide catalysts for CO_2 hydrogenation to methanol with high activity and selectivity[J]. Science Advances, 2020, 6: eaaz2060.

[10] Olah G A. Beyond oil and gas: the methanol economy[J]. Angewandte Chemie-International Edition, 2005, 44: 2636-2639.

[11] Sá S, Silva H, Brandão L, et al. Catalysts for methanol steam reforming-a review[J]. Applied Catalysis B: Environmental, 2010, 99: 43-57.

[12] Suh M P, Park H J, Prasad T K, et al. Hydrogen storage in metal-organic frameworks[J]. Chemical Reviews, 2012, 112: 782-835.

[13] Janke C, Duyar M S, Hoskins M, et al. Catalytic and adsorption studies for the hydrogenation of

CO_2 to methane[J]. Applied Catalysis B: Environmental, 2014, 152/153: 184-191.

[14] Choi Y H, Jang Y J, Park H, et al. Carbon dioxide Fischer-Tropsch synthesis: a new path to carbon-neutral fuels[J]. Applied Catalysis B: Environmental, 2017, 202: 605-610.

[15] Alvarez A, Bansode A, Urakawa A, et al. Challenges in the greener production of formates/formic acid, methanol, and DME by heterogeneously catalyzed CO_2 hydrogenation processes[J]. Chemical Reviews, 2017, 117: 9804-9838.

[16] Wang J, Zhang G, Zhu J, et al. CO_2 hydrogenation to methanol over In_2O_3-based catalysts: from mechanism to catalyst development[J]. ACS Catalysis, 2021, 11: 1406-1423.

[17] Kattel S, Yan B, Chen J G, et al. CO_2 hydrogenation on Pt, Pt/SiO_2 and Pt/TiO_2: importance of synergy between Pt and oxide support[J]. Journal of Catalysis, 2016, 343: 115-126.

[18] Cai W, Chen Q, Wang F, et al. Comparison of the promoted $CuZnM_xO_y$ (M: Ga, Fe) catalysts for CO_2 hydrogenation to methanol[J]. Catalysis Letters, 2019, 149: 2508-2518.

[19] Mureddu M, Ferrara F, Pettinau A. Highly efficient $CuO/ZnO/ZrO_2$@SBA-15 nanocatalysts for methanol synthesis from the catalytic hydrogenation of CO_2[J]. Applied Catalysis B: Environmental, 2019, 258: 117941.

[20] Kuld S, Thorhauge M, Falsig H, et al. Quantifying the promotion of Cu catalysts by ZnO for methanol synthesis[J]. Science, 2016, 352: 969-974.

[21] Fisher I A, Bell A T. In situ infrared study of methanol synthesis from H_2/CO over Cu/SiO_2 and $Cu/ZrO_2/SiO_2$[J]. Journal of Catalysis, 1998, 178: 153-173.

[22] Zheng H, Narkhede N, Han L, et al. Methanol synthesis from CO_2: a DFT investigation on Zn-promoted Cu catalyst[J]. Research on Chemical Intermediates, 2019, 46: 1749-1769.

[23] Lei H, Nie R, Wu G, et al. Hydrogenation of CO_2 to CH_3OH over Cu/ZnO catalysts with different ZnO morphology[J]. Fuel, 2015, 154: 161-166.

[24] Guo X, Mao D, Lu G, et al. Glycine-nitrate combustion synthesis of $CuO-ZnO-ZrO_2$ catalysts for methanol synthesis from CO_2 hydrogenation[J]. Journal of Catalysis, 2010, 271: 178-185.

[25] Ramli M Z, Syed-Hassan S S A, Hadi A. Performance of Cu-Zn-Al-Zr catalyst prepared by ultrasonic spray precipitation technique in the synthesis of methanol via CO_2 hydrogenation[J]. Fuel Processing Technology, 2018, 169: 191-198.

[26] Li M M J, Zeng Z, Liao F, et al. Enhanced CO_2 hydrogenation to methanol over CuZn nanoalloy in Ga modified Cu/ZnO catalysts[J]. Journal of Catalysis, 2016, 343: 157-167.

[27] Wang G, Mao D, Guo X, et al. Enhanced performance of the $CuO-ZnO-ZrO_2$ catalyst for CO_2 hydrogenation to methanol by WO_3 modification[J]. Applied Surface Science, 2018, 456: 403-409.

[28] Lin L, Yao S, Liu Z, et al. In situ characterization of Cu/CeO_2 nanocatalysts for CO_2 hydrogenation: morphological effects of nanostructured ceria on the catalytic activity[J]. The Journal of Physical Chemistry C, 2018, 122: 12934-12943.

[29] Li S, Guo L, Ishihara T. Hydrogenation of CO_2 to methanol over Cu/AlCeO catalyst[J]. Catalysis Today, 2020, 339: 352-361.

[30] Graciani J, Mudiyanselage K, Xu F, et al. Highly active copper-ceria and copper-ceria-titania catalysts for methanol synthesis from CO_2[J]. Science, 2014, 345: 546-550.

[31] Kothandaraman J, Kar S, Sen R, et al. Efficient reversible hydrogen carrier system based on amine

reforming of methanol[J]. Journal of the American Chemical Society, 2017, 139: 2549-2552.

[32] Li Z, Qu Y, Wang J, et al. Highly selective conversion of carbon dioxide to aromatics over tandem catalysts[J]. Joule, 2019, 3: 570-583.

[33] Richard A R, Fan M. Low-Pressure hydrogenation of CO_2 to CH_3OH Using Ni-In-Al/SiO_2 catalyst synthesized via a phyllosilicate precursor[J]. ACS Catalysis, 2017, 7: 5679-5692.

[34] Zhong J, Yang X, Wu Z, et al. State of the art and perspectives in heterogeneous catalysis of CO_2 hydrogenation to methanol[J]. Chemical Society Reviews, 2020, 49: 1385-1413.

[35] Kattel S, Ramírez P J, Chen J G, et al. Active sites for CO_2 hydrogenation to methanol on Cu/ZnO catalysts[J]. 2017, 355: 1296-1299.

[36] Bobadilla L F, Palma S, Ivanova S, et al. Steam reforming of methanol over supported Ni and Ni-Sn nanoparticles[J]. International Journal of Hydrogen Energy, 2013, 38: 6646-6656.

[37] Jiang X, Nie X, Gong Y, et al. A combined experimental and DFT study of H_2O effect on In_2O_3/ZrO_2 catalyst for CO_2 hydrogenation to methanol[J]. Journal of Catalysis, 2020, 383: 283-296.

[38] Hu J, Yu L, Deng J, et al. Sulfur vacancy-rich MoS_2 as a catalyst for the hydrogenation of CO_2 to methanol[J]. Nature Catalysis, 2021, 4: 242-250.

[39] Jiang X, Nie X, Guo X, et al. Recent advances in carbon dioxide hydrogenation to methanol via heterogeneous catalysis[J]. Chemical Reviews, 2020, 120: 7984-8034.

[40] Matsumura Y, Ishibe H. Suppression of CO by-production in steam reforming of methanol by addition of zinc oxide to silica-supported copper catalyst[J]. Journal of Catalysis, 2009, 268: 282-289.

[41] An B, Zhang J, Cheng K, et al. Confinement of ultrasmall Cu/ZnO_x nanoparticles in metal-organic frameworks for selective methanol synthesis from catalytic hydrogenation of CO_2[J]. Journal of the American Chemical Society, 2017, 139: 3834-3840.

[42] Popat A, Hartono S B, Stahr F, et al. Mesoporous silica nanoparticles for bioadsorption, enzyme immobilisation, and delivery carriers[J]. Nanoscale, 2011, 3: 2801-2818.

[43] Yang H, Gao P, Zhang C, et al. Core-shell structured Cu@m-SiO_2 and Cu/ZnO@m-SiO_2 catalysts for methanol synthesis from CO_2 hydrogenation[J]. Catalysis Communications, 2016, 84: 56-60.

[44] Jiang Y, Yang H, Gao P, et al. Slurry methanol synthesis from CO_2 hydrogenation over micro-spherical SiO_2 support Cu/ZnO catalysts[J]. Journal of CO_2 Utilization, 2018, 26: 642-651.

[45] Wang Z Q, Xu Z N, Peng S Y, et al. High-performance and long-lived Cu/SiO_2 nanocatalyst for CO_2 hydrogenation[J]. ACS Catalysis, 2015, 5: 4255-4259.

[46] Shi Z, Tan Q, Wu D. A novel Core-Shell structured CuIn@SiO_2 catalyst for CO_2 hydrogenation to methanol[J]. AIChE Journal, 2018, 65: 1047-1058.

[47] Takahashi K, Takezawa N H K. The mechanism of steam reforming of methanol over a copper-silica catalyst[J]. Applied Catalysis, 1982, 2: 363-366.

[48] Dasireddy V D B C, Likozar B. The role of copper oxidation state in Cu/ZnO/Al_2O_3 catalysts in CO_2 hydrogenation and methanol productivity[J]. Renewable Energy, 2019, 140: 452-460.

[49] Chen K, Yu J, Liu B, et al. Simple strategy synthesizing stable CuZnO/SiO_2 methanol synthesis catalyst[J]. Journal of Catalysis, 2019, 372: 163-173.

[50] Yu J, Yang M, Zhang J, et al. Stabilizing Cu^+ in Cu/SiO_2 catalysts with a shattuckite-like structure boosts CO_2 hydrogenation into methanol[J]. ACS Catalysis, 2020, 10: 14694-14706.

[51] Malik A S, Zaman S F, Al-Zahrani A A, et al. Development of highly selective PdZn/CeO_2 and Ca-doped PdZn/CeO_2 catalysts for methanol synthesis from CO_2 hydrogenation[J]. Applied Catalysis A: General, 2018, 560: 42-53.

[52] Gao P, Li F, Zhao N, et al. Influence of modifier (Mn, La, Ce, Zr and Y) on the performance of Cu/Zn/Al catalysts via hydrotalcite-like precursors for CO_2 hydrogenation to methanol[J]. Applied Catalysis A: General, 2013, 468: 442-452.

[53] Hu B, Yin Y, Liu G, et al. Hydrogen spillover enabled active Cu sites for methanol synthesis from CO_2 hydrogenation over Pd doped CuZn catalysts[J]. Journal of Catalysis, 2018, 359: 17-26.

[54] Jiang F, Wang S, Liu B, et al. Insights into the influence of CeO_2 crystal facet on CO_2 hydrogenation to methanol over Pd/CeO_2 catalysts[J]. ACS Catalysis, 2020, 10: 11493-11509.

[55] Ou Z, Ran J, Niu J, et al. A density functional theory study of CO_2 hydrogenation to methanol over Pd TiO_2 catalyst the role of interfacial site[J]. International Journal of Hydrogen Energy, 2020, 45: 6328-6340.

[56] Bahruji H, Bowker M, Hutchings G, et al. Pd/ZnO catalysts for direct CO_2 hydrogenation to methanol[J]. Journal of Catalysis, 2016, 343: 133-146.

[57] Wang X, Shi H, Kwak J H, et al. Mechanism of CO_2 hydrogenation on Pd/Al_2O_3 catalysts: kinetics and transient DRIFTS-MS studies[J]. ACS Catalysis, 2015, 5: 6337-6349.

[58] Lei L, Wang Y, Zhang Z, et al. Transformations of biomass, its derivatives, and downstream chemicals over ceria catalysts[J]. ACS Catalysis, 2020, 10: 8788-8814.

[59] Fan L, Fujimoto K. Reaction mechanism of methanol synthesis from carbon dioxide and hydrogen on ceria-supported palladium catalysts with SMSI effect[J]. Journal of Catalysis, 1997, 172: 238-242.

[60] Fiordaliso E M, Sharafutdinov I, Carvalho H W P, et al. Intermetallic $GaPd_2$ nanoparticles on SiO_2 for low-pressure CO_2 hydrogenation to methanol: catalytic performance and in situ characterization [J]. ACS Catalysis, 2015, 5: 5827-5836.

[61] Ota A, Kunkes E L, Kasatkin I, et al. Comparative study of hydrotalcite-derived supported Pd_2Ga and PdZn intermetallic nanoparticles as methanol synthesis and methanol steam reforming catalysts [J]. Journal of Catalysis, 2012, 293: 27-38.

[62] Chiang C L, Lin K S, Lin Y G. Preparation and characterization of Ni_5Ga_3 for methanol formation via CO_2 hydrogenation[J]. Topics in Catalysis, 2017, 60: 685-696.

[63] Qu J, Zhou X, Xu F, et al. Shape effect of Pd-promoted Ga_2O_3 nanocatalysts for methanol synthesis by CO_2 hydrogenation[J]. The Journal of Physical Chemistry C, 2014, 118: 24452-24466.

[64] Jiang H, Lin J, Wu X, et al. Efficient hydrogenation of CO_2 to methanol over Pd/In_2O_3/SBA-15 catalysts[J]. Journal of CO_2 Utilization, 2020, 36: 33-39.

[65] de Boer T, Bekheet M F, Gurlo A, et al. Band gap and electronic structure of cubic, rhombohedral, and orthorhombic In_2O_3 polymorphs: experiment and theory [J]. Physical Review B, 2016, 93: 155205.

[66] Wang J, Liu C Y, Senftle T P, et al. Variation in the In_2O_3 crystal phase alters catalytic performance toward the reverse water gas shift reaction[J]. ACS Catalysis, 2019, 10: 3264-3273.

[67] Umegaki T, Kuratani K, Yamada Y, et al. Hydrogen production via steam reforming of ethyl alcohol over nano-structured indium oxide catalysts[J]. Journal of Power Sources, 2008, 179: 566-570.

[68] Lorenz H, Jochum W, Klötzer B, et al. Novel methanol steam reforming activity and selectivity of pure In_2O_3[J]. Applied Catalysis A: General, 2008, 347: 34-42.

[69] Ye J, Liu C, Mei D, et al. Active oxygen vacancy site for methanol synthesis from CO_2 hydrogenation on In_2O_3(110): a DFT study[J]. ACS Catalysis, 2013, 3: 1296-1306.

[70] Ye J, Liu C, Ge Q. DFT study of CO_2 adsorption and hydrogenation on the In_2O_3 surface[J]. The Journal of Physical Chemistry C, 2012, 116: 7817-7825.

[71] Frei M S, Capdevila-Cortada M, García-Muelas R, et al. Mechanism and microkinetics of methanol synthesis via CO_2 hydrogenation on indium oxide[J]. Journal of Catalysis, 2018, 361: 313-321.

[72] Cao A, Wang Z, Li H, et al. Relations between surface oxygen vacancies and activity of methanol formation from CO_2 hydrogenation over In_2O_3 surfaces[J]. ACS Catalysis, 2021, 11: 1780-1786.

[73] Ye J, Liu C J, Mei D, et al. Methanol synthesis from CO_2 hydrogenation over a Pd_4/In_2O_3 model catalyst: a combined DFT and kinetic study[J]. Journal of Catalysis, 2014, 317: 44-53.

[74] Rui N, Wang Z, Sun K, et al. CO_2 hydrogenation to methanol over Pd/In_2O_3: effects of Pd and oxygen vacancy[J]. Applied Catalysis B: Environmental, 2017, 218: 488-497.

[75] Snider J L, Streibel V, Hubert M A, et al. Revealing the synergy between oxide and alloy phases on the performance of bimetallic In-Pd catalysts for CO_2 hydrogenation to methanol[J]. ACS Catalysis, 2019, 9: 3399-3412.

[76] Tian P, Cai Z, Zhan G, et al. Preparation of supported In_2O_3/Pd nanocatalysts using natural pollen as bio-templates for CO_2 hydrogenation to methanol: effect of acid-etching on template[J]. Molecular Catalysis, 2021, 516: 111945.

[77] Cai Z, Huang M, Dai J, et al. Fabrication of Pd/In_2O_3 nanocatalysts derived from MIL-68(In) loaded with molecular metalloporphyrin (TCPP(Pd)) toward CO_2 hydrogenation to methanol[J]. ACS Catalysis, 2021, 12: 709-723.

[78] Han Z, Tang C, Wang J, et al. Atomically dispersed Pt^{n+} species as highly active sites in Pt/In_2O_3 catalysts for methanol synthesis from CO_2 hydrogenation[J]. Journal of Catalysis, 2021, 394: 236-244.

[79] Wang J, Sun K, Jia X, et al. CO_2 hydrogenation to methanol over Rh/In_2O_3 catalyst[J]. Catalysis Today, 2021, 365: 341-347.

[80] Pinheiro Araújo T, Morales-Vidal J, Zou T, et al. Flame spray pyrolysis as a synthesis platform to assess metal promotion in In_2O_3-catalyzed CO_2 hydrogenation[J]. Advanced Energy Materials, 2022, 12: 2103707.

[81] Pustovarenko A, Dikhtiarenko A, Bavykina A, et al. Metal-organic framework-derived synthesis of cobalt indium catalysts for the hydrogenation of CO_2 to methanol[J]. ACS Catalysis, 2020, 10: 5064-5076.

[82] Köppel R A, Stöcker C, Baiker A. Copper-and silver-zirconia aerogels: preparation, structural properties and catalytic behavior in methanol synthesis from carbon dioxide[J]. Journal of Catalysis, 1998, 179: 515-527.

[83] Grabowski R, Słoczyński J, Śliwa M, et al. Influence of polymorphic ZrO_2 phases and the silver electronic state on the activity of Ag/ZrO_2 catalysts in the hydrogenation of CO_2 to methanol[J]. ACS Catalysis, 2011, 1: 266-278.

[84] Rhodes M, Bell A. The effects of zirconia morphology on methanol synthesis from CO and H_2 over Cu/ZrO_2catalystsPart Ⅰ. steady-state studies[J]. Journal of Catalysis, 2005, 233: 198-209.
[85] Tada S, Satokawa S. Effect of Ag loading on CO_2-to-methanol hydrogenation over Ag/CuO/ZrO_2[J]. Catalysis Communications, 2018, 113: 41-45.
[86] Lunkenbein T, Girgsdies F, Kandemir T, et al. Bridging the time gap: a copper/zinc oxide/aluminum oxide catalyst for methanol synthesis studied under industrially relevant conditions and time scales[J]. Angewandte Chemie-International Edition, 2016, 55: 12708-12712.
[87] 郭嘉懿,何育荣,马晶晶,等.二氧化碳催化加氢制甲醇研究进展[J]. 洁净煤技术,2023,29:49-64.

第5章 CO₂加氢制低碳烯烃

CHAPTER 5

上一章介绍了 CO_2 加氢制甲醇，甲醇进一步转化可以生成低碳烯烃，亦可通过 CO_2 加氢直接生成低碳烯烃。低碳烯烃是有机合成中重要的组成部分，随着人们对 CO_2 捕集的兴趣日益浓厚和低碳烯烃市场规模的庞大，CO_2 催化加氢制低碳烯烃变得越来越重要，为此本章将介绍 CO_2 加氢制低碳烯烃。该反应使用的催化剂主要有双功能催化剂，催化剂功能一是生成甲醇或者 $^*CO$ 中间体，然后中间体再在功能二催化剂活性中心进行转化生成低碳烯烃等产物。该反应的难点在于如何控制 C—C 偶联，定向生成低碳烯烃。目前产物的选择性和转化率依然较低，仍然处于实验室研究阶段，工业化生产鲜有报道。

5.1 CO_2 加氢制低碳烯烃研究背景

CO_2 的利用最近因 CO_2 对气候和环境的潜在影响而受到高度关注[1,2]。CO_2 是通过光催化[3,4]、电催化[1,5] 和热催化[6,7] 合成各种化学品和材料所需的重要碳资源。将 CO_2 热催化加氢转化为高附加值化学品，例如包括乙烯（C_2H_4）、丙烯（C_3H_6）和丁烯（C_4H_8）在内的低碳烯烃，是一种很有前景的途径。从工业废物中捕获的 CO_2[8-10] 可以作为一种具有成本效益的碳源，将其与通过生物质气化或太阳能分解水产生的 H_2 反应[11,12] 来生产高附加值化学品。在这些化学品中，低碳烯烃是有机合成中重要的组成部分[13,14]。迄今为止，已经提出了不同的生产低碳烯烃的工艺，包括基于甲醇[15,16]、二甲醚[17,18]、氯甲烷的反应途径[19,20] 以及由 CO_2 生成的CO通过费-托合成制烯烃（FTO）[21,22] 或甲醇制烯烃（MTO）路线[23-25] 进行还原。基于 CO 的低碳烯烃合成已取得重大进展，然而，关于将 CO_2 加氢制低碳烯烃的研究相对缓慢。

从本质上讲，使用费-托路线的 CO_2 催化加氢制低碳烯烃工艺是在同一反应器中进行的两个连续操作（RWGS 和 FTO）的整合。CO_2 加氢制烯烃示意图如图 5.1 所示。

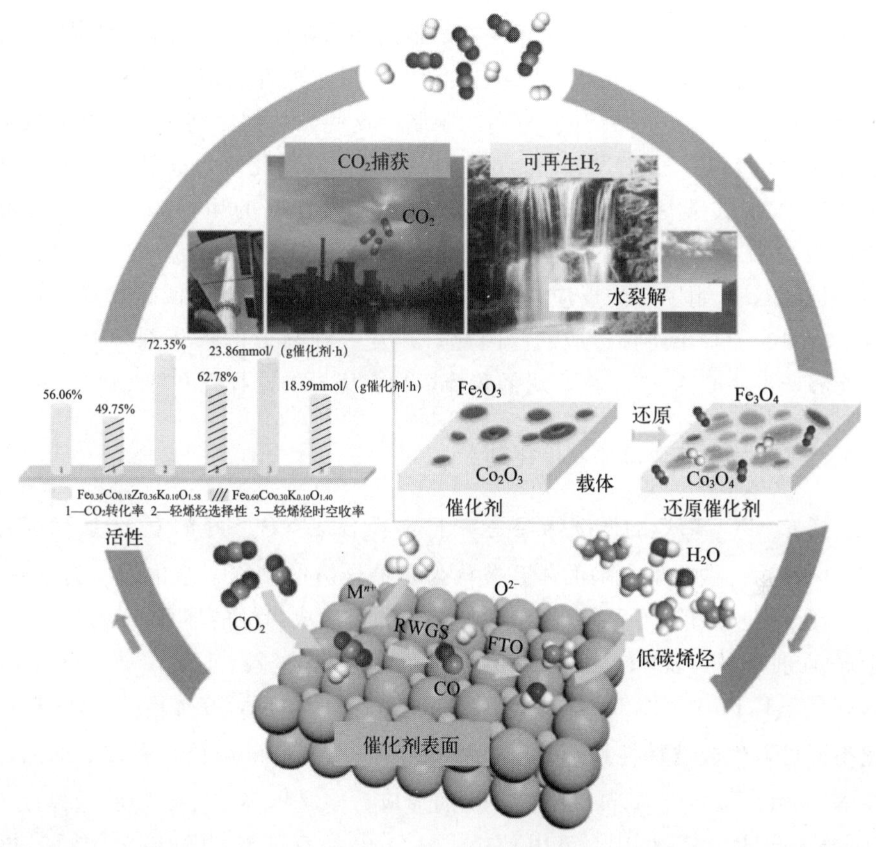

图 5.1 CO_2 加氢制烯烃

近年来，亟需开发具有优异烯烃选择性的高效稳定催化剂用于生产低碳烯烃。Gao 等人和 Ateka 等人通过 MTO 机理使用包括 ZnO-ZrO_2/SAPO-34 和 In_2O_3/ZSM-5 在内的双功能纳米催化剂，成功地将约 20%的 CO_2 转化为低碳烯烃，烯烃选择性约为 55%[6,26]。Li 等人和 Xie 等人分别开发了纳米结构的双功能 $ZnZrO_x$/SAPO-34 和 CeO_2-Pt@mSiO_2-Co，相应地实现了约 20%和约 25%的 CO_2 转化率，约 72%和约 38%的低碳烯烃选择性[27,28]。此外，Ramirez 等人和 Chen 等人开发了基于 FTO 机制的纳米结构铁催化剂，它们的 CO_2 转化率分别约为 60%和 40%，而它们对应的低碳烯烃选择性分别为 20%和 39%[29,30]。下面介绍 CO_2 加氢制低碳烯烃催化剂研究进展。

5.2 CO_2加氢制低碳烯烃催化剂研究进展

热催化 CO_2 转化为低碳烯烃主要依靠铁基催化剂通过费-托过程[31] 和双功能催化剂通过甲醇介导的途径（MTO 过程的一种形式）[32] 完成。在费-托合成过程中，CO_2 首先通过 RWGS 反应转化为 CO，然后加氢成低碳烯烃。由于 Anderson-Schulz-Flory（ASF）分布的限制，这些铁基催化剂具有较低的低碳烯烃选择性。在 MTO 衍生过程中，CO_2 在甲醇合成催化剂上转化为甲醇，然后脱氢并耦合成低碳烯烃。这些双功能催化剂具有低的甲醇选择性，但由于 RWGS 反应和甲醇脱水过程中甲醇的分解，导致 CO 产率高，CO_2 转化率低，这主要是由 CO_2 制甲醇的反应温度（200～300℃）和甲醇制低碳烯烃的转化温度（300～400℃）不协调造成的。因此，开发一种高效的催化剂来克服上述缺点，能够产生高 CO_2 转化率，对低碳烯烃具有优异的选择性和低 CO 产率。

5.2.1 FTS 路线的直接加氢催化剂

包括 C_2～C_4 烯烃的低碳烯烃是基于费-托合成（FTS）的 CO_2 加氢工艺的重要目标产物。铁基催化剂的体系被认为是最合适的助剂、结构添加剂或载体，以此实现不同反应阶段所需要的活性位点，从而生成烯烃的体系。据报道，具有碱金属助剂的 Fe 基和 Co 基催化剂（例如，35Fe-7Zr-1Ce-K[33]、Fe-Co/K-Al_2O_3[34]、C-Fe-Zn/K[35] 等）对 FTS 具有很高的活性，在 40%～60%的 CO_2 转化率下可以生成选择性高达 57%的 C_{2+} 产物[36,37]。碱金属是有效的助剂，尤其是 Na 和 K，因为它们可以限制甲烷的形成，同时提高 C_{2+} 产物的选择性[38]。Meiri 等人指出，K 的引入可以使 Fe-Al-O 尖晶石的结构更稳定，同时增加 Fe_5C_2 的表面含量以及加强 CO_2 的吸附[39]。有研究将 14 种不同的助剂单独添加到金属有机骨架衍生的 Fe/C 催化剂中，结果表明只有 K 才能将烯烃的选择性从 0.7%显著地提高到 36%[40]。Martinelli 等人得出一项结论，该结论表明 K 的负载量不会影响 CO_2 的转化率，但是会增加烯烃/链烷烃的比率和产物的平均分子量[41]。除碱金属外，Cu、Zn、Ni、Zr、Mn 和 Pt 等其他金属也可以用于对 Fe 基催化剂进行改性[40]。例如，双金属催化剂 Fe-Cu/Al_2O_3 可以抑制 CH_4 的形成，因此与纯 Fe/Al_2O_3 催化剂相比，双金属催化剂 C_2～C_7 产物的产量更高[42]。下面重点介绍一系列 FeCoZrK 催化剂应用于 CO_2 加氢制烯烃。

(1) $Fe_xCo_yZr_zK_pO_\delta$ 催化剂制备及其 CO_2 加氢制低碳烯烃性能

$Fe_xCo_yZr_zK_pO_\delta$ 催化剂制备过程如下：$Fe_xCo_yZr_zK_pO_\delta$ 催化剂分别以

$Fe(NO_3)_3 \cdot 9H_2O$、$Co(NO_3)_3 \cdot 6H_2O$、$ZrOCl_2$ 和 KNO_3 为 Fe、Co、Zr 和 K 源制备。用于制备 $Fe_xCo_yZr_zK_pO_\delta$ 催化剂的 Co/Fe 摩尔比为 0、1/4、1/3、1/2 和1/1，而（Fe+Co)/Zr 摩尔比为 0、1/2、1/1、2/1 和 1/0，K/(Fe+Co+Zr）的摩尔比为 0、1/20、1/10、1.5/10 和 2/10。为制备催化剂，将所需量的 $Fe(NO_3)_3 \cdot 9H_2O$、$Co(NO_3)_3 \cdot 6H_2O$ 和 $ZrOCl_2$ 溶解并混合在 160mL 蒸馏水中，然后将溶液转移到带有聚四氟乙烯内衬的水热釜中。将混合物加热 24h 至 150℃，过滤并在 120℃干燥 12h 后得到红色沉淀。$Fe_xCo_yZr_zK_pO_\delta$ 催化剂是在 500℃下煅烧 4h 后获得的。为了负载 K，在搅拌下将所需量的 KNO_3 与含有 $Fe_xCo_yZr_zK_pO_\delta$ 催化剂的溶液混合。将溶液在 80℃下搅拌蒸发直至干燥，在 500℃下煅烧 4h 后得到最终催化剂，命名为 $Fe_xCo_yZr_zK_pO_\delta$ 催化剂，x、y、z、p 和 δ 分别表示理论铁、钴、锆、钾和氧的化学计量摩尔负载。将 $Fe_xCo_yZr_zK_pO_\delta$ 催化剂在含 80% H_2 和 20% N_2 的 37.5mL/min 的还原气氛下，400℃ 预处理 4h，得到的 $Fe_xCo_yZr_zK_pO_\delta$ 催化剂分别称为 R-$Fe_xCo_yZr_zK_pO_\delta$ 催化剂。$Fe_{0.30}Co_{0.15}Zr_{0.45}K_{0.10}O_{1.63}$ 和 $Fe_{0.60}Co_{0.30}K_{0.10}O_{1.4}$ 的还原催化剂分别命名为 R-FCKZr 和 R-FCK。催化活性和稳定性评价实验装置如图 5.2 所示。

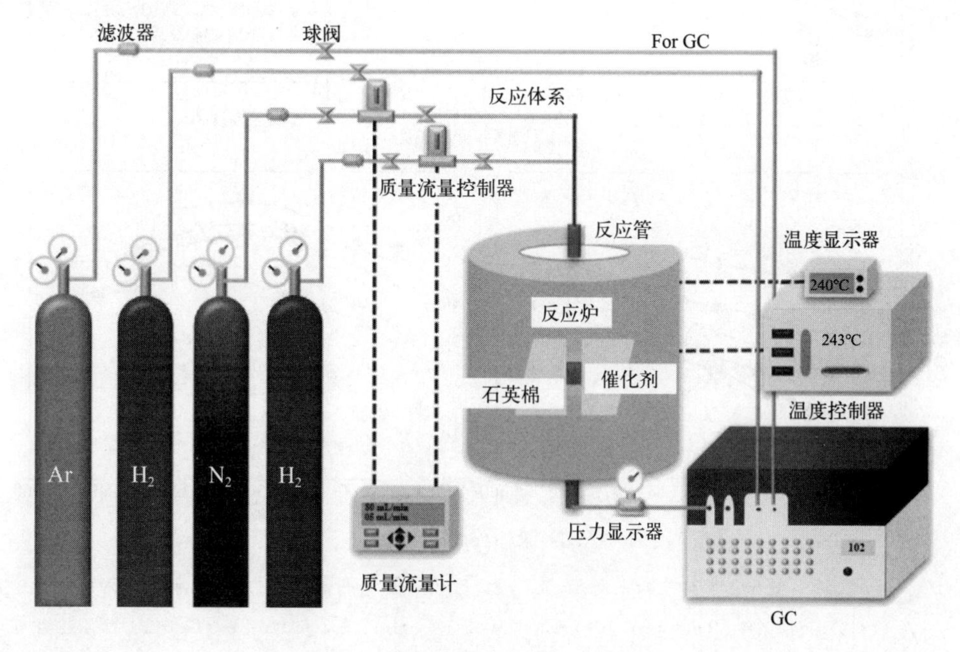

图 5.2　催化活性和稳定性实验装置

丁杰等人首先考察了（Fe+Co)/Zr 的摩尔比（0、1/2、1/1、2/1 和 1/0）对 R-$Fe_xCo_yZr_zK_pO_\delta$ 催化活性的影响，结果如图 5.3(a) 所示。CO_2 转化率随

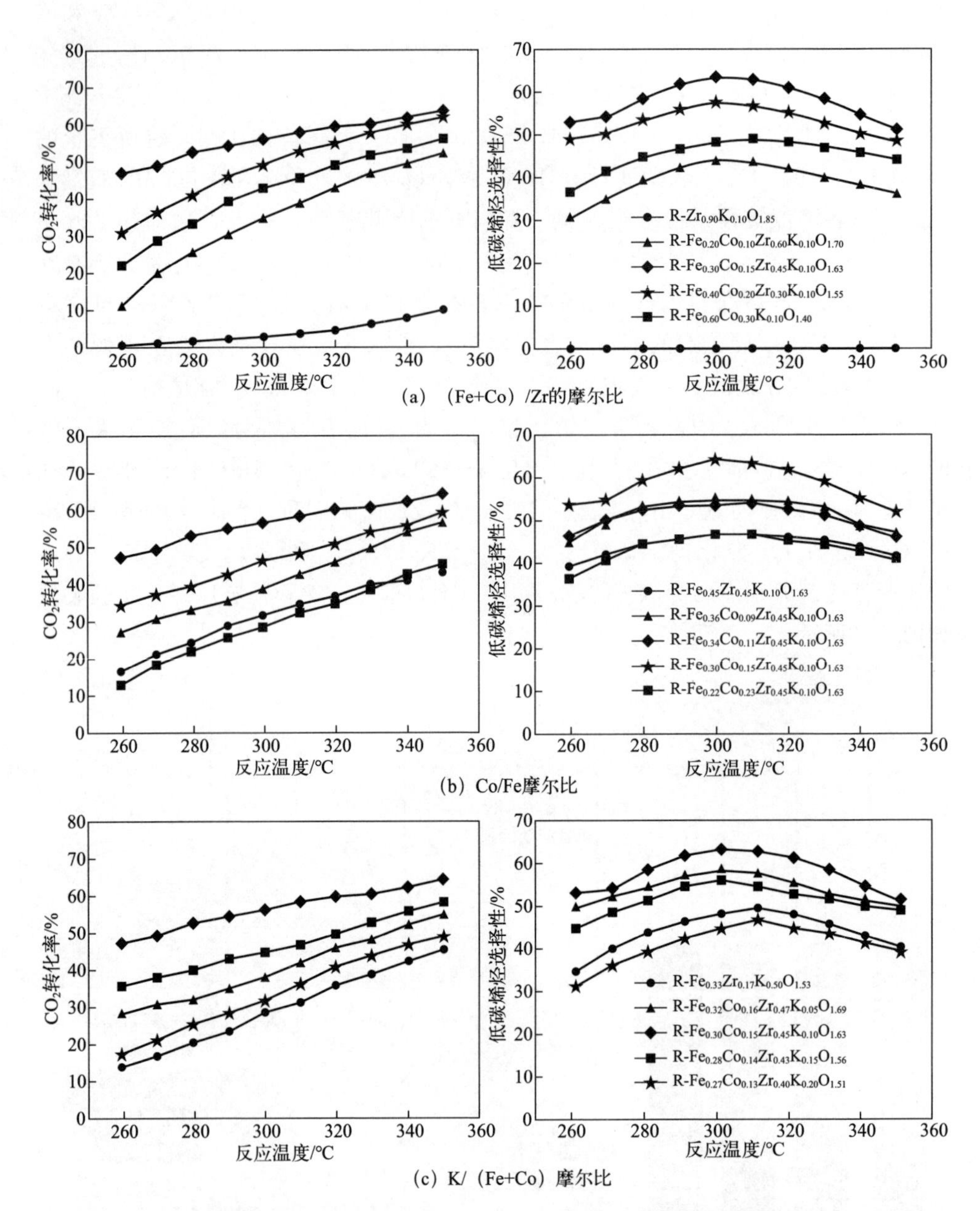

(a) (Fe+Co) /Zr的摩尔比

(b) Co/Fe摩尔比

(c) K/ (Fe+Co) 摩尔比

图 5.3　各种因素对 $Fe_xCo_yZr_zK_pO_\delta$ 催化剂催化活性的影响

[对于 (a)，反应条件：(Fe+Co)/Zr 的摩尔比为 0、1/2、1/1、2/1 和 1/0；K/(Fe+Co) 摩尔比为 1/10；Fe/Co 的摩尔比是 2/1。对于 (b)，反应条件：(Fe+Co)/Zr 的摩尔比为 1/1；K/(Fe+Co) 摩尔比为 1/10；Co/Fe 的摩尔比为 0、1/4、1/3、1/2 和 1。对于 (c)，反应条件：(Fe+Co)/Zr 的摩尔比为 1/1；K/(Fe+Co+Zr) 的摩尔比为 0、1/20、1/10、1.5/10 和 2/10；Fe/Co 的摩尔比是 1/2。反应压力 2000kPa，GHSV 为 1500mL/(g·h)]

(Fe+Co)/Zr 摩尔比在 0～1/1 范围内的增大而增大，而（Fe+Co)/Zr 摩尔比的进一步增大对 CO_2 转化率有负面影响。同样，低碳烯烃的选择性随（Fe+Co)/Zr 摩尔比在 0～1/1 范围内增大而增大，而随（Fe+Co)/Zr 摩尔比的进一步增大而减小。可能是由于 Fe+Co 浓度过低导致活性位点缺失，而 Fe+Co 浓度过高则导致 Fe 和 Co 聚集，限制了反应气体与活性位点的接触。Song 等人[43] 通过 K 促进的 Fe-Co 催化剂，实现了 44%的 CO_2 转化率和 17%的低碳烯烃选择性。Wang 等人[44] 在负载铁的催化剂上获得了 43%的 CO_2 转化率和 37%的低碳烯烃选择性。该研究中，在最佳条件下，铁基催化剂的 CO_2 转化率高达 56.06%，低碳烯烃转化率高达 63.47%。

研究了 Co/Fe 摩尔比（范围为 0、1/4、1/3、1/2 和 1）对 R-$Fe_xCo_yZr_zK_pO_\delta$ 的催化活性的影响，结果如图 5.3(b) 所示。CO_2 转化率和低碳烯烃选择性均随 Co/Fe 摩尔比的增大而先增大后减小。在最佳反应温度下，Co/Fe 摩尔比为 1/2 时，低碳烯烃选择性最高，为 63.47%；Co/Fe 摩尔比为 1/3 时，CO_2 转化率最高，为 57.96%。结果表明，过渡金属在催化 CO_2 加氢制低碳烯烃过程中起着重要作用。已有研究表明，铁基催化剂中 Co 的加入有利于 CO_2 的活化，而 Co 含量过高则会产生过多的 CH_4[45]。

研究了 K/(Fe+Co+Zr) 摩尔比（0、1/20、1/10、1.5/10 和 2/10）对 R-$Fe_xCo_yZr_zK_pO_\delta$ 的催化活性的影响，结果如图 5.3(c) 所示。CO_2 转化率和低碳烯烃选择性均随 K/(Fe+Co+Zr) 摩尔比的增大先增大后减小，在 K/(Fe+Co+Zr) 摩尔比为 1/10 时达到最大值。碱金属可以促进 CO_2 在表面的吸附[38,46]。因此，K 负载量提高了 CO_2 的转化率和低碳烯烃的选择性。但过高浓度的 K 负载会导致活性位点的减少，从而降低催化活性。Wang 等人也研究了 K 浓度的影响[44]，结果表明低碳烯烃的选择性随 K 负载量的增加先增大后减小。Ge 等人报道碱金属 Na 的浓度对催化活性几乎没有影响[47]，这与该研究的结果不同。这可能是由催化剂中使用的碱金属不同造成的。该研究使用 K 促进 Fe-Co-Zr 催化剂，而 Ge 等报道的研究使用 Na 作为 Fe_3O_4 催化剂的助剂。

如图 5.3，系统地研究了 Fe+Co 负载、Co/Fe 摩尔比和 K 负载对 $Fe_xCo_yZr_zK_pO_\delta$ 的影响。活性测试开始前，将 $Fe_{0.30}Co_{0.15}Zr_{0.45}K_{0.10}O_{1.63}$ (FCKZr) 和 $Fe_{0.60}Co_{0.30}K_{0.10}O_{1.4}$ (FCK) 在 400℃和 H_2/N_2 气氛中还原 4h。如图 5.2(a) 和 (c) 所示，R-$Fe_{0.30}Co_{0.15}Zr_{0.45}K_{0.10}O_{1.63}$ (R-FCKZr) 显示出最高的 CO_2 转化率和低碳烯烃选择性。此外，还探讨了气时空速（GHSV）和粒度的影响，结果如图 5.4 所示。结果表明，GHSV 和粒径对 CO_2 转化率和低碳烯烃选择性几乎没有影响，表明内部和外部传质对 R-FCKZr 性能的影响可以忽略不计。

在固定床反应器中进一步测试催化活性，如图 5.5(a) 和图 5.5(b) 所示。

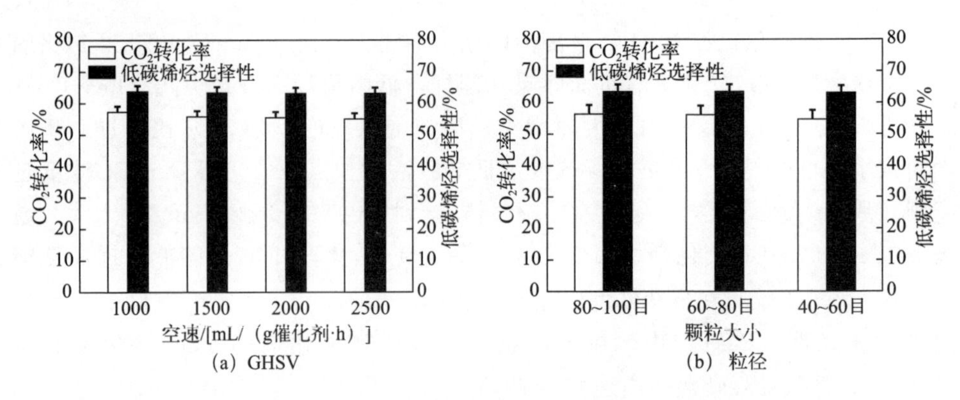

(a) GHSV (b) 粒径

图 5.4 GHSV 和粒径对 R-FCKZr 催化活性的影响

[反应条件：反应温度 310℃，反应压力 2000kPa，GHSV 为 1500mL/(g·h)]

带有催化剂的 CO_2 加氢制低碳烯烃（CTO）工艺的质谱如图 5.6 所示，主要包含低碳烯烃、烷烃、CH_4 和 CO。如图 5.5(a) 和图 5.5(b) 所示，两种催化剂的 CO_2 转化率都随着反应温度的升高而增加。R-FCK 的 CO_2 转化率在 42.87%～57.73%之间变化，而 R-FCKZr 的 CO_2 转化率从 47.00%～63.98%不等。R-FCKZr 和 R-FCK 的低碳烯烃选择性随着反应温度的升高先升高后降低。R-FCKZr（63.48%）和 R-FCK（55.48%）的最佳低碳烯烃选择性在

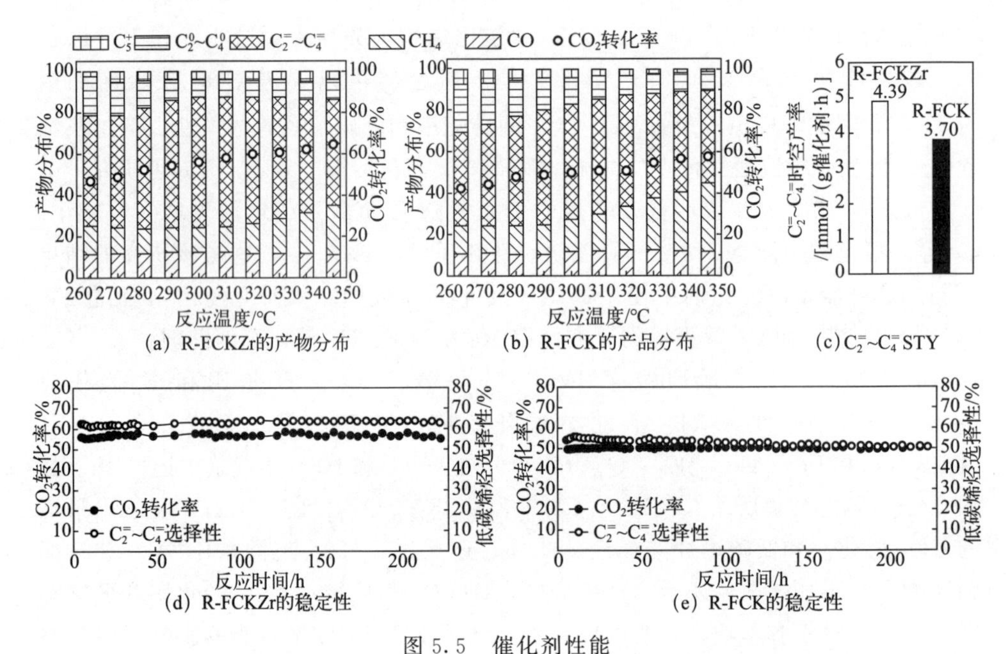

(a) R-FCKZr的产物分布 (b) R-FCK的产品分布 (c) $C_2^=$~$C_4^=$ STY

(d) R-FCKZr的稳定性 (e) R-FCK的稳定性

图 5.5 催化剂性能

[(a) 和 (b) 的反应条件：反应温度 260～350℃；反应压力 2000kPa；GHSV 3500mL/(g·h)。(c)～(e) 的反应条件：反应温度 310℃；反应压力 2000kPa；GHSV 1500mL/(g·h)]

310℃下实现。此外，在310℃和2000kPa下，低碳烯烃的R-FCKZr STY［4.39mmol/(g催化剂·h)］比低碳烯烃的FCK STY［3.70mmol/(g催化剂·h)］高18.65%。在相同的反应条件下，很明显R-FCKZr是催化CO_2加氢制低碳烯烃过程的显著活性催化剂。应该提到的是，在270～310℃反应温度下[38]，Visconti等人观察到CO_2转化率和低碳烯烃选择性的变化趋势类似。

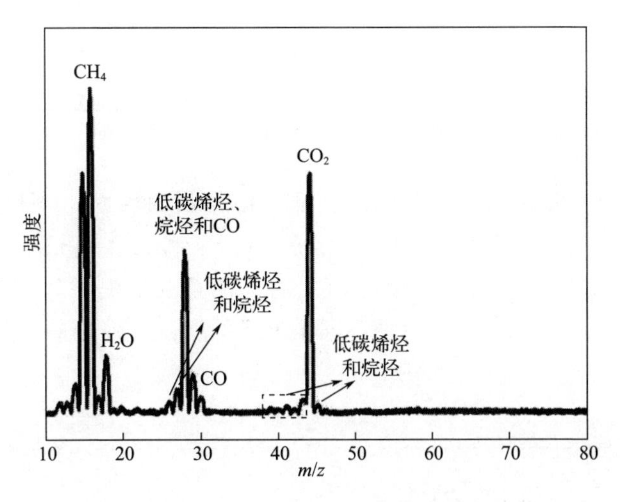

图5.6　R-FCKZr催化CO_2加氢产物的质谱图

大量工作报道了CO_2转化为低碳烯烃。Liu等人研究了$ZnGa_2O_4$/SAPO-34的CO_2转化率、低碳烯烃选择性和低碳烯烃STY，分别为13.0%、39.6%和3.50mmol/(g催化剂·h)[48]。Li等人[27]报道了在ZnZrO/SAPO上有12.6%的CO_2转化率、42.4%的低碳烯烃选择性和2.2mmol/(g催化剂·h)的低碳烯烃STY。据报道，Choi等人使用$CuFeO_2$催化剂实现的CO_2转化率和低碳烯烃选择性分别达到18.1%和23.8%，低碳烯烃STY为0.50mmol/(g催化剂·h)[49]。与上述催化剂的性能相比，FCKZr在CO_2转化率和低碳烯烃选择性以及低碳烯烃产率方面具有优越性。

此外，比较了R-FCKZr和R-FCK的长期催化稳定性，所得结果相应地显示在图5.5(d)和图5.5(e)中。R-FCKZr比R-FCK更稳定，因为反应200h后，R-FCKZr实现的CO_2转化率和低碳烯烃选择性仍分别达到55.0%以上和62.0%以上，而R-FCK的CO_2转化率保持在50.0%以上，200h后低碳烯烃选择性从55.0%略微降至51.0%。

(2) 催化剂表面—OH和氧空位(OVs)的密度

优异的物理性能，尤其是催化剂的高比表面积对其活性很重要[6,50]，然而，它们不能完全解释 R-FCKZr 的催化性能，因为包括比表面积在内的物理性能，FCKZr 比 FCK 差很多，如表 5.1 所示。

表 5.1 FCKZr、U-FCKZr、FCK 和 U-FCK 的 Fe、Co、K 负载量

样品	Fe 摩尔分数/%	Co 摩尔分数/%	K 摩尔分数/%	BET 比表面积/(m^2/g)
FCKZr	29.2	14.8	9.8	66.32
U-FCKZr	28.4	14.1	9.7	—
FCK	60.2	30.1	9.7	100.55
U-FCK	60.1	30.3	9.6	—

注：U-FCKZr 和 U-FCK 分别表示用过的 FCKZr 和用过的 FCK。

为了深入理解催化效果，系统地表征了催化剂的表面—OH 和 OVs，包括数量和活性。FCKZr 和 FCK 在 400℃还原 4h 之前和之后的表面上，—OH 是良好的 CO_2 吸附的关键基团，因此是 CO_2 转化的重要前提条件[51,52]，通过红外光谱 IR [图 5.7(b)] 和 H_2 气氛中不同温度下的原位红外光谱（图 5.8）进行了分析。

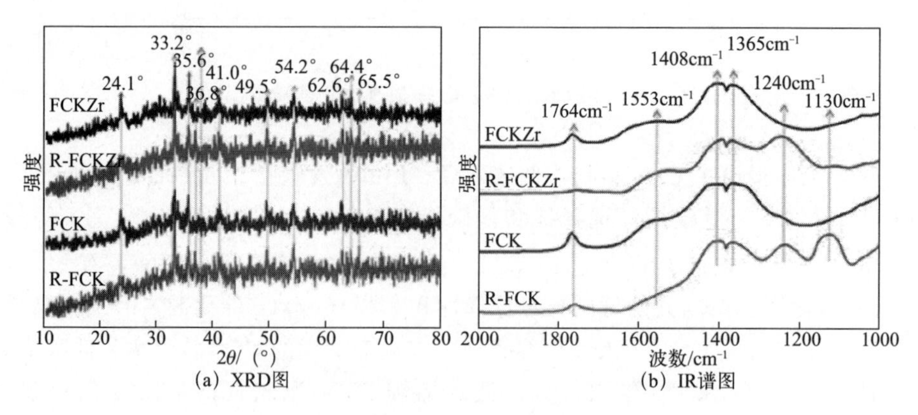

图 5.7 新鲜和还原催化剂的表征

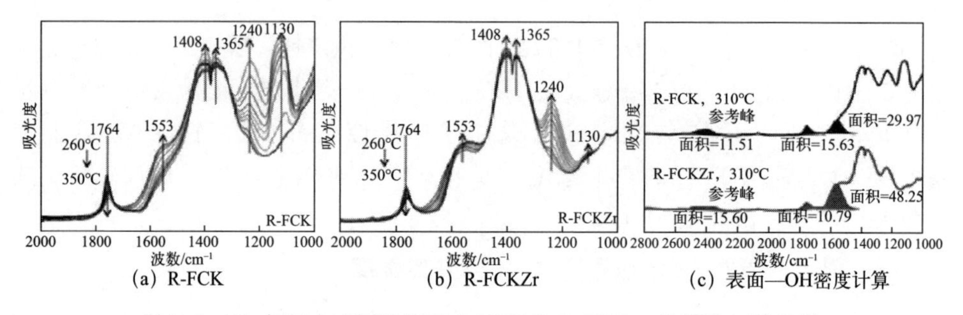

图 5.8 H_2 气氛中不同温度下 R-FCK 和 R-FCKZr 的原位红外光谱

如图 5.8(b) 所示，FCKZr 和 FCK 在 1770～1350cm^{-1} 处出现峰值，与 M—OH 和—OH 的振动有关[53-55]。具体而言，1365cm^{-1} 和 1408cm^{-1} 处的峰分别对应于 M—OH 的拉伸和变形振动，1553cm^{-1} 和 1764cm^{-1} 处的峰分别归于 OH 在 M—OH 中的变形和拉伸振动。与新鲜催化剂相比，还原后的催化剂在 1553cm^{-1} 和 1764cm^{-1} 处显示出更弱的峰，表明还原后表面—OH 部分还原，如图 5.8(a) 和图 5.8(b) 所示。随着温度从 260℃上升到 350℃，R-FCK 的峰强度比 R-FCKZr 下降得更快，说明 R-FCK 表面—OH 对温度的敏感性比 R-FCKZr 高，这可能导致在该研究中使用的低碳烯烃合成温度下 R-FCK 上有效—OH 的密度较低。在最佳低碳烯烃合成温度下，R-FCKZr 和 R-FCK 上的表面—OH 密度已计算，如图 5.8(c) 所示。这表明 R-FCK 的表面—OH 峰面积（1g R-FCK 为 1448.39）低于 R-FCKZr（1g R-FCKZr 为 2569.03）。然而，R-FCK 上更高的—OH 密度不会导致更高的催化性能。

此外，R-FCKZr 和 R-FCK 上的表面 OVs 通过 EPR 和 PL（光致发光）光谱进行表征，结果如图 5.9 所示。如图 5.9(a)（EPR 光谱）所示，R-FCKZr 在 3507 G 处观察到一个尖峰，而 R-FCK 的这个峰的强度要低得多。一般来说，3507 G 处的峰值强度越高，代表 OVs 的浓度越高[56,57]。因此，R-FCKZr 中 OVs 的浓度远高于 R-FCK。两种催化剂的 PL 光谱在 455nm 处显示出一个强峰，代表催化剂表面的 OVs[58]。R-FCKZr 的峰强度远高于 R-FCK，因此 R-FCKZr 上的 OVs 浓度高于 R-FCK。R-FCKZr 上较高浓度的 OVs 可导致较高的储氧能力，由于 CO_2 中的氧浓度较高，这有利于 CO_2 吸附[59-61]。TAP（产物时间分析）反应器测量已被广泛用于量化催化剂上存在的活性位点、氧空位和活性氧原子的数量[46,62]。因此，在该研究中，进行了 TAP 反应器测量以量化催化剂在最佳低碳烯烃合成温度下的储氧能力[46,63]。根据 TAP 反应器的测量结果显示，如图 5.9(c) 所示，R-FCKZr 在 310℃时的 OVs 浓度为 55.10×10^6 个活性氧分子/cm^2（1g 催化剂时，约 11.70×10^{11} 个分子），而 R-FCK 在 310℃下的 OVs 浓度为 1.35×10^6 个活性氧分子/cm^2（1g 催化剂约 7.48×10^{11} 个分子）。R-FCKZr 表面的高浓度 OVs 和储氧能力有利于 R-FCKZr 对 CTO 的催化性能。

值得注意的是，R-FCKZr 有两种类型的活性氧分子，而 R-FCK 只有一种类型的活性氧分子。OVs 有两种类型，一种是带一个电子的 OVs，另一种是没有电子的 OVs[64,65]。氧原子吸附在带有一个电子的 OVs 上形成超氧自由基[66]，而它们吸附在没有电子的 OVs 上形成活性晶格氧分子[67]，后者通过自由基氧化和 Mars-van Krevelen 机制[68] 将 CO 氧化成 CO_2。自由基比晶格氧具有更强的氧化能力，先出现自由基氧化产生的 CO_2 峰，再出现晶格氧氧化产生的 CO_2 峰。两种类型的活性氧分子在 R-FCKZr 上的形成表明了自由基和晶格氧的形成。在 R-FCK 上形成一种活性氧表明是晶格氧的形成。据报道，单电子 OVs 有利于

CO_2 的解离，因为它有利于电子转移[69]。因此，R-FCKZr 比 R-FCK 对 CO_2 的活化更有活性。

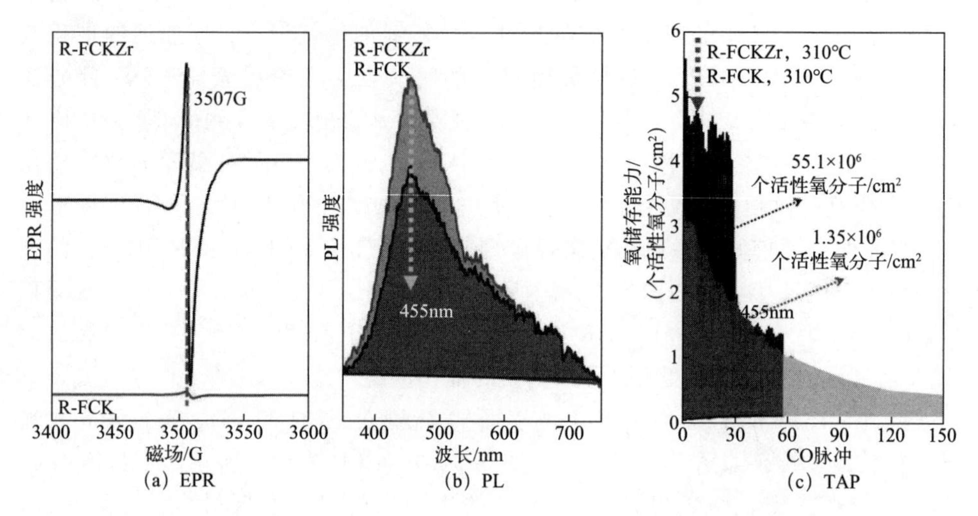

(a) EPR (b) PL (c) TAP

图 5.9 EPR、PL 和 TAP 对 OVs 浓度和储氧能力的分析

(3) 催化剂表面—OH 和 OVs 吸附 CO_2 的活性

通过原位 FTIR 光谱分析了在 310℃ 和 2000kPa 条件下，R-FCKZr 和 R-FCK 表面 OVs 和—OH 对 CO_2 吸附的影响，结果如图 5.10(a) 和图 5.10(b) 所示。$1764cm^{-1}$、$1584cm^{-1}$、$1422cm^{-1}$、$1326cm^{-1}$、$1173cm^{-1}$ 和 $1047cm^{-1}$ 波段同时出现在 R-FCKZr 和 R-FCK 中。其中 $1582cm^{-1}$、$1322cm^{-1}$ 和

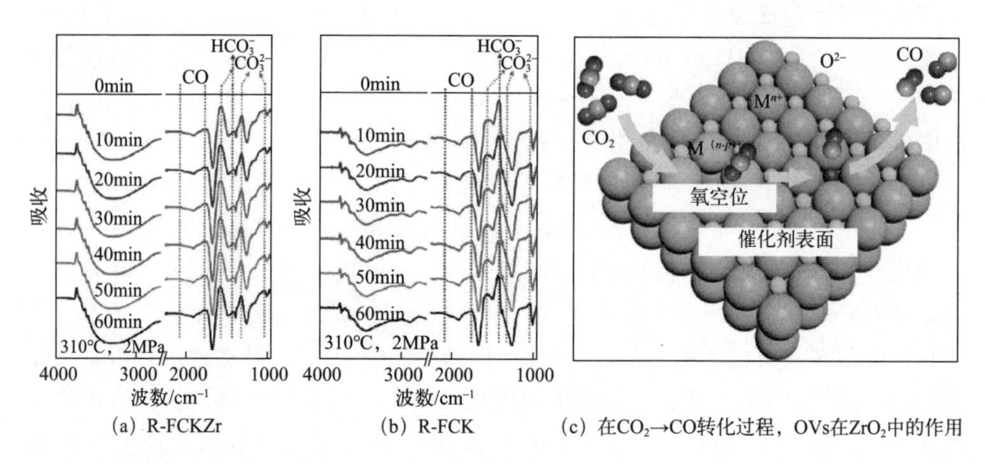

(a) R-FCKZr (b) R-FCK (c) 在CO_2→CO转化过程，OVs在ZrO_2中的作用

图 5.10 在 CO_2 气氛下用原位 FTIR 观察到的 OVs 和—OH 在 R-FCKZr 和 R-FCK 表面的活性

1043cm^{-1} 处的条纹分别属于碳酸盐单齿结构的不对称 O—C—O 拉伸、对称 O—C—O 拉伸和对称 C—O 拉伸[70,71]。1423cm^{-1} 处的谱带属于碳酸氢盐的对称 O—C—O 谱带[70,72]，1764cm^{-1} 和 1173cm^{-1} 处的谱带属于吸附羧酸盐的 C═O 和 C—O 谱带[72,73]。表 5.2 总结了该研究中 1g 催化剂在 310℃ 和 2000kPa 下的各种振动峰面积的比较。以往的研究[74,75] 报道了 CO_2 与表面—OH 在催化剂上相互作用形成碳酸氢盐，吸附的碳酸氢盐通过转化生成单齿碳酸盐，没有 H_2 不能形成 CO。

表 5.2　1g 催化剂在 310℃ 和 2000kPa 下振动峰面积的比较

样品	CO_3^{2-}			HCO_3^-	总数
	1584cm^{-1}	1326cm^{-1}	1047cm^{-1}	1422cm^{-1}	
aR-FCKZr	536.78	535.76	83.52	292.33	1448.39
aR-FCK	923.10	415.51	690.60	539.82	2569.03

样品	CO		总数
	2076cm^{-1}	1846cm^{-1}	
aR-FCKZr	1153.01	926.89	2079.90
aR-FCK	355.66	277.39	633.05

图中应该注意到，随着 CO_2 吸附的进行，在 2076cm^{-1} 和 1846cm^{-1} 处出现的两个谱带分别对应于线式和桥式键合的 CO[70,73]，表明 CO_2 通过 R-FCKZr 解离为 CO，是基于费-托合成技术的关键中间体。如图 5.10(b) 所示，R-FCK 在 2076cm^{-1} 和 1846cm^{-1} 处显示出比 R-FCKZr 更小的带（表 5.2），表明仅引入 CO_2 很难通过 R-FCK 将 CO_2 转化为 CO。先前的工作[76,77] 还报道了 OVs 可以改善 CO_2 吸附和解离为 CO，而表面—OH 不能在没有 H_2 的情况下将 CO_2 转化为 CO。催化剂表面 OVs 与 CO_2 相互作用示意图如图 5.10(c) 所示。图 5.11 中的数据进一步证实了 CO_2 在催化剂表面从 CO_2 解离为 CO，即使在 320℃下，ZrO_2 也显示出高达 65%的 CO 选择性。

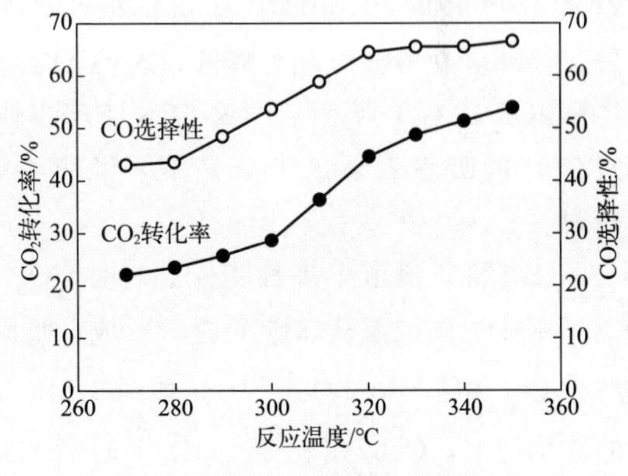

图 5.11　CO_2 在 ZrO_2 上加氢

(4) CO_2 在表面 OVs 和—OH 上的吸附和分解

高浓度的表面 OVs 可以增加储氧能力，从而促进 CO_2 的吸附[77,78]。R-FCKZr 和 R-FCK 的 CO_2-TPD 谱图显示出在 75.6～201.4℃之间的密集峰，以及一个以 388.3℃为中心的宽峰［图 5.12(a)］。据报道，低温范围内的峰值为物理吸附的 CO_2[79]，而化学吸附的 CO_2 在高温下的峰值要大得多。化学吸附 CO_2 的峰面积在 R-FCKZr 中远大于在 R-FCK 中。O1s XPS 光谱进一步证实了 R-FCKZr 比 R-FCK 表面—OH 浓度更低［图 5.12(b)］。两种催化剂在 530.0～530.2eV 和 531.6～531.8eV 分别出现晶格氧和表面—OH 峰。很明显，R-FCKZr 表面的—OH 基团（45.9%）远小于 R-FCK 表面的—OH 基团（73.7%）。因此，R-FCKZr 对 CO_2 的吸附性较高，很可能是由于 OVs 浓度较高和较好的储氧能力所致。

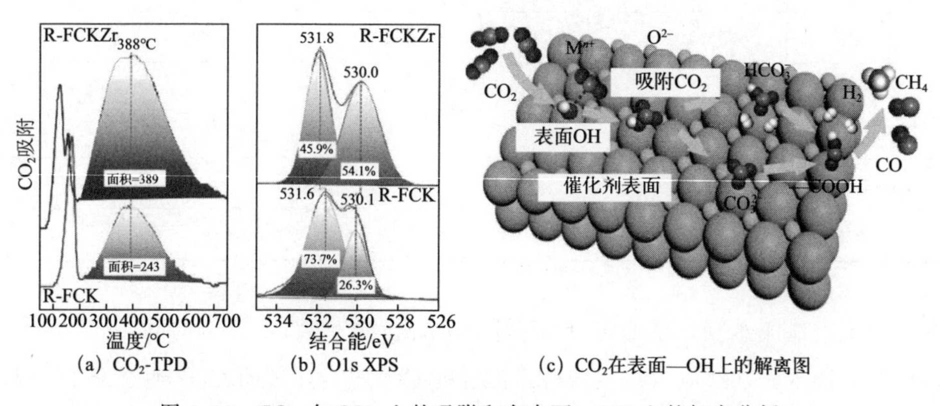

(a) CO_2-TPD　(b) O1s XPS　(c) CO_2在表面—OH上的解离图

图 5.12　CO_2 在 OVs 上的吸附和在表面—OH 上的解离分析

PL 光谱被用来确认 OVs 对 CO_2 的吸附（图 5.13）。吸附 CO_2 后的 R-FCKZr 和 R-FCK 的 PL 光谱中 455nm 处的尖峰是催化剂表面的 OVs。在 CO_2 吸附后，455nm 处的峰值有所降低，说明 OVs 促进了 CO_2 的吸附。CO_2 吸附后的 R-FCKZr 比 CO_2 吸附后的 R-FCK 下降更快。因此，具有较多 OVs 的 R-FCKZr 对 CO_2 的吸附效果优于 R-FCK，说明 OVs 促进了 R-FCKZr 表面对 CO_2 的吸附。

已有研究报道了表面—OH 上的 CO_2 解离[52,80]。它包括表面—OH 上的 CO_2 吸附、碳酸氢盐和碳酸盐的形成、吸附的羧酸盐的生成和吸附的羧酸盐分解为 CO 和副产物 CH_4[70,81]，如图 5.12(c) 所示。据报道，即使在基于贵金属的催化剂上，CO_2 在表面—OH 上解离的能垒也大于 0.93eV[69,82]。R-FCKZr 和 R-FCK 的金属键合—OH 的原位 FTIR 谱图如图 5.14 所示，证实 R-FCKZr

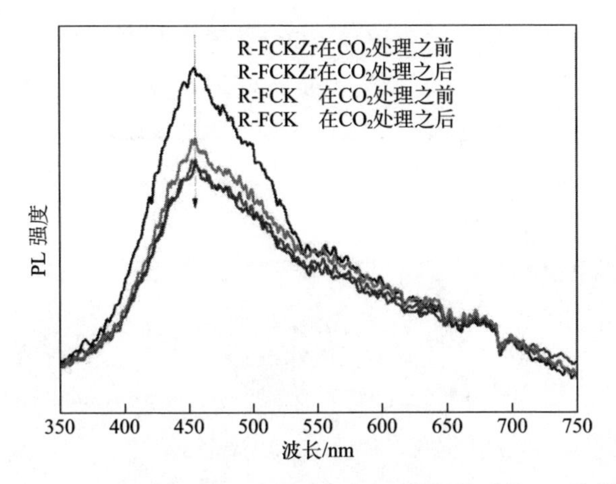

图 5.13 R-FCKZr 和 R-FCK 在 CO_2 处理前后的 PL 光谱

和 R-FCK 表面上的—OH 通过上述提到的反应促进了 CO_2 转化为 CO 和副产物 CH_4 途径。然而，副产物 CH_4 不能参与基于 FTO 的 CTO 反应，从而降低了低碳烯烃的选择性。这表明 CO_2 在 OVs 表面直接分解成 CO 应该比在表面—OH 上更有效，这有助于 R-FCKZr 提高催化性能。

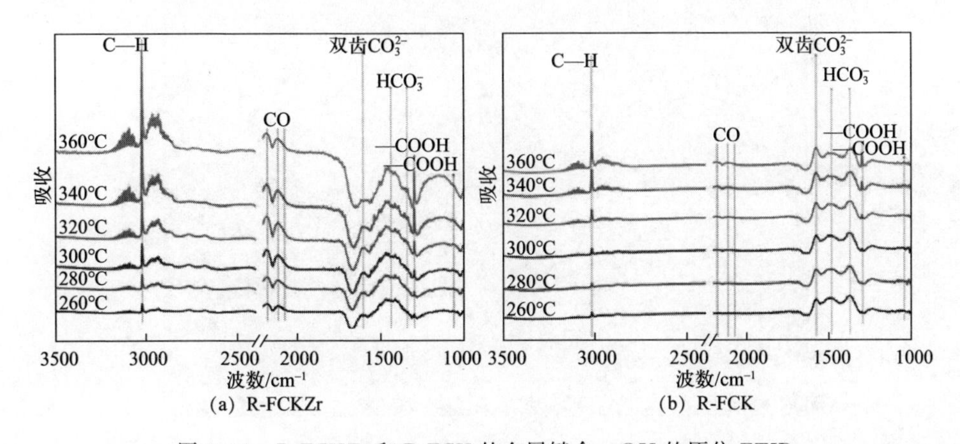

图 5.14 R-FCKZr 和 R-FCK 的金属键合—OH 的原位 FTIR

值得注意的是，CO_2 可以在表面 OVs 上直接分解成 CO[75,83]。通过使用具有梯度校正的 PBE（质子条件式）交换校正函数的 VASP（维也纳从头计算模拟包），还通过平面波 DFT 计算研究了在 R-FCKZ 上的 OVs 上的 CO_2 解离。结果如图 5.15 所示。随着 CO_2 逐渐接近最稳定表面上的 OVs，气相中的单斜（*m*-）ZrO_2(111)[84] 和四方（*t*-）ZrO_2(101)[85]，弯曲和激活 CO_2 需要相对适中（*m*-ZrO_2 的 OVs 为 0.55eV）或更低激活势垒（*t*-ZrO_2 的 OVs 为 0.18eV）。当 CO_2 吸附在 OVs 上时，CO_2 可以自发分解成 CO，其解离化学吸附能分别为－3.23eV（对于 m-ZrO_2 的 OVs）和－3.01eV（对于 t-ZrO_2 的 OVs）。OVs 上 CO_2 解离（＜0.55eV）成 CO 的能垒远低于表面—OH（＞0.93eV）。这表明 CO_2 在表面 OVs 上应该更有效地直接解离为 CO，有利于提高 R-FCKZr 的催化性能。

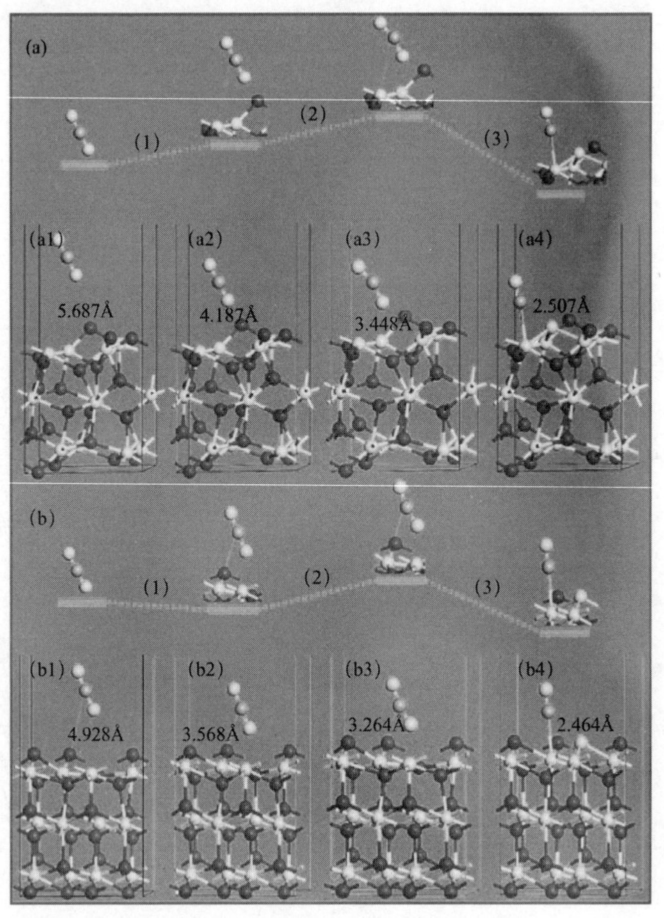

图 5.15　基于 DFT 的 m-ZrO_2(111)（a）和 t-ZrO_2(101)（b）OVs 上 CO_2 解离的计算结果

(5) CO_2 向低碳烯烃转化的关键步骤

CO_2 可以通过 RWGS 还原为 CO，然后在碳化铁位点上通过 FTO 将 CO 加氢为低碳烯烃。根据之前的报道[86]，碳化钴能够促进低碳烯烃的生产。因此，测试 Co_5K_5/ZrO_2 的催化活性以进行确认。然而，观察到 CH_4 为主要产物（图 5.16），表明在该系统的多相催化途径中，低碳烯烃的生成与 Fe 物种直接相关，而与 Co 物种无关。采用 Fe 2p 能级的 XRD 谱图和 XPS 谱图对形成的碳化物进行了定性。在 XRD 图［图 5.17(a)］中，对于 U-FCKZr 和 U-FCK 都观察到了特征 Fe_2O_3 和 Fe_3O_4 峰。值得注意的是，对于 U-FCKZr 和 U-FCK，在 45.8°处观察到与铁碳化物相对应的新峰，表明在 CO_2 加氢过程中形成了铁碳化物。

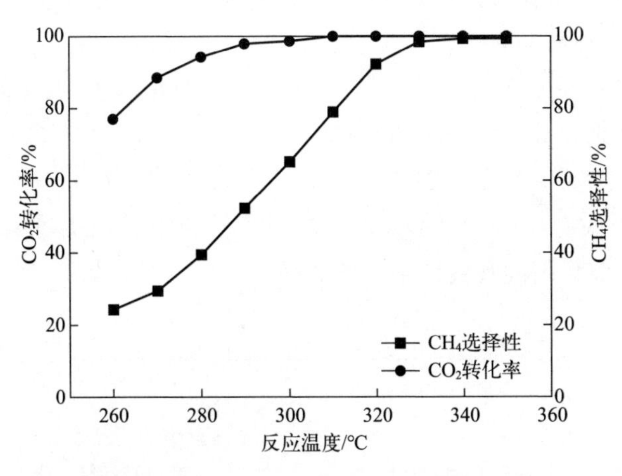

图 5.16　$Co_{0.45}Zr_{0.45}K_{0.10}O_{1.6}$ 的催化活性

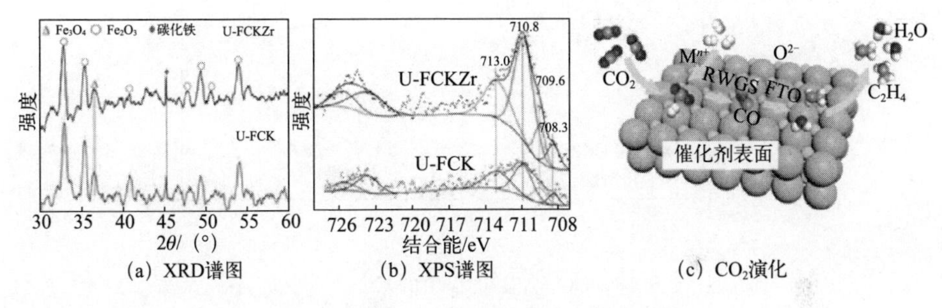

图 5.17　催化 CO_2 加氢关键步骤的确认

在 Fe 2p XPS［图 5.17(b)］中，U-FCKZr 和 U-FCK 在 713.0eV、710.8eV 和 708.3eV 处分别显示出与 Fe^{3+}、Fe^{2+} 和 Fe^0 相关的特征峰。此外，两种催化剂都出现了碳化铁在 709.6eV[87,88] 处的特征峰。两种催化剂中碳化铁的浓度由 XPS 测量结果计算得出（表 5.3），R-FCKZr 和 R-FCK 的碳化铁浓度分别为 3.14% 和 8.98%，而 R-FCKZr 的活性优于 R-FCK，表明催化剂体系中 CO_2 加氢对低碳烯烃的驱动可能是 RWGS 对 Fe 的驱动，而不是 FTO 对铁碳化物的驱动。RWGS 对 Fe 物种的活化能（约 95kJ/mol）高于 FTO 在铁碳化物上的活化能（约 65kJ/mol）[89,90]。

表 5.3 Fe 2p XPS 所用催化剂中 Fe 的表面组成

样品	相对含量/%				铁总含量/%	绝对含量/%			
	Fe^0	铁碳化物	Fe^{2+}	Fe^{3+}		Fe^0	铁碳化物	Fe^{2+}	Fe^{3+}
U-FCKZr	11.45	14.11	37.49	36.95	28.40	3.25	4.01	10.65	10.49
U-FCK	8.71	14.97	43.49	32.83	60.10	5.23	9.00	26.14	19.73

注：U-FCKZr 和 U-FCK 分别代表用过的 $Fe_{0.30}Co_{0.15}Zr_{0.30}K_{0.10}O_{1.63}$ 和用过的 $Fe_{0.60}Co_{0.30}K_{0.10}O_{1.40}$。

此外，为了检查 CO 对 R-FCKZr 和 R-FCK 催化的 CTE（催化能量转移）的促进作用，分别在 310℃下将 CO 注入反应体系，结果如图 5.18 所示。CO 的添加显著提高了低碳烯烃的选择性，进一步证实了 CO 在 CTO 中的重要作用。如图 5.17(c) 所示，OVs 在 CO_2 加氢为 CO 步骤中发挥更重要的作用，这与 Gao 等人对其他催化剂的观察结果一致[6]。

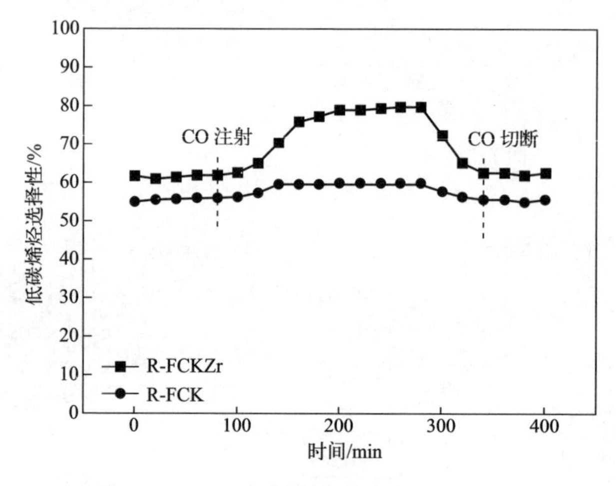

图 5.18 CO_2 加氢过程中的 CO 注入实验

(6) 小结与展望

尽管 R-FCKZr 具有更低的 BET 比表面积和更大的粒径，更低的 Fe^0、Fe^{2+}、Co^0 和 Co^{2+} 浓度以及表面—OH 密度，但与 R-FCK 相比，R-FCKZr 在将 CO_2 加氢为乙烯方面具有更好的催化性能。表面 OVs 和—OH 都对 CTO 有显著贡献，OVs 比—OH 发挥更重要的作用。因为 OVs 可以更有效地将 CO_2 分解为 CO，而不产生 CH_4 副产物。研究结果表明，给定催化剂的载体材料不仅从原料转化率的角度极大地影响催化剂的性能，而且对目标产物的选择性也有很大影响。R-FCKZr 已被证明是有前途的 CTO 催化剂。然而，在其应用之前，需要进行更多的研究，包括R-FCKZr催化的CTE动力学模型。高熵合金类似本节的多元体系，今后的研究可以加强高熵合金在CO_2加氢制烯烃的应用研究，从而提升产物选择性和催化剂的稳定性。

5.2.2 甲醇路线的双功能催化剂

甲醇（MeOH）不仅可以脱水形成DME，还可以作为合成烃链、$(CH_2)_n$和最终产品（例如烯烃、芳烃和汽油）的中间体。具有氧空位的缺陷氧化铟（In_2O_3）对CO_2加氢生成CH_3OH更为有效，而与SAPO-34混合的In_2O_3则倾向于将CO_2转化为CH_3OH后再使其发生选择性C—C偶联，形成低碳烯烃[91]。在In_2O_3中加入Zr有助于产生更多的氧空位，增强CO_2的化学吸附并使表面中间体和活性In NPs更稳定[92,93]。通过复合催化剂也同样可以获得高产率的低碳烯烃，例如将SAPO-34催化剂与ZnZrO[27]、ZnGaO[48]以及CuZnZr[94]复合。低碳烯烃（$C_2^=$～$C_4^=$）选择性可高达90%，而大多数CO_2的碳氢化合物转化率仅为15%～30%，这偏离了Anderson-Schulz-Flory（ASF）分布，这一结果是低碳烯烃合成的重大突破。当使用的沸石从SAPO-34改为H-ZSM-5时，产物中的C_{5+}化合物比低碳烯烃多。使用In_2O_3/H-ZSM-5串联催化剂可以得到78.6%的汽油烃选择性，同时CH_4的选择性只有1%[6]。当In_2O_3被$ZnAlO_x$或ZnZrO取代时，金属氧化物表面会有CH_3OH生成，然后再在H-ZSM-5孔道内转化为烯烃和芳烃，其中芳烃的选择性为73%，出现这种现象的主要原因是H-ZSM-5的布朗斯特（Brønsted）酸位点被$ZnAlO_x$所屏蔽[95]。因此可知，产物的类型会受到金属氧化物的特性和所使用的沸石的几何形状限制的影响。此外，最近报道了产品收率超过ASF分布限制的催化剂，其遵循基于甲醇反应机制的CO/CO_2加氢，然而对ASF分布偏差的认识当前研究仍然缺乏。Jiao等人观察到表面CO和CH_2物种之间的反应可以形成乙烯酮（CH_2CO），进而阻止表面聚合，最终打破ASF分布[96]。报告中ASF分布偏差的另一个重要原因是使用具有两种活性位点的双功能催化剂。下面重点介绍一系列CuFeK/SAPO催化剂应用于CO_2加氢合成低碳烯烃。

(1) 催化剂制备及其催化性能

催化剂制备过程如下：以$Fe(NO_3)_3 \cdot 9H_2O$和$Cu(NO_3)_2 \cdot 3H_2O$为铁源和铜源，尿素为沉淀剂，采用水热法制备了铁-铜催化剂。用于制备铁-铜催化剂的铁/铜摩尔比为1/1。以KNO_3为钾源，通过将钾源浸渍在铁-铜催化剂上制备铁-铜-钾催化剂。铁-铜-钾催化剂用$Fe_xCu_yK_z$表示，x、y和z代表铁、铜和钾的摩尔比。$Fe_{0.45}Cu_{0.45}K_{0.10}$被定义为FCK，在400℃下以37.5mL/min的速度加入含有 80%（体积分数）H_2 和 20% N_2 的混合气体还原 4h 后得到 R-FCK。SAPO-34 是通过水热法合成的，使用假勃姆石（72%，质量分数，Al_2O_3）、正磷酸（85%，质量分数，H_3PO_4）、硅溶胶（30%，质量分数，SiO_2）和三甲胺（TEA）分别作为铝、磷、硅的来源和模板。$Fe_xCu_yK_z$ 和 SAPO-34 组成的混合催化剂通过 $Fe_xCu_yK_z$ 和 SAPO-34 的物理混合制备，定义为 $Fe_xCu_yK_z$/SAPO，$Fe_{0.45}Cu_{0.45}K_{0.10}$/SAPO-34 定义为 FCK/SAPO。R-FCK/SAPO 是在 37.5mL/min 混合气体中还原得到的，该混合气体含有 80%（体积分数）H_2 和 20% N_2，在 400℃下还原 4h。Cu-Fe 合金和 Fe-Cu 合金通过一锅评价还原法制备。

优化后 $Fe_{0.45}Cu_{0.45}K_{0.10}$ 催化剂与 SAPO-34 质量比为 1∶1 的还原 $Fe_{0.45}Cu_{0.45}K_{0.10}$/SAPO-34，命名为 R-FCK/SAPO，在 340℃下实现了最高的 CO_2 转化率（49.7%）和低碳烯烃选择性（62.9%）[图 5.19(a)]。R-FCK 和 SAPO 本身分别显示只有 30.6%和 9.15%的 CO_2 转化率以及 32.9%和几乎 0%

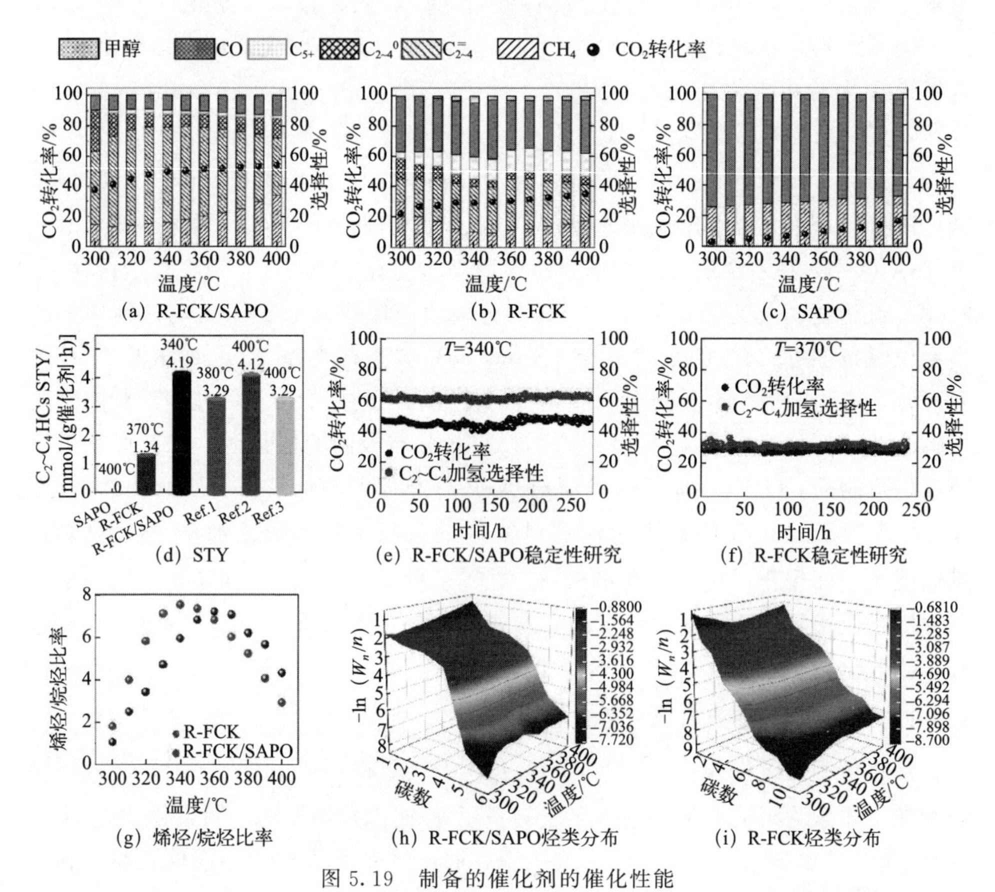

图 5.19　制备的催化剂的催化性能

[H_2/CO_2=4/1，GHSV=1500mL/(g·h)，P=1500kPa；W_n 表示碳链长度为 n 的烃类化合物的质量或数量；n 表示烃类化合物的碳原子数]

的低碳烯烃选择性［图 5.19(b) 和图 5.19(c)］。这些性能几乎不受颗粒大小和空速（GHSV）的影响，如图 5.20(a) 和图 5.20(b) 所示，表明忽略了内部和外部扩散。来自产物分析的质谱结果［图 5.20(c) 和图 5.20(d)］说明了低碳烯烃的产生。R-FCK/SAPO［4.19mmol/(g 催化剂·h)］在 340℃下的低碳烯烃时空收率（STY）是 R-FCK 在 370℃下的 3.13 倍［1.34mmol/(g 催化剂·h)］，分别显示在图 5.19(d)。

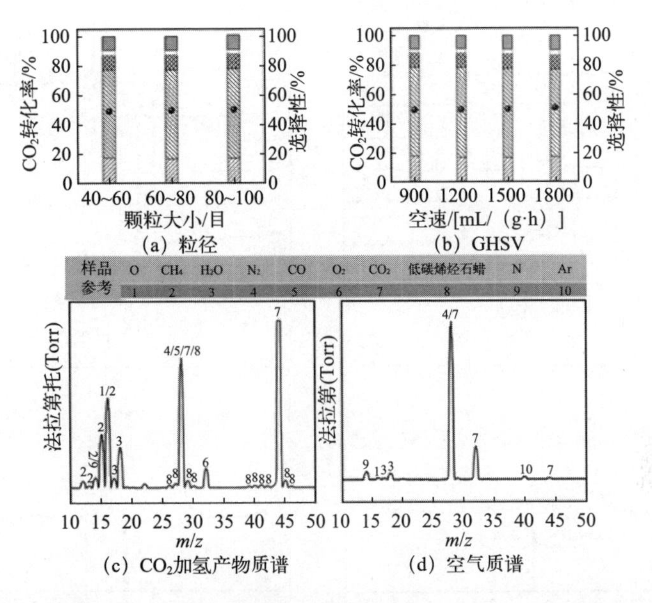

图 5.20　粒径和 GHSV 对催化活性的影响以及催化 CO_2 加氢和空气产物的质谱

［$Fe_xCu_yK_z$/SAPO-34 为 1/1 的质量比，Fe/Cu 摩尔比 1/1；K 负载 10%（质量分数）；GHSV 1500mL/(g·h)；压力 1500kPa］

稳定的长期活性［图 5.19(e) 和图 5.19(f)］和高 NO 抗性，以及高烯烃/烷烃比［图 5.19(g)］，表明了工业应用的前景。更重要的是，R-FCK 的碳氢化合物分布很好地遵循了 ASF 分布，链增长概率值为 0.49；相比之下，R-FCK/SAPO 的烃分布偏离 ASF 分布并倾向于集中在短链烃中［图 5.19(h) 和图 5.19(i)］。

(2) 催化剂结构

为了了解 R-FCK/SAPO 催化剂的性能偏离 ASF 分布的原因，系统地表征了所制备的样品。FCK 和 FCK/SAPO 在 H_2-Ar 气氛中≤200℃时，原位 XRD 图显示对应于赤铁矿（Fe_2O_3）和黑铜矿（CuO）的衍射峰（图 5.21）。300℃时 Fe_2O_3 峰和 CuO 峰消失了，因为 FCK/SAPO 在 300℃下观察到了那些归因于金属 Cu 和磁铁矿（Fe_3O_4）的峰。当温度达到 400℃时，FCK/SAPO 在 44.6°和

45.7°处出现两个新峰时，Fe_2O_3 几乎消失，这很可能分别归因于 Fe 和 γ-Fe[42,97]，如先前报道的那样。然而，观察到这两个峰向更高的角度略微移动，表明形成 Cu-Fe 合金。对于 FCK，在温度达到 400℃之前观察到 CuO 峰消失并出现金属 Cu 和 Fe 峰，并且 Fe_3O_4 的特征峰即使在 400℃下 4h 后也很明显。它说明了 R-FCK/SAPO 的可还原性比 R-FCK 更高。

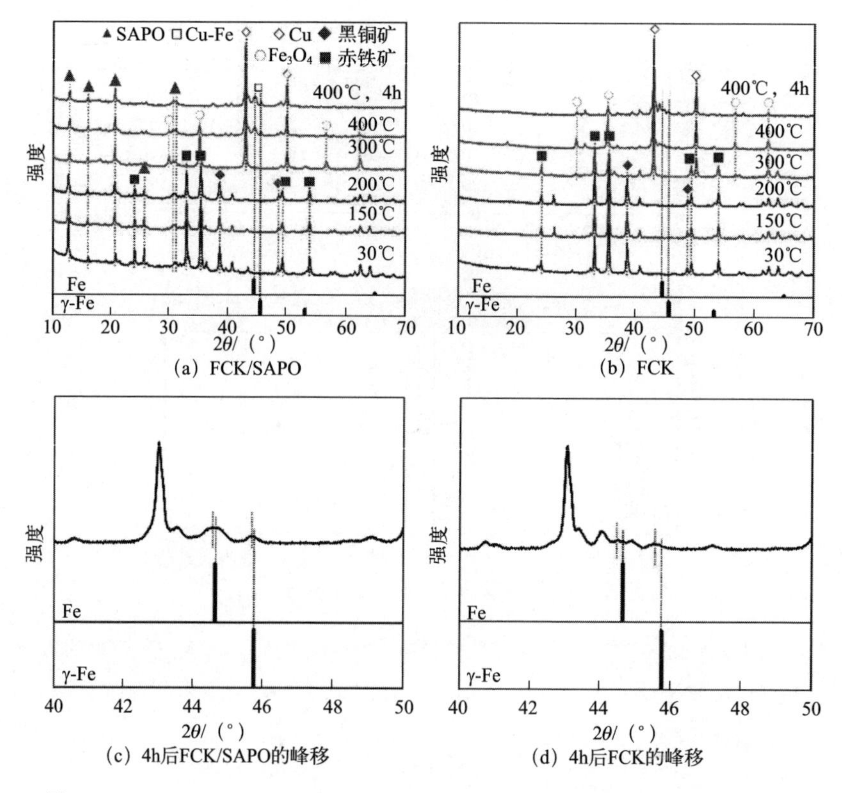

图 5.21　FCK/SAPO 和 FCK 在流动的 37.5mL/min H_2-Ar（H_2 体积分数 80%）气氛中，在 30～400℃的温度和恒压下的原位 XRD 图

SEM 和 EDS 图像进一步用于分析 R-FCK 和 R-FCK/SAPO 中的 Cu-Fe 合金。在图 5.22(a) 和图 5.22(b) 中，观察到微米棒和纳米棒的混合物。EDS 的结果［图 5.23(a)］表明这些微米棒由 90.68%（摩尔分数）Cu 和 9.32%Fe 组成，而这些纳米棒由 21.05% Cu 和 78.95% Fe 组成。这可能表明 R-FCK 由 Fe-Cu 合金微米棒和 Cu-Fe 合金纳米棒组成。R-FCK 的 XRD 图案［图 5.24(a)］显示出 R-FCK 中 Cu 和 Fe 的特征峰与纯 Cu 和 Fe 的特征峰的位移。结合上述结构分析，进一步表明形成了 Fe-Cu 合金微米棒和 Cu-Fe 合金纳米棒，这些形貌与之前的报道相似[98,99]。为了阐明 Fe-Cu 合金微米棒和 Cu-Fe 合金纳米棒的作

图 5.22　R-FCK 和 R-FCK/SAPO 的 SEM 和 HRTEM 图像

[(a)～(b) R-FCK 的 SEM 图像，(c)～(d) R-FCK 的 HRTEM 图像，(e) R-FCK 的图片和 DFT 模型，(f) SAPO 的 SEM 图像，(g)～(i) R-FCK/SAPO 的 HRTEM 图像，(j) R-FCK/SAPO 上 Fe 物种的图片和 DFT 模型]

用，对 Fe-Cu 合金和 Cu-Fe 合金的性能进行了研究，结果如图 5.25 所示。显然，Fe-Cu 合金负责将 CO_2 转化为甲醇和 CO，Cu-Fe 合金负责将 CO_2 转化为低碳烯烃和其他碳氢化合物。

如图 5.22(c) 和图 5.22(d) 所示的 HRTEM 图像，Cu-Fe 合金纳米棒沿 Fe(110) 方向生长，晶格间距为 0.203nm，终止于 Fe(100) 面（晶格间距 0.152nm）；在断裂的纳米棒上也观察到这两个平面（图 5.26）。HRTEM 中 Cu 晶体的未暴露进一步证实了 Cu 掺入晶体 Fe 中，这是由于形成 Cu-Fe 合金所致。先前的文献报道，Cu-Fe 合金纳米棒的形成很可能是由通过定向生长过程形成的 $CuFe_2O_4$ 纳米棒的还原所致[100,101]。SAPO 的 SEM 图像显示具有光滑表面的立方形态 [图 5.22(f)]，而 R-FCK/SAPO 上存在比 R-FCK 小的纳米颗粒 [图 5.22(g) 和图 5.22(h)]。EDS 结果表明这些纳米颗粒主要由摩尔分数为 14.80%

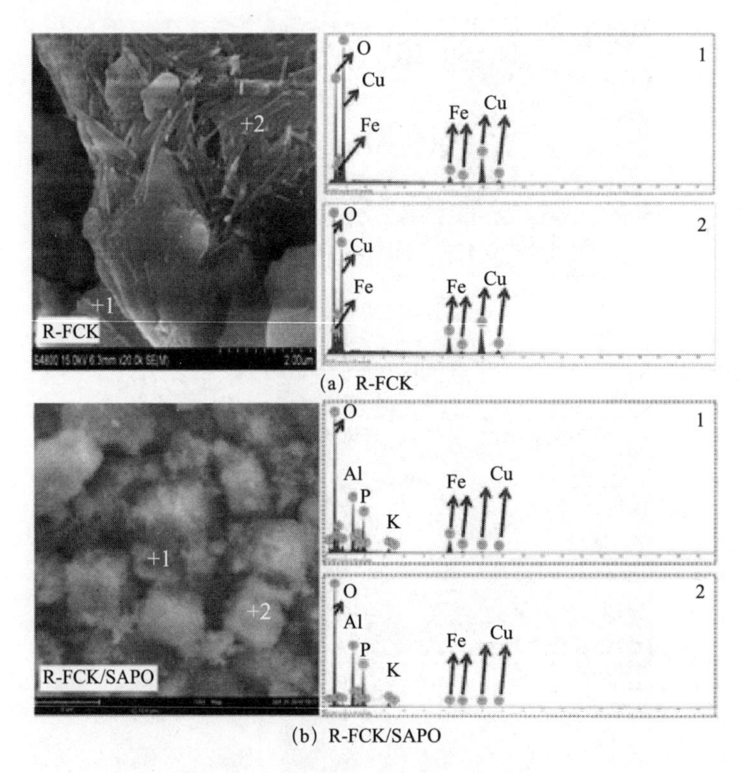

(a) R-FCK

(b) R-FCK/SAPO

图 5.23　R-FCK（1 中 Cu 摩尔分数 90.68%；2 中 Cu 摩尔分数 21.05%）和 R-FCK/SAPO（1 中 Cu 摩尔分数 14.80%）的 EDS

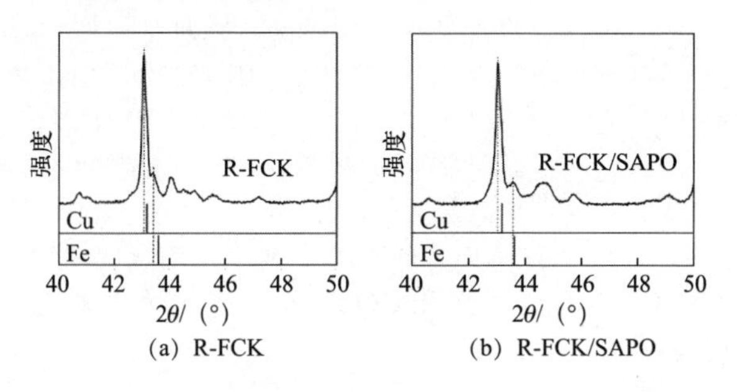

(a) R-FCK　　(b) R-FCK/SAPO

图 5.24　R-FCK、R-FCK/SAPO、纯铜和纯铁的 XRD 谱图

的 Cu 和 85.20%的 Fe 组成。图 5.24(b) 中的 XRD 图案还显示了与纯 Fe 相比，R-FCK/SAPO 中 Fe 的特征峰的偏移，表明形成了 Cu-Fe 合金球团。这些颗粒主要暴露 Fe(110) 和 Fe(100) 平面［图 5.22(i) 中的 HRTEM］。Cu-Fe 合金晶格的示意图和 DFT 模型如图 5.22(j) 所示。EDS 分析的结果（图 5.27）表明 F 和 K 物种分散良好，但 Cu 分散不太均匀，这很可能是由于部分 Cu 迁移到 SAPO-34 中[102]。更重要的是，Cu 迁移到 SAPO-34 中可以解释从 Fe-Cu-K 中的

Cu-Fe 合金纳米棒到 Fe-Cu-K/SAPO-34 中的 Cu-Fe 合金球团的结构变化，以及催化剂表面上较低浓度的 Cu 和较高浓度的 Fe 的分布进一步支持形成 Cu-Fe 合金而不是 Fe-Cu 合金。

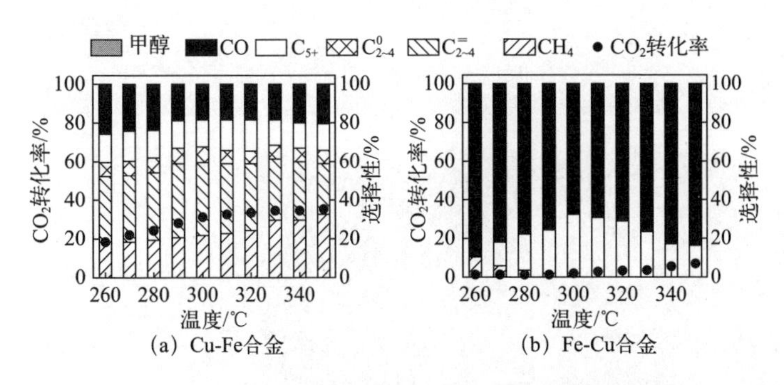

图 5.25　Cu 摩尔分数为 21.05%的 Cu-Fe 合金和 Fe 摩尔分数为 9.32%的 Fe-Cu 合金性能

合金的表面浓度和结构都可能影响催化性能，这在以前的文献中也有报道[103,104]。为了分析合金的表面浓度，进行了 XPS 表征。如表 5.4 所示，R-FCK 表面金属 Fe 的摩尔分数（1.62%）略高于 R-FCK/SAPO（1.20%），而 R-FCK 表面金属 Cu 的摩尔分数（0.29%）低于 R-FCK/SAPO（0.76%）。表面金属 Fe 和 Cu 的浓度与合金的形成直接相关[105]。R-FCK 上表面金属 Fe 和 Cu 的摩尔分数（1.91%）与 R-FCK/SAPO 上的摩尔分数（1.96%）相似，这表明 R-FCK 和 R-FCK/SAPO 含有几乎相同数量的表面合金。因此，合金浓度可能不是活性差异的关键因素，结构差异可能会影响活性。

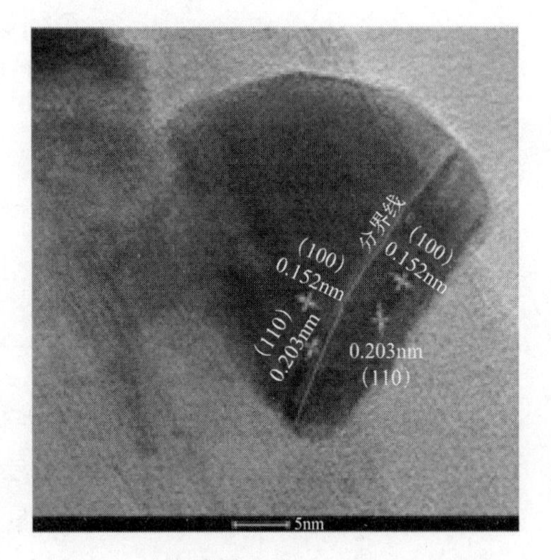

图 5.26　断裂纳米棒的 HRTEM 图像

对 Cu-Fe(100) 和 Cu-Fe(110) 上 CO_2 和 H_2 吸附的计算为结构对活性的影响提供了解释。从 EDS 分析和 HRTEM 图像可以发现，Cu-Fe 合金主要暴露 Fe 的晶面。由此，Cu-Fe(100) 和 Cu-Fe(110) 的模型成立。如图 5.28(a) 所示，CO_2 在 Cu-Fe(100) 上的吸附能为 0.60eV，而 CO_2 不能吸附在 Cu-Fe(110) 表面［图 5.27(f)］。H_2 在 Cu-Fe(100) 和 Cu-Fe(110) 上的吸附能分别为 −4.26eV 和 −4.16eV［图 5.28(b)］。这种吸附能隙使得 CO_2 和 H_2 更容易吸

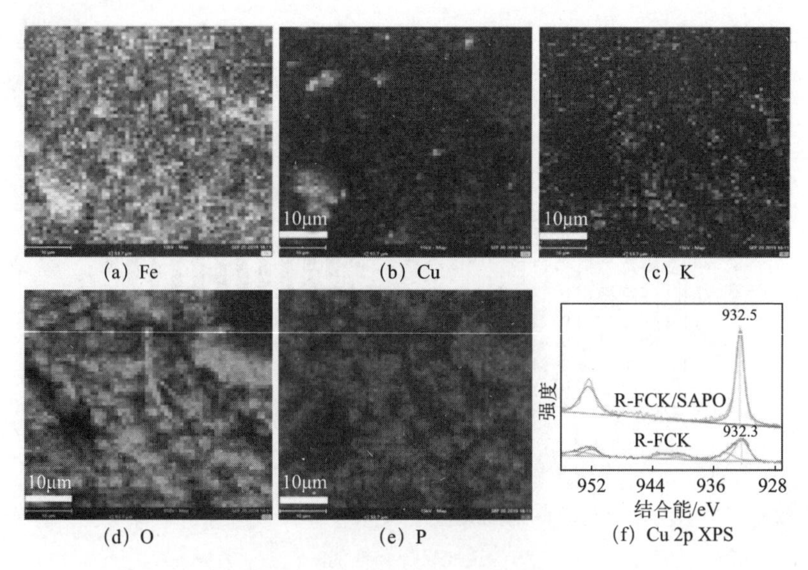

图 5.27　R-FCK/SAPO 的 EDS 元素分布图和 Cu 2p XPS

表 5.4　R-FCK 和 R-FCK/SAPO 的表面组成

样品	Fe/%	Fe^0/%	Fe^{2+}/%	Fe^{3+}/%	Cu/%	Cu^0/%	Cu^+/%	Cu^{2+}/%	K/%	O/%
R-FCK	5.60	1.62	2.00	1.98	3.08	0.29	1.13	1.66	27.03	64.29
R-FCK/SAPO	3.36	1.20	1.25	0.91	2.04	0.76	1.28	0	1.74	39.02

附在 Cu-Fe(100) 上，CO_2 和 H_2 在催化剂表面的吸附是 CO_2 加氢的关键步骤之一。据报道，CO_2 加氢制低碳烯烃包括 RWGS 和 CO 加氢，CO 与催化剂表面之间的强吸附可以明显促进 CO 加氢并降低 CO 选择性[106]。DFT 计算结果 [图 5.28(c)] 表明，CO 在 Cu-Fe(100) 上的吸附能为 −7.98eV，比在 Cu-Fe(110) 上的吸附能低 5.77eV，说明前者吸附力强于后者，而 Cu-Fe(100) 是 CO_2 和 H_2 吸附的关键位点之一。为了确定 Cu-Fe(100) 和 Cu-Fe(110) 晶面的数量，对 XRD 进行精修。如图 5.28(d) 所示，R-FCK 上 Cu-Fe(110) 和 Cu-Fe(100) 面的摩尔分数分别为 84.0%和 16.0%，R-FCK/SAPO 上 Cu-Fe(110) 和 Cu-Fe(100) 平面分别为 57.3%和 42.7%。XPS 光谱结果表明，R-FCK 和 R-FCK/SAPO 表面上金属 Fe 的摩尔分数分别为 1.62%和 1.20%。因此，可以得出，R-FCK/SAPO 上的 Cu-Fe(100) 摩尔分数 (0.51%) 远高于 R-FCK (0.26%)，这可能是性能提高的原因之一。

除了 R-FCK 和 R-FCK/SAPO 中 Cu-Fe 合金的结构差异外，FCK/SAPO 的

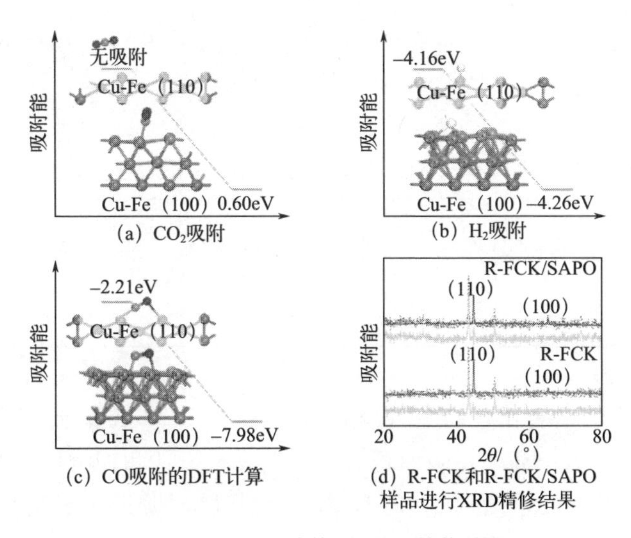

图 5.28　DFT 计算和 XRD 精修结果

还原性能也较 FCK 有所提高。如 H_2-TPR 曲线［图 5.29(a)］所示，FCK 和 FCK/SAPO 分别在 350～600℃和 300～400℃处显示出初级还原峰，这归因于 Fe_2O_3 还原为 Fe。这证实了 FCK/SAPO 的可还原性高于 FCK，XPS 和 AES 光谱的元素分析结果进一步支持了这一点（表 5.5）。在表 5.5 中，R-FCK/SAPO 中 Cu^0 和 Cu^+ 等低价金属物种的摩尔比高于 R-FCK。可还原性的改善主要归因

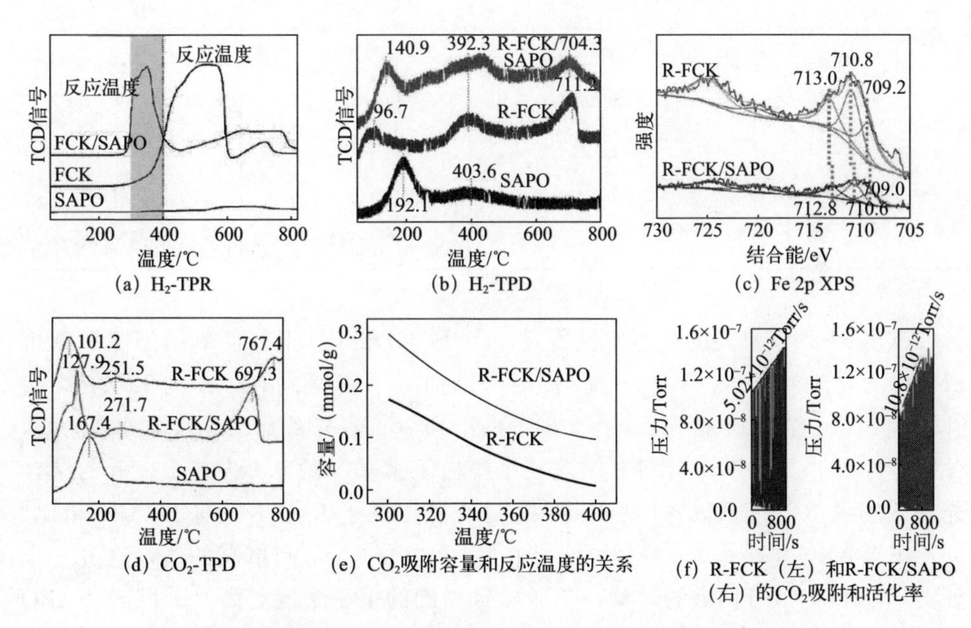

图 5.29　制备的催化剂的表征（1Torr/s=1.33322×10^2 Pa/s）

于两个原因。一方面，改善的物理性质促进了 FCK/SAPO 中铁和铜氧化物的还原。

表 5.5 来自 XPS 和 AES 的 R-FCK 和 R-FCK/SAPO 的表面组成

样品	Fe^0/%	Fe^{2+}/%	Fe^{3+}/%	Cu^0/%	Cu^+/%	Cu^{2+}/%
R-FCK	1.62	2.00	1.98	0.29	1.13	1.66
R-FCK/SAPO	1.20	1.25	0.91	0.76	1.28	0

从表 5.6 中可以看出，与 FCK 相比，SAPO 与 FCK 的混合物显著增加了 BET 比表面积。大的 BET 比表面积和孔体积改善了铁和铜物质的分散。另一方面，SAPO 与 FCK 的混合导致 FCK 的良好分散，促进了氢溢流，从而促进 FCK/SAPO 中 Fe 和 Cu 氧化物的还原。还原钠钛矿产生的 Cu 的氢溢流可能会促进 H 向 Fe_2O_3 转移，从而降低 Fe_2O_3 的还原温度，与文献结果一致[107]。R-FCK、R-FCK/SAPO 和 SAPO 的 H_2-TPD 曲线进一步证实了氢溢流［图 5.29(b)］。如剖面图所示，R-FCK/SAPO 上的解离 HH 峰，指的是中温峰(392.3℃)，比 R-FCK 上的宽得多，证实了 R-FCK/SAPO 上更高的氢溢流。

表 5.6 催化剂的 BET 比表面积、孔体积和孔径

样品	BET 比表面积/(m^2/g)	孔体积/(cm^3/g)	孔径/nm
SAPO	439.2	0.00599	14.9
FCK	38.36	0.0321	29.8
FCK/SAPO	137.64	0.0272	10.9
R-FCK	29.33	0.0296	38.1
R-FCK/SAPO	117.0	0.0203	14.5

FCK/SAPO 较高的可还原性促进了 R-FCK/SAPO 上表面氧的消除和低价 Fe 和 Cu 物质的产生，有利于提高 Fe 周围的电子密度。R-FCK 的 Fe 2p 光谱［图 5.29(c)］在结合能 713.0eV、710.8eV 和 709.2eV 处显示了三个分开的峰，分别对应于 Fe^{3+}、Fe^{2+} 和 Fe^0。这三个峰向下移动（约 0.2eV）至较低的结合能，证实了 R-FCK/SAPO 的 Fe 周围电子密度高于 R-FCK。与 R-FCK 相比，R-FCK/SAPO 中金属 Cu 峰的结合能上移（约 0.2eV）到更高的值，这进一步证实了电子从 Cu 到 Fe 的转移，从而导致周围的电子密度更高。R-FCK/SAPO 的 Fe 周围较高的电子密度更有利于 CO_2 的亲电攻击，从而导致较高的 CO_2 吸

附，这是 CO_2 加氢的第一个关键步骤。通过 CO_2-TPD 和 TAP 反应器研究了 R-FCK/SAPO、R-FCK 和 SAPO 对 CO_2 的吸附性能。如图 5.29(d)，R-FCK 和 R-FCK/SAPO 在 200～400℃都显示出明显的峰，这是化学吸附，而 SAPO 没有显示出明显的 CO_2 解吸峰。这表明 Fe、Cu 和 K 等金属物种是 CO_2 化学吸附的重要位点，这与之前的报道一致[108,109]。R-FCK/SAPO 在 300～400℃下的 CO_2 吸附能力是 R-FCK 的 1.71～3.10 倍［图 5.29(e)］。R-FCK/SAPO 的 CO_2 吸附速率达到 10.80×10^{-12}Torr/s，是 R-FCK（5.02×10^{-12}Torr/s）的 2.15 倍［图 5.29(f)］。值得注意的是，R-FCK/SAPO 上的 Fe、Cu 和 K 物种的浓度低于 R-FCK。因此，R-FCK/SAPO 中 Fe 周围电子云的增加是 CO_2 吸附增强的重要原因之一。

如上所述，氢溢流也会促进 H_2 在催化剂表面的吸附。如图 5.30 所示，与 R-FCK 相比，R-FCK/SAPO 上的 H_2 吸附率增加，而吸附容量保持不变。先前的文献报道，氢溢流可以降低吸附势垒，从而提高 H_2 吸附率[110]。CO_2 吸附能力与表面金属物质（如铁和铜）的浓度直接相关[111]，R-FCK/SAPO 上的金属物种浓度与 R-FCK 上的接近。它解释了在 R-FCK/SAPO 上更高的 H_2 吸附率，而与 R-FCK 相比具有相似的 CO_2 吸附能力。

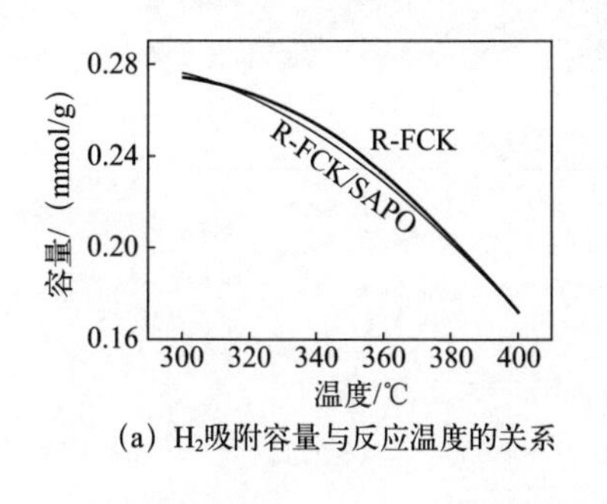

(a) H_2吸附容量与反应温度的关系

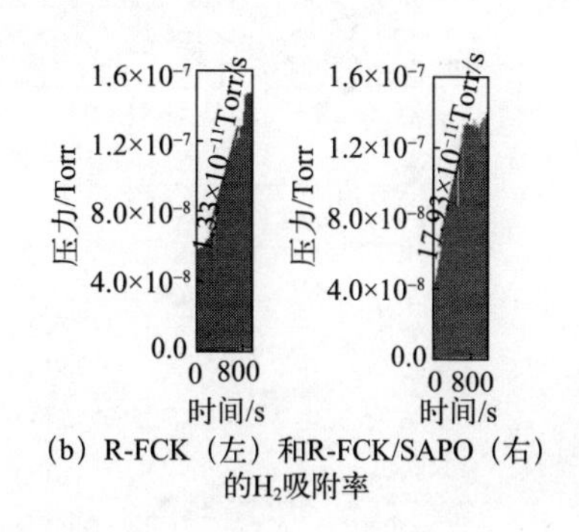

(b) R-FCK（左）和R-FCK/SAPO（右）的H_2吸附率

图 5.30 氢溢流对吸附容量和 H_2 吸附率的影响

(3) 反应机制

R-FCK/SAPO 对 CO_2 和 H_2 的良好和强吸附促进了 CO_2 加氢生成低碳烯烃。一般来说，CO_2 加氢有 3 条路径，如图 5.31(a) 所示，分别是羧酸盐（*COOH）中间路径、甲酸盐（HCOO*）中间路径和一氧化碳（*CO）中间路径。在 R-FCK 和 R-FCK/SAPO 上的 CO_2 加氢过程中的原位红外光谱结果如图 5.31(b) 和图 5.31(c)，在 340℃时，R-FCK 显示 *CO（线性 *CO 为 2176cm^{-1}，桥接 CO 为 2114cm^{-1}）、*COOH（C＝O 振动为 1710cm^{-1}）和

HCOO* （OCO 振动为 1535cm^{-1}），这是由金属物质表面吸附 CO_2 引起的。这也与其他文献一致[111,112]。随着温度升高到 360℃，R-FCK 上出现了 3050cm^{-1} 处的新峰，这是低碳烯烃的特征 C—H 峰[113]。进一步提高温度会导致 C—H 峰急剧增加，而 *CO、*COOH 和 HCOO* 峰仅略微增加。这表明 *CO、*COOH 和 HCOO* 物种随着温度的升高逐渐转化为低碳烯烃，其他文献也报道了这一点[97]。与 R-FCK 相比，R-FCK/SAPO 表现出更强的 C—H 峰，类似的 *CO 峰但较弱的 *COOH 和 HCOO* 峰［图 5.31(c)］。说明 R-FCK/SAPO 由于更强的 C—H 峰获得了更高的烃选择性，并且 CO_2 在 R-FCK/SAPO 上倾向于直接转化为 *CO。根据先前文献中的 DFT 计算表明[97,111,112]，*CO 中间路径后的碳氢化合物形成是 Fe 或 Cu-Fe 合金催化剂的能量优选途径，这可能是 R-FCK/SAPO 性能增强的重要原因之一。

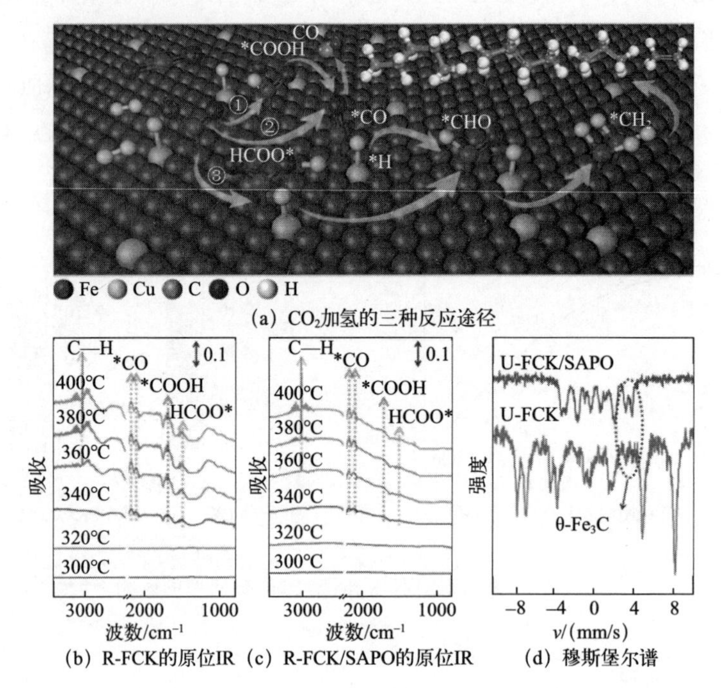

图 5.31　CO_2 加氢的三种反应途径和 R-FCK、R-FCK/SAPO 在 CO_2 和 H_2 气氛中的原位 IR 及穆斯堡尔谱

包信和院士等人报道，低价 Fe 物种的配位不饱和特性对氧有很强的亲和力，这将促进 H_2 气氛中的 CO 解离[114]。与 R-FCK 相比，具有更高浓度低价 Fe 物种的 R-FCK/SAPO 更明显地解离 CO，从而导致 *CO 的形成，这与原位红外的结果一致。包信和院士等人还报道 *CO 会进一步解离，从而导致 *CO 在

H_2[115] 存在下分裂，促进碳化铁的形成。如穆斯堡尔光谱［图 5.31(d)］所示，R-FCK/SAPO 呈现出比 R-FCK 更多的 θ-Fe_3C，θ-Fe_3C 是低碳烯烃生产的重要活性位点之一[116,117]，促进 R-FCK/SAPO 的加氢活性。

使用 R-FCK 产生的碳氢化合物主要在 C_1～C_{11} 内，而 R-FCK/SAPO 产生的碳氢化合物是 C_1～C_6（图 5.32），表明碳氢化合物的链长在 SAPO-34 的影响下受到限制。此外，在 R-FCK 上产生少量 CH_3OH，而在 R-FCK/SAPO 上不产生任何 CH_3OH，表明 CH_3OH 在 SAPO-34 的影响下转化为碳氢化合物。烃或 CH_3OH 从金属/金属氧化物扩散或迁移到沸石在这些混合催化剂中起着重要作用[31,32,93]。有两种可能性：首先，发生级联反应，包括在 R-FCK 上形成烃和 CH_3OH 在 SAPO-34 上催化裂化和脱水。其次，R-FCK 上的中间体直接迁移到 SAPO-34 以合成短链烃。原位红外结果表明，该催化体系中稳定的中间体是 *CO、HCOO* 和 *COOH。以前的文献也表明，CO_2 到低碳烯烃的最大能垒是 *COOH 到 *CH 或 HCOO* 到 *CH[106]，这使得反应很难有可用的 *CH 或 *CH_2 中间体。因此，通过引入 HCOOH 进行 SAPO 的原位红外以确认中间迁移在 R-FCK/SAPO 上的 CO_2 到低碳烯烃中发挥的作用。可以看出，*CO、HCOO* 和 *COOH 中间体明显可见，而 C—H 几乎不可见，这可能是由于缺乏

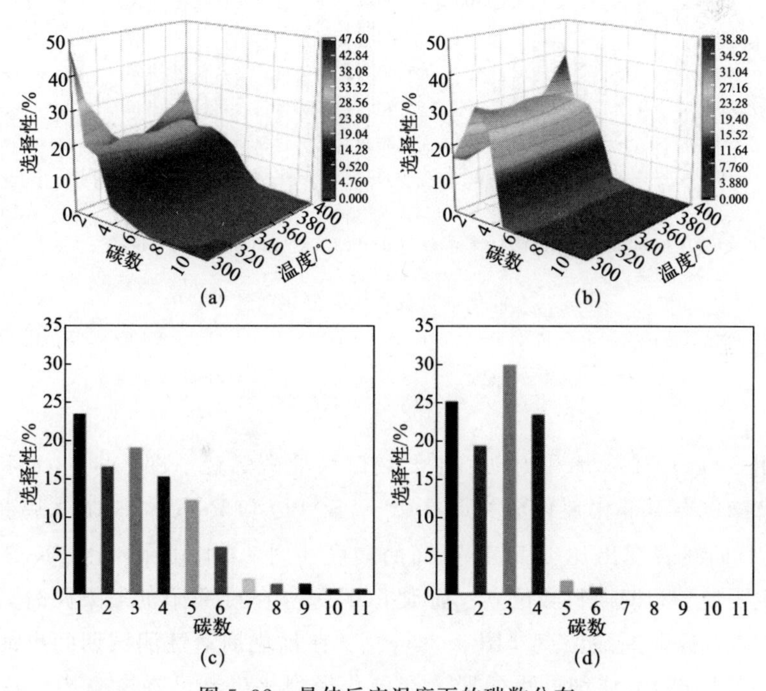

图 5.32　最佳反应温度下的碳数分布

［(a)、(c) 为 R-FCK 370℃；(b)、(d) 为 R-FCK/SAPO 340℃］

H_2 活化位点。它还表明中间体迁移在 R-FCK/SAPO 上的 CO_2 到低碳烯烃中没有发挥关键作用。

为了确认级联反应的关键作用，进行了催化剂负载方法对催化活性的影响，结果如图 5.33 所示。在 SAPO-34 和 $Fe_xCu_yK_z$、大 $Fe_xCu_yK_z$ 颗粒与大 SAPO-34 颗粒和 $Fe_xCu_yK_z$ 与 SiO_2 和 SAPO-34 混合的负载方法中，$Fe_xCu_yK_z$ 与 SAPO-34 之间的距离不同，然而，它们的 CO_2 转化率和低碳烯烃的选择性是相似的。中间迁移随金属/金属氧化物和沸石之间的距离而变化[31,32,93]，但扩散不受这些距离的明显限制[117]。这表明在 R-FCK 上形成的长链烃和甲醇扩散到 SAPO-34 分子筛，将通过提高 R-FCK/SAPO 的 BET 比表面积来促进。

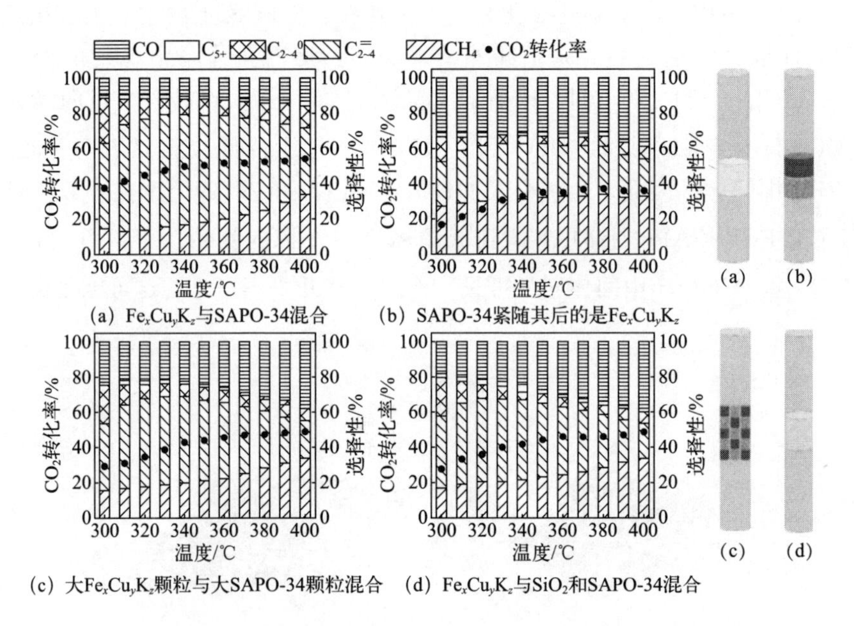

(a) $Fe_xCu_yK_z$与SAPO-34混合　(b) SAPO-34紧随其后的是$Fe_xCu_yK_z$

(c) 大$Fe_xCu_yK_z$颗粒与大SAPO-34颗粒混合　(d) $Fe_xCu_yK_z$与SiO_2和SAPO-34混合

图 5.33　催化剂负载方法对催化活性的影响

［右：催化活性；左：负载方式。$Fe_xCu_yK_z$/SAPO-34 的质量比 1/1；Fe/Cu 的摩尔比 1/1；K 负载 10%（质量分数）；GHSV 1500mL/(g・h)；压力 1500kPa］

使用 SAPO，1-戊烯和 1-己烯主要裂解为低碳烯烃［图 5.34(b) 和 (c)］。布朗斯特酸位点对催化裂化至关重要[118]。SAPO 和 R-FCK/SAPO 基于它们的 NH_3-TPD 曲线表现出比 R-FCK 更高的酸度［图 5.34(d)］。R-FCK/SAPO 和 SAPO 主要包含布朗斯特酸位点，而 R-FCK 基于吡啶吸附的结果同时具有布朗斯特酸位点和路易斯酸位点［图 5.34(e)］。在催化剂活性测试期间也证实了甲醇脱水（图 5.35）。详细的甲醇脱水和催化烃裂化机制已在文献中广泛报道和说明[115]。

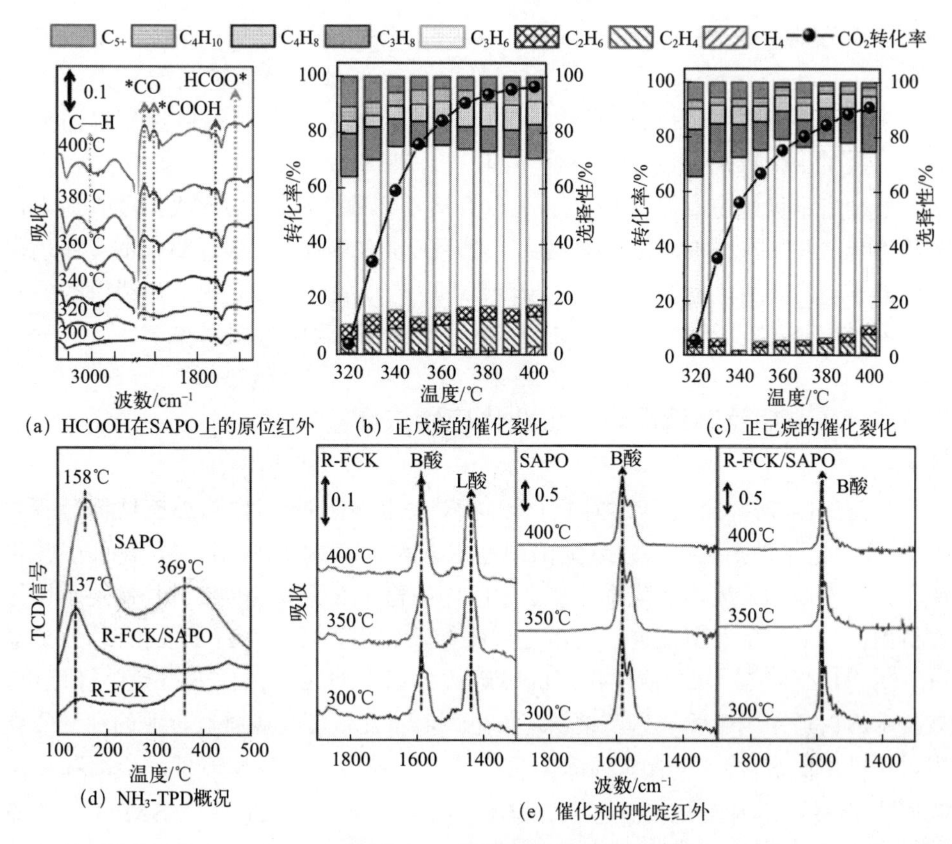

(a) HCOOH在SAPO上的原位红外　(b) 正戊烷的催化裂化　(c) 正己烷的催化裂化

(d) NH_3-TPD概况　(e) 催化剂的吡啶红外

图 5.34　催化机制分析

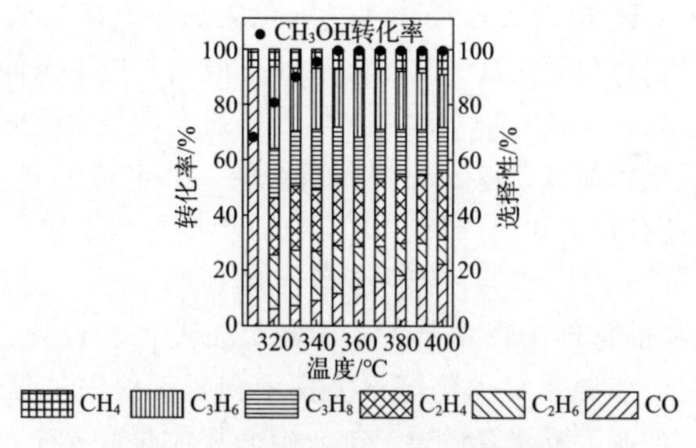

图 5.35　甲醇在 SAPO 上的催化脱水

(4) 小结与展望

总之，这项工作开发了一种新的催化途径和一系列新的 Fe-Cu-K/SAPO-34 催化剂，并将其应用于 CO_2 加氢以生产低碳烯烃。最高的 CO_2 转化率和低碳烯烃选择性分别达到49.7%和62.9%。在340℃和1500kPa下，最大时空收率为4.19mmol/(g催化剂·h)。催化CO_2加氢生成低碳烯烃的机制似乎遵循两步CO_2转化机制，包括CO_2转化为碳氢化合物/甲醇，然后是长链烃裂解和甲醇脱水。Fe-Cu-K和SAPO-34之间的强相互作用导致CO_2和H_2的良好和强吸附，通过能量优选途径促进CO_2转化以及活性物种θ-Fe_3C的形成，这有助于优异的性能。对于混合双功能催化体系，今后的研究重点在于设计更优的金属氧化物与分子筛的界面，同时应当进一步降低CO产物的选择性，提高后续甲醇的转化效率。在分子筛方面，可以设计中空分子筛用于双功能催化体系。

5.3 CO_2加氢制低碳烯烃工业化应用进展

目前，Lu研究团队[119]对氧化物进行Zr助剂掺杂调控其表面结构，一方面Zr作为电子助剂可以促进氧缺陷的生成并增强CO_2的吸附，提升CO_2转化率，另一方面铟锆表面缺陷位上加氢中间体的稳定性更高，可有效抑制逆水煤气变换副反应的发生，由此进一步提升低碳烯烃收率，并且实现了氧化铟/分子筛（In_2O_3/H-ZSM-5）双功能催化剂的吨级放大制备与工况条件下小型单管评价。该技术不仅适用于生物气以及钢铁厂、电厂和水泥厂等高碳排放行业的烟气的利用，还可用于富含CO_2合成气的转化，具有良好的工业应用前景。李灿院士团队[120]通过一系列探究，构建了$ZnZrO_2$固溶体氧化物/Zn改性SAPO分子筛串联催化剂，在接近工业生产的反应条件下，烃类中低碳烯烃的选择性可达到80%～90%，且具有较好的稳定性和抗硫中毒性能，串联催化剂之间的协同机制以及关键中间物种CH_xO的表面迁移使二氧化碳加氢直接制低碳烯烃反应在热力学和动力学上的耦合得到实现，这为在工业上应用制造了条件，拓展了二氧化碳加氢合成低碳烯烃新途径。华东理工大学、郑州大学与中石化洛阳设计工程公司联合开发的二氧化碳加氢合成α-烯烃创新路线，共申请了54项发明专利，其中已授权19项，拥有自主知识产权。研发出的新型复合型催化剂，在二氧化碳转化率为40%情况下，C_2～C_{20}烯烃选择性达到约90%，且已持续稳定运行2000h，实现了工业催化剂工程化制备、千吨级工业流程设计、产品分离技术、工业污染排放控制、能源系统优化等相关技术积累。根据工程进度，从中试研究、工艺包放大、工业示范装置搭建、工业生产装置试车运行、国内外技术推广等，可以预见实现现有直链α-烯烃生产技术的升级换代，还需要多年时间。

在过去几十年提高二氧化碳加氢催化剂的活性方面，已经取得了很大的进展，但是需要研究更为有效的催化剂，特别是那些非贵金属催化剂。然而，在催化剂的研究中，使催化性能变化的因素有很多，要在不同的反应中，结合催化剂的特点以及在工业中的需求选取最好的催化剂材料是一个值得探讨的难题。在二氧化碳上加氢不仅使碳元素重新利用起来，还解决了二氧化碳含量增加导致的大气污染问题，加氢促进了清洁能源的利用，也减少了二氧化碳的排放，无论是在环保效应还是经济效应上都具有很大的吸引力。虽然已有大量的研究工作聚焦于CO_2加氢制备烯烃，但是该领域还存在诸多尚未形成共识的论题以及工业化过程中需要解决的问题，所以仍要加深对催化反应的理解，为以后研究出更好的催化剂打下基础，开发出更有效、更经济、在工业中适用的二氧化碳合成低碳烯烃的催化剂。本章介绍了二氧化碳加氢制低碳烯烃催化剂的研究进展及其工业化应用进展，但二氧化碳加氢不仅在制低碳烯烃领域有广泛研究，且在制汽油领域也有广阔前景，故下一章将着重介绍二氧化碳加氢制汽油。

参考文献

[1] Lin S, Diercks C S, Zhang Y B, et al. Covalent organic frameworks comprising cobalt porphyrins for catalytic CO_2 reduction in water[J]. Science, 2015, 349: 1208-1213.

[2] Martínez-Botí M A, Foster G L, Chalk T B, et al. Plio-Pleistocene climate sensitivity evaluated using high-resolution CO_2 records[J]. Nature, 2015, 518: 49-54.

[3] Ou M, Tu W, Yin S, et al. Amino-assisted anchoring of $CsPbBr_3$ perovskite quantum dots on porous g-C_3N_4 for enhanced photocatalytic CO_2 reduction[J]. Angewandte Chemie, 2018, 130: 13758-13762.

[4] Richard A R, Fan M. Low-pressure hydrogenation of CO_2 to CH_3OH using Ni-In-Al/SiO_2 catalyst synthesized via a phyllosilicate precursor[J]. ACS Catalysis, 2017, 7: 5679-5692.

[5] Wang S, Tsuruta H, Asanuma M, et al. Ni-Fe-La (Sr) Fe(Mn) O_3 as a new active cermet cathode for intermediate-temperature CO_2 electrolysis using a $LaGaO_3$-based electrolyte[J]. Advanced Energy Materials, 2015, 5: 1401003.

[6] Gao P, Li S, Bu X, et al. Direct conversion of CO_2 into liquid fuels with high selectivity over a bifunctional catalyst[J]. Nature Chemistry, 2017, 9: 1019-1024.

[7] Matsubu J C, Yang V N, Christopher P. Isolated metal active site concentration and stability control catalytic CO_2 reduction selectivity[J]. Journal of the American Chemical Society, 2015, 137: 3076-3084.

[8] Lai Q, Toan S, Assiri M A, et al. Catalyst-TiO $(OH)_2$ could drastically reduce the energy consumption of CO_2 capture[J]. Nature Communications, 2018, 9: 2672.

[9] Cui S, Cheng W, Shen X, et al. Mesoporous amine-modified SiO_2 aerogel: a potential CO_2 sorbent [J]. Energy & Environmental Science, 2011, 4: 2070-2074.

[10] Irani M, Fan M, Ismail H, et al. Modified nanosepiolite as an inexpensive support of tetraethylenepentamine for CO_2 sorption[J]. Nano Energy, 2015, 11: 235-246.

[11] Liu J, Liu Y, Liu N, et al. Metal-free efficient photocatalyst for stable visible water splitting via a two-electron pathway[J]. Science, 2015, 347: 970-974.

[12] Zhu Y, Zhou W, Zhong Y, et al. A perovskite nanorod as bifunctional electrocatalyst for overall wa-

ter splitting[J]. Advanced Energy Materials, 2017, 7: 1602122.

[13] Zhou W, Kang J, Cheng K, et al. Direct conversion of syngas into methyl acetate, ethanol, and ethylene by relay catalysis via the intermediate dimethyl ether[J]. Angewandte Chemie International Edition, 2018, 57: 12012-12016.

[14] Jiao F, Pan X, Gong K, et al. Shape-selective zeolites promote ethylene formation from syngas via a ketene intermediate[J]. Angewandte Chemie International Edition, 2018, 57: 4692-4696.

[15] Tian P, Wei Y, Ye M, et al. Methanol to olefins (MTO): from fundamentals to commercialization [J]. ACS Catalysis, 2015, 5: 1922-1938.

[16] Wang S, Chen Y, Qin Z, et al. Origin and evolution of the initial hydrocarbon pool intermediates in the transition period for the conversion of methanol to olefins over H-ZSM-5 zeolite[J]. Journal of Catalysis, 2019, 369: 382-395.

[17] Zhao D, Zhang Y, Li Z, et al. Synthesis of AEI/CHA intergrowth zeolites by dual templates and their catalytic performance for dimethyl ether to olefins[J]. Chemical Engineering Journal, 2017, 323: 295-303.

[18] Pérez-Uriarte P, Ateka A, Gayubo A G, et al. Deactivation kinetics for the conversion of dimethyl ether to olefins over a HZSM-5 zeolite catalyst[J]. Chemical Engineering Journal, 2017, 311: 367-377.

[19] Zhang Y, Zhong L, Wang H, et al. Catalytic performance of spray-dried $Cu/ZnO/Al_2O_3/ZrO_2$ catalysts for slurry methanol synthesis from CO_2 hydrogenation[J]. Journal of CO_2 Utilization, 2016, 15: 72-82.

[20] Schiffino R S, Merrill R P. A mechanistic study of the methanol dehydration reaction on . gamma. -alumina catalyst[J]. The Journal of Physical Chemistry, 1993, 97: 6425-6435.

[21] Sun K, Lu W, Qiu F, et al. Direct synthesis of DME over bifunctional catalyst: surface properties and catalytic performance[J]. Applied Catalysis A: General, 2003, 252: 243-249.

[22] Ivanova I I, Kolyagin Y G. Impact of in situ MAS NMR techniques to the understanding of the mechanisms of zeolite catalyzed reactions[J]. Chemical Society Reviews, 2010, 39: 5018-5050.

[23] Akarmazyan S S, Panagiotopoulou P, Kambolis A, et al. Methanol dehydration to dimethylether over Al_2O_3 catalysts[J]. Applied Catalysis B: Environmental, 2014, 145: 136-148.

[24] Witoon T, Kidkhunthod P, Chareonpanich M, et al. Direct synthesis of dimethyl ether from CO_2 and H_2 over novel bifunctional catalysts containing CuO-ZnO-ZrO_2 catalyst admixed with WO_x/ZrO_2 catalysts[J]. Chemical Engineering Journal, 2018, 348: 713-722.

[25] Yang Y, Evans J, Rodriguez J A, et al. Fundamental studies of methanol synthesis from CO_2 hydrogenation on Cu(111), Cu clusters, and Cu/ZnO(000$\bar{1}$) [J]. Physical Chemistry Chemical Physics, 2010, 12: 9909-9917.

[26] Ateka A, Ereña J, Aguayo A T, et al. Behavior of CZZr/S catalysts on the direct synthesis of DME from CO_2 containing feeds[J]. Chemical Engineering Transactions, 2017, 57: 949-954.

[27] Li Z, Wang J, Qu Y, et al. Highly selective conversion of carbon dioxide to lower olefins[J]. ACS Catalysis, 2017, 7: 8544-8548.

[28] Xie C, Chen C, Yu Y, et al. Tandem catalysis for CO_2 hydrogenation to C_2-C_4 hydrocarbons[J]. Nano Letters, 2017, 17: 3798-3802.

[29] Ramirez A, Gevers L, Bavykina A, et al. Metal organic framework-derived iron catalysts for the di-

rect hydrogenation of CO_2 to short chain olefins[J]. ACS Catalysis, 2018, 8: 9174-9182.

[30] Chen G, Gao R, Zhao Y, et al. Alumina-supported CoFe alloy catalysts derived from layered-double-hydroxide nanosheets for efficient photothermal CO_2 hydrogenation to hydrocarbons[J]. Advanced Materials, 2018, 30: 1704663.

[31] Zhou Q, Zhang W, Qiu M, et al. Role of oxygen in copper-based catalysts for carbon dioxide electrochemical reduction[J]. Materials Today Physics, 2021, 20: 100443.

[32] Zhong Y, Wang S, Li M, et al. Rational design of copper-based electrocatalysts and electrochemical systems for CO_2 reduction: from active sites engineering to mass transfer dynamics[J]. Materials Today Physics, 2021, 18: 100354.

[33] Zhang J, Su X, Wang X, et al. Promotion effects of Ce added Fe-Zr-K on CO_2 hydrogenation to light olefins[J]. Reaction Kinetics, Mechanisms and Catalysis, 2018, 124: 575-585.

[34] Numpilai T, Witoon T, Chanlek N, et al. Structure-activity relationships of Fe-Co/K-Al_2O_3 catalysts calcined at different temperatures for CO_2 hydrogenation to light olefins[J]. Applied Catalysis A: General, 2017, 547: 219-229.

[35] Wang X, Zhang J, Chen J, et al. Effect of preparation methods on the structure and catalytic performance of Fe-Zn/K catalysts for CO_2 hydrogenation to light olefins[J]. Chinese Journal of Chemical Engineering, 2018, 26: 761-767.

[36] Ishida T, Yanagihara T, Liu X, et al. Synthesis of higher alcohols by Fischer-Tropsch synthesis over alkali metal-modified cobalt catalysts[J]. Applied Catalysis A: General, 2013, 458: 145-154.

[37] Torres Galvis H M, Bitter J H, Khare C B, et al. Supported iron nanoparticles as catalysts for sustainable production of lower olefins[J]. Science, 2012, 335: 835-838.

[38] Visconti C G, Martinelli M, Falbo L, et al. CO_2 hydrogenation to lower olefins on a high surface area K-promoted bulk Fe-catalyst[J]. Applied Catalysis B: Environmental, 2017, 200: 530-542.

[39] Meiri N, Dinburg Y, Amoyal M, et al. Novel process and catalytic materials for converting CO_2 and H_2 containing mixtures to liquid fuels and chemicals[J]. Faraday Discussions, 2015, 183: 197-215.

[40] Ramirez A, Gevers L, Bavykina A, et al. Metal organic framework-derived iron catalysts for the direct hydrogenation of CO_2 to short chain olefins[J]. ACS Catalysis, 2018, 8: 9174-9176.

[41] Martinelli M, Visconti C G, Lietti L, et al. CO_2 reactivity on Fe-Zn-Cu-K Fischer-Tropsch synthesis catalysts with different K-loadings[J]. Catalysis Today, 2014, 228: 77-88.

[42] Wang W, Jiang X, Wang X, et al. Fe-Cu bimetallic catalysts for selective CO_2 hydrogenation to olefin-rich C_2^+ hydrocarbons[J]. Industrial & Engineering Chemistry Research, 2018, 57: 4535-4542.

[43] Satthawong R, Koizumi N, Song C, et al. Light olefin synthesis from CO_2 hydrogenation over K-promoted Fe-Co bimetallic catalysts[J]. Catalysis Today, 2015, 251: 34-40.

[44] Wang J, You Z, Zhang Q, et al. Synthesis of lower olefins by hydrogenation of carbon dioxide over supported iron catalysts[J]. Catalysis Today, 2013, 215: 186-193.

[45] Gnanamani M K, Hamdeh H H, Jacobs G, et al. Hydrogenation of carbon dioxide over K-promoted FeCo bimetallic catalysts prepared from mixed metal oxalates[J]. ChemCatChem, 2017, 9: 1303-1312.

[46] Hu P, Huang Z, Amghouz Z, et al. Electronic metal-support interactions in single-atom catalysts [J]. Angewandte Chemie International Edition, 2014, 53: 3418-3421.

[47] Wei J, Ge Q, Yao R, et al. Directly converting CO_2 into a gasoline fuel[J]. Nature Communica-

tions, 2017, 8: 15174.

[48] Liu X, Wang M, Zhou C, et al. Selective transformation of carbon dioxide into lower olefins with a bifunctional catalyst composed of $ZnGa_2O_4$ and SAPO-34[J]. Chemical Communications, 2018, 54: 140-143.

[49] Choi Y H, Jang Y J, Park H, et al. Carbon dioxide Fischer-Tropsch synthesis: a new path to carbon-neutral fuels[J]. Applied Catalysis B: Environmental, 2017, 202: 605-610.

[50] Rungtaweevoranit B, Baek J, Araujo J R, et al. Copper nanocrystals encapsulated in Zr-based metal-organic frameworks for highly selective CO_2 hydrogenation to methanol[J]. Nano Letters, 2016, 16: 7645-7649.

[51] Wu Y, Cai T, Zhao W, et al. First-principles and experimental studies of $[ZrO(OH)]^+$ or $ZrO(OH)_2$ for enhancing CO_2 desorption kinetics-imperative for significant reduction of CO_2 capture energy consumption[J]. Journal of Materials Chemistry A, 2018, 6: 17671-17681.

[52] Gunasooriya G K K, van Bavel A P, Kuipers H P, et al. Key role of surface hydroxyl groups in C—O activation during Fischer-Tropsch synthesis[J]. ACS Catalysis, 2016, 6: 3660-3664.

[53] Baltrusaitis J, Jensen J H, Grassian V H. FTIR spectroscopy combined with isotope labeling and quantum chemical calculations to investigate adsorbed bicarbonate formation following reaction of carbon dioxide with surface hydroxyl groups on Fe_2O_3 and Al_2O_3[J]. The Journal of Physical Chemistry B, 2006, 110: 12005-12016.

[54] Woo K, Lee H J, Ahn J P, et al. Sol-gel mediated synthesis of Fe_2O_3 nanorods[J]. Advanced Materials, 2003, 15: 1761-1764.

[55] Acharyya S S, Ghosh S, Bal R. Nanoclusters of Cu(Ⅱ) supported on nanocrystalline W(Ⅵ) oxide: a potential catalyst for single-step conversion of cyclohexane to adipic acid[J]. Green Chemistry, 2015, 17: 3490-3499.

[56] Li H, Qin F, Yang Z, et al. New reaction pathway induced by plasmon for selective benzyl alcohol oxidation on BiOCl possessing oxygen vacancies[J]. Journal of the American Chemical Society, 2017, 139: 3513-3521.

[57] Wang S, Hai X, Ding X, et al. Light-switchable oxygen vacancies in ultrafine Bi_5O_7Br nanotubes for boosting solar-driven nitrogen fixation in pure water[J]. Advanced Materials, 2017, 29: 1701774.

[58] Li H, Shang J, Ai Z, et al. Efficient visible light nitrogen fixation with BiOBr nanosheets of oxygen vacancies on the exposed {001} facets[J]. Journal of the American Chemical Society, 2015, 137: 6393-6399.

[59] Campbell C T, Peden C H. Oxygen vacancies and catalysis on ceria surfaces[J]. Science, 2005, 309: 713-714.

[60] Zhang Y, Yu Y, He H. Oxygen vacancies on nanosized ceria govern the NO_x storage capacity of NSR catalysts[J]. Catalysis Science & Technology, 2016, 6: 3950-3962.

[61] López Sebastián J M, Gilbank A L, García Martínez T, et al. The prevalence of surface oxygen vacancies over the mobility of bulk oxygen in nanostructured ceria for the total toluene oxidation[J]. Applied Catalysis B: Environmental, 2015, 174: 403-412.

[62] Morgan K, Maguire N, Fushimi R, et al. Forty years of temporal analysis of products[J]. Catalysis Science & Technology, 2017, 7: 2416-2439.

[63] Widmann D, Krautsieder A, Walter P, et al. How temperature affects the mechanism of CO oxida-

tion on Au/TiO_2: a combined EPR and TAP reactor study of the reactive removal of TiO_2 surface lattice oxygen in Au/TiO_2 by CO[J]. ACS Catalysis, 2016, 6: 5005-5011.

[64] Janotti A, van de Walle C G. Oxygen vacancies in ZnO [J]. Applied Physics Letters, 2005, 87: 122102.

[65] Kim H S, Cook J B, Lin H, et al. Oxygen vacancies enhance pseudocapacitive charge storage properties of MoO_{3-x}[J]. Nature Materials, 2017, 16: 454-460.

[66] Li H, Shang H, Cao X, et al. Oxygen vacancies mediated complete visible light NO oxidation via side-on bridging superoxide radicals [J]. Environmental Science & Technology, 2018, 52: 8659-8665.

[67] Grimaud A, Diaz-Morales O, Han B, et al. Activating lattice oxygen redox reactions in metal oxides to catalyse oxygen evolution[J]. Nature Chemistry, 2017, 9: 457-465.

[68] Singh S A, Madras G. Detailed mechanism and kinetic study of CO oxidation on cobalt oxide surfaces [J]. Applied Catalysis A: General, 2015, 504: 463-475.

[69] Rodriguez J A, Liu P, Stacchiola D J, et al. Hydrogenation of CO_2 to methanol: importance of metal-oxide and metal-carbide interfaces in the activation of CO_2 [J]. ACS Catalysis, 2015, 5: 6696-6706.

[70] Graciani J, Mudiyanselage K, Xu F, et al. Highly active copper-ceria and copper-ceria-titania catalysts for methanol synthesis from CO_2[J]. Science, 2014, 345: 546-550.

[71] Wang F, He S, Chen H, et al. Active site dependent reaction mechanism over Ru/CeO_2 catalyst toward CO_2 methanation[J]. Journal of the American Chemical Society, 2016, 138: 6298-6305.

[72] Pander Ⅲ J E, Baruch M F, Bocarsly A B. Probing the mechanism of aqueous CO_2 reduction on post-transition-metal electrodes using ATR-IR spectroelectrochemistry [J]. ACS Catalysis, 2016, 6: 7824-7833.

[73] Firet N J, Smith W A. Probing the reaction mechanism of CO_2 electroreduction over Ag films via operando infrared spectroscopy[J]. ACS Catalysis, 2017, 7: 606-612.

[74] Westermann A, Azambre B, Bacariza M, et al. Insight into CO_2 methanation mechanism over NiUSY zeolites: an operando IR study [J]. Applied Catalysis B: Environmental, 2015, 174: 120-125.

[75] Huygh S, Bogaerts A, Neyts E C. How oxygen vacancies activate CO_2 dissociation on TiO_2 anatase (001) [J]. The Journal of Physical Chemistry C, 2016, 120: 21659-21669.

[76] Geng Z, Kong X, Chen W, et al. Oxygen vacancies in ZnO nanosheets enhance CO_2 electrochemical reduction to CO[J]. Angewandte Chemie, 2018, 130: 6162-6167.

[77] Wu J, Li X, Shi W, et al. Efficient visible-light-driven CO_2 reduction mediated by defect-engineered BiOBr atomic layers[J]. Angewandte Chemie, 2018, 130: 8855-8859.

[78] Xu L, Jiang Q, Xiao Z, et al. Plasma-engraved Co_3O_4 nanosheets with oxygen vacancies and high surface area for the oxygen evolution reaction[J]. Angewandte Chemie, 2016, 128: 5363-5367.

[79] Yang C M, Noguchi H, Murata K, et al. Highly ultramicroporous single-walled carbon nanohorn assemblies[J]. Advanced Materials, 2005, 17: 866-870.

[80] Xu J, Su X, Duan H, et al. Influence of pretreatment temperature on catalytic performance of rutile TiO_2-supported ruthenium catalyst in CO_2 methanation [J]. Journal of Catalysis, 2016, 333: 227-237.

[81] Yu Y, Chan Y M, Bian Z, et al. Enhanced performance and selectivity of CO_2 methanation over g-C_3N_4 assisted synthesis of $NiCeO_2$ catalyst: kinetics and DRIFTS studies[J]. International Journal of Hydrogen Energy, 2018, 43: 15191-15204.

[82] Kattel S, Yu W, Yang X, et al. CO_2 hydrogenation over oxide-supported PtCo catalysts: the role of the oxide support in determining the product selectivity[J]. Angewandte Chemie International Edition, 2016, 55: 7968-7973.

[83] Ji Y, Luo Y. New mechanism for photocatalytic reduction of CO_2 on the anatase TiO_2(101) surface: the essential role of oxygen vacancy[J]. Journal of the American Chemical Society, 2016, 138: 15896-15902.

[84] Larmier K, Liao W C, Tada S, et al. CO_2-to-methanol hydrogenation on zirconia-supported copper nanoparticles: reaction intermediates and the role of the metal-support interface[J]. Angewandte Chemie International Edition, 2017, 56: 2318-2323.

[85] Chen H-Y T, Tosoni S, Pacchioni G. Hydrogen adsorption, dissociation, and spillover on Ru10 clusters supported on anatase TiO_2 and tetragonal ZrO_2(101) surfaces[J]. ACS Catalysis, 2015, 5: 5486-5495.

[86] Pei Y P, Liu J X, Zhao Y H, et al. High alcohols synthesis via Fischer-Tropsch reaction at cobalt metal/carbide interface[J]. ACS Catalysis, 2015, 5: 3620-3624.

[87] Yang C, Zhao H, Hou Y, et al. Fe_5C_2 nanoparticles: a facile bromide-induced synthesis and as an active phase for Fischer-Tropsch synthesis[J]. Journal of the American Chemical Society, 2012, 134: 15814-15821.

[88] Zhai P, Xu C, Gao R, et al. Highly tunable selectivity for syngas-derived alkenes over zinc and sodium-modulated Fe_5C_2 catalyst [J]. Angewandte Chemie International Edition, 2016, 128: 10056-10061.

[89] Riedel T, Schaub G, Jun K W, et al. Kinetics of CO_2 hydrogenation on a K-promoted Fe catalyst [J]. Industrial & Engineering Chemistry Research, 2001, 40: 1355-1363.

[90] Karelovic A, Ruiz P. Improving the hydrogenation function of Pd/γ-Al_2O_3 catalyst by Rh/γ-Al_2O_3 addition in CO_2 methanation at low temperature[J]. ACS Catalysis, 2013, 3: 2799-2812.

[91] Dang S, Gao P, Liu Z, et al. Role of zirconium in direct CO_2 hydrogenation to lower olefins on oxide/zeolite bifunctional catalysts[J]. Journal of Catalysis, 2018, 364: 382-393.

[92] Gao J, Jia C, Liu B. Direct and selective hydrogenation of CO_2 to ethylene and propene by bifunctional catalysts[J]. Catalysis Science & Technology, 2017, 7: 5602-5607.

[93] Gao P, Dang S, Li S, et al. Direct production of lower olefins from CO_2 conversion via bifunctional catalysis[J]. ACS Catalysis, 2018, 8: 571-578.

[94] Chen J, Wang X, Wu D, et al. Hydrogenation of CO_2 to light olefins on CuZnZr@ (Zn-) SAPO-34 catalysts: strategy for product distribution[J]. Fuel, 2019, 239: 44-52.

[95] Ni Y, Chen Z, Fu Y, et al. Selective conversion of CO_2 and H_2 into aromatics[J]. Nature Communications, 2018, 9: 3457.

[96] Jiao F, Li J, Pan X, et al. Selective conversion of syngas to light olefins[J]. Science, 2016, 351: 1065-1068.

[97] Nie X, Wang H, Janik M J, et al. Mechanistic insight into C—C coupling over Fe-Cu bimetallic catalysts in CO_2 hydrogenation[J]. The Journal of Physical Chemistry C, 2017, 121: 13164-13174.

[98] Nadagouda M N, Varma R S. Green synthesis of silver and palladium nanoparticles at room temperature using coffee and tea extract[J]. Green Chemistry, 2008, 10: 859-862.

[99] Chen J, Feng J, Yang F, et al. Space-confined seeded growth of Cu nanorods with strong surface plasmon resonance for photothermal actuation[J]. Angewandte Chemie International Edition, 2019, 131: 9376-9382.

[100] Guo H, Zhang H, Peng F, et al. Effects of Cu/Fe ratio on structure and performance of attapulgite supported CuFeCo-based catalyst for mixed alcohols synthesis from syngas[J]. Applied Catalysis A: General, 2015, 503: 51-61.

[101] Altincekic T, Boz I, Baykal A, et al. Synthesis and characterization of $CuFe_2O_4$ nanorods synthesized by polyol route[J]. Journal of Alloys and Compounds, 2010, 493: 493-498.

[102] Andersen C W, Borfecchia E, Bremholm M, et al. Redox-driven migration of copper ions in the Cu-CHA zeolite as shown by the in situ PXRD/XANES technique[J]. Angewandte Chemie International Edition, 2017, 129: 10503-10508.

[103] Feng X, Yang J, Duan X, et al. Enhanced catalytic performance for propene epoxidation with H_2 and O_2 over bimetallic Au-Ag/uncalcined titanium silicate-1 catalysts[J]. ACS Catalysis, 2018, 8: 7799-7808.

[104] Tan K B, Zhan G, Sun D, et al. The development of bifunctional catalysts for carbon dioxide hydrogenation to hydrocarbons via the methanol route: from single component to integrated components[J]. Journal of Materials Chemistry A, 2021, 9: 5197-5231.

[105] Liu S, Jie J, Guo Z, et al. A comprehensive investigation on microstructure and magnetic properties of immiscible Cu-Fe alloys with variation of Fe content[J]. Materials Chemistry and Physics, 2019, 238: 121909.

[106] Guo L, Sun J, Ge Q, et al. Recent advances in direct catalytic hydrogenation of carbon dioxide to valuable C_{2+} hydrocarbons[J]. Journal of Materials Chemistry A, 2018, 6: 23244-23262.

[107] Wang S, Zheng M, Li M, et al. Synergistic effects towards H_2 oxidation on the Cu-CeO_2 electrode: a combination study with DFT calculations and experiments[J]. Journal of Materials Chemistry A, 2016, 4: 5745-5754.

[108] Chu S, Ou P, Ghamari P, et al. Photoelectrochemical CO_2 reduction into syngas with the metal/oxide interface[J]. Journal of the American Chemical Society, 2018, 140: 7869-7877.

[109] Li F, Li Y C, Wang Z, et al. Cooperative CO_2-to-ethanol conversion via enriched intermediates at molecule-metal catalyst interfaces[J]. Nature Catalysis, 2020, 3: 75-82.

[110] Jiang L, Liu K, Hung S F, et al. Facet engineering accelerates spillover hydrogenation on highly diluted metal nanocatalysts[J]. Nature Nanotechnology, 2020, 15: 848-853.

[111] Nie X, Wang H, Janik M J, et al. Computational investigation of Fe-Cu bimetallic catalysts for CO_2 hydrogenation[J]. Journal of Physical Chemistry C, 2016, 120: 9364-9373.

[112] Hwang S M, Han S J, Min J E, et al. Mechanistic insights into Cu and K promoted Fe-catalyzed production of liquid hydrocarbons via CO_2 hydrogenation[J]. Journal of CO_2 Utilization, 2019, 34: 522-532.

[113] Wei Y, Zhang D, Liu Z, et al. Highly efficient catalytic conversion of chloromethane to light olefins over HSAPO-34 as studied by catalytic testing and in situ FTIR[J]. Journal of Catalysis, 2006, 238: 46-57.

[114] Chen W, Fan Z, Pan X, et al. Effect of confinement in carbon nanotubes on the activity of Fischer-Tropsch iron catalyst[J]. Journal of the American Chemical Society, 2008, 130: 9414-9419.

[115] Chen X, Xiao J, Wang J, et al. Visualizing electronic interactions between iron and carbon by X-ray chemical imaging and spectroscopy[J]. Chemical Science, 2015, 6: 3262-3267.

[116] Song C, Liu X, Xu M, et al. Photothermal conversion of CO_2 with tunable selectivity using Fe-based catalysts: from oxide to carbide[J]. ACS Catalysis, 2020, 10: 10364-10374.

[117] Han S J, Hwang S M, Park H G, et al. Identification of active sites for CO_2 hydrogenation in Fe catalysts by first-principles microkinetic modelling[J]. Journal of Materials Chemistry A, 2020, 8: 13014-13023.

[118] Sadrameli S. Thermal/catalytic cracking of liquid hydrocarbons for the production of olefins: a state-of-the-art review Ⅱ: catalytic cracking review[J]. Fuel, 2016, 173: 285-297.

[119] Lu S, Yang H, Zhou Z, et al. Effect of In_2O_3 particle size on CO_2 hydrogenation to lower olefins over bifunctional catalysts[J]. Chinese Journal of Catalysis, 2021, 42: 2038-2048.

[120] Wang J, Li G, Li Z, et al. A highly selective and stable ZnO-ZrO_2 solid solution catalyst for CO_2 hydrogenation to methanol[J]. Science Advances, 2017, 3: e1701290.

CHAPTER 6

第6章 CO_2加氢制汽油

上一章节介绍了CO_2加氢制低碳烯烃，如果C—C偶联继续进行，碳链再次增长，可以生成C_{5+}液态燃料。汽油是我们汽车等交通工具的日常消费品，CO_2加氢制汽油、芳烃等高附加值碳氢化合物也受到广泛的关注。然而，如何设计高效催化剂，精准控制C—C偶联和高效活化C—O键，使得CO_2加氢高效合成汽油极具挑战。本章节将重点介绍两类合成汽油的催化剂及其工业化进展。

6.1 CO_2加氢制汽油研究背景

近年来，随着化石资源的消耗和CO_2的大量排放（图6.1），人类面临的能源危机和温室效应问题日益严峻，CO_2加氢直接合成烯烃是实现CO_2减排及CO_2转化与利用的重要途径之一[1]。氢是一种高能物质，可以作为CO_2转化的试剂，当H_2来自可再生能源时，CO_2加氢也可以通过将能量存储在化学品和燃料中来解决可再生能源的间歇性问题[2]。因此，CO_2加氢制备高附加值化学品或液体燃料对节能减排和碳资源的循环利用具有重要意义，因而受到广泛关注[3]。尤其是近年来我国汽油表观消费量每年都超过一亿吨（图6.2），如果人们能以CO_2为原料生产汽油，不仅可有效降低CO_2造成的温室效应，还可减轻对传统化石能源的依赖。但与CO相比，CO_2分子极其稳定，难以活化，以CO_2为原料建立工业过程的最大障碍是其能量水平低[4]，因此，转化CO_2需要大量的能量投入。与经典的费-托合成路线相比，CO_2与氢分子的催化反应更易生成甲烷、甲醇、甲酸等小分子化合物，很难生成长链的汽油等液态烃燃料。CO_2加氢制液体燃料技术不仅为CO_2加氢制液体燃料的研究拓展了新思路，还可为间歇性可再生能源（风能、太阳能、水能等）的利用开辟新途径：经过电解水制取的氢气与工业CO_2废气催化转化成易存储运输的液态烃燃料，既能减排，又具有显著的经济效益[5]。本章重点介绍CO_2加氢制烃的间接路线和直接路线，以及在催化剂设计、催化性能和反应机理等方面的最新进展，还概述了CO_2加氢生产增值碳氢化合物的未来研究面临的挑战和机遇。

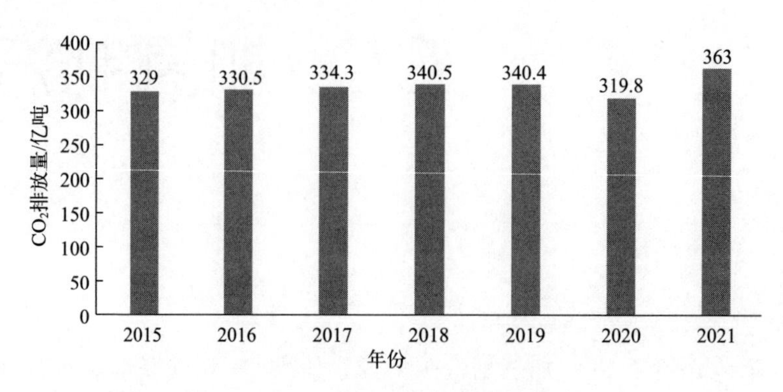

图 6.1　2015—2021 年全球CO_2排放量

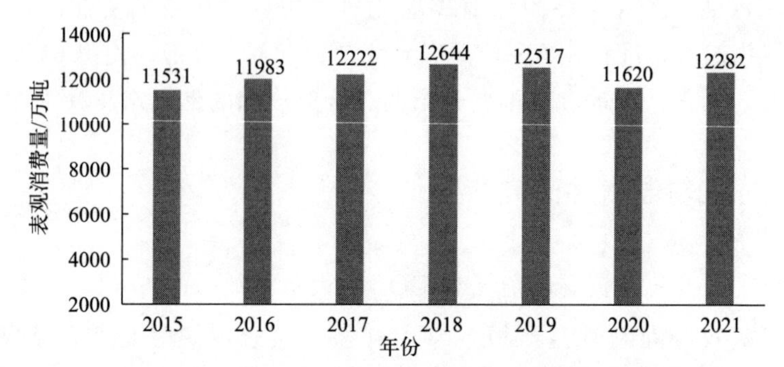

图 6.2　2015—2021 年中国汽油表观消费量统计图

（注：以上数据均来自华经产业研究院）

然而，由于CO_2的惰性以及与CO_2加氢制取C_1原料相比，碳-碳耦合的能垒较高，将CO_2转化为两个以上碳原子（C_{2+}）的有机产物是一个巨大的挑战。目前人们公认的两种途径为合成气（$CO+H_2$）和甲基甲醇分别在两种催化剂上通过费-托合成（FTS）和甲醇制烃（MTH）反应转化为C_{2+}烃。因此，在复合双功能催化剂上，CO_2和H_2可以通过逆水煤气变换（CO_2加氢制CO）与FTS或CO_2加氢制甲基甲醇，再由MTH反应直接制取C_{2+}烃，包括甲醇制烯烃（MTO)、甲醇制汽油和甲醇制芳烃（MTA）等反应[6]。

6.2　CO_2加氢制汽油催化剂研究进展

设计新型催化剂将CO_2直接转化为汽油是一种有希望的可再生液体燃料的

增值策略。然而，由于 CO_2 的惰性和其在 CH_4 或 CO 副产物上选择性加氢为 C_{5+} 烃的热力学限制，这一过程具有很大的挑战性。因此，在温和的条件（$T<400℃$，$P<5MPa$）下，需要高活性、高选择性和高稳定的多功能多相催化剂来促进 CO_2 的解离化学吸附和 CH_x 物种在固-气界面上的链生长[7]。本章节论述了几种 FTS 路线的直接加氢催化剂（基于金属氧化物、碳和沸石材料的含铁多功能催化剂）以及甲醇路线的双功能催化剂，并提出了该领域的发展方向。

6.2.1 FTS 路线的直接加氢催化剂

CO_2 转化为液体燃料通常通过两步转化，逆水煤气变换反应（RWGS）和费-托合成（FTS）反应，如下文反应机理所述[8]。

$$\text{RWGS 反应:} CO_2 + H_2 = CO + H_2O \quad \Delta_f H_{298K} = +41kJ/mol$$

$$\text{FTS 反应:} nCO + (2n+1)H_2 = C_nH_{2n+2} + nH_2O \quad \Delta_f H_{298K} = -88kJ/mol$$

FTS 合成是通过 CO 加氢，形成水蒸气和产物，如烯烃、柴油、汽油、煤油和甲醇（机理如图 6.3）。单体形成（C_nH_{2n+2}）被称为速率决定步骤，改变所使用的催化剂和反应动力学形成的产物倾向于高烯烃/石蜡比的产物，因此甲烷生成较少。在 FTS 中具有活性的金属催化剂有铁、钴、镍和钌，但由于镍表现出副产物甲烷的选择性高，而钌稀缺且昂贵，因此主要使用铁和钴[9]。大多数研究使用氧化铁和钴基催化剂，这通常用于 CO-FTS 反应。在 RWGS 反应中，证明了 Cu 在 CO_2 加氢解离过程中的效率[10]。综合考虑 RWGS 和 FTS 合成反应催化剂的功能，可以设计和配制用于 CO_2 直接转化为液体燃料的双功能可还原金属氧化物催化剂。如何选择一种能同时促进两种反应的合适的催化剂是一个挑战，因此应重点关注 CO 加氢活化和抑制甲烷化反应。在设计高活性和高选择性催化剂时，需要考虑的因素是活化碳氧键以实现 CO_2 解离的活性金属组分，并通过添加助剂来提高催化剂的活性。此外，还需要一个介孔载体来增加金属的比表面积，以增加金属活性中心的分布，催化剂还必须能够激活 H—H 键

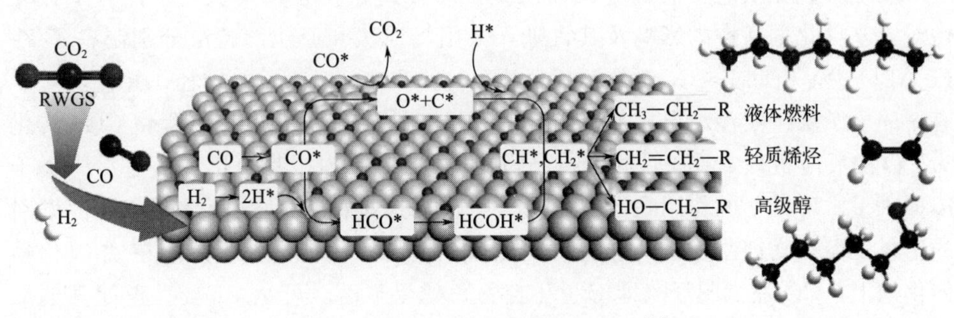

图 6.3 CO_2 基于 FTS 的催化机理[1]

和（—CH_2）$_n$ 齐聚过程，抑制芳烃和蜡的形成[11]。

金属（例如 Fe_2O_3 微晶是最广泛使用的）、助剂（如碱金属钠离子以改善 CO 解离[12]、过渡金属氧化物如 MnO_x 和金属如铜以提高催化剂还原性）和载体（如金属氧化物、碳基纳米材料、多孔二氧化硅或沸石以改善与气相相互作用的铁原子的数量/分散性）的选择是 FTS 合成高选择性的关键[13]。特别是，活性相的化学状态、尺寸和微观结构（如可控纳米尺寸的 Co 纳米粒子、小的 χ-Fe_5C_2 纳米粒子、尺寸和还原性可定制的多孔基质中的受限金属纳米粒子等）对 CO 转化率和烃类（如汽油级 C_{5+} 烷烃）选择性至关重要[14]。在这个意义上，ASF 分布提出了一个链增长概率，该概率在 FTS 过程中终止了产物的选择性，即对汽油级 C_5～C_{11} 烃的最大选择性为 45%[1]。这种理论选择性可以借助（微/介）多孔载体，如沸石，在离 FTS 催化剂适当的距离处（例如通过核壳结构等）来实现，因为它们在孔中的可定制酸性催化中心促进来自 FTS 活性中心的重烃加氢裂解/异构化反应成为中间馏分液体燃料[15]。

(1) 铁基催化剂

铁基催化剂是对 CO_2-FTS 转化进行大量探索的最佳候选者，因为它通常用于 RWGS 和 FTS 反应。除了与贵金属催化剂相比更便宜外，Fe 与碱助剂结合对更高链的烯烃产品具有最高的选择性，与钴基催化剂相比达 63%[16]。另一方面，对甲烷的选择性一直受到抑制，只有不到 10%的选择性。纳米粒子氧化铁的固有物理化学性质，如较大的比表面积，为 CO_2 吸附-解吸提供了更多的活性位点，在 CO_2-FTS 合成中最常用的铁催化剂是磁铁矿（Fe_3O_4）。Ra 等人[17]，将 Zn 加入促进了 Fe 颗粒的分散，将 Na 加入增加了 CO_2 的吸附，促进了 X-Fe_5C_2 相的形成。含有 Fe_3O_4 和 Fe_5C_2 活性中心的杂化催化剂产生了协同催化反应，提高了对汽油的选择性。Yao 等人[18] 在 Fe-Mn-K 催化剂中加入少量柠檬酸产生了少量残余碳，最终在 350℃ 活化过程中形成碳化物铁。结果表明，C_{5+} 以上液体产物的选择性为 61.9%，而非有机添加剂的选择性仅为 54.7%，进一步证实碳化铁的形成促进汽油选择性的提高。Amoya 等人[19] 探讨了钾改性对铁基催化剂活性的影响及其机理，采用浸渍法和原位渗碳法分别制备了 K-Fe-Al-O 尖晶石和 Fe_5C_2 尖晶石。尖晶石材料具有 2～3nm 的粒径，并伴随着非有序的原子层。实验结果显著地揭示了尖晶石材料通过 RWGS 过程将 CO_2 转化为 CO 的反应机理，在 2%～4%（质量分数）范围内，其转化程度通常取决于 K 掺入量。K 助剂的作用是产生新的氧空位，这是由 K 助剂触发的还原性增强的结果。但在高钾浓度下，这些活性位点被破坏，相关活性下降。在铁-碳化物催化剂上，CO 加氢制烃（即 C_{5+} 化合物）效果显著，可达 100%。正如其他文献所观察到的那样，CO_2 引起了一些碳化物物种的氧化，从而生成了 CO。研究得出结论，碳化铁具有两个不同的活性中心，这两个活性中心都有利于反应。同样，钾修饰的铁尖晶石和铁碳化物功能对实现所需的反应是必不可少的。Kangvansura 等人[20] 采用纳米 Fe/N 掺杂碳纳米管作为催化剂，然后用 K、Mn 粒子对其进行改性，并对其活性、稳定性进行了比较。结果表明，助剂 K、Mn 或 K-Mn 对催化活性有较大的影响。非促进型纳米 Fe/N 掺杂碳纳米管催化剂的 CO_2 转化率最初为 38%，但随着时间的推移，纳米 Fe 颗粒的烧结导致 CO_2 转化率不断下降。值得注意的是，用 Mn 促进产生了 30%的初始低转化率（即比用无 Mn 催化剂观察到的低 8%）。然而，促进的催化剂后来产生了更高的转化率，具有良好的稳定性。根据以前的发现，Mn 颗粒能够改变催化剂的表面，限制对活性 Fe 物种的访问。随着时间的推移，有利于铁碳化物的形成，从而促进加氢反应。另一方面，钾改性催化剂的转化率高得多。用复合金属（K-Mn）对纳米 Fe/N 掺杂碳纳米管催化剂进行改性时，转化率仅为 28%，低碳烯烃的生成向高碳烯烃方向移动。结果表明，K 助剂的加入促进了 CO_2 的加氢，而 Mn 粒子的加入则提高了原位生成的 Fe-C 相的稳定性。但 K-Mn 改性催化剂对烯烃的选择性高于对 C_{5+} 烃的选择性，这表明其对汽油烃生产的吸引力较小。Wang 等人[21] 使用不同合成路线获得的 K 改性 Fe-Zn 催化剂作为催化剂。表征数据显示通过水热和共沉淀技术获得的材料具有低比表面积的线性均匀颗粒，溶剂热法产生了具有增强比表面积的纳米结构材料。类似地，共沉淀合成的催化剂缺乏通过水热法合成路线检测到的 $ZnFe_3O_4$ 相。尽管所有催化剂都具有显著活性，但水热法开发的催化剂对 C_{5+} 烃的生产更具选择性（大于 30%），通过共沉淀获得的催化剂产生最高值的转化率和烯烃选择性（分别为 55%和 57%），而对 C_{5+} 烃类的选择性可忽略不计。

(2) 铜基、钴基催化剂

铜也被广泛用于修饰铁催化剂。Herranz 等人[22] 的研究表明 Cu 的加入使氧化铁的还原性更容易，在不改变产物选择性的情况下导致 CO_2 转化率的显著增加。产生这种效应的原因可能是 Cu 的引入能够为氢的解离吸附提供活性中心。最近，Choi 等人[23] 报道了一种新的催化剂，该催化剂是通过还原铜铁矿 $CuFeO_2$，然后原位渗碳为其活性相（黑格碳化物）制备的。文中对以 Fe_2O_3、$CuFe_2O_4$ 和 $CuFeO_2$-12 为前驱体的各种催化剂进行催化性能评价。结果表明，$CuFeO_2$-12 催化剂不仅生成 C_{5+} 烃的选择性高达 65%，而且将 CH_4 的选择性抑制在 2%～3%之间，具有较高的 CO_2 加氢制 C_{5+} 产品选择性（如图 6.4）。

由于水煤气变换（WGS）反应具有优异的链增长能力、稳定性和降低的活性，Co 基催化剂也已用于生产长链 C_{5+} 烃。最近，一种不含助剂的纯 Co 基催化

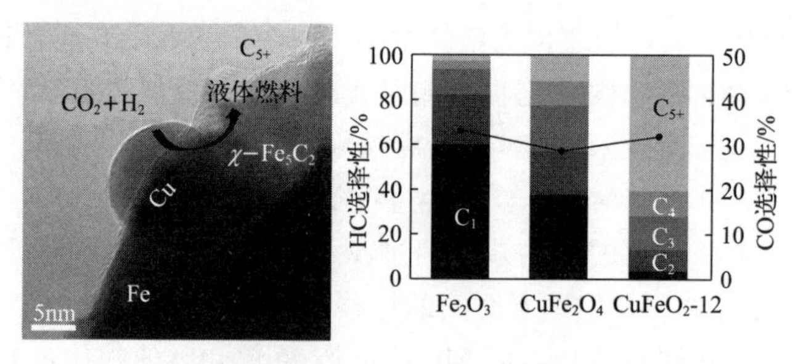

图 6.4　产品选择性[23]

剂被报道，并对 CO-FTS 和 CO_2-FTS 表现出高性能[24,25]，这种 Co/MIL-53 (Al) 催化剂被首次发现具有 47.1%的 CO 转化率和 68.6%的 C_{5+} 产物的选择性。当这种催化剂被应用于 CO_2-FTS 时，其在 260℃下仍可以实现 35.0% C_{5+} 产物的选择性。此外，不同种类的助剂和载体材料也被用来调整产物，使其倾向于生成更重的烃。Shi 等人[26] 制备了一种用以促进 CO_2 加氢转化的 Cu 基 Co-Cu 双金属催化剂，以此用作 RWGS 的催化剂，例如在 $CoCu/TiO_2$ 催化剂中引入 Na 作为助剂，此时 CH_4 的选择性从 89.5%显著降低到 26.1%，而 C_{5+} 的选择性从 4.9%提高到 42.1%，如图 6.5(a)，同时具有 200h 的优异的稳定性，如图 6.5 (b)。He 等人[27] 报道了一种双金属 Co_6/MnO_x 纳米催化剂，其中 Co 和 Mn 之间具有协同作用，可以实现 15.3%的 CO_2 转化率和 53.2%的 C_{5+} 选择性。

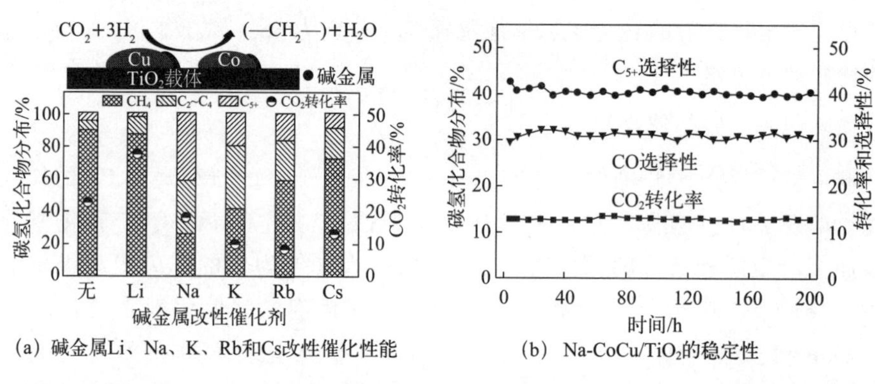

图 6.5　碱金属 Li、Na、K、Rb 和 Cs 改性催化性能与 Na-$CoCu/TiO_2$ 的稳定性[26]

与铁基催化剂相比，钴催化剂是合成气合成较重碳氢化合物的优先选择，并且由于它们在 WGS 反应中基本上不活泼，因此往往具有更高的链增长潜力。然而，在 CO_2/H_2 体系下，钴催化剂表现得像甲烷化催化剂而不是 FTS 催化剂，难以遵循通常的 FTS 链增长机制，并且产品分布发生显著变化[28]。在钴上添加碱金属可以提高对长链烃的选择性，降低对 CH_4 的选择性。Owen 等人[29] 研究了碱金属的变化。他们观察到，在钠或钾助剂作用下，催化剂对 C_{5+} 烃的选择性更高，对 CH_4 的选择性更低，但 CO_2 转化率没有明显下降。他们将碱金属的使用提高了 C_{5+} 烃的选择性归因于表面分子电荷转移的增强，CO 的结合强度增加而 H_2 的结合强度减弱，从而导致链增长概率的增加。

(3) 载体在 FTS 路线中的应用

催化剂的设计过程中载体对催化性能的影响至关重要，适当选择载体有助于调整对所选烃的选择性，载体的加入也使助剂的引入变得更容易。金属-载体相互作用，特别是对于非均相催化剂纳米颗粒，除了在活性表面上提供非共价相互作用以获得最佳选择性之外，对于精细调控活性中心的表面本征电子性质至关重要[30]。载体负载、形貌、掺杂和表面修饰的改变通过调控界面周长来影响表面金属-载体强相互作用（SMSI）[31]。半导电载体（可还原金属氧化物）需要电荷转移来提高导电性。酸性载体对烃链长度的选择性起着重要的作用，在 FTS 合成中常用的载体有沸石分子筛、钛氧化物、碳基材料和氧化铝[6]。

沸石具有高的比表面积和可调的孔隙率、热稳定性、可调的酸度和择形性能，被认为是负载铁基纳米颗粒催化剂的重要载体。对于从 CO_2 加氢生成碳氢化合物，沸石提供了催化位点，可将 CO_2 活化产生的中间体转化为目标产物[32]。孔结构（沸石骨架）和表面丰富的酸性位点为 CO_2 加氢制烃提供了丰富的催化活性中心，并且可以调控 C_{5+} 烃的选择性。沸石负载的金属催化剂具有抗烧结性，其择形选择性可以随着表面的介孔化而改变，以适应所需的催化反应[6]。

H-ZSM-5 介孔骨架是最有效的载体，因为 H-ZSM-5 促进了 CO_2 的解吸过程，在 Na-Fe/H-ZSM-5 和 In_2O_3/H-ZSM-5 双功能催化剂体系上，汽油燃料的高选择性（75%以上）可以通过不同的反应机制实现[33]。选择合适的载体以获得合适的金属-载体相互作用效应对于承受高温高压反应体系的催化剂至关重要。Wang 等人[34] 已经证明在使用 Fe-Zn-Zr@H-ZSM-5 催化剂直接转化 CO_2 时，在 100h 内表现出较好的稳定性，转化率超过 20%，保持 55%以上的 C_{5+} 异构烷烃和 45%的 CO 选择性。中国科学院山西煤炭化学研究所基于早期在 CO_2 加氢制异构烷烃方面研究工作的积累，根据 CO_2 加氢制烃多步串联反应的特点，采用简单的制备方法将 H-ZSM-5 分子筛均匀包覆于 Fe-Zn-Zr 金属氧化物表面，制备出核壳结构催化剂，通过强化分子筛的空间限域控制中间产物的转化，实现了异构烷烃及高品质汽油的选择性合成。在此基础上，通过对复合金属氧化物进行高温水热处理，实现了 CO_2 加氢到高品质汽油的选择性转化，汽油烃中异构烷烃的选择性高达93%以上，同时可将副产物CO抑制到24%[7]。Cui等人[35]在Na改性尖晶石氧化物$ZnFeO_x$与H-ZSM-5沸石上进行CO_2加氢制芳烃，与单一$ZnFeO_x$-4.25Na催化剂相比，$ZnFeO_x$-4.25Na与沸石复合催化剂使产物分布向C_{5+}异构烷烃和芳烃方向转移，烯烃产物的选择性显著降低，表明了沸石在芳构化中的作用和低级烯烃的齐聚反应。

在液体燃料的生产中，Wei等人[36]评价了沸石拓扑结构的影响，即H-Y、H-BEA、H-MOR、H-ZSM-23、H-MCM-22和H-ZSM-5在Na-Fe_3O_4-沸石催化剂中的影响（如图6.6）。孔结构不影响CO_2转化率和CO选择性，但是它会影响产品分布。在这种情况下，十元环通道沸石产生了更高的汽油烃范围（C_5～C_{11}）选择性，选择性顺序为H-ZSM-5（三维）＞H-MCM-22（二维）＞H-ZSM-23（一维）。在CO_2加氢生产液体燃料过程中，控制酸度对于实现高选择性产品也至关重要。它可以通过调整沸石的SiO_2与Al_2O_3的比例来获得，沸石的酸度与Si和Al比值成正比。此外，还可以通过将沸石与其他金属离子交换来调节表面酸度。例如，Guo等人[37]通过与各种离子（NH_4^+、K^+、Na^+、Mg^{2+}、Cu^{2+}、Cs^{2+}、La^{3+}、Ce^{2+}、Mn^{2+}）交换调节Fe/C-ZSM-5沸石催化剂中沸石的表面性质。结果表明，用K^+改性催化剂有效地降低了表面酸度，提高了C_{5+}烃的选择性，从而改善了液体燃料的质量。此外，Liu等人[38]评估了早期湿度浸渍（IWI）和离子交换（IE）的预处理方法在共沸石催化剂中的碱金属促进效果。结果表明，这两种方法对产品选择性有不同的影响。前一种方法通过增加Si和Al比值提升对烯烃和C_{5+}产物的选择性。大量文献表明，CO_2加

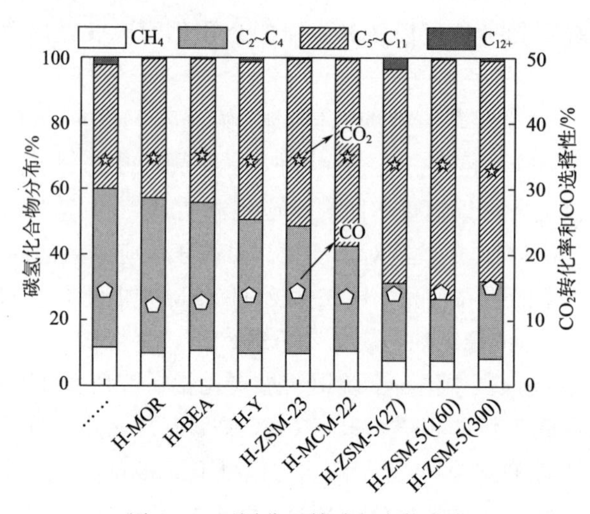

图6.6 不同分子筛碳氢产物分布

［反应条件$H_2/CO_2=3$、$T=320$℃、3000kPa以及4000mL/(g催化剂·h)[36]，图中左下角……表示无分子筛，催化剂为单独Na-Fe_3O_4］

氢直接转化为汽油的机理需要在可承受的反应参数下加入双功能催化剂（同时具有 RWGS 和 FTS 催化功能）。金属改性沸石（尤其是 H-ZSM-5 相关拓扑结构）在转化率、选择性和稳定性方面表现出优异的催化性能。然而，关于活性金属颗粒与沸石中心之间的相对平衡、金属颗粒在沸石内部骨架中的位置以及沸石制备条件的影响等方面的研究仍然不多。基于铁改性沸石的结构化催化剂正被开发出来以解决一些面临的挑战，因此在这一方向上的进一步研究是必要的[39]。

与其他金属材料相比，氧化铝对于大多数加氢反应是优异的催化剂载体，因为它改善了金属纳米粒子的分散和活性位的密度。当比较未负载和氧化铝负载的 Fe-Cu-K 时，C_{5+} 烃的选择性也有所增加，而甲烷的选择性保持不变[6]。这是因为调控的金属-载体化学相互作用加速了金属催化剂的界面氧化过程，并且很大程度上受比表面积和表面活性中心浓度的影响。Xie 等人[40] 通过氧化铝表面的酸性-碱性羟基改变了铁基催化剂的粒径和分散度，提高了 CO_2 转化率和 C_{5+} 选择性。Brübach 等人[41] 通过浸渍法制备了负载在氧化铝（γ-Al_2O_3）上的 Fe/K@γ-Al_2O_3 催化剂，对其催化活性进行评估，对 C_{5+}（不含 CO）的摩尔分数选择性为 63%，包含 CO 后对 C_{5+}（含 CO）的摩尔分数选择性则降低为 57%。

碳载体（如活性炭、有序介孔碳、碳纳米管和纳米纤维、膨胀石墨、石墨烯等）由于其惰性、高热导率、高碳化温度、与分散的铁活性中心的低相互作用、可调的多孔结构和表面化学性质，与金属氧化物或沸石相比是一种有竞争力的载体[42]。然而，金属与碳的弱相互作用往往导致金属烧结，故要求用官能团修饰碳表面，以增加铁活性中心的分散性和稳定性。在碳的特定形貌和结构中，碳-铁的亲密性是形成合适尺寸的分散良好的碳化铁的关键。从这个意义上说，碳纳米管可以将铁物种寄存在有组织的孔道中，由于活性中心的更好分散和阻碍烧结，相对于非受限（表面）铁中心表现出更好的性能。Dai 等人[43] 报道了一种高分散、可还原的 K 修饰 Fe 基催化剂共浸渍在碳纳米管（CNTs）上作为金属氧化物和沸石的替代载体，Fe-0.3K/CNT 催化剂促进了碳纳米管曲面上的铁碳相互作用。在 300℃、2000kPa、$H_2/CO_2=3:1$ 和空速为 4.0L/(g 催化剂·h) 的条件下，CO_2 直接转化为 C_{5+} 烃表现良好。Hwang 等人[44] 还设计了除了铁以外不同的催化剂用于 CO_2 直接加氢制液体燃料。通过将 Fe-K 相负载在含氮配位的单钴原子的（介孔二氧化硅模板化）氮掺杂碳（NC）上，制备了双金属 Fe-Co 催化剂如图 6.7(a)。结果表明，Fe-Co 原子合金催化剂（FeK/Co-NC）具有较高的 CO_2 转化率（55%）和 C_{5+} 选择性（42%），如图 6.7(b)。

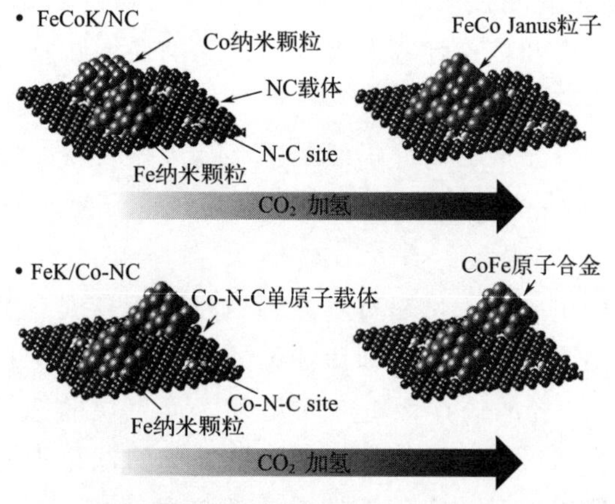

(a) CO_2加氢后FeCoK/NC和FeK/Co-NC催化剂的结构研究

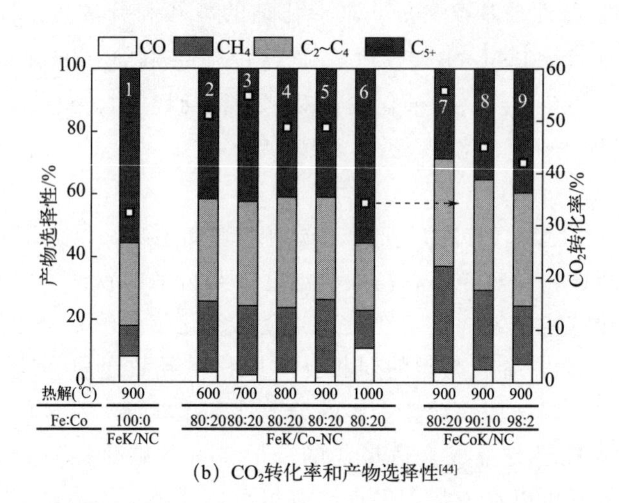

(b) CO_2转化率和产物选择性[44]

图 6.7 双金属 Fe-Co 催化剂的研究

TiO_2 是另一种具有高化学稳定性和热稳定性的 CO_2 加氢载体。虽然使用 TiO_2 载体，C_{5+} 选择性提高了，但是它对于 CO_2 转化率不利。TiO_2 为活性金属中心提供了一个较高的还原性平台，因此对甲烷的选择性较低。同时 TiO_2 与可还原氧化物载体的相互作用产生了具有 SMSI 的温和 Lewis 酸低价氧化物，由于本征的表面特异性催化活性，这种酸性特性增加了转化频率（TOF）和 C_{5+} 选择性[45]。以上针对 FTS 路线的直接 CO_2 加氢制汽油催化剂的种类、常用载体进行的总结，为研究者们开发新型催化剂提供参考，同时为通过甲醇路线制汽油催化剂的设计提供解决思路。

6.2.2 甲醇路线的双功能催化剂

在缓解能源短缺之后，将 CO_2 转化为燃料对于应对全球气候变化具有重要意义。然而，与传统的 FTS 相比，通过改良的 FTS 将 CO_2 加氢为高附加值碳氢化合物更具挑战性，因为 CO_2、CO 和其他中间体在活性位上有竞争性吸附[15]。通过 CO_2-甲醇-烃/化学物质进行 CO_2 加氢，其中甲醇是后期 C—C 偶联反应的关键中间产物[46]。以甲醇为中间体为间接 CO_2 加氢制烃提供了替代方案，这可能使产物不受 ASF 分布的限制，并产生更多低碳烯烃[33]。还可通过甲醇介导的反应实现 CO_2 直接转化为烃类化合物。在甲醇化方法中，通过由甲醇合成催化剂和沸石组成的混合催化剂进行烃合成，这有利于产生所需的 C_{5+} 产品。通常，CO_2 和 H_2 在活性金属中心的催化剂上反应以合成甲醇，所述甲醇随后在沸石催化剂上转化为烃。碳氢化合物在混合催化剂上的分布在很大程度上取决于沸石，这影响 CO_2 加氢速率和所需的碳氢化合物产率。迄今为止，不少研究工作探索了通过甲醇中间体直接合成汽油的有效途径，例如 Li 等人报道的 CO_2 活化加氢制汽油的示意图如图 6.8 所示[47]。

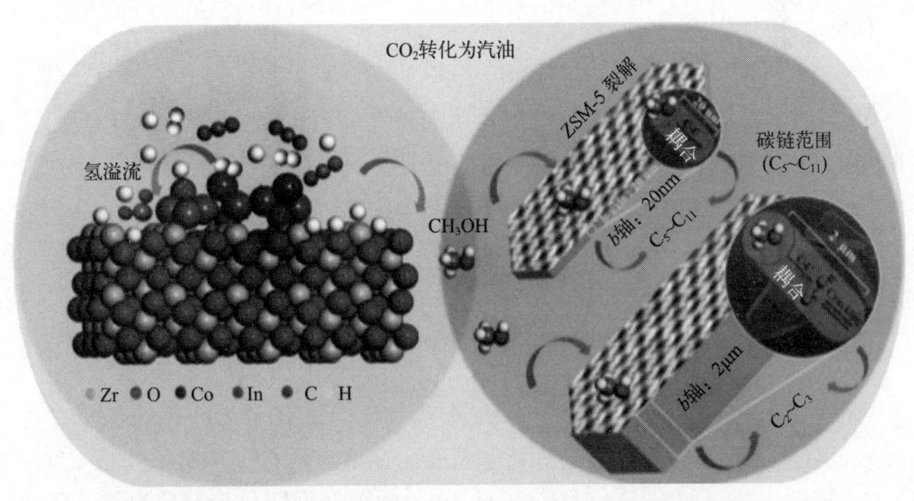

图 6.8 Li 等人报道的 CO_2 活化加氢制汽油的示意[47]

6.2.2.1 不同阶段反应

Szczygieł 等人[48] 以特定比例的 CO_2-H_2 混合物代替合成气（CO-H_2）作为生产碳氢燃料的原料对 MTG 工艺进行了改进。通过对改进工艺的动力学-热力学的评估，确定了最佳工艺条件，并与经典 MTG 工艺进行了比较，评价了改进工艺的有效性。在热力学分析的基础上，确定了体系的平衡组成，计算了反应区域的焓（ΔH）、自由能（ΔG）和平衡常数，确定了不存在热力学障碍的区域。综合考虑各个阶段的反应，提出了最佳工艺条件。

第一阶段：用 CO_2 和 H_2 合成 CH_3OH 和 CH_3OCH_3。

$$CO_2+3H_2 \rightleftharpoons CH_3OH+H_2O \quad (\Delta H_{298K}=-40.9kJ/mol) \tag{6.1}$$

$$CO_2+H_2 \rightleftharpoons CO+H_2O \quad (\Delta H_{298K}=41kJ/mol) \tag{6.2}$$

$$2CH_3OH \rightleftharpoons CH_3OCH_3+H_2O \quad (\Delta H_{298K}=-23.5kJ/mol) \tag{6.3}$$

第二阶段：将 CH_3OH、CH_3OCH_3 和水的平衡混合物转化为轻质烯烃，在此工艺条件下，CH_3OH、CH_3OCH_3 和水的平衡混合物可按反应式（6.4）～式（6.10）转化为轻质烯烃。

$$CH_3OCH_3 \longrightarrow C_2H_4+H_2O \tag{6.4}$$

$$CH_3OCH_3+H_2O \rightleftharpoons 2CH_3OH \tag{6.5}$$

$$2CH_3OH \longrightarrow C_2H_4+2H_2O \tag{6.6}$$

$$3CH_3OH \longrightarrow C_3H_6+3H_2O \tag{6.7}$$

$$4CH_3OH \longrightarrow C_4H_8+4H_2O \tag{6.8}$$

$$5CH_3OH \longrightarrow C_5H_{10}+5H_2O \tag{6.9}$$

$$6CH_3OH \longrightarrow C_6H_{12}+6H_2O \tag{6.10}$$

总反应：

$$nCH_3OH \longrightarrow (CH_2)_n+nH_2O \tag{6.11}$$

第三阶段：这一阶段考虑烯烃加氢为石蜡［式（6.12）～式（6.16）］，它生成低碳饱和烃的混合物，形成汽油。

$$C_2H_4+H_2 \longrightarrow C_2H_6 \tag{6.12}$$

$$C_3H_6+H_2 \longrightarrow C_3H_8 \tag{6.13}$$

$$C_4H_8+H_2 \longrightarrow C_4H_{10} \tag{6.14}$$

$$C_5H_{10}+H_2 \longrightarrow C_5H_{12} \tag{6.15}$$

$$C_6H_{12}+H_2 \longrightarrow CH_{14} \tag{6.16}$$

对改进的 MTG 工艺的热力学分析表明，用 CO_2 代替 CO 作为原料是潜在可行的。对反应的三个阶段分别进行了独立的评估：从 CO_2 和 H_2 合成 CH_3OH 和 CH_3OCH_3；将 CH_3OH、CH_3OCH_3 和水的混合物转化为轻质烯烃；将烯烃（C_2～C_6）加氢为石蜡混合物，即汽油，证明了这三个阶段的能量屏障都不排除（从技术上来说）发生这种情况的可能性。同时受利用大气中 CO_2 概念的启发，改进的工艺虽然效果较差（转化率和二甲醚产率较低），但从热力学角度来看也是可行的。尽管在所测温度范围内，第一级反应［式（6.1）和式（6.2）热反应］的 Gibbs 自由能均大于 0，但低值并不排除（从技术上讲）这些反应发生的可能性。因此，以略高的能源消耗、较低的工艺效率和较高的氢气需求为代价，利用CO_2和最大限度地减少温室效应也有可能，关键是选择一种好的催化剂。

6.2.2.2 CO_2加氢双路线制汽油

通过将甲醇合成催化剂和MTH沸石结合，实现CO_2加氢转化为甲醇的路线。

(1) CO_2加氢制甲醇

通过甲醇路线时CO_2与H_2反应放热（$\Delta_f H_{298K}=-49kJ/mol$）。因此，较低的反应温度和较高的反应压力有利于甲醇的合成。然而，CO_2在热力学上稳定，需要更高能量来激活。因此，获得高选择性的CO_2转化率和甲醇产物的合成仍然具有挑战性。

从20世纪20年代开始，德国巴斯夫公司开始工业规模地从合成气中生产甲醇，$Cu/ZnO/Al_2O_3$催化剂体系用于在约6000kPa和250℃的条件下合成甲醇，在工业上已经被广泛研究了40多年[49]。作为一种替代原料，用CO_2代替CO被认为是甲醇生产中CO_2利用的有效途径。与合成气合成甲醇不同，CO_2直接加氢不可避免地会生成水蒸气，水蒸气对反应有强烈的抑制作用，导致催化剂严重失活。此外，CO_2加氢过程中还会生成其他副产物，如CO和烃类。因此，需要一种高效的催化剂来提高甲醇合成的催化稳定性，避免产生低价值的副产物，这就需要不断优化催化剂体系或开发新的催化剂体系。

在将CO_2和H_2转化为甲醇的过程中，人们对各种多相催化剂进行了评价。甲醇催化剂一般可分为三类：a. 铜基催化剂，主要是CO_2加氢改性甲醇催化剂，Cu物种构成催化体系的主要活性组分；b. 以Pd、Pt等贵金属为活性组分的催化剂；c. 富含氧缺陷的金属氧化物，如In_2O_3/ZrO_2催化体系[50]，这类催化剂的反应机理不同于上述两类催化体系。

① Cu基催化剂

催化剂对甲醇的选择性、催化活性和稳定性均较低，纯铜不能有效地催化CO_2合成甲醇，合适的载体不仅影响催化剂活性相的形成和稳定，而且还能调节主组分与助剂之间的相互作用。无论是作为工业上的CO_2加氢制甲醇催化剂，还是作为理论研究的模型催化剂，Cu/ZnO及其改性催化剂是当前研究的热点[51]。其主要原因是ZnO能改善铜的分散性和稳定性，ZnO中的晶格氧空位和电子对对甲醇合成具有活性[52]。在Tisseraud的最新研究中也出现了类似的结论，他设计了一种核壳型$Cu@ZnO_x$催化剂，该催化剂允许最大限度地增加Cu-ZnO接触，并有利于Zn向Cu中的大量扩散，从而用缺氧的$Cu_xZn_{1-x}O_y$甲醇活性相覆盖金属Cu表面[53]。Lunkenbein等人[54]利用电子束热刺激将工业Cu/ZnO催化剂结构经还原活化后转变为亚稳态“类石墨”ZnO包围的Cu NPs。

通过与下方缺陷弯曲的 Cu 表面相互作用使 GL（类石墨）ZnO 动力学稳定。缺陷对 ZnO 覆盖层的稳定性起着关键作用，并可能导致某些 ZnO_x 物种在甲醇合成中起助作用，说明在还原和评价过程中，Zn 向 Cu 表面的迁移与稳定的 Cu-ZnO 界面和 Cu-ZnO_x 活性中心的形成密切相关。Huang 等人[55] 利用微波辅助程序开发了一系列 CuO/ZnO/ZrO_2。表征结果表明，用 ZrO_2 载体对 CuO/ZnO 进行改性后，Cu 粒子的分散度和比表面积显著增加。在 240℃和 3000kPa 压力下进行催化反应，ZrO_2 的掺入显著提高了 CO_2 转化率和 CH_3OH 选择性。研究结果表明，Cu 颗粒的总加氢活性取决于 Cu 颗粒的比表面积，比表面积越小，CO_2 加氢性能越差。Toyir 等人[56] 发现 Ga_2O_3 的促进作用与 Ga_2O_3 颗粒大小密切相关，较小的 Ga_2O_3 颗粒有利于 Cu^+ 的形成。提出在 Cu/ZnO 催化剂前驱体中引入 Ga^{3+}，通过建立 ZnO-MGa_2O_4（M＝Zn 或 Cu）电子异质结促进 ZnO 深度还原为 Zn，还原后的 Zn^0 与 Cu 纳米颗粒接触可形成 CuZn 双金属物种。因此，Ga^{3+} 的掺杂促进了界面处 CuZn 双金属活性相的形成，从而提高了催化剂的活性和对甲醇的选择性[57]。

② 贵金属催化剂

在贵金属系列中，Pd 基催化剂因其对 CO_2 加氢制甲醇具有较高的活性和选择性而成为最常用的催化剂，但其催化性能仅依赖于载体化合物或金属改性剂的性质。Collins 等人[58] 在不同的条件下使用负载的 Pd-Ga 材料，研究发现，溢流现象修饰增强了 H_2 的活化。同样地，加入 SiO_2 载体后，CH_3OH 的产量由原来的 17%提高到 62%。从本质上讲，SiO_2 材料增强了 Pd-Ga 相互作用。Pt 在加氢反应中具有活性，也被研究用于由 CO_2 和 H_2 合成甲醇。加入添加剂和增加 Pt 的分散度可以提高催化剂的催化性能。Shao 等人[59] 报道了用双金属羰基氢化物配合物制备的 SiO_2 负载的 Pt-W 和 Pt-Cr 双金属催化剂在合成甲醇时表现出很高的选择性和很长的寿命。W 和 Cr 作为添加剂与 Pt 相互作用，抑制 Pt 的烧结，并提供活性的双金属系综位，这是 Pt 的高活性和甲醇高选择性的主要原因。Ag 催化剂在 CO_2 加氢合成甲醇中的研究相对较少，一般来说，Ag 在催化剂中用作助剂，在 CO_2 加氢制甲醇中发挥关键作用[60]。Grabowski 等人[61] 研究了 Ag/ZrO_2 和 Ag/ZrO_2/ZnO 催化剂中的多晶型 ZrO_2 相和 Ag 电子态 ZrO_2 亚层中存在的氧空位稳定了热力学不稳定的 t-ZrO_2 相和阳离子 Ag^+，它们充当甲醇合成的活性相。甲醇形成速率随着 t-ZrO_2 相和 Ag^+ 含量的增加而增加。

③ In_2O_3 基催化剂

近年来，In_2O_3 和 In_2O_3 基催化剂已成为 CO_2 加氢制甲醇的优选催化剂之一，具有工业应用前景。Ye 等人通过 DFT 计算证明了 In_2O_3(110) 表面上的氧空位有助于 CO_2 活化和加氢，并稳定了参与甲醇形成的关键中间体[62]。Sun 等人[63] 证实 In_2O_3 催化剂对于 CO_2 加氢制甲醇具有较好的活性。Frei 等人[64] 通过实验确定了 CO_2 加氢制甲醇的表观活化能低于本体 In_2O_3 反应的表观活化能，这与理论上观察到的高甲醇选择性一致。Tsoukalou [65]及其同事通过原位 XAS-XRD（X 射线吸收光谱-X 射线粉末衍射）探究了 In_2O_3 纳米粒子的结构随时间的变化，结果表明 In_2O_{3-x} 是活性相，而催化剂失活是由于 In^0 的形成。Dang 等人设计了一种性能更高的 In_2O_3 纳米催化剂用于 CO_2 加氢制甲醇[66]。他们首先进行了大量的 DFT 计算，以建立 In_2O_3 催化剂在 CO_2 过程中的催化机制，确定首选途径和决速步骤，使 CO_2 加氢为甲醇和 CO。计算结果表明，六方相 In_2O_3(104) 表面在反应活性和选择性方面具有最好的催化性能。根据计算结果，作者制备了不同形貌的纯立方相 In_2O_3 和六方相 In_2O_3 纳米颗粒，并评估了它们在 CO_2 加氢制甲醇中的性能。实验结果表明，由于 In_2O_3 纳米粒子的不同相和暴露面，其催化性能与 In_2O_3 纳米粒子的形状有关。具有高比例暴露(104) 表面的六方相 In_2O_3 纳米材料显示出最高的活性和甲醇选择性以及高催化稳定性，证实了理论预测。这项工作为甲醇合成高效催化剂的计算机辅助合理设计开辟新途径。Akkharaphatthawon 等人[67] 研究发现，通过调节 Ga 与 In 比，可以改变 $Ga_xIn_{2-x}O_3$ 催化剂的物相、结晶度、孔结构、形貌、电子性质以及吸附性能。在 $x=0.4$($Ga_{0.4}In_{1.6}O_3$) 的 In_2O_3 晶格中掺入 Ga 后，甲醇产率在 340～360℃之间达到最大值，这是由于催化剂表面 CO_2 和 H_2 的结合能增加所致。

(2) MTG 反应

CO_2 加氢制汽油首先是 CO_2 加氢转变成甲醇，然后经过 MTG 反应进一步合成高价值汽油。

MTG 反应机理从被发现以来已经研究 40 多年，目前普遍获得认可的反应过程主要包括 3 个过程：a. 甲醇通过脱水生成二甲醚；b. 甲醇、二甲醚、水混合平衡混合物进一步脱水产生低碳烯烃；c. 低碳烯烃通过低聚、异构化、烷基化、芳构化、环化和氢转移进一步产生高碳烯烃、异构烷烃等汽油组分。同时烃基池机理已经被大量的实验证实，获得广泛认可(图 6.9)[32]。MTG 技术研究与开发仍有很大的空间，催化剂的研究是目前重点解决的问题。

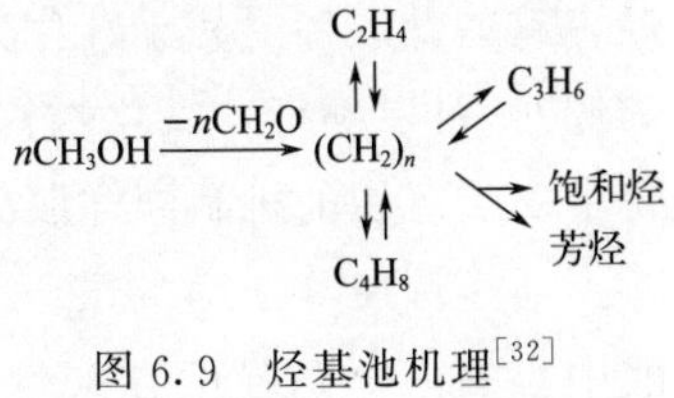

C_2H_4 ⇅ ; $nCH_3OH \xrightarrow{-nCH_2O} (CH_2)_n$ ⇄ C_3H_6 ; → 饱和烃 芳烃 ; ⇅ C_4H_8

图 6.9 烃基池机理[32]

① MTG 工艺发展

20 世纪 70 年代初 H-ZSM-5 的合成，以及美孚研究人员发现其独特的催化性能，引起了工业界和学术界的极大兴趣。在1973年和1979年的第一次和第二次石油危机中，启动了开发计划，包括甲醇制汽油（MTG）合成的实验室规模和中试规模示范[68]。除了固定床工艺外，还开发了流化床工艺，此工艺具有良好的温度控制和催化剂连续再生的优点，并在新泽西州Paulsboro和1981—1984年间在德国Wesseling分别以4桶/天（1桶=159L）和100桶/天规模进行了试验[69]。与FTS工艺相比，MTG提供高质量的汽油，几乎不需要额外的加工。FTS工艺的产物包括广泛的链烃（大多数链烃含有20个以上的碳原子），而MTG工艺生产的汽油是含有5～10个碳原子的碳氢化合物的混合物[70]。沸石催化剂的行为取决于其形状选择性、尺寸结构、稳定性和酸性性质，以及在控制条件下改性的可能性[71]。文献资料表明，中孔沸石/微孔材料生成C_5～C_{11}烃类，而小孔分子筛生成C_2～C_4烃类，人们不仅在中孔分子筛上，而且在小孔分子筛上对甲醇选择性合成低碳烯烃进行了大量的尝试。采用了一系列的催化剂，特别是ZSM-5（MTG定向）和SAPO-34分子筛（MTO定向）。

② 沸石在MTG反应中应用

沸石作为一种催化剂在石油化工中的应用具有良好的前景。这些多孔材料由于其独特的孔结构为择形反应的建立提供了合适的受限空间。然而，通过改变沸石的孔径或酸性中心的强度和分布来改善催化剂对所需产物的选择性仍然是一个挑战[72]。ZSM-5催化剂其合适的孔道结构、孔道内外表面的酸性中心作为催化活性中心在众多催化剂中备受关注。目前通过对该分子筛改性来提高汽油的收率[32,73]。Zaidi等人[74]通过将ZnO、CuO或复合CuO-ZnO掺入到母体H-ZSM-5材料中对催化剂进行了改性。虽然催化剂孔体积几乎保持相同，但ZnO/H-ZSM-5、CuO/H-ZSM-5和CuO/ZnO/H-ZSM-5的比表面积分别从$290m^2/g$减小到$244m^2/g$、$255m^2/g$和$241m^2/g$。用氧化物进行改性增强了催化剂随时间失活的抵抗力，并影响了转化率和产物分布。在没有改性的情况下，转化率为38%，但对于改性沸石催化剂，转化率增加到97%。尽管检测到链烷烃和C_{5+}烯烃，但芳香族物质的产量随着改性而增加。对于母体H-ZSM-5芳烃的选择性为21%，但对于ZnO/H-ZSM-5、CuO/ZnO/H-ZSM-5和CuO/H-ZSM-5，芳烃选择性增加到67%、69%和77%（如图6.10）。其反应机理由两个关键步骤组成：第一阶段，甲醇脱水成二甲醚；而在第二级阶段，平衡混合物会产生低碳烯烃，这些低碳烯烃易于转化为更高级的烃类产品（链烷烃和芳烃，甚至更高级的烯烃）。可以确定，氧化物掺杂的催化剂有利于偶联和环化反应。MTG反应过程中焦炭沉积的机制同样取决于沸石拓扑结构。

通过调控分子筛的酸性可以进一步提高汽油的选择性，Brønsted或Lewis酸中心的密度和强度在酸性依赖的MTG过程中起着重要的作用。Bjørgen等

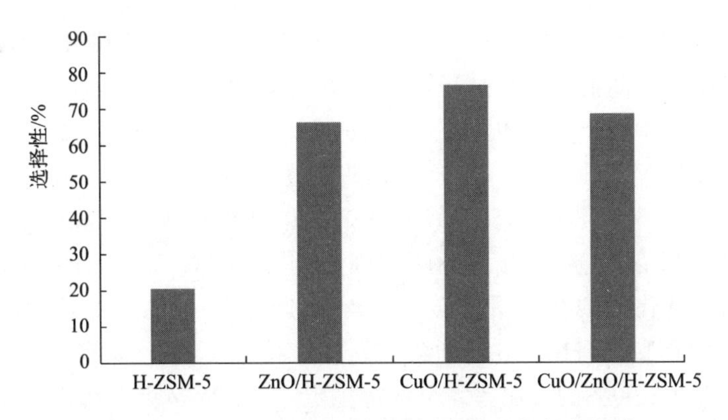

图 6.10 H-ZSM-5 催化剂改性对芳烃选择性的影响

(反应条件为 400℃和 100kPa)[74]

人[75] 报道了提高 H-ZSM-5 沸石酸度，用 0.05～0.20mol NaOH 脱硅，以提高催化活性。结果表明，脱硅最严重的催化剂具有最佳转化率，比未处理的催化剂稳定 3.3 倍。另一方面，由于氢转移反应速率的加快，对汽油烃类的总选择性增加了 1.7 倍。最近，Lee 等人[76] 表明，通过成功掺入 Al 或 Fe 物种来控制酸强度对 H-ZSM-5 沸石有利。与仅含 Al 或 Fe 的催化剂相比，这些物种共同存在的催化剂产生了显著的 Brønsted 酸位点强度。在 500℃下，转化率为 100%时，其对汽油烃的选择性远高于其他催化剂。结果表明，较强的 Brønsted 酸位点有利于 MTG 反应。

被称为“介孔沸石”的多级沸石最近作为催化许多反应的催化剂引起了关注。最近的研究表明，与传统沸石相比，多级沸石在 MTG 反应过程中表现出良好的活性、选择性和稳定性[77]。Wan 等人[78] 采用了 0.18mL/g 中孔体积的多级 H-ZSM-5 催化剂，并将其与中孔体积为 0.03mL/g 的传统 H-ZSM-5 催化剂的性能进行了比较。MTG 反应在 350℃、WHSV 1.2h^{-1} 和 11000kPa 下进行，持续 24h。多级催化剂的甲醇转化率为 99.6%，而传统催化剂的甲醇转化率为 89.7%。同样，多级催化剂对汽油范围碳氢化合物（即石蜡和芳烃）的选择性为 58.9%，而传统催化剂为 28.4%。分层 H-ZSM-5 催化剂的较大中孔体积改善了反应物和产物的扩散，从而提高了对所需反应产物的选择性。焦炭分析显示，常规 H-ZSM-5 在 24h 后含有 7%（质量分数）的碳质沉积物，而多级催化剂含有 1.7%（质量分数）[79]。因此，多级催化剂更能抵抗焦化失活。Fathi 等人[80] 通过将常规 H-ZSM-5 催化剂与 0.1mol NaOH 在 75℃下处理 3h 制备了多级 H-ZSM-5 催化剂。常规和多级 H-ZSM-5 催化剂分别具有 0.126mL/g 和 0.101mL/g 的中孔体积，在 400℃和 28h 下对它们在 MTG 反应中的表现进行了评价，虽然两种催化剂在反应的前 1h 产生了相似的 95%甲醇转化率，但稳定性有差异。传统催化剂的转化率在10h内降至50%，而多级催化剂的转化率为70%，后者随着时间的推移更加稳定。同样，多级催化剂对汽油系列碳氢化合物的选择性为42%，而传统催化剂的选择性为21%。Ni等人[81]的工作采用了一种分层Zn/H-ZSM-5催化剂，该催化剂是通过在80℃下用0.3mol NaOH处理常规Zn/H-ZSM-5催化剂2h。多级催化剂的中孔体积为0.17mL/g，而传统催化剂的中孔体积为0.04mL/g。对两种催化剂在MTG反应中的表现进行了评价，尽管两种催化剂的初始甲醇转化率均为100%，但稳定性随时间的变化不同。10h后，常规Zn/H-ZSM-5催化剂转化率降至55%，而多级Zn/H-ZSM-5催化剂在30h下100%的转化率完全保持稳定，10h后多级催化剂对汽油范围碳氢化合物的选择性为54%，而常规催化剂为25%。因此，多级催化剂更具活性、选择性和稳定性。根据Cheng等人[82]的说法，分层沸石中增强的介孔率通过阻止焦炭形成的机会来延长催化剂寿命（即稳定性），它同样确保了C_{5+}的无限制扩散孔内的碳氢化合物，从而提高其选择性。另一方面，常规沸石的孔隙比较容易被焦炭堵塞，这降低了C_{5+}碳氢化合物的选择性并触发催化剂快速失活。

以上的研究表明，通过改变ZSM-5分子筛形貌、尺寸大小，以及在分子筛骨架中引入其他元素或者是其他元素通过离子交换调节分子筛的物理化学性质明显提高其催化活性、效率以及耐久性能。

(3) 双功能催化剂的研究

以CO_2加氢制取汽油燃料为目的，采用合成甲醇催化剂和典型MTG催化剂组成的催化剂体系，通过甲醇路线的双功能催化剂将CO_2变废为宝转变成汽油能源储存起来，同时也解决了CO_2排放带来的环境和能源问题。使用这种甲醇介导的路线为CO_2间接加氢制汽油提供了一种替代方法。Fujiwara等人[83]研究了Cu-Zn-Cr-氧化物/沸石复合催化剂体系的CO_2加氢性能，发现Cu-Zn-Cr/HY催化剂在400℃、500kPa、$H_2/CO_2=3$和3000mL/(g·h)条件下的CO_2转化率和烃类选择性分别为39.9%和12%，C_{2+}烃类选择性高达95.8%。此外，还证实了MTG反应和甲醇分解成CO控制了C_{2+}烃的生成。

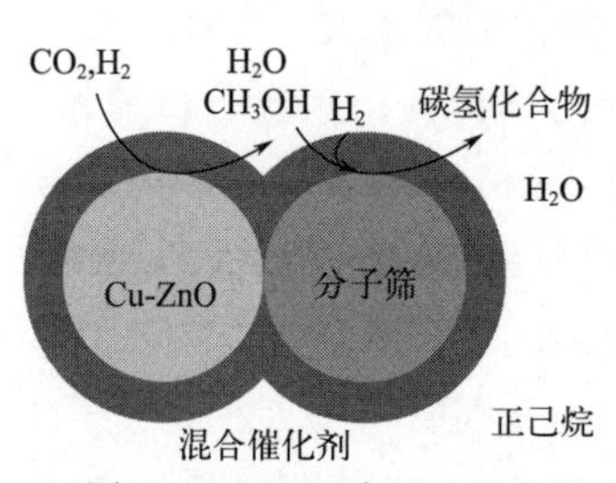

图6.11 CO_2在Cu-ZnO/ZSM-5加氢反应[86]

众所周知，甲醇和二甲醚可以在Cu-ZnO基催化剂上由CO_2和H_2催化合成，但由于热力学限制，这些反应表现出低的CO_2转化率[84,85]。然而，大烃分子如汽油馏分可以在转化率相对较高的沸石催化剂上由甲醇和二甲醚选择性地生成[66,71,72]。此外，平衡计算还证实，与甲醇和二甲醚相比，大烃分子的产生有利于CO_2转化率的显著提高（如图6.11）。因此，采用由甲醇合成催化剂和沸石组成的混合催化剂直接从 CO_2 中制取 C_{5+} 烃具有重要应用前景。Song 等人[86] 采用 Cu-ZnO 制甲醇催化剂与 ZSM-5 分子筛将 224～355μm 的 Cu-ZnO 催化剂颗粒与 ZSM-5 沸石催化剂颗粒物理混合制备了复合催化剂，将 CO_2 转化为 C_{5+} 汽油烃，CO_2 转化率为 46.7%，C_{5+} 汽油烃的选择性为 48.3%。采用浸渍法制备了负载 Pd 的 ZSM-5 催化剂，可进一步提高 C_{5+} 烃的选择性。然而，仍然只能获得低产率的碳氢化合物，并且 CO 和 CH_4 是上述催化剂的主要产物。Ereña 等人[87] 发现合成汽油馏分高于由 Cr_2O_3-ZnO 和 ZSM-5 组成的双功能催化剂，对总烃的选择性为 36.1%，C_{5+} 选择性为 53.9%。受 In_2O_3 基 CO_2 加氢催化剂对甲醇的高选择性（约 100%）启发，Gao 等人[88] 报道了 In_2O_3/H-ZSM-5 双功能催化剂，在 CO_2 加氢直接生产汽油范围的碳氢化合物方面表现出优异的性能，C_{5+} 产物具有高选择性和显著的稳定性。在 340℃、3000kPa、$H_2/CO_2=3:1$、9000mL/(g·h) 的反应条件下，C_5～C_{11} 碳氢化合物选择性高达 80%，仅 1% CH_4，打破了 ASF 的限制。In_2O_3 表面的氧空位激活 CO_2 和 H_2 形成甲醇，随后在沸石孔隙内发生 C—C 偶联以产生汽油范围的碳氢化合物（如图 6.12）。参与甲醇合成的关键中间体在有缺陷的 In_2O_3 表面比在 Cu 表面更稳定，抑制了 CO 的形成。因此，与沸石集成的 In_2O_3 对 CO 的选择性（<45%）远低于传统的铜基催化剂（>90%）。DFT 计算表明，CO_2 首先吸附在 In_2O_3 上的氧空位上，活性中心不是金属相。

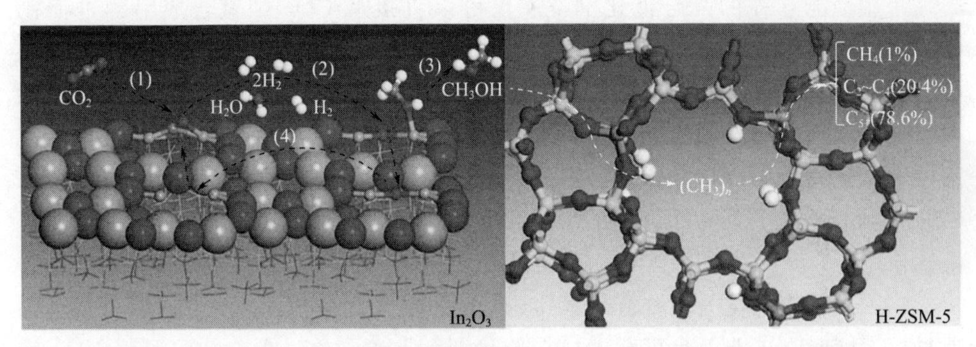

图 6.12 In_2O_3/H-ZSM-5 双功能催化剂上 CO_2 加氢制烃的分子机理[88]

Wang 等人[7] 通过 TPABr 溶液处理的金属氧化物（Fe-ZnZr-T）和 H-ZSM-5 的组合制备了一种新型催化剂，用于 CO_2 加氢过程以生产高质量的液态烃燃料。借助水热预处理，金属氧化物中的 Zn 和 TPABr 溶液中的 Br 在催化剂中富集，导致氧空位数量增加。因此，由于催化剂的表面性质，H_2 和 CO_2 的吸附比显著增加，从而提高了 $HCOO^*$ 物种的吸附速率和 CH_3O^* 物种的解吸强度，有利于长链烃的形成。随着 Fe 与 Zn-Zr 摩尔比的降低，$HCOO^*$ 和 CH_3O^* 物质的含量急剧增加，导致所得催化剂（Fe-ZnZr-T@H-ZSM-5）对 C_{5+} 烃的选择性更高，CO_2 转化率为 18%，C_{5+} 烃中的异烷烃的选择性最高可达 3%。

采用金属氧化物/ZSM-5 串联催化剂，通过甲醇路线催化 CO_2 加氢制汽油，降低 CO_2 对全球气候变化的有害影响，减少对化石燃料的依赖，已引起人们的广泛关注。在 ZSM-5 分子筛上，C_{5+} 分子更倾向于通过直通道，在直通道上酸位点可能会发生副反应，导致孔堵塞而使催化剂失活。因此，ZSM-5 沿直通道即 B 轴方向的厚度对控制产物分布和催化剂寿命至关重要。Li 等人[47] 可控地合成了不同厚度（2nm～2μm）的 H-ZSM-5 纳米片，并与 In_2O_3/ZrO_2 复合作为 CO_2 加氢制汽油的串联催化剂。In_2O_3-ZrO_2/H-ZSM-5 中，厚度为 20nm 的 In_2O_3-ZrO_2/H-ZSM-5 在类似转化率条件下对 C_{5+} 烃的选择性最高，反应 150h 后未失活，积炭量较 2μm 的 In_2O_3-ZrO_2/H-ZSM-5 少。比较活性测试和表征结果表明，适当长度的直通道有利于短链分子聚合生成 C_{5+} 烃，同时防止长链烃在酸性中心裂解。在最佳组成的串联催化剂中加入适量的 Co 可以进一步提高 CO_2 转化率，C_{5+} 选择性略有提高。这可以归因于 Co 诱导的氢溢流来支持 ZrO_2，促进了关键中间体的形成及其后续加氢步骤。通过对通道长度、停留时间、酸度关系和助剂效应的研究，为设计有效的、抗积炭的 CO_2 制汽油串联催化剂提供了新的思路。

采用性能互补的复合催化剂，不仅可以直接从 CO_2 加氢合成甲醇进而制 C_{5+} 烃，而且可以实现较高的 CO_2 转化率，为 CO_2 通过甲醇路径制得汽油提供可行的路径。如上所述，双功能催化剂将 CO_2 活化和 C—C 偶联分离到两种性质互补和相容的活性中心上。在 CO_2 加氢过程中，CO_2 在铜基催化剂或具有氧空位的氧化物表面活化并加氢为甲醇中间体，而 C—C 偶联控制在沸石孔道内。CO_2 的活化机理、反应中间体的形成和 C—C 精准偶联的规律、两个活性位点的协同作用机理以及失活行为等，即使最近已有相关研究，仍需进一步阐明。

将二氧化碳转化为高价值化学品和燃料目前受到关注，因为它符合可持续发展目标，同时在工业上是可行的。在催化剂存在下，通过催化加氢可将 CO_2 转化为汽油。本章介绍两条 CO_2 加氢制汽油的途径，途径一：H_2 和 CO_2 代替合成气为原料的 Fisher-Tropsch 催化研究（即直接路线），利用早先报告的 RWGS 工艺将 CO_2 转化为 CO（即通过还原），生成的 CO 随后使用 FTS 技术转化为所需的碳氢化合物，两个步骤合并成一个反应方案，以实现从 CO_2 直接生产 C_{5+} 烃及其衍生物和芳烃。CO_2-FTS（即基于 CO_2 的费-托合成的间接路线）是近年来研究和工业领域的热点，也是本次讨论的主要目标，从经济和环境考虑的角度来看，这种选择更为可行。途径二：将用于 CO_2 加氢生成甲醇的催化剂与用于

MTG 的沸石相结合，可以实现将 CO_2 直接和高度选择性地转化为高附加值碳氢化合物。

未来 CO_2 加氢制汽油的研究主要集中于如何实现产业化，中国科学院大连化学物理研究所孙剑团队已经成功实现 CO_2 加氢制汽油的工业化示范，然而如何进一步推动其产业化还需产业界和科研界的协力攻关，将汽油燃烧产生的 CO_2 再回收利用加氢生成汽油，这个循环的意义重大。因此，通过以上两种途径将 CO_2 转化为汽油成为一种优异的 CO_2 利用方法，为工业发展应用提供参考。

6.3 CO_2 加氢制汽油工业化应用进展

随着人们生活水平的提高，工业化的迅速发展所带来的严峻问题正在影响人们的生存环境，根据现有数据统计 2023 年全球二氧化碳的排放量达到 374 亿吨，这将对人类生存环境带来巨大的影响。目前 CO_2 加氢制烃类化合物已取得进展，将温室气体 CO_2 转化为高价值能源，引起研究者的广泛兴趣。CO_2 加氢制汽油解决能源消耗的同时还可中和 CO_2，故具有广阔的前景，本章针对二氧化碳加氢制汽油两条途径所需催化剂的研究为实现工业化替代传统石油工业路线提供了支撑。

CO_2 加氢制汽油已经实现工业化生产。在智利，世界著名跑车制造商保时捷、西门子能源和其他几家国际公司正在联合开发“Haru Oni”试点项目，并计划建造世界上第一个用于生产气候中性合成燃料的综合商业工厂，也称为 e-fuels（可再生电力合成燃料）。该项目采用埃克森美孚与中石化炼化工程集团联合开发的流化床甲醇制汽油（FMTG）工艺技术、美孚专利 FMTG 催化剂技术和中石化 FMTG 装置，实现合成精制甲醇绿色转化。该项目首先通过风能发电产生的电能，用于电解水制取绿氢，其次在空气中捕获 CO_2。将前两步产生的绿氢与 CO_2 混合经催化剂催化等得到绿色甲醇，最后经过 FMTG 合成汽油。目前，Haru Oni 项目一期示范装置规模庞大，每年可生产 130000 升合成汽油。项目总体规划分为两个阶段。第一阶段计划到 2025 年每年生产 5500 万升合成汽油。第二阶段计划到 2027 年每年生产超过 5.5 亿升合成汽油，几乎可以满足 100 万人驾驶汽车。尽管目前合成汽油的成本还十分高昂，但可以预期的是，新兴技术的高成本会随着技术发展而下降。

我国目前针对 CO_2 加氢转化为汽油也取得突破性进展，全球首套千吨级 CO_2 加氢制汽油装置开车成功。该技术已通过实验室小试、百克级单管评价试验、吨级催化剂大规模制备、中试工艺包设计等过程，于 2020 年在山东邹城工业园区建设完成了千吨级中试装置。装置各项投资累计超过 4000 万元，并陆续实现了投料试车、正式运行以及工业侧线数据优化，于2021年10月正式通过了由中国石油和化学工业联合会组织的连续72小时现场考核。2022年3月4日，由中国科学院大连化学物理研究所与珠海福沺能源科技有限公司联合研制的全球首个1000t/a二氧化碳加氢制汽油中试装置近日在山东邹城工业园一期启动取得成功，生产出符合国六标准的清洁汽油产品。该技术具有以下特点：所用催化剂为铁基催化剂，成本低；汽油馏分的单程收率高，C_5～C_{11}选择性高达78%，该指标创造了同类技术的最高水平；反应条件温和，反应压力为2000～3500kPa，床层温度为250～350℃，反应床造价成本低廉；二氧化碳消耗量大，生产1t汽油和0.5t轻烃，可消耗约6t二氧化碳；工艺流程与甲醇合成相似，反应产物进行常规分馏即可得到目标产品，工艺流程简短、操作方便。因此也适合甲醇、合成氨的改造以及富氢尾气的综合利用。目前，该团队已形成具有自主知识产权的二氧化碳加氢制汽油生产成套技术，为后续万吨级工业装置的运行提供了有力支撑。

该项目工业化的成功不仅可实现温室气体二氧化碳的资源化利用，还有利于可再生能源的储运，同时也为解决国家能源安全问题、实现“双碳”目标等提供新策略。

参考文献

[1] Ye R P，Ding J，Gong W，et al. CO_2 hydrogenation to high-value products via heterogeneous catalysis[J]. Nature Communications，2019，10：5698.

[2] Saeidi S，Najari S，Fazlollahi F，et al. Mechanisms and kinetics of CO_2 hydrogenation to value-added products：a detailed review on current status and future trends[J]. Renewable and Sustainable Energy Reviews，2017，80：1292-1311.

[3] Saeidi S，Najari S，Hessel V，et al. Recent advances in CO_2 hydrogenation to value-added products—current challenges and future directions[J]. Progress in Energy and Combustion Science，2021，85：100905.

[4] Aresta M，Dibenedetto A，Angelini A. Catalysis for the valorization of exhaust carbon：from CO_2 to chemicals，materials，and fuels. technological use of CO_2[J]. Chemical Reviews，2014，114：1709-1737.

[5] Zeng F，Mebrahtu C，Xi X，et al. Catalysts design for higher alcohols synthesis by CO_2 hydrogenation：trends and future perspectives[J]. Applied Catalysis B：Environmental，2021，291：120073.

[6] Suppiah D D，Daud W M A W，Johan M R. Supported metal oxide catalysts for CO_2 Fischer-Tropsch conversion to liquid fuels—a review[J]. Energy & Fuels，2021，35：17261-17278.

[7] Wang X，Zeng C，Gong N，et al. Effective suppression of CO selectivity for CO_2 hydrogenation to high-quality gasoline[J]. ACS Catalysis，2021，11：1528-1547.

[8] Ali S S, Ali S S, Tabassum N. A review on CO_2 hydrogenation to ethanol: reaction mechanism and experimental studies[J]. Journal of Environmental Chemical Engineering, 2022, 10: 106962.

[9] de Smit E, Weckhuysen B M. The renaissance of iron-based Fischer-Tropsch synthesis: on the multi-faceted catalyst deactivation behaviour[J]. Chemical Society Reviews, 2008, 37: 2758-2781.

[10] Ayodele O B. Eliminating reverse water gas shift reaction in CO_2 hydrogenation to primary oxygenates over MFI-type zeolite supported Cu/ZnO nanocatalysts[J]. Journal of CO_2 Utilization, 2017, 20: 368-377.

[11] Liu R J, Ma Z Q, Sears J D, et al. Identifying correlations in Fischer-Tropsch synthesis and CO_2 hydrogenation over Fe-based ZSM-5 catalysts[J]. Journal of CO_2 Utilization, 2020, 41: 101290.

[12] Rabelo-Neto R C, Almeida M P, Silveira E B, et al. CO_2 hydrogenation: selectivity control of CO versus CH_4 achieved using Na doping over Ru/m-ZrO_2 at low pressure[J]. Applied Catalysis B: Environmental, 2022, 315: 121533.

[13] Xu D, Wang Y, Ding M, et al. Advances in higher alcohol synthesis from CO_2 hydrogenation[J]. Chem, 2021, 7: 849-881.

[14] Liu J, Zhang G, Jiang X, et al. Insight into the role of Fe_5C_2 in CO_2 catalytic hydrogenation to hydrocarbons[J]. Catalysis Today, 2021, 371: 162-170.

[15] Li W, Wang H, Jiang X, et al. A short review of recent advances in CO_2 hydrogenation to hydrocarbons over heterogeneous catalysts[J]. RSC Advances, 2018, 8: 7651-7669.

[16] Visconti C G, Martinelli M, Falbo L, et al. CO_2 hydrogenation to hydrocarbons over Co and Fe-based Fischer-Tropsch catalysts[J]. Catalysis Today, 2016, 277: 161-170.

[17] Ra E C, Kim K Y, Kim E H, et al. Recycling carbon dioxide through catalytic hydrogenation: recent key developments and perspectives[J]. ACS Catalysis, 2020, 10: 11318-11345.

[18] Yao B, Xiao T, Makgae O A, et al. Transforming carbon dioxide into jet fuel using an organic combustion-synthesized Fe-Mn-K catalyst[J]. Nature Communications, 2020, 11: 6395.

[19] Amoyal M, Vidruk-Nehemya R, Landau M V, et al. Effect of potassium on the active phases of Fe catalysts for carbon dioxide conversion to liquid fuels through hydrogenation[J]. Journal of Catalysis, 2017, 348: 29-39.

[20] Kangvansura P, Chew L M, Kongmark C, et al. Effects of potassium and manganese promoters on nitrogen-doped carbon nanotube-supported iron catalysts for CO_2 hydrogenation[J]. Engineering, 2017, 3: 385-392.

[21] Wang X, Zhang J, Chen J, et al. Effect of preparation methods on the structure and catalytic performance of Fe-Zn/K catalysts for CO_2 hydrogenation to light olefins[J]. Chinese Journal of Chemical Engineering, 2018, 26: 761-767.

[22] Herranz T, Rojas S, Pérez-Alonso F J, et al. Hydrogenation of carbon oxides over promoted Fe-Mn catalysts prepared by the microemulsion methodology[J]. Applied Catalysis A: General, 2006, 311: 66-75.

[23] Choi Y H, Jang Y J, Park H, et al. Carbon dioxide Fischer-Tropsch synthesis: a new path to carbon-neutral fuels[J]. Applied Catalysis B: Environmental, 2017, 202: 605-610.

[24] Isaeva V I, Eliseev O L, Kazantsev R V, et al. Fischer-Tropsch synthesis over MOF-supported cobalt catalysts (Co@MIL-53 (Al)) [J]. Dalton Trans, 2016, 45: 12006-12014.

[25] Tarasov A L, Isaeva V I, Tkachenko O P, et al. Conversion of CO_2 into liquid hydrocarbons in the

presence of a Co-containing catalyst based on the microporous metal-organic framework MIL-53 (Al) [J]. Fuel Processing Technology，2018，176：101-106.

[26] Shi Z，Yang H，Gao P，et al. Effect of alkali metals on the performance of CoCu/TiO_2 catalysts for CO_2 hydrogenation to long-chain hydrocarbons [J]. Chinese Journal of Catalysis，2018，39：1294-1302.

[27] He Z，Cui M，Qian Q，et al. Synthesis of liquid fuel via direct hydrogenation of CO_2[J]. Proc Natl Acad Sci USA，2019，116：12654-12659.

[28] Martin N，Cirujano F G. Multifunctional heterogeneous catalysts for the tandem CO_2 hydrogenation-Fischer Tropsch synthesis of gasoline[J]. Journal of CO_2 Utilization，2022，65：102176.

[29] Owen R E，O'Byrne J P，Mattia D，et al. Cobalt catalysts for the conversion of CO_2 to light hydrocarbons at atmospheric pressure[J]. Chemical Communications，2013，49：11683-11685.

[30] Parastaev A，Muravev V，Huertas Osta E，et al. Boosting CO_2 hydrogenation via size-dependent metal-support interactions in cobalt/ceria-based catalysts[J]. Nature Catalysis，2020，3：526-533.

[31] Chen J Z，Talpade A，Canning G A，et al. Strong metal-support interaction (SMSI) of Pt/CeO_2 and its effect on propane dehydrogenation[J]. Catal. Today，2021，371：4-10.

[32] Azhari N J，Nurdini N，Mardiana S，et al. Zeolite-based catalyst for direct conversion of CO_2 to C_{2+} hydrocarbon：a review[J]. Journal of CO_2 Utilization，2022，59：101969.

[33] Gao P，Zhang L，Li S，et al. Novel heterogeneous catalysts for CO_2 hydrogenation to liquid fuels [J]. ACS Central Science，2020，6：1657-1670.

[34] Wang X，Yang G，Zhang J，et al. Macroscopic assembly style of catalysts significantly determining their efficiency for converting CO_2 to gasoline [J]. Catalysis Science & Technology，2019，9：5401-5412.

[35] Cui X，Gao P，Li S，et al. Selective production of aromatics directly from carbon dioxide hydrogenation[J]. ACS Catalysis，2019，9：3866-3876.

[36] Wei J，Ge Q，Yao R，et al. Directly converting CO_2 into a gasoline fuel[J]. Nature Communications，2017，8：15174.

[37] Guo L，Sun S，Li J，et al. Boosting liquid hydrocarbons selectivity from CO_2 hydrogenation by facilely tailoring surface acid properties of zeolite via a modified Fischer-Tropsch synthesis[J]. Fuel，2021，306：121684.

[38] Liu R，Leshchev D，Stavitski E，et al. Selective hydrogenation of CO_2 and CO over potassium promoted Co/ZSM-5[J]. Applied Catalysis B：Environmental，2021，284：119787.

[39] Galadima A，Muraza O. Catalytic thermal conversion of CO_2 into fuels：perspective and challenges [J]. Renewable and Sustainable Energy Reviews，2019，115：109333.

[40] Xie T，Wang J，Ding F，et al. CO_2 hydrogenation to hydrocarbons over alumina-supported iron catalyst：effect of support pore size[J]. Journal of CO_2 Utilization，2017，19：202-208.

[41] Brübach L，Hodonj D，Pfeifer P. Kinetic analysis of CO_2 hydrogenation to long-chain hydrocarbons on a supported iron catalyst [J]. Industrial & Engineering Chemistry Research，2022，61：1644-1654.

[42] Valero-Romero M J，Rodríguez-Cano M Á，Palomo J，et al. Carbon-Based materials as catalyst supports for Fischer-Tropsch synthesis：a review[J]. Frontiers in Materials，2021，7：617432.

[43] Dai L，Chen Y，Liu R，et al. CO_2 hydrogenation to C_{5+} hydrocarbons over K-promoted Fe/CNT cat-

alyst: effect of potassium on structure-activity relationship[J]. Applied Organometallic Chemistry, 2021, 35: e6253.

[44] Hwang S M, Han S J, Park H G, et al. Atomically alloyed Fe-Co catalyst derived from a N-coordinated Co single-atom structure for CO_2 hydrogenation[J]. ACS Catalysis, 2021, 11: 2267-2278.

[45] Shi Z, Yang H, Gao P, et al. Direct conversion of CO_2 to long-chain hydrocarbon fuels over K-promoted CoCu/TiO_2 catalysts[J]. Catalysis Today, 2018, 311: 65-73.

[46] Gao P, Dang S, Li S, et al. Direct production of lower olefins from CO_2 conversion via bifunctional catalysis[J]. ACS Catalysis, 2017, 8: 571-578.

[47] Li W, Zhang J, Jiang X, et al. Co-Promoted In_2O_3/ZrO_2 integrated with ultrathin nanosheet HZSM-5 as efficient catalysts for CO_2 hydrogenation to gasoline[J]. Industrial & Engineering Chemistry Research, 2022, 61: 6322-6332.

[48] Szczygieł J, Kułażyński M. Thermodynamic limitations of synthetic fuel production using carbon dioxide: a cleaner methanol-to-gasoline process[J]. Journal of Cleaner Production, 2020, 276: 122790.

[49] Krim K, Sachse A, Le Valant A, et al. One step dimethyl ether (DME) synthesis from CO_2 hydrogenation over hybrid catalysts containing Cu/ZnO/Al_2O_3 and nano-sized hollow ZSM-5 zeolites[J]. Catalysis Letters, 2022, 153: 83-94.

[50] Yang H, Zhang C, Gao P, et al. A review of the catalytic hydrogenation of carbon dioxide into value-added hydrocarbons[J]. Catalysis Science & Technology, 2017, 7: 4580-4598.

[51] Karelovic A, Ruiz P. The role of copper particle size in low pressure methanol synthesis via CO_2 hydrogenation over Cu/ZnO catalysts[J]. Catalysis Science & Technology, 2015, 5: 869-881.

[52] Brown N J, Weiner J, Hellgardt K, et al. Phosphinate stabilised ZnO and Cu colloidal nanocatalysts for CO_2 hydrogenation to methanol[J]. Chemistry Communication, 2013, 49: 11074-11076.

[53] Tisseraud C, Comminges C, Pronier S, et al. The Cu-ZnO synergy in methanol synthesis part 3: impact of the composition of a selective Cu@ZnO core-shell catalyst on methanol rate explained by experimental studies and a concentric spheres model[J]. Journal of Catalysis, 2016, 343: 106-114.

[54] Lunkenbein T, Schumann J, Behrens M, et al. Formation of a ZnO overlayer in industrial Cu/ZnO/Al_2O_3 catalysts induced by strong metal-support interactions[J]. Angewandte Chemie International edtion. in English, 2015, 54: 4627-4631.

[55] Huang C, Mao D S, Guo X M, et al. Microwave-assisted hydrothermal synthesis of CuO-ZnO-ZrO_2 as catalyst for direct synthesis of methanol by carbon dioxide hydrogenation[J]. Energy Technology, 2017, 5: 2100-2107.

[56] Toyir J, Miloua R, Elkadri N E, et al. Sustainable process for the production of methanol from CO_2 and H_2 using Cu/ZnO-based multicomponent catalyst[J]. Physics Procedia, 2009, 2: 1075-1079.

[57] Li M M J, Zeng Z, Liao F, et al. Enhanced CO_2 hydrogenation to methanol over CuZn nanoalloy in Ga modified Cu/ZnO catalysts[J]. Journal of Catalysis, 2016, 343: 157-167.

[58] Collins S, Baltanas M, Bonivardi A. An infrared study of the intermediates of methanol synthesis from carbon dioxide over Pd/-GaO[J]. Journal of Catalysis, 2004, 226: 410-421.

[59] Shao C, Fan L, Fujimoto K, et al. Selective methanol synthesis from CO_2/H_2 on new SiO_2-supported PtW and PtCr bimetallic catalysts[J]. Applied Catalysis A: General, 1995, 128: L1-L6.

[60] Tada S, Watanabe F, Kiyota K, et al. Ag addition to CuO-ZrO_2 catalysts promotes methanol synthesis via CO_2 hydrogenation[J]. Journal of Catalysis, 2017, 351: 107-118.

[61] Grabowski R, Śliwa M, Mucha D, et al. Influence of polymorphic ZrO_2 phases and the silver electronic state on the activity of Ag/ZrO_2 catalysts in the hydrogenation of CO_2 to methanol[J]. ACS Catalysis, 2011, 1: 266-278.

[62] Ye J, Liu C, Mei D, et al. Active oxygen vacancy site for methanol synthesis from CO_2 HYDROGENATION on In_2O_3(110): a DFT study[J]. ACS Catalysis, 2013, 3: 1296-1306.

[63] Sun K, Fan Z, Ye J, et al. Hydrogenation of CO_2 to methanol over In_2O_3 catalyst[J]. Journal of CO_2 Utilization, 2015, 12: 1-6.

[64] Frei M S, Capdevila-Cortada M, García-Muelas R, et al. Mechanism and microkinetics of methanol synthesis via CO_2 hydrogenation on indium oxide[J]. Journal of Catalysis, 2018, 361: 313-321.

[65] Tsoukalou A, Abdala P M, Stoian D, et al. Structural evolution and dynamics of an In_2O_3 catalyst for CO_2 hydrogenation to methanol: an operando XAS-XRD and in situ TEM study[J]. Journal of the American Chemical Society, 2019, 141: 13497-13505.

[66] Dang S, Qin B, Yang Y, et al. Rationally designed indium oxide catalysts for CO_2 hydrogenation to methanol with high activity and selectivity[J]. Science Advances, 2020, 6: eaaz2060.

[67] Akkharaphatthawon N, Chanlek N, Cheng C K, et al. Tuning adsorption properties of $Ga_xIn_{2-x}O_3$ catalysts for enhancement of methanol synthesis activity from CO_2 hydrogenation at high reaction temperature[J]. Applied Surface Science, 2019, 489: 278-286.

[68] Rojo-Gama D, Nielsen M, Wragg D S, et al. A straightforward descriptor for the deactivation of zeolite catalyst H-ZSM-5[J]. ACS Catalysis, 2017, 7: 8235-8246.

[69] Olsbye U, Svelle S, Bjorgen M, et al. Conversion of methanol to hydrocarbons: how zeolite cavity and pore size controls product selectivity[J]. Angewandte Chemie. International Ed. in English, 2012, 51: 5810-5831.

[70] Iglesias Gonzalez M, Kraushaar-Czarnetzki B, Schaub G. Process comparison of biomass-to-liquid (BtL) routes Fischer-Tropsch synthesis and methanol to gasoline[J]. Biomass Conversion and Biorefinery, 2011, 1: 229-243.

[71] Meng F, Wang Y, Wang S. Methanol to gasoline over zeolite ZSM-5: improved catalyst performance by treatment with HF[J]. RSC Advances, 2016, 6: 58586-58593.

[72] Wang X, Wang H, Sun Y. Synthesis of acrylic acid derivatives from CO_2 and ethylene[J]. Chem, 2017, 3: 211-228.

[73] Soltanali S, Halladj R, Rashidi A, et al. The effect of HZSM-5 catalyst particle size on gasoline selectivity in methanol to gasoline conversion process[J]. Powder Technology, 2017, 320: 696-702.

[74] Zaidi H A, Pant K K. Catalytic conversion of methanol to gasoline range hydrocarbons[J]. Catalysis Today, 2004, 96: 155-160.

[75] Bjørgen M, Joensen F, Spangsberg Holm M, et al. Methanol to gasoline over zeolite H-ZSM-5: improved catalyst performance by treatment with NaOH[J]. Applied Catalysis A: General, 2008, 345: 43-50.

[76] Lee K Y, Lee S W, Ihm S K. Acid strength control in MFI zeolite for the methanol-to-hydrocarbons (MTH) reaction[J]. Industrial & Engineering Chemistry Research, 2014, 53: 10072-10079.

[77] Kianfar E, Hajimirzaee S, Mousavian S, et al. Zeolite-based catalysts for methanol to gasoline process: a review[J]. Microchemical Journal, 2020, 156: 104822.

[78] Wan Z, Wu W, Chen W, et al. Direct synthesis of hierarchical ZSM-5 Zeolite and its performance in

catalyzing methanol to gasoline conversion[J]. Industrial & Engineering Chemistry Research, 2014, 53: 19471-19478.

[79] Serrano D P, Escola J M, Pizarro P. Synthesis strategies in the search for hierarchical zeolites[J]. Chemical Society Reviews, 2013, 42: 4004-4035.

[80] Fathi S, Sohrabi M, Falamaki C. Improvement of HZSM-5 performance by alkaline treatments: comparative catalytic study in the MTG reactions[J]. Fuel, 2014, 116: 529-537.

[81] Ni Y, Sun A, Wu X, et al. Preparation of hierarchical mesoporous Zn/HZSM-5 catalyst and its application in MTG reaction[J]. Journal of Natural Gas Chemistry, 2011, 20: 237-242.

[82] Cheng K, Kang J, Huang S, et al. Mesoporous beta zeolite-supported ruthenium nanoparticles for selective conversion of synthesis gas to C_5-C_{11} isoparaffins[J]. ACS Catalysis, 2012, 2: 441-449.

[83] Fujiwara M, Kieffer R, Ando H, et al. Development of composite catalysts made of Cu-Zn-Cr oxide/zeolite for the hydrogenation of carbon dioxide[J]. Applied Catalysis A: General, 1995, 121: 113-124.

[84] Porosoff M D, Yan B, Chen J G. Catalytic reduction of CO_2 by H_2 for synthesis of CO, methanol and hydrocarbons: challenges and opportunities[J]. Energy & Environmental Science, 2016, 9: 62-73.

[85] Liu X M, Lu G Q, Yan Z F, et al. Recent advances in catalysts for methanol synthesis via hydrogenation of CO and CO_2[J]. Industrial & Engineering Chemistry Research, 2003, 42: 6518-6530.

[86] Song Y, Serikawa K, Imamura K, et al. Direct synthesis of C_5-C_{13} iso-paraffins from carbon dioxide over hybrid catalyst in a near-critical n-hexane fluid[J]. Industrial & Engineering Chemistry Research, 2020, 59: 11962-11969.

[87] Ereña J, Arandes J M, Garoña R, et al. Study of the preparation and composition of the metallic function for the selective hydrogenation of CO_2 to gasoline over bifunctional catalysts[J]. Journal of Chemical Technology & Biotechnology, 2003, 78: 161-166.

[88] Gao P, Li S, Bu X, et al. Direct conversion of CO_2 into liquid fuels with high selectivity over a bifunctional catalyst[J]. Nature Chemistry, 2017, 9: 1019-1024.

第7章 CHAPTER 7

CO_2 加氢制其他产物

上一章介绍了 CO_2 加氢制汽油，至此 CO_2 加氢主流产物已介绍完，然而 CO_2 加氢亦可生成其他产物，本章将介绍 CO_2 加氢制其他产物，包含甲酸、一氧化碳、乙醇及多碳醇、二甲醚，不同产物所使用的催化剂不一样，尤其是当前 CO_2 加氢制乙醇催化剂亟需研发，生产非生物基乙醇，对保障国家能源安全和粮食安全具有重要战略意义。

7.1 CO_2 加氢制甲酸

7.1.1 CO_2 加氢制甲酸的热力学因素

二氧化碳和氢气向甲酸的转化通常涉及从气态原料到液态产物的转变。因此，当考虑气相反应物时，是熵不利的反应［式（7.1）］[1]：

$$H_{2(g)} + CO_{2(g)} \rightleftharpoons HCO_2H_{(l)} \quad \Delta G^{\ominus}_{298K} = 32.9kJ/mol \tag{7.1}$$

另一方面，溶剂的存在会改变反应的热力学，并且当在水相中操作时，反应会变得轻微放热［式（7.2）］：

$$H_{2(aq)} + CO_{2(aq)} \rightleftharpoons HCO_2H_{(aq)} \quad \Delta G^{\ominus}_{298K} = -4kJ/mol \tag{7.2}$$

为了使二氧化碳转化为甲酸（或甲酸盐）在实践中可行，热力学平衡要受到二次反应或分子相互作用的干扰。常见的策略是通过酯化反应，例如，甲酸/甲酸酯与甲醇反应生成甲酸甲酯，将它们与伯胺或仲胺反应生成甲酰胺，或简单地用弱碱如叔胺或碱金属/碱土金属碳酸氢盐中和。

7.1.2 CO_2 加氢制甲酸的催化剂研究进展

1976 年 Inoue 等人首次发表了使用均相催化剂（一种含膦配体的钌络合物）从二氧化碳催化合成甲酸的论文[2]。从那时起，人们在这一催化领域投入了大量精力。使用过渡金属络合物（主要是基于 Ir-和 Ru-的络合物）进行了大量尝试。用于合成甲酸和甲酸盐的均相催化体系的最新进展已被多个研究团队回顾总结[2-7]。Gunasekar 等人与 Filonenko 等人使用 Ru PNP［2,6-双(二叔丁基膦基甲基)吡啶］钳形复合体系实现了创纪录的 TOF 值，每小时达到 1100000[8,9]。尽管几种均相催化剂都实现了令人印象深刻的转化频率，但当该生产率表示为单位时间和反应器体积的 CO_2 加氢量时，所获得的数字仍未达到工业角度所期望的值。这是均相催化过程中经常使用的低催化剂浓度的结果。另一方面，多相催化剂在连续操作和产物分离方面具有明显的实际优势，对此反应的研究相对较少，但最近数量显著增加[8]。

本节总结了用于合成甲酸/甲酸盐的多相催化剂的最新技术。催化剂分为非负载型与负载型块状/纳米金属催化剂和多相分子催化剂两种类型。图 7.1 总结了 CO_2 加氢制甲酸的催化剂类型。

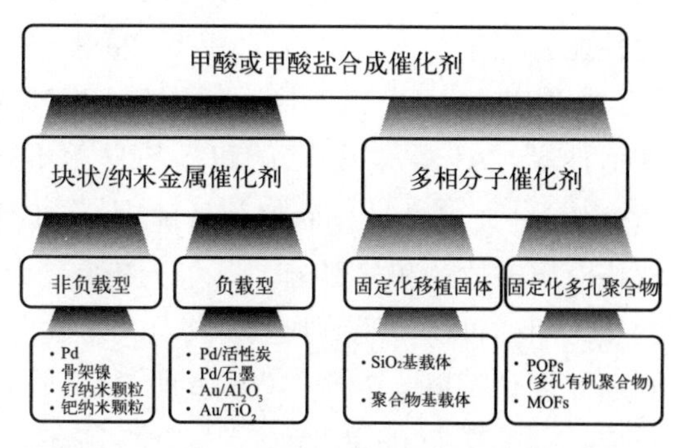

图 7.1　报道的用于 CO_2 加氢生成甲酸/甲酸盐的多相催化系统

(1) 负载型与非负载型金属催化剂

据报道，在非均相催化剂体系中，已经报道了使用纯金属作为催化剂活性中心的研究。1914 年 Bredig 和 Carter 在相对温和的条件（70～95℃、30×10^2～60×10^2kPa 的 H_2、0～3×10^3kPa 的 CO_2）下使用 Pd 黑催化剂通过加氢反应首次合成甲酸盐[10]。该合成在 H_2 存在下使用碱金属/碱土金属碳酸盐作为 CO_2 源。1935 年，Farlow 和 Adkins 报道了在以醇为溶剂的伯胺和仲胺存在下，在高压下通过 CO_2 加氢在骨架镍催化剂上合成甲酰胺[11]。从以上两个早期研究可以看出，目前在均相催化中通过碱金属/碱土金属和胺类化合物改变反应平衡的常用策略，也经常被用于非均相催化体系。作为纯金属催化剂，Srivastava[12] 最近报道了 Ru 纳米颗粒的突出催化活性。在离子液体［DAMI］［NTf_2］［DAMI,1,3-二(*N*,*N*-二甲氨基乙基)-2-甲基咪唑］中原位生成 Ru 纳米粒子的活性；NTF_2［双(三氟甲基磺酰)亚胺］与水一起作为溶剂使用。他们报告了在 100℃ 时的 TOF 为每小时 376。在另一份报告中，Srivastava 在三甲胺［$N(Me)_3$］存在下与超临界 CO_2 进行了反应，水作为助剂，使用在溶剂热条件下在甲醇溶液中制备的 Ru 纳米粒子，在 80℃下 3h 后实现了 6351 的转化频数（TON）[12]。有趣的是，水的存在以某种方式对使用钌纳米粒子的催化性能产生了积极影响。

在多相催化中，通常使用载体材料通过在纳米尺度上将活性金属分散在空间中来增加活性位点（通常是金属表面）的数量。此外，已知它们通过改变活性金属的电子结构，在活性金属和载体的周边产生独特的活性位点，增强反应底物与催化剂的相互作用以促进反应进行，从而在催化反应中发挥关键作用。

Stalder 等人研究了活性金属和载体在碳酸氢钠水溶液转化为甲酸钠中的作用。在 Al_2O_3 负载的 Ru、Rh、Pd 和 Pt 催化剂中，Pd/Al_2O_3 表现出最好的催化性能，催化剂表现初始 TOF 比 Pd 黑好 75 倍，碳负载的 Pd 催化剂活性更好(活性比 Pd/Al_2O_3 高 6 倍)，24h 后 TON 为 115[13]。同样，Su 等人研究了负载在活性炭、Al_2O_3、$CaCO_3$ 和 $BaSO_4$ 等不同材料上的 Pd 催化剂的活性，活性炭负载的 Pd 表现出优异的催化性能[14]。此外，其他研究人员已经报道了杂原子修饰对碳载体的积极影响。Bi 等人研究了负载型 Pd 催化剂，用于碳酸氢钾和甲酸盐之间的可逆（脱）加氢，作为向催化剂溶液中排放氢的一种方式。使用负载在还原氧化石墨（Pd/r-GO）上的 Pd 颗粒，在 1%质量浓度 Pd 负载下用于加氢反应，32h 后 TON 为 7088[15]。他们筛选了几种 Pd 负载量（1%、2%和 5%），最低的 Pd 负载量给出了最好的结果，这可以通过较大的晶格应变来解释，较高活性的起源尚不清楚[15]。Lee 等人采用含氮介孔石墨碳氮化物作为 Pd 纳米颗粒的载体，该催化剂表现出比商业 Pd/C 更高的活性。他们得出的结论是，载体的碱性位点可以稳定纳米尺寸的 Pd（约 1.7nm），并促进载体与 CO_2 的初始相互作用，从而促进甲酸的合成[16]。

值得注意的是，据报道碳酸氢盐加氢成甲酸盐比碳酸盐更容易，这在盐中的不同阳离子（钠、钾或铵）中一直观察到[14]。当碳酸氢铵在活性炭负载的 Pd 上加氢时，观察到最佳加氢活性，TON 达到 782。这是由于与钾盐或钠盐相比，HCO_3^- 相对于 CO_3^{2-} 的平衡浓度更高。使用碳酸氢铵作为 CO_2 源 2h 后，获得了 90.4%的最高产率[14]。在 CO_2 压力下，水溶液或胺/碳酸盐混合物中的所有类似反应实际上都可以利用 HCO_3^- 作为催化循环中的实际底物[14]。这也可以解释少量 H_2O 对 CO_2 加氢的有益影响，这在有机溶剂系统中经常观察得到[17]。Su 等人还表明碳酸氢盐的较高反应性是有条件和溶剂依赖性的[18]。在铵盐中，碳酸盐和氨基甲酸盐在富含乙醇的溶液中比碳酸氢盐更容易加氢。

虽然 Pd 是已知用于该反应的最常用的活性金属，但也报道了一些相反的结果。假设活性催化剂促进正向反应（甲酸合成）和逆向反应（甲酸分解），Preti 等人研究了在ⅧB 和ⅠB 族（骨架 Ni、Co、Cu、Ru、Rh、Pd、Ag、Ir、Pt 和 Au）的不同金属催化剂存在下 $HCOOH/NEt_3$ 分解释放的 H_2 和 CO_2 气体[19]。令人惊讶的是，只有金对分解反应有活性。尽管催化剂表现出良好的活性，但由于金颗粒的聚集，金很快失活，从而导致活性表面积降低。为此，测试了分散在 TiO_2 上的 Au 催化剂 [1%（质量分数）Au/TiO_2]。该催化剂即使是 41 天后仍表现出高活性和出色的稳定性[20]。Filonenko 等人研究了非载体和载体的金纳米粒子的活性[21]。与先前的研究一致，发现负载型金催化剂每单位质量金的催化活性更高。他们筛选了一系列载体（TiO_2、Al_2O_3、ZnO、CeO_2、MgAl-水滑石、MgCr-水滑石和 $CuCr_2O_4$），观察到 Au/Al_2O_3 的活性最高，是 Au/TiO_2 的两倍（TON 分别为 215 和 111）。Al_2O_3 载体的基本位点起着重要作用，与 Au^0 纳米颗粒协同作用。

在 Yin 等人的报告中，研究了负载在 MgO、活性炭和 γ-Al_2O_3 上的 Ru 催化反应的性能[22]，结果表明载体上的表面羟基与金属产生协同效应并对反应产生积极影响，催化性能顺序为 Ru/MgO（无活性）<Ru/活性炭（TON 为 10）<Ru/γ-Al_2O_3（TON 为 91）。

不仅单金属体系，双金属催化体系也被报道用于该反应。Nguyen 等人制备了负载在碳纳米管-石墨烯（PdNi/CNT-GR）上的 PdNi 合金，并在没有碱的情况下对 CO_2 进行加氢。负载的 PdNi 材料比单一金属表现出更高的活性，这归因于协同效应。除了主要产物甲酸盐外，还检测到少量乙酸[23]。Takahashi 等人在水热条件下，使用水作为氢源并在 K_2CO_3 存在下，研究了 Fe 和 Ni 粉末的混合物在没有 H_2 的情况下进行 CO_2 加氢，结果显示可以在 300℃下合成 2.5mmol 甲酸[24]。

根据文献，Pd 和 Au 是用于合成甲酸/甲酸盐较佳的活性金属，并且可以通过适当的载体材料来提高它们的催化活性。疏水性碳基材料似乎是 Pd 催化剂载体的首选，而更亲水的载体材料如 Al_2O_3 和 TiO_2 更适合用于 Au 催化剂（Ru 催化剂也是如此）。尽管如此，关于非负载型金属颗粒催化剂的研究数量很少，并且在一些基本概念上仍然存在差异，例如哪种金属使反应更活跃。今后对这种用于甲酸和甲酸盐合成的催化体系的进一步研究是有必要的，从而建立更清晰的催化剂构效关系。

(2) 多相分子催化剂

从均相催化剂的活性和反应机理[25-32]，与那些报道的基于金属纳米颗粒的体系相比较，发现存在差异。分子分散的金属位点为 CO_2 加氢生成甲酸/甲酸盐提供了更佳的反应环境。在过去的几十年，许多科学家研究了均相体系在不同载体上的固化，寻求更容易处理的催化剂和更高的单位体积活性。尽管 Hübner 等人[33] 对固定化配合物的工业应用提出了质疑，例如成本高、速率低和金属浸出等问题，但这些体系具有它们的优势，例如均相系统可调性和明确的高活性催化位点。

① 固定在接枝固体上的分子催化剂

根据 Erkey 和 Jessop 等人关于均相钌膦配合物（主要是三甲基膦配体）的反应性能的报道，将其用于作为溶剂和反应物的超临界 CO_2 中将 CO_2 加氢成甲酸、甲酸盐和衍生物[34,35]，Kröcher 小组在无溶剂条件下通过 CO_2 和 H_2 与伯胺的反应合成了甲酸衍生物甲酰胺。他们报道了与 dppm($Ph_2PCH_2PPh_2$)、dppp[$Ph_2P(CH_2)_3PPh_2$] 和非桥接三甲基膦 [$P(CH_3)_3$] 配体[36]。此后不久，通过桥联膦配体以多配位方式固定 Ru [图 7.2(a)]，双 [2′-(三乙氧基甲硅烷基)乙基苯基膦基] X 在 SiO_2 气凝胶和干凝胶基质中用于从伯胺和仲胺合成甲酰胺[37-39]。尽管呈现出良好的催化性能，但它作为催化剂的效果比均相对应物低几倍。

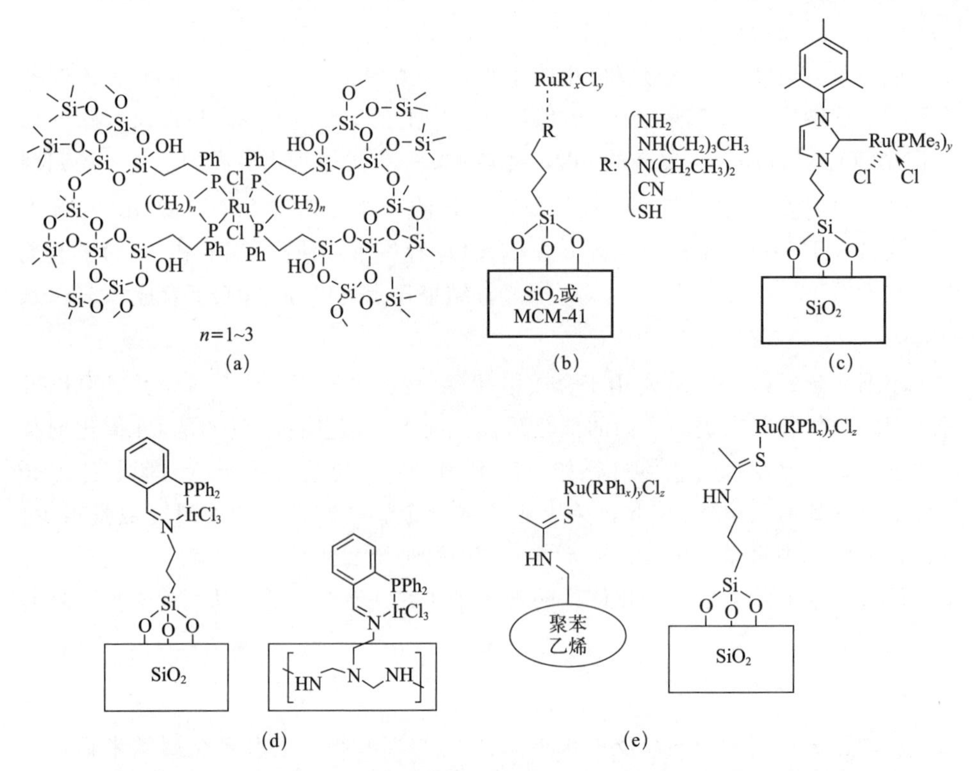

图 7.2　用于 CO_2 加氢的接枝固体载体上分子配合物的固定策略

随后评估了二氧化硅表面接枝基团催化剂的使用，包括介孔 MCM-41、含有各种功能供体基团，如 NR_2、CN 和 SH，以允许与 Ru 配合物配位 [图 7.2(b)]，并研究了 CO_2 加氢成甲酸及其衍生物的载体和供体配体[37,40,41]。比较基于伯胺、仲胺和叔胺配体的“预催化剂”结构的活性，仲胺显示出最高的

TOF（1384h^{-1}）[40]。仲胺通常被认为是更好的电子供体，这可以解释催化活性的增加。此外，在具有三种不同配体类型（胺、腈和硫醇末端基团）锚定到MCM-41的系统中，胺基预催化剂表现出最高的活性。同样，这归因于与其他接头相比的最佳给电子效应，未添加PPh_3时未检测到活性。在催化剂循环时，不需要进一步添加该配体，这表明活性催化物质的形成发生在第一次运行的反应条件。尽管没有报道活性结构或失活催化剂的表征结果，初步认为在反应条件下形成了八面体二氢钌络合物。Baffert等人将定制的钌-*N*-杂环卡宾（NHC）物质固定在介孔结构二氧化硅基质的孔隙中［图7.2(c)］。活性位点经过光谱验证，催化体系在二氧化碳加氢中表现出良好的活性[42]。然而，观察到明显的金属浸出（50%）。通常，当活性金属（Ru）通过单一配位键与通过烷基链接枝在载体材料上的配体结合时，会观察到浸出，而金属浸出的程度取决于配位端基。例如，在第一个反应循环中，胺官能化二氧化硅的活性金属浸出率为8%，而硫醇官能化二氧化硅的活性金属浸出率为2.5%，这是由于前者的络合较弱，但活性较高。尽管在这种情况下，通过FTIR检测到Ru-H振动，但没有报道废催化剂的表征。与活性金属通过单一配位弱结合的情况相比，使用两个双齿配体的多重配位［图7.2(a)］可以通过增强与Ru的结合强度来显著提高催化剂的稳定性［图7.2(b)］。

Xu等人报告了用于该反应的铱催化剂固载。在二氧化硅载体上引入胺基后，通过与邻-(二苯基膦基）苯甲醛的席夫碱反应进一步官能化，形成亚胺基团[43]。在胺、单齿膦和亚胺膦作为接枝配体中，只有含膦催化剂显示活性。2h后在60℃时获得的TON为1300，在120℃时为2300。值得注意的是，亚胺膦配体允许双齿配位［图7.2(d)］，从而提高了催化剂的稳定性。与此类似，研究人员还探索了使用含胺聚合物［图7.2(d)］作为载体[44]。主要是使用胺基官能团捕获二氧化碳，以提高催化活性。与使用二氧化硅载体的工作类似，使用亚胺膦接枝配体提高活性。然而，尽管在载体表面存在胺基团，但在不添加碱的情况下催化剂几乎没有活性。

Zhang等人以类似于前面示例的方式固定Ru配合物，并获得了负载在SiO_2或聚苯乙烯上的分子异质"Si"-$(CH_2)_3NH(CSCH_3)$-$(RuCl_3$-$PPh_3)$预催化剂［图7.2(e)］[45]。在他们的研究中，离子液体被用作可重复使用的碱，它可以与甲酸形成盐。因此，通过滤除催化剂并在130℃下蒸发酸和水性溶剂，很容易回收甲酸和碱，得到离子液体。在后续工作中，二胺官能化离子液体用于通过提高甲酸的吸收来提高催化效率[46]。预催化剂"Si"-$(CH_2)_3NH(CSCH_3)$-$(RuCl_3$-$PPh_3)$是通过将预先合成的"Si"-$(CH_2)_3NH(CSCH_3)$和$RuCl_3 \cdot 3H_2O$混合并随后添加所需的PPh_3配体来制备的，假如没有它，则没有反应发生。虽然在五次使用中没有检测到金属浸出，但没有揭示催化物质的性质，因为没有报道新鲜或用过的催化剂的特性。

人们已经致力于通过与接枝在载体材料上的配体配位来固定用于合成甲酸和甲酸盐的分子催化剂。配位相互作用越多，结合越好，以P为基础的配体作为首选配体。迄今为止，催化测试仅以分批模式进行，且很少有人研究这些接枝催化剂体系的稳定性。为了研究此类催化剂的非均相性质，需要对连续操作下的催化剂浸出进行严格评估，而将分子催化剂稳定锚定在固体材料接枝表面上的创新策略仍有待确定。

② 固定在多孔聚合物上的分子催化剂

在固体载体上接枝配体是将分子催化剂与反应所需的配位环境固定的策略之一。如上所述，除了最小化催化剂合成步骤外，该方法的主要挑战是催化剂稳定性。在这些方面，另一种使用多孔聚合物的新兴固定策略也极具吸引力。特别是，多孔有机骨架（POF）是一类相对较新的用于固定分子催化剂的多孔材料。POF一词包含许多仅基于有机成分的多孔固体，包括共价有机骨架（COF）和多孔有机聚合物（POP）。POF具有从几百到几千平方米每克的高比表面积、从微孔到中孔的可调孔径以及为单中心催化剂设计提供可调性的骨架[47]。与传统聚合物相比，仍然可以实现优异的孔径分布和调控[48]。原则上，如果骨架为金属中心提供适当的配位环境，另一类多孔聚合物金属有机骨架（MOF）也可以用作活性单金属位点的载体。Beloqui Redondo等人报道了第一个含有MOF的磷化氢使Ru配合物异质化的例子[49]。尽管没有测试该催化剂用于CO_2加氢成甲酸，但评估了甲酸分解反应。即使反应在气相中连续进行，催化剂也表现出优异的活性和稳定性，一种更直接的方法是在骨架中使用具有协调功能组的POF。

此外，报道了Tröger碱衍生的微孔有机聚合物（TB-MOP），骨架的氮原子配位了Ru(Ⅲ)配合物，获得了具有高活性的TBMOP-Ru催化剂［图7.3(a)］，被用于CO_2加氢生成甲酸盐，在相对较低的温度（40℃）下，24h后TON为2254，PPh_3配体的使用是必不可少的。当TBMOP-Ru第二次重复使用时，TON降低，这是由于Ru物种的浸出。与PPh_3相比，Tröger碱的络合能力较弱是浸出的主要原因[50]。

已经对Ir五甲基环戊二烯基（Cp^*）配合物进行了大量研究，其中Ir由支持配体的两个氮原子配位，并且已经在包括CO_2加氢在内的各种加氢反应中进行了测试。CO_2加氢制甲酸的TON为153000，TOF为$53800h^{-1}$，使用由4,4′,6,6′-四羟基-2,2′-联嘧啶（thbpym）的配体环境稳定的均相双核$IrCp^*$催化剂。许多研究小组受到启发，通过这项工作，开发了该方案的不同异构版本，模拟了与活性Ru或Ir金属中心的配位环境。

也有研究者使用共价三嗪框架（CTF）作为载体。CTF是由芳香腈三聚而

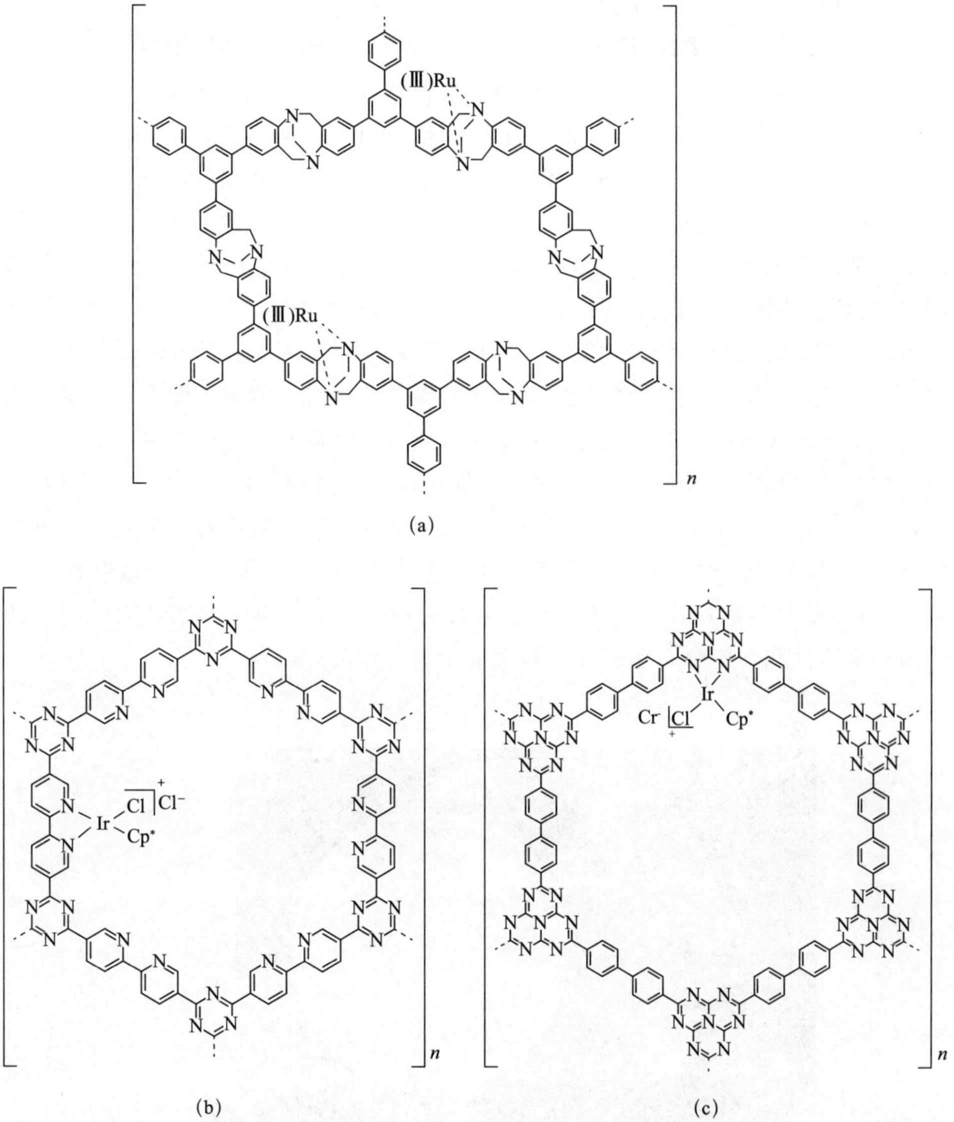

图 7.3　Ru/Ir 分子配合物在多孔有机聚合物上的固定化

成的多孔芳香骨架[51]，具有高热稳定性和化学稳定性以及高比表面积。CTF 为金属配合物的异质化开辟了广泛的可能性，因为它们含有高密度的准联吡啶配合物，基于 Bavykina 等人的研究成果[52]，Park 等人固定了［IrCp*（bpy）Cl］Cl 复合物［图 7.3(b)］[53]，对获得的复合物进行了彻底的表征，以证明获得的催化剂与其均相对应物相似。扫描电子显微镜（SEM）结合能量色散 X 射线光谱（EDS）绘图揭示了 Ir 和 Cl 原子的均匀分布。XPS 分析显示 $Ir_4f_{7/2}$（62.1eV）

的结合能值相同，表明活性 Ir 中心的电子环境相似。催化剂的活性随着压力的增加而有利地增加，最佳温度为 120℃。在 8000kPa 的总压力、温度为 120℃时最大 TON 为 5000。这种固定方法可以提高催化剂的稳定性；该催化剂循环了五次后，活性仅略有下降[53]。同一组将类似的 Ir 配合物固定在庚嗪基框架（HBF）上［图 7.3(c)］。该催化剂材料在 120℃和 8000kPa 总压下的初始 TOF 为 $1500h^{-1}$、TON 为 6400[54]。此外，为了使基于 CTF 的分子催化剂的使用迈出工业适用性的一步，Bavykina 等人报道了一种生产多孔、机械刚性和易于处理的 CTF 基球体的一步法（图 7.4）[55]。这种利用聚合物作为黏合剂的相转化技术，首先制备 CTF 粉末和溶解在有机溶剂中的聚合物，然后通过使浆料与非溶剂（在这种情况下为水）接触来快速去除溶剂。通过非溶剂去除有机溶剂导致聚合物黏合剂快速固化并在复合材料中产生额外的孔隙率。得到球体后，Ir(Ⅲ) Cp^* 与 CTF 的联吡啶部分配位得到高效催化剂。通过用 DMF（*N*,*N*-二甲基酰胺）洗涤催化剂去除 Cl^- 可提高其效率和可回收性。在反应中对粉末和成型催化剂进行了评估，球形颗粒催化剂在 CO_2 的加氢中很容易回收[55]。这些研究表明，POFs 的环境适合稳定地固定分子复合物，这可能是由于框架骨架中配位体的内在稳定性和均匀分布在多孔材料上的大量可用的配位点。

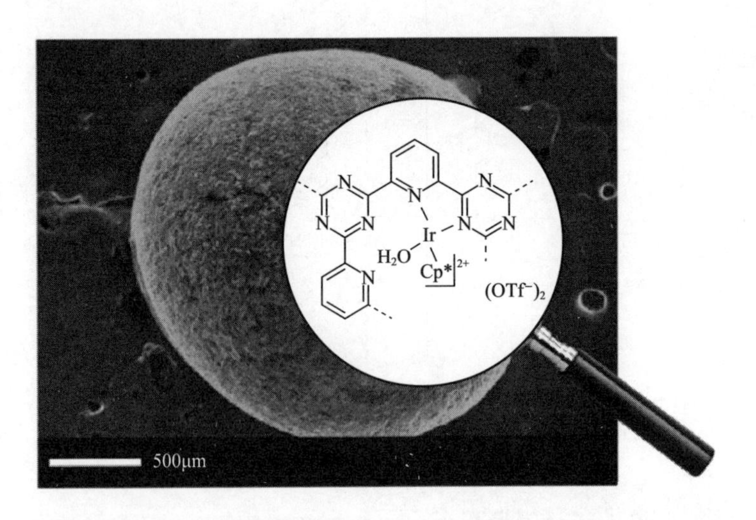

图 7.4　Ir 复合物在基于 CTF 的球体上的固定化

7.1.3　CO_2 加氢制甲酸的反应机理

尽管 CO_2 加氢合成甲酸在热力学上不利，为了促进这种反应，如前所述，已经采用了几种策略。通常，由于产物和试剂的溶剂化（熵影响），为反应选择合适的溶剂会提升催化性能。然而，为了直接影响反应的热力学平衡，使用能够与甲酸或甲酸盐形成配合物的强碱已被证明是最直接的策略。有机溶剂中使用的典型碱示例是三乙胺和 DBU（1,8-二氮杂双环[5.4.0]十一碳-7-烯）。对于水相中的反应，通常使用氢氧化物、碳酸氢盐和碳酸盐，而后两者通常用作 CO_2 的来源。因此，加氢的真正底物不仅是 CO_2，还有 HCO_3^- 或 CO_3^{2-}。这些化合物之间的平衡受许多因素的影响，例如 pH、温度和 CO_2 压力。因此，“CO_2 加氢制甲酸”，这并不意味着 CO_2 是唯一的和真正的底物，而是上面提到的许多碳源。

据报道，两种主要类型的非均相催化剂，即（未）负载的金属纳米颗粒和固定的金属有机络合物，可将 CO_2 转化为甲酸/甲酸盐，因此报道的反应机理明显不同。最近，Wang 等人[6] 总结了 CO_2 加氢制甲酸盐的均相催化剂的主要机理方面。均相催化剂之间反应机理的主要区别在于 CO_2 与金属中心的配位方式（通过 C 或 O）以及氢被激活的方式。值得一提的是，在大多数情况下，均相催化剂的性能与热力学预期的一样，高度依赖于 pH 值。在低 pH 值下，活性络合物优先催化甲酸分解产生氢气，而在高 pH 值下，使用相同的催化剂从 CO_2 和 H_2 产生甲酸。尽管已经提出了各种反应机制，并且它们根据配体和溶剂（有机溶剂与水溶剂）等反应环境的不同而存在显著差异，大多数反应机制涉及通过氢化物的亲核攻击用 M—H 键（M：金属）激活 CO_2 的碳原子形成甲酸盐。然后甲酸盐通过金属中心的 H_2 活化以甲酸（或衍生物，例如，在胺或醇的存在下）释放，产生产物并再生 M—H 键。与前面提到的在具有类联吡啶骨架的 POF 上负载的有前途的多相分子催化剂相关，反应机理与均相类似物报道的相似（图 7.5）。对于迄今为止提出的分子复合物的详细反应机理，当涉及多相分子催化剂的应用时，有与均相催化剂相似的反应机制。然而，载体的作用，特别是它对反应物、反应产物和溶剂的亲和力，以及由活性金属独特的载体环境引起的潜在机理差异不容忽视。目前这些方面在进行深入的探究，预计不久的将来会有进一步的发现。

关于与金属纳米颗粒基催化剂的应用相关的这些机理方面，该领域仍处于起步阶段，只有涉及这一方面的少数工作不会引起太大争议。Filonenko 等人[21] 提出了一种 Al_2O_3 负载的 Au 纳米颗粒上将 CO_2 加氢为甲酸盐的机制（图 7.6）。有人提出甲酸盐和碳酸氢盐是催化循环中的关键中间体。他们提出加氢从金/载体界面处氢的异解离开始，产生表面羟基和金属氢化物。由于反应是在吸附在催化剂表面的 DMF 中进行，故 H_2 解离步骤可能在 DMF 解吸之前进行，因此释放了一个空位用于 H_2 活化。随后 CO_2 与表面 OH 基团反应，在催化剂表面形成碳酸氢盐。金-氢化物与碳酸氢盐反应，吸附的甲酸盐物质在金-载体界面上形成；甲酸盐随后可以迁移到热力学更稳定的位置以产生氧化铝结合的甲

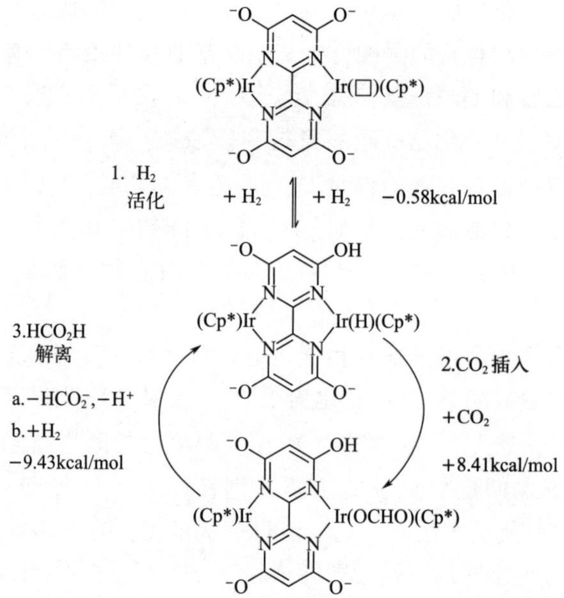

图 7.5 使用带有 thbpym 配体的双核 IrCp* 催化剂将 CO_2 可逆加氢成甲酸的建议机理（1kcal/mol=4.184kJ/mol）

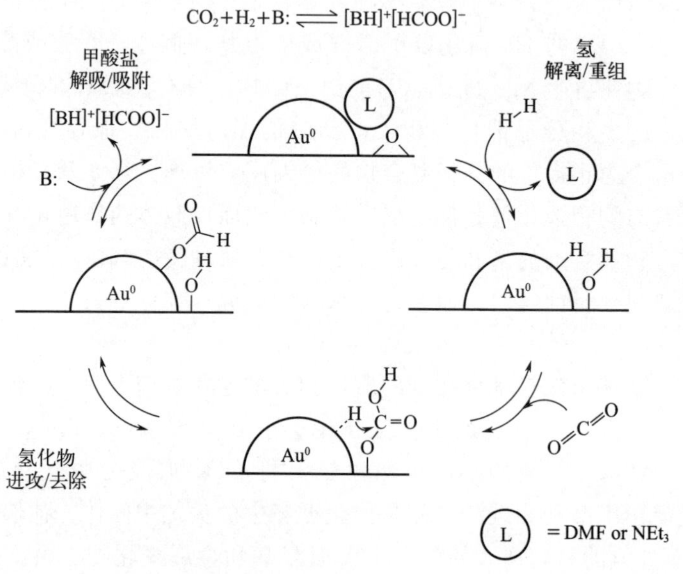

图 7.6 负载型 Au 纳米颗粒上的 CO_2 加氢机理

酸盐。

Peng 等人[56] 研究了碳纳米管-石墨烯负载的 PdNi 合金上 CO_2 加氢生成甲

酸的机理，提出的机理如图 7.7 所示。作为第一步，发生从 Ni 到 Pd 原子的电子转移。因此，Pd 和 Ni 分别处于富电子和缺电子状态。其次是 Pd 表面上的 H_2 解离吸附和通过其 O 原子在 Ni 表面上的 CO_2 吸附。Pd 上的 H 与吸附的 CO_2 之间的反应导致吸附 HCOOH 的形成。在这种机制中，双金属表面的优势得到了体现。

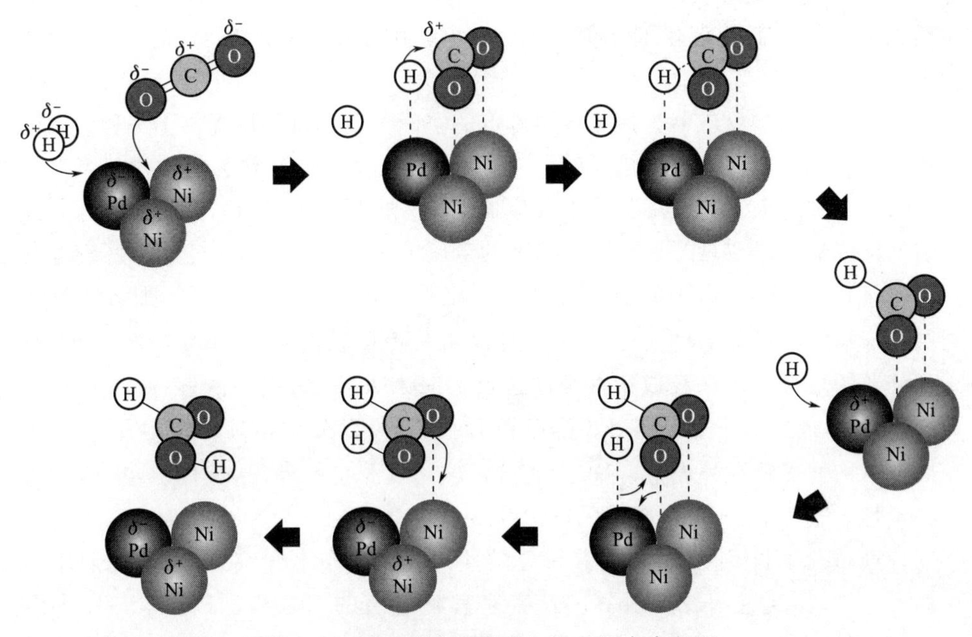

图 7.7　PdNi 双金属表面上的 CO_2 加氢机理

以上研究进展和反应机理总结参考了 Álvarez 等人发表于 *Chemical Reviews* 的综述[57]。

7.2　CO_2 加氢制一氧化碳

7.2.1　研究背景

CO_2 加氢反应是应对气候变化和海洋酸化的一个重要反应，因为如果可再生氢能用于这一反应，可以实现化学合成的净碳消耗，并使捕获的 CO_2 用作碳原料以替代传统化石燃料[58]。调控 CO_2 加氢催化反应的选择性决定了利用 CO_2 合成燃料和化学品的工艺商业可行性[59]。对于负载型金属催化剂，因为金属固有的 d 特征百分数导致金属和中间体之间的相互作用强度不同，产物类型通常对应于金属种类。金属钴纳米颗粒负载在各种氧化物如氧化锌、氧化铈、二氧化硅、二氧化钛和氧化锆上，都被证明能促进 CO_2 甲烷化反应[60-63]。而关于钴基催化剂在 CO_2 加氢反应中获得的其他产物的报道较少。Wang 等人发现在惰性二氧化硅载体上的金属态（Co^0）和氧化态（$Co^{\delta+}$）的协同作用有利于 CO_2 生产甲醇[64]，Co-CoO 相共存于 $CoAlO_x$ 上甚至可以进行乙醇的选择性生产[65]。此外，锚定在氧化锆或二氧化硅载体中的单中心钴在 CO_2 加氢过程中可以通过逆水煤气变换反应实现超过 95%的一氧化碳选择性[66,67]。尽管这些钴基催化剂的性能不如商业催化剂，但在 CO_2 加氢中调节金属的产物选择性方面仍然重要。

合理构筑纳米反应器为控制金属位点的空间位置和微环境提供了一种灵活的方法。具有丰富的有序金属排列的金属有机框架（MOFs）作为牺牲模板及金属源，最近常被用来合成金属基纳米反应器[68]。通过使用 MOFs 作为前驱体，这类纳米反应器可以实现复杂结构和明确的金属分布的结合。例如，沸石咪唑酯骨架结构材料（ZIFs）衍生的多壳层金属氧化物 ZnO/Co_3O_4 对 CO_2 加氢表现出壳层数依赖性的反应选择性[69]。其他金属组分也可以引入到 MOFs 中，以获得高度分散的金属纳米颗粒或活性金属位点。MOF-808-Zn 产生的锌-氧-锆位点负责催化 CO_2 加氢制甲醇[70]。Pd 位点和 Fe 位点可以分别精确地锚定在蛋黄-蛋壳纳米结构的蛋黄和外壳上，这有利于级联反应[71]。此外，利用 MOFs 的配位不稳定性，通过控制刻蚀策略，可以实现纳米制造[72]。例如，以单宁酸为蚀刻剂，通过化学蚀刻 ZIFs 可以获得分散性好、金属负载量高的单/双壳层中空碳材料[73-75]。通过水浸法制备了具有迷宫状通道的 ZIF-67@Pt@$mSiO_2$ 中空纳米立方体，研究发现这些特殊通道所带来的原料气的长停留时间显著影响了 CO_2 加氢的产物分布[76]。然而，在蚀刻 ZIFs 以获得所需结构的过程中，被蚀刻的金属物种在体系中的扩散行为和存在状态（即所处位置和微环境）通常被忽视。

本小节讲述以锌、钴基 ZIFs 为原料，利用 ZIFs 在热碱性溶液中的分解和离子重组，合成了含有均匀分布的锌和钴物种的双壳层中空二氧化硅纳米反应器的研究，分析了独特结构的形成机理以及金属物种随水热时间的扩散行为，发现 CO_2 加氢反应的选择性可以通过导致不同程度金属扩散的合成技术来调控，在具有集中或均匀分布的金属物种的中空二氧化硅纳米反应器中观察到一氧化碳和甲烷产物之间的转换。

7.2.2 蛋黄@蛋壳结构的 $ZnCoSiO_x$ 复合材料

图 7.8 描述了蛋黄@蛋壳结构和双壳层中空结构的 $ZnCoSiO_x$ 的形成过程。考虑到锌/钴离子与 2-甲基咪唑的配位能力，合成了锌、钴配位的沸石咪唑酯骨

架结构材料（ZnCo-ZIF）作为硬模板。然后，在 CTAB 的辅助下，通过 TEOS（硅酸乙酯）水解，在 ZnCo-ZIF 表面包覆了一层光滑的介孔二氧化硅壳，得到的亚微米颗粒为 ZIF@SiO_2。由于二氧化硅表面的硅烷醇基，其包覆可以提高 ZnCo-ZIF 的亲水性，有利于后续的水热处理。有趣的是，如果在煅烧之前进行一段时间的水热处理，则实现了从核@壳结构向双壳层中空结构的转变（ZnCo-SiO_x-H，其中 H 代表水热处理时间）。另外，不经过水热处理，将 ZIF@SiO_2 在空气中直接煅烧后会获得蛋黄@蛋壳结构（ZnCoSiO_x-0h）。

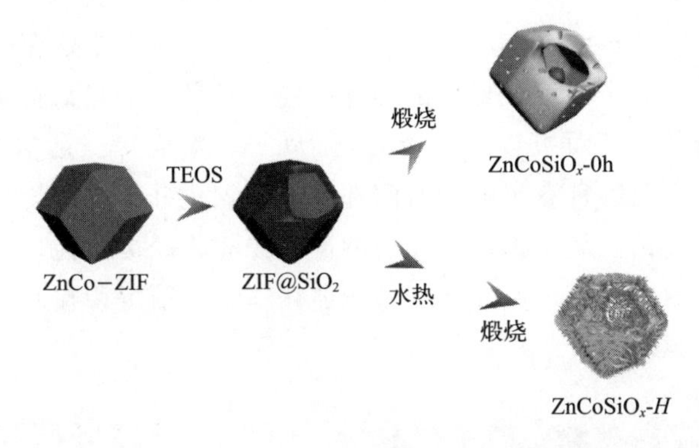

图 7.8 不同结构的 ZnCoSiO_x 合成策略

7.2.3 核@壳结构向双壳层中空结构的转变

通过对 ZIF@SiO_2-H 系列样品的时间依赖性测试和表征，系统研究了水热处理诱导的核@壳结构 ZIF@SiO_2 纳米材料的转变过程和机理。如图 7.9(a) 所示，合成的 ZnCo-ZIF 显示典型的菱形十二面体结构，直径约为 150nm［图 7.9(a) 中的ⅰ］。ZIF@SiO_2-0h 保持了原有 ZnCo-ZIF 的形状，并展现了二氧化硅壳层尺寸约为 50nm［图 7.9(a) 中的ⅱ］。在水热处理的第一个小时，发现 ZIF 核急剧收缩，壳的粗糙度逐渐增加，但仍可观察到 ZIF 核的一小部分［ZIF@SiO_2-1h，图 7.9(a) 中的ⅲ］。当水热处理持续到 3h，获得了中空结构材料［ZIF@SiO_2-3h，图 7.9(a) 中的ⅳ］。随着水热时间的再次延长，壳的内侧变薄，而最外侧出现致密的壳［ZIF@SiO_2-6h，图 7.9(a) 中的ⅴ］。同时，内侧和最外侧之间的中间层被空隙代替。最终，原始约 50nm 的壳层分裂成较薄的两层（内层厚度约为 20nm，外层厚度约为 10nm），从而形成 ZIF@SiO_2-12h 的结构［图 7.9(a) 中的ⅵ］。根据透射电镜图像，这些颗粒的表面从光滑变为粗糙，最终呈现由纳米片堆叠的形貌。通过粉末 X 射线衍射（XRD）表征，证明在水热过程中材料组分发生了变化。如图 7.9(b) 所示，所有 ZIF@SiO_2-H 系列样品在23°附近都有一个宽峰，这归属于无定形二氧化硅壳层。然而，对应于ZnCo-ZIF的峰在水热处理3h时完全消失，并在34.7°和60.2°出现新的峰，这表明生成了硅酸钴氢氧化物（PDF No. 21-0872）。硅酸钴氢氧化物的峰强度随着水热处理时间的延长而逐渐增加，表现出材料逐渐结晶化。在所有的XRD谱图中没有发现锌物种的峰，表明锌物种分散良好（具有小尺寸）和/或无定形。此外，合成过程中系列样品的视觉颜色由紫色变为粉红色［图7.9(c)］，证明了ZnCo-ZIF的分解和金属物种的捕获。

基于以上表征结果，双壳层中空结构的形成机制可以被总结为三个阶段［图7.9(d)］：①ZnCo-ZIF由于在热碱性溶液中不稳定，在水热处理过程中首先被分解，生成的锌和钴离子在浓度梯度的驱动下向外扩散。②二氧化硅在碱性条件下转化为硅酸盐离子，从而更容易截留锌/钴离子，生成锌、钴掺杂的二氧化硅。延长水热时间使金属物种有足够的时间在整个二氧化硅壳层中均匀分布，并进一步在表面生成硅酸钴氢氧化物。③壳层内部的二氧化硅被消耗，而结晶度更高的硅酸钴氢氧化物纳米片通过奥斯特瓦尔德熟化作用逐渐沉积在原始壳层的内外表面，从而形成双壳层中空结构。

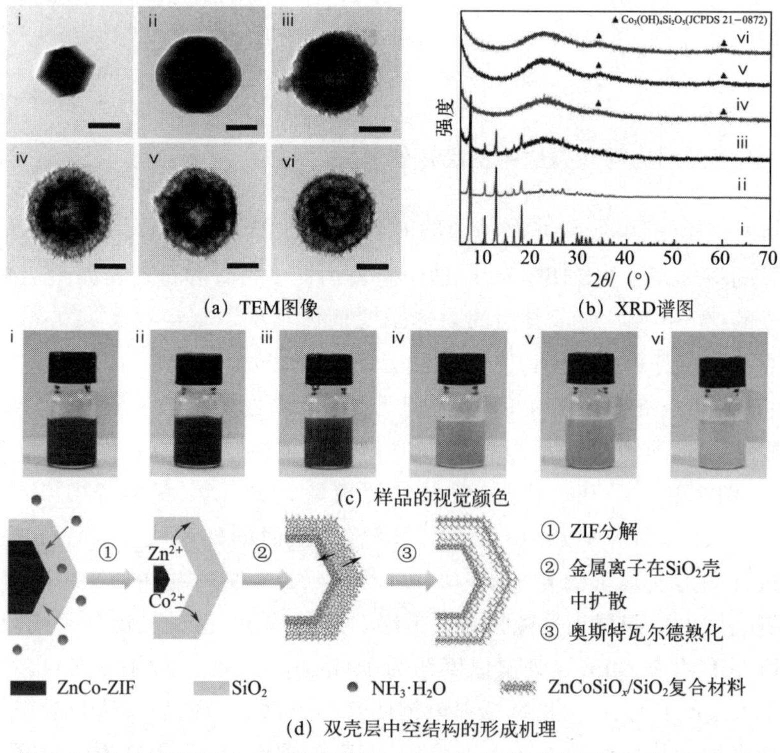

(a) TEM图像

(b) XRD谱图

(c) 样品的视觉颜色

(d) 双壳层中空结构的形成机理

图7.9 ZnCo-ZIF(ⅰ)及ZIF@SiO_2-0/1/3/6/12h（ⅱ/ⅲ/ⅳ/ⅴ/ⅵ）的相关研究（比例尺，100nm）

通过调节二氧化硅壳层的厚度和组成，进一步验证了所提出的机理。典型的合成过程是采用了 2mmol TEOS 作为二氧化硅前体，得到了独特的双壳层中空结构。如图 7.10(a) 所示，约 160nm 的中空空隙继承了 ZnCo-ZIF 的尺寸，两薄层之间约 51nm 的间隙距离也接近原始二氧化硅壳的厚度。然而，较低的 TEOS 用量仅导致中空海胆状结构的形成［图 7.10(b)］。薄的二氧化硅向硅酸盐壳层的完全转变使结构向内收缩。在 TEOS 用量较高的情况下，壳内过量的二氧化硅不会被消耗，这也导致了单壳层中空结构的形成［图 7.10(c)］。因此，二氧化硅在碱性条件下的溶解速率和硅酸钴氢氧化物纳米片的生长速率强烈影响所制备材料的形态。此外，不同类型的二氧化硅前体在控制材料表面的亲/疏水性方面起着至关重要的作用，这进一步影响后续的水热过程。TEOS 的水解赋予了 ZnCo-ZIF 更亲水的表面，因此包覆二氧化硅后，材料的水接触角从 76.5°变化到 63.89°［图 7.11(ⅰ)、(ⅱ)］。因此，在水热过程中加速了 ZnCo-ZIF 的分解，并且锌/钴离子在 12h 后分布均匀。当使用 1,2-二(三乙氧基硅基)乙烷（BTEE）和双-[3-(三乙氧基硅)丙基]-四硫化物（BTEPTS）作为硅烷前体时，材料接触角分别为 40.62°和 84.9°［图 7.11(ⅲ)、(ⅳ)］。此外，这些硅烷中有机基团和杂原子的引入也改变了金属组分的存在形式和结构。因此，当使用有机硅烷作为二氧化硅壳层前体时，获得具有不同形貌的材料（图 7.12）。

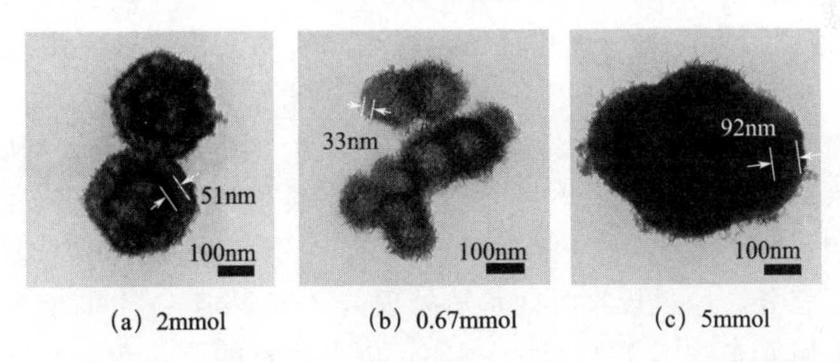

(a) 2mmol　(b) 0.67mmol　(c) 5mmol

图 7.10　用不同量的 TEOS 制备的 ZIF@SiO_2-12h 的透射电镜图像

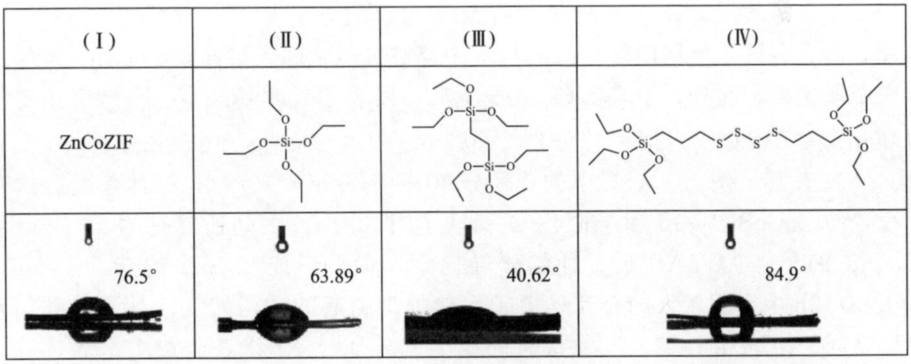

(Ⅰ)	(Ⅱ)	(Ⅲ)	(Ⅳ)
ZnCoZIF			
76.5°	63.89°	40.62°	84.9°

图 7.11　ZnCo-ZIF、ZIF@SiO_2、ZIF@BTEE、ZIF@BTEPTS 的接触角

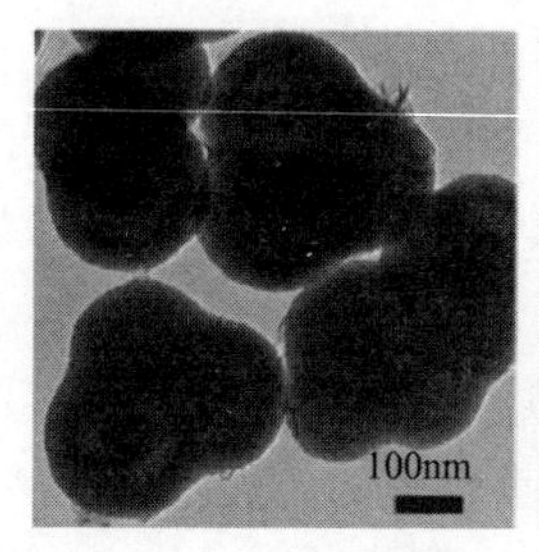

(a) 1mmol TEOS和1mmol MPTMS

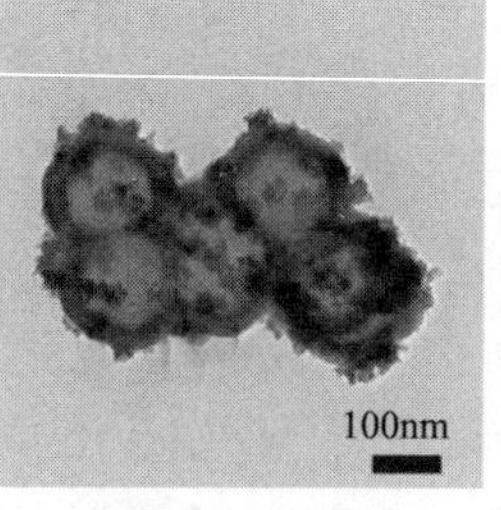

(b) 2mmol BTEE

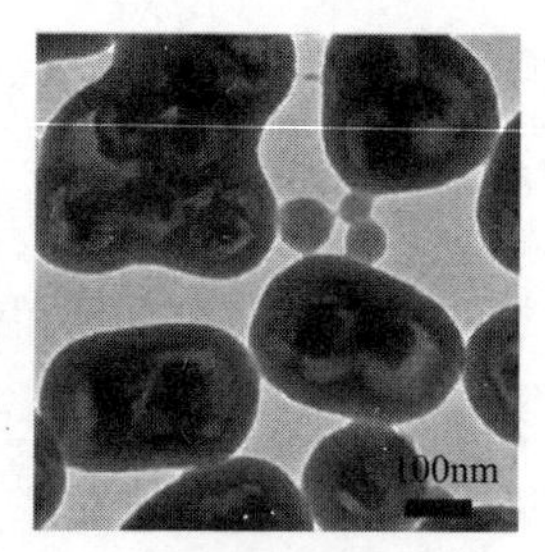

(c) 2mmol BTEPTS

图 7.12 不同类型的硅烷前体制备的 ZIF@organosilica-H 的透射电镜图像

[MPTMS 指 (3-巯基丙基)三甲氧基硅烷]

7.2.4 水热处理对材料结构性能的影响

为了强调水热处理对材料结构和性能的影响，提取了水热处理过程中的关键节点：水热处理前（0h)、ZnCo-ZIF 的完全分解（3h）和双壳层结构的出现(12h)。煅烧后的相应样品（$ZnCoSiO_x$-H，$H=0/3/12$h）表现出形貌和组成的差异，这进一步影响了对 CO_2 加氢反应的性能。鉴于 ZIFs 在空气中煅烧时会收缩并转化为金属氧化物[77]，未经历水热处理的 $ZnCoSiO_x$-0h 显示出蛋黄@蛋壳结构，具有锌/钴氧化物核和致密的二氧化硅壳［图 7.13(a)］。值得注意的是，根据 EDS 能谱图结果，元素锌和钴也出现在二氧化硅壳层的内侧一圈［图 7.13(c)］，其根源在于 ZIFs 和二氧化硅之间的原始紧密边界。$ZnCoSiO_x$-3h 显示出稀疏的壳，展现了原始壳将分裂成双薄层的迹象［图 7.13(e)］。从线扫描结果可以清楚地看出，$ZnCoSiO_x$-3h 的锌/钴元素不是均匀分布在二氧化硅壳中，而是更靠近内侧［图 7.13(g)、(h)］，这归因于在短的水热时间内锌/钴物种在壳层内的扩散不充分。经过较长时间水热处理的 $ZnCoSiO_x$-12h 具有薄的双壳层和均匀分布的金属元素［图 7.13(i)～(l)］。值得注意的是，无论水热处理多长时间，离心后的上清液都是无色的。通过电感耦合等离子体发射光谱法对金属元素进行定量分析表明，这三种材料中锌或钴元素的含量基本一致［图 7.14(a)］。因此，所有金属物种在向外扩散的过程中都被二氧化硅壳层捕获，水热过程不会造成金属流失。此外，$ZnCoSiO_x$-0/3/12h 三种材料均显示出Ⅳ型 N_2 吸附等温线和相似的 BET 比表面积，分别为 688m^2/g、776m^2/g 和 682m^2/g［图 7.14(b) 和表 7.1］。图 7.14(c) 中的孔径分布揭示了 $ZnCoSiO_x$-0h 仅具有 2.4nm 的介孔，而 $ZnCoSiO_x$-3h 和 $ZnCoSiO_x$-12h 除了 2.4nm 之外还具有约 14.7nm 和 22.0nm 的介孔。CTAB 是一种结构导向剂，负责形成 2.4nm 的介孔。$ZnCoSiO_x$-3/12h 中出现较大的介孔是由于水热处理引起的结构转变，其孔尺寸与双薄层之间的距离相匹配。三种材料的组成差异通过 XRD 表征技术来表现［图 7.14(d)］。$ZnCoSiO_x$-0h 中 $2\theta=31.3°$、$36.8°$、$44.8°$、$55.6°$、$59.4°$和 $65.2°$处

的峰被归属于 Co_3O_4（PDF No. 43-1003），这证实了在图 7.13(a) 的 TEM 图像

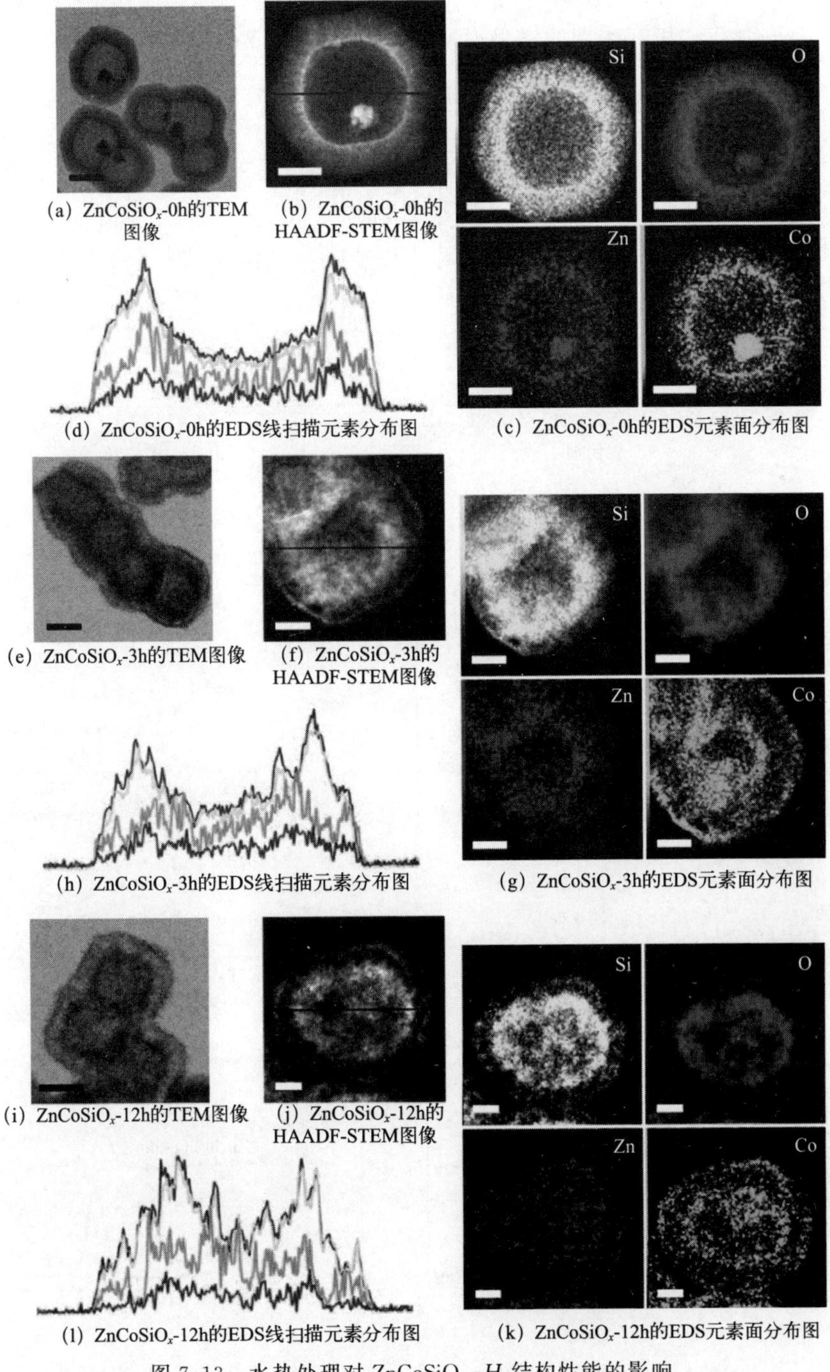

(a) $ZnCoSiO_x$-0h的TEM图像 (b) $ZnCoSiO_x$-0h的HAADF-STEM图像 (c) $ZnCoSiO_x$-0h的EDS元素面分布图 (d) $ZnCoSiO_x$-0h的EDS线扫描元素分布图

(e) $ZnCoSiO_x$-3h的TEM图像 (f) $ZnCoSiO_x$-3h的HAADF-STEM图像 (g) $ZnCoSiO_x$-3h的EDS元素面分布图 (h) $ZnCoSiO_x$-3h的EDS线扫描元素分布图

(i) $ZnCoSiO_x$-12h的TEM图像 (j) $ZnCoSiO_x$-12h的HAADF-STEM图像 (k) $ZnCoSiO_x$-12h的EDS元素面分布图 (l) $ZnCoSiO_x$-12h的EDS线扫描元素分布图

图 7.13 水热处理对 $ZnCoSiO_x$-H 结构性能的影响

［比例尺（黑色），100nm；比例尺（白色），50nm］

中观察到的内核的组成。与 ZIF@SiO_2-3h 和 ZIF@SiO_2-12h 相比，$ZnCoSiO_x$-3h 和 $ZnCoSiO_x$-12h 的组分没有变化，但是硅酸钴氢氧化物的峰强度由于高温煅烧后金属-载体相互作用的增强而略有提高。利用 XPS 表征技术研究了三种材

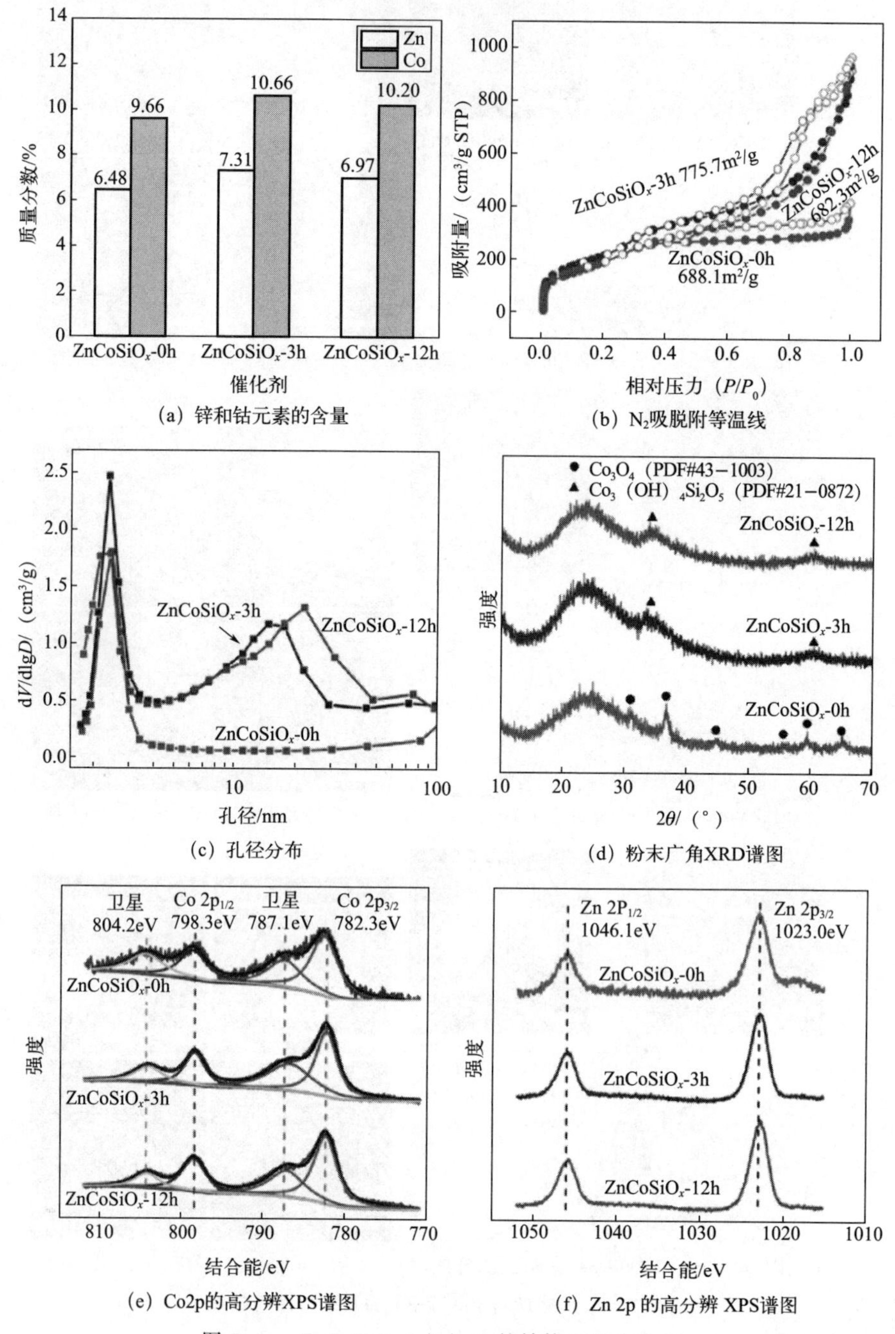

(a) 锌和钴元素的含量

(b) N_2吸脱附等温线

(c) 孔径分布

(d) 粉末广角XRD谱图

(e) Co2p的高分辨XPS谱图

(f) Zn 2p 的高分辨 XPS谱图

图 7.14　$ZnCoSiO_x$-0/3/12h 的结构和组成表征

料的表面元素（图 7.15）。因为 XPS 较小的探测深度无法检测到 $ZnCoSiO_x$-0h 的内核（即 Co_3O_4），钴和锌物种的状态在 $ZnCoSiO_x$-0/3/12h 中显示出类似的结果，如图 7.14(e)、(f)。782.3eV 和 798.3eV 的结合能分别对应于 Co $2p_{3/2}$ 和 Co $2p_{1/2}$。由于自旋-轨道分裂值（$\Delta E_{Co\ 2p1/2\text{-}Co\ 2p3/2}$）为 16.0eV，并伴有两个对应于 Co^{2+} 的信号卫星（787.1eV 和 804.2eV），证实了体系中钴物种为二价钴，以硅酸钴形式存在[78,79]。此外，在 1023.0eV 和 1046.1eV 的峰归属于 Zn $2p_{3/2}$ 和 Zn $2p_{1/2}$，这对应于 Zn^{2+} 物种[80]。这些结果表明，锌和钴物种在 $ZnCoSiO_x$-0/3/12h 的壳层中的组成形式相同。因此，水热处理引起的金属物种扩散使金属物种的分布和微环境不同，这些变化对催化和反应产物有显著影响。

表 7.1 $ZnCoSiO_x$-0/3/12h 的 BET 比表面积和孔结构

催化剂	BET 比表面积/(m^2/g)	孔径/nm	总孔容/(cm^3/g)
$ZnCoSiO_x$-0h	688	2.4	0.64
$ZnCoSiO_x$-3h	776	2.4,14.7	1.42
$ZnCoSiO_x$-12h	682	2.4,22.0	1.49

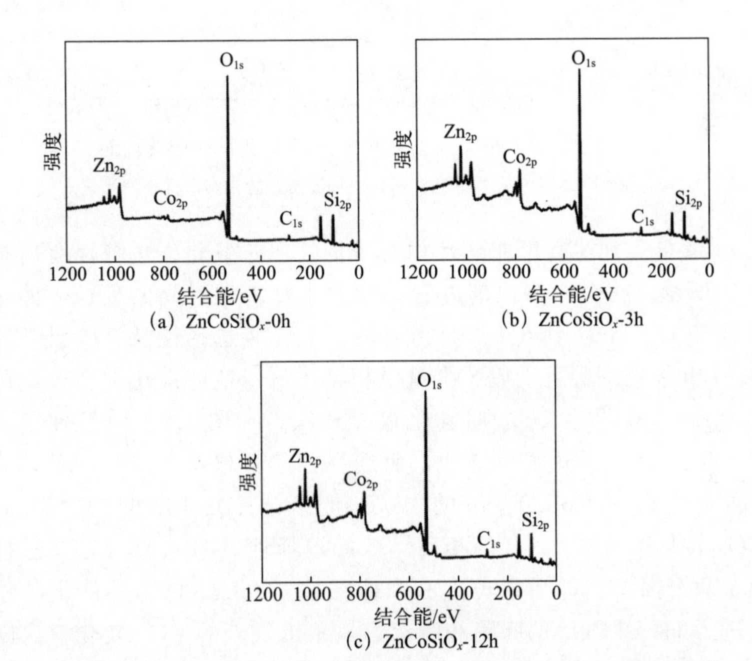

图 7.15 $ZnCoSiO_x$-0h、$ZnCoSiO_x$-3h、$ZnCoSiO_x$-12h 的 XPS 全谱

选择 CO_2 加氢作为模型反应来考察 $ZnCoSiO_x$-0/3/12h 催化剂的性能。在固定床反应器中原位预还原后，$ZnCoSiO_x$-0h 显示出相对较高的 CO_2 转化率（390℃下为 14%），主要产物为 CH_4。在相同的反应条件下，水热处理过的 Zn-

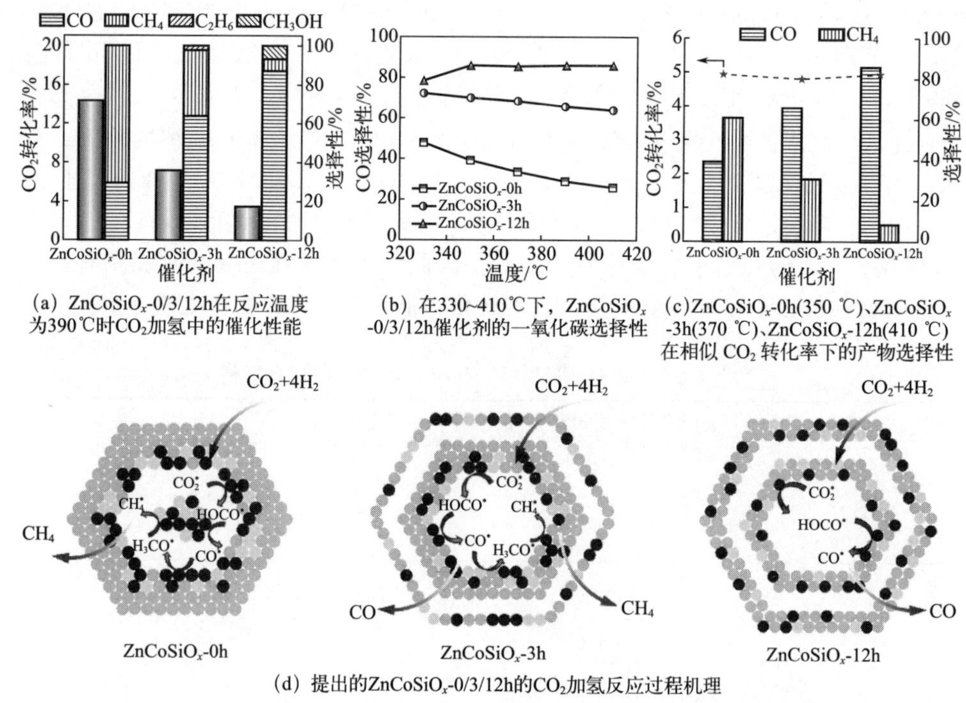

(a) ZnCoSiO$_x$-0/3/12h在反应温度为390℃时CO$_2$加氢中的催化性能

(b) 在330~410℃下，ZnCoSiO$_x$-0/3/12h催化剂的一氧化碳选择性

(c) ZnCoSiO$_x$-0h(350 ℃)、ZnCoSiO$_x$-3h(370 ℃)、ZnCoSiO$_x$-12h(410 ℃)在相似 CO$_2$ 转化率下的产物选择性

(d) 提出的ZnCoSiO$_x$-0/3/12h的CO$_2$加氢反应过程机理

图 7.16　ZnCoSiO$_x$-0/3/12h 在 CO$_2$ 加氢反应中的性能

（灰色圆形代表硅元素，黄色圆形代表锌元素，紫色圆形代表钴元素）

CoSiO$_x$-3/12h 催化剂尽管反应活性相对较低，但一氧化碳选择性有所提高。如图 7.16(a) 所示，在合成催化剂过程中随着水热处理时间的延长，催化剂对甲烷的选择性从 71%下降到 6%，而相应的一氧化碳选择性从 29%上升到 87%，ZnCoSiO$_x$-12h 催化剂甚至生成了少量甲醇。评估了这些催化剂在较宽范围温度区间（330～410℃）内的 CO$_2$ 加氢性能（图 7.17～图 7.19），发现三种催化剂的活性随着反应温度的升高而增加，而选择性趋势保持不变。因此，在 ZnCoSiO$_x$-0h 的 350℃、ZnCoSiO$_x$-3h 的 370℃和 ZnCoSiO$_x$-12h 的 410℃下，显示了相似的 CO$_2$ 转化率（约 5%）但相反趋势的选择性［图 7.16(c)］。选择性的差异可归因于两个因素，即活性位点和载体结构。ZnCoSiO$_x$-0h 催化剂集中的金属位点促进了 H$_2$ 和 CO$_2$ 的吸附和解离，显示出较高的 CO$_2$ 转化率。随着金属物种在水热过程中的扩散，金属物种周围的局部微环境逐渐发生变化。ZnCoSiO$_x$-12h 催化剂中钴物种周围存在更多的二氧化硅，阻挡了部分钴活性位点，并进一步将钴物种的存在形式转变为硅酸钴。尽管活性有所降低，但 ZnCoSiO$_x$-12h 催化剂形成的 Co—O—SiO$_n$ 键有望抑制 C—O 解离以促进 CO 生成。此外，ZnCoSiO$_x$-0h 催化剂相对致密的外壳限制了中间体的解吸，导致 CO$_2$ 深度加氢

为 CH_4[81,82]。相反，载体中更开放的多孔结构为传质提供了更多的扩散路径[76,83]，因此从 $ZnCoSiO_x$-3/12h 的孤立金属位点上产生的中间体 CO^* 易于通过更宽的通道解吸 [图 7.16(d)]。重要的是，锌物种在这三种催化剂中的存在也重要，负责分散钴物种以及影响中间体的吸附[84-86]。不含锌离子的 $CoSiO_x$-12h 催化剂即使经过水热处理，CH_4 选择性依然接近 80%，这不同于 $ZnCoSiO_x$-12h 催化剂的以 CO 为主要产物和少量 CH_3OH 的产生（图 7.20）。此外，通过浸渍-还原方法制备的 $ZnCo/SiO_2$ 发现在二氧化硅载体上存在较大的金属纳米颗粒，这也导致甲烷作为 CO_2 加氢的主要产物（图 7.21）。因此，通过水热处理制备小尺寸和高度分散的金属物种被证明是有效和可取的。金属物种周围的局部微环境会显著影响 CO_2 加氢性能。需要指出的是，$ZnCoSiO_x$-0/12h 在长期稳定性测试中的活性和产物选择性基本维持不变，表明这些纳米催化剂相对稳定 [图 7.22(a)、(b)]。此外，反应 40h 后，$ZnCoSiO_x$-0/12h 催化剂依然保持了原始结构和组分 [图 7.22(c)～(f)]。金属钴在 $ZnCoSiO_x$-0h-spent 催化剂上的出现是由于其在固定床中的原位预还原。

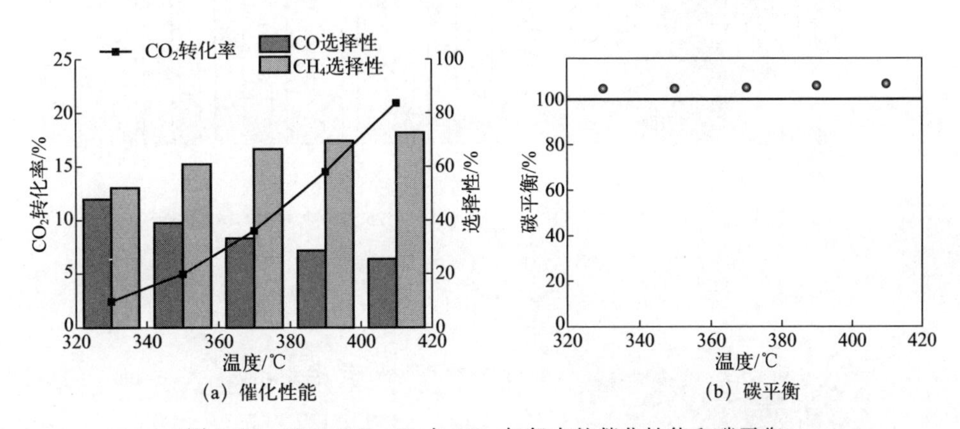

(a) 催化性能　　(b) 碳平衡

图 7.17　$ZnCoSiO_x$-0h 在 CO_2 加氢中的催化性能和碳平衡

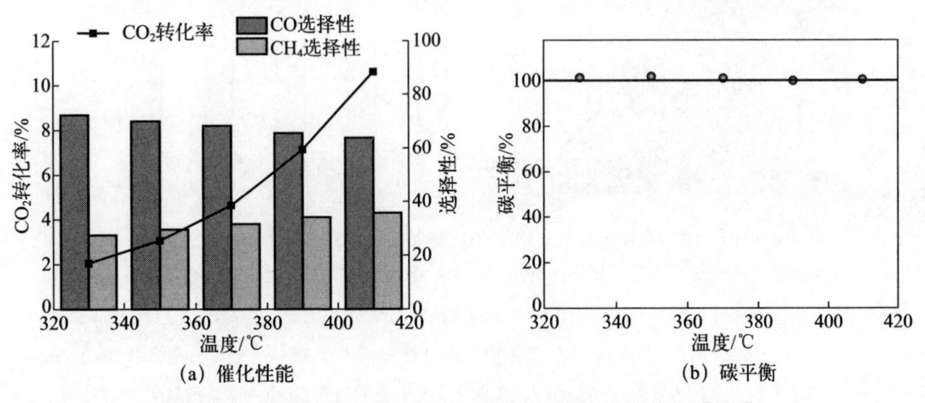

(a) 催化性能　　(b) 碳平衡

图 7.18　$ZnCoSiO_x$-3h 在 CO_2 加氢中的催化性能和碳平衡

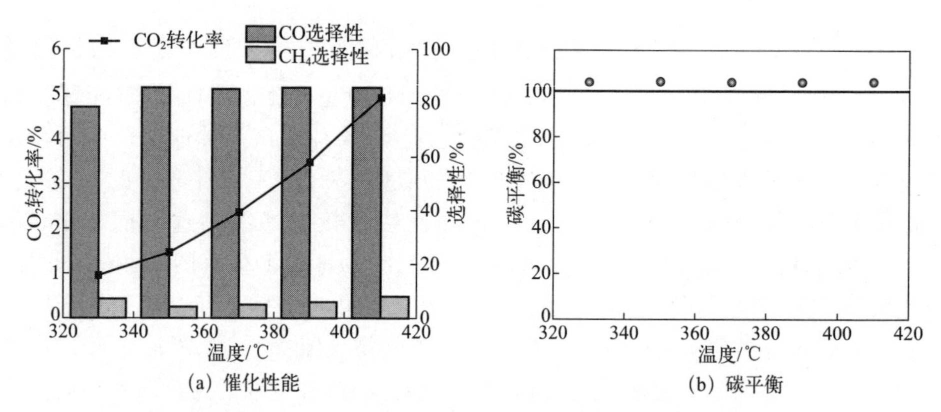

(a) 催化性能　　(b) 碳平衡

图 7.19　ZnCoSiO$_x$-12h 在 CO_2 加氢中的催化性能和碳平衡

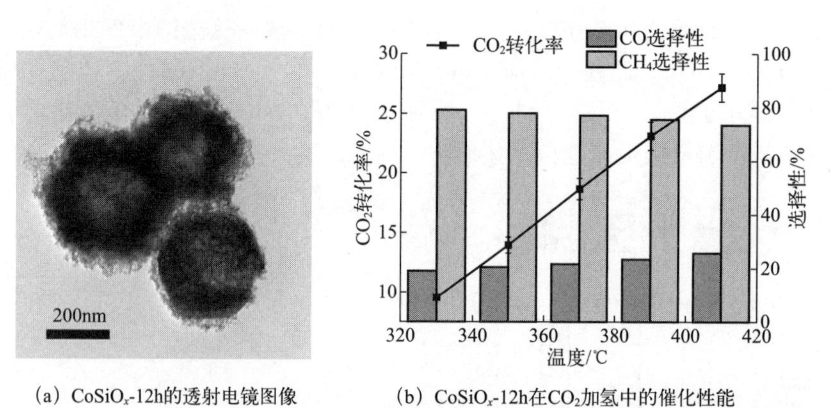

(a) CoSiO$_x$-12h的透射电镜图像　　(b) CoSiO$_x$-12h在CO$_2$加氢中的催化性能

图 7.20　CoSiO$_x$-12h 的透射电镜图像及催化性能

(在 CoSiO$_x$-12h 的合成中，采用 ZIF-67 代替 ZnCo-ZIF)

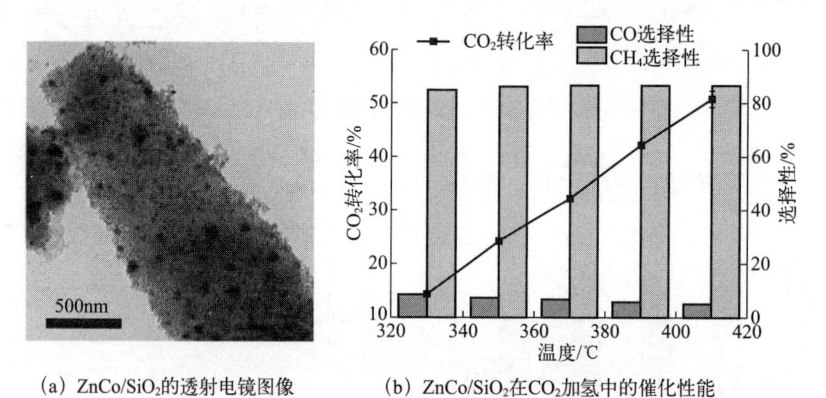

(a) ZnCo/SiO$_2$的透射电镜图像　　(b) ZnCo/SiO$_2$在CO$_2$加氢中的催化性能

图 7.21　ZnCo/SiO_2 的透射电镜图像及催化性能

[在 ZnCo/SiO_2 的合成中，将 0.5g 商用 SiO_2 粉末浸渍到 20mL 含有 0.53mmol Zn $(NO_3)_2 \cdot 6H_2O$ 和 0.85mmol $Co(NO_3)_2 \cdot 6H_2O$ 的乙醇溶液中。混合物在 70℃下蒸干，并在马弗炉中以 2℃/min 的加热速率升温至 500℃维持 4h。ICP-OES 测试结果表明所得 ZnCo/SiO_2 的锌元素含量为 6.42%，钴元素含量为 9.30%]

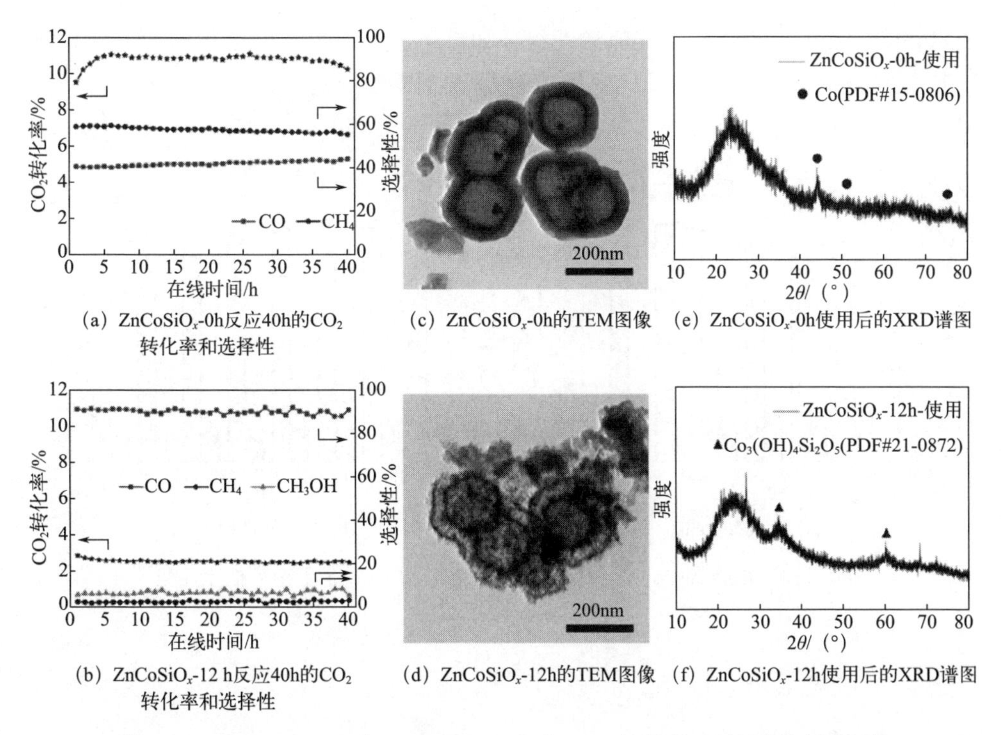

(a) $ZnCoSiO_x$-0h反应40h的CO_2转化率和选择性　(c) $ZnCoSiO_x$-0h的TEM图像　(e) $ZnCoSiO_x$-0h使用后的XRD谱图

(b) $ZnCoSiO_x$-12 h反应40h的CO_2转化率和选择性　(d) $ZnCoSiO_x$-12h的TEM图像　(f) $ZnCoSiO_x$-12h使用后的XRD谱图

图 7.22　$ZnCoSiO_x$-0h 和 $ZnCoSiO_x$-12h 在 CO_2 加氢中 390℃下反应 40h 的长期稳定性测试结果

除了 Zn/Co 金属物种的动态变化，这种合成策略为精确定位其他金属纳米粒子提供了范例。例如，通过改变金的引入顺序，金纳米粒子可以被选择性地沉积在双壳层中空 $ZnCoSiO_x$ 的内壳或外壳上。如果在合成过程中在 ZnCo-ZIF 模板上负载金，则金纳米粒子可以保留在内壳［图 7.23(a)］。此外，在主要合成路线完成后，金纳米粒子直接负载在双壳层中空 $ZnCoSiO_x$ 表面，可以获得 Au/

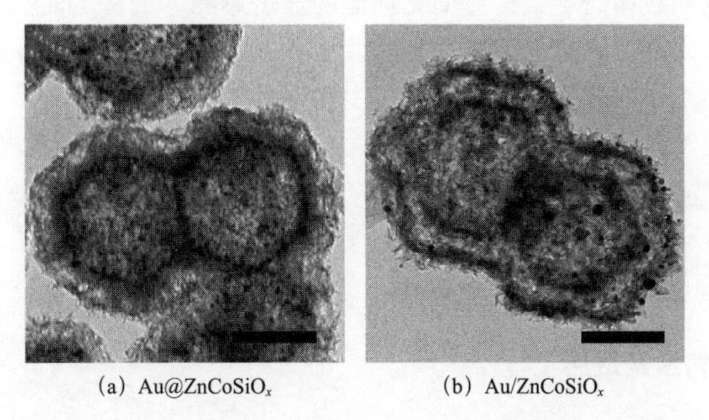

(a) Au@$ZnCoSiO_x$　(b) Au/$ZnCoSiO_x$

图 7.23　Au@$ZnCoSiO_x$ 和 Au/$ZnCoSiO_x$ 的透射电镜图像（比例尺，100nm）

$ZnCoSiO_x$ [图 7.23(b)]。其他活性组分如钌纳米颗粒也可以以相同的方式精准定位，其显示出 CO_2 加氢反应中活性的差异（图 7.24）。

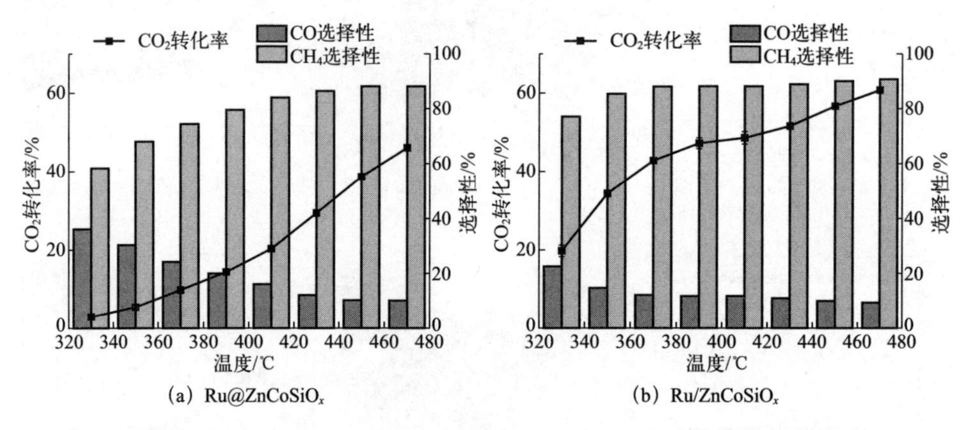

图 7.24 Ru@$ZnCoSiO_x$ 和 Ru/$ZnCoSiO_x$ 在 CO_2 加氢中的催化性能

7.2.5 小结与展望

利用 ZIFs 在热碱性溶液中的不稳定性，对 ZIF@SiO_2 进行水热处理制备了双壳层中空 $ZnCoSiO_x$ 复合材料。在水热过程中，由 ZIFs 释放的金属物种向外扩散，最终被二氧化硅壳层捕获。通过增加水热处理时间，金属物种可以均匀分布在整个二氧化硅壳层中，进一步提高了金属-载体相互作用。此外，不经过水热处理，直接煅烧 ZIF@SiO_2 可以得到蛋黄@蛋壳结构的 $ZnCoSiO_x$，其中金属作为蛋黄被包裹其中。多种表征方法清楚地表明了这两类材料在结构和组成上的差异。在 CO_2 加氢模型反应中，双壳层中空 $ZnCoSiO_x$ 复合材料表现出较高的一氧化碳选择性，而蛋黄@蛋壳 $ZnCoSiO_x$ 复合材料主要产生甲烷，证明了金属分散度、位置和载体壳层结构对催化性能的显著影响。最后，证明了其他活性组分（如金和钌）也可以精准地装载到这些催化剂上，从而允许设计更复杂的纳米反应器。这项工作概述了在催化剂合成中精确控制金属位置和微环境的策略，这有望加速新型纳米反应器的设计和构筑，为今后构筑串联式纳米反应器提供了参考。

7.3 CO_2 加氢制乙醇及多碳醇

7.3.1 研究背景及进展

CO_2 加氢制取 C_1 产品（甲烷、甲醇、甲酸、一氧化碳）的催化剂被大量报道，并且 CuZnAl 及 ZnZr 催化剂已经在工业上应用于 CO_2 加氢制甲醇[87]。当前，如何精准控制 CO_2 加氢过程中 C—C 键的形成及耦合程度，从而合成特定 C_{2+} 化合物是 C_1 化学中极具挑战性的难题。因此亟需发展高活性、高 C_{2+} 选择性和高稳定性的催化剂，从而推进 CO_2 加氢制取更高附加值产品。

乙醇作为常用的溶剂和原料之一，在化学工业、医疗卫生、食品工业、农业生产等领域都有广泛的用途，尤其是乙醇比甲醇具有更高的热值及贵一倍多的价格，可直接加入汽油，改善油品的燃烧性能，降低尾气污染等优点，近年来国内外不少研究开始关注 CO_2 加氢制乙醇等高碳醇（HA）的研究［图 7.25(a)］。

从热力学角度分析，CO_2 加氢制乙醇反应（$2CO_2 + 6H_2 \rightleftharpoons C_2H_5OH + 3H_2O$，$\Delta H_{298K} = -173.7kJ/mol$，$\Delta G_{298K} = -32.4kJ/mol$）是放热和体积减小的反应，低温高压有利于该反应的进行，在 200℃和 1300kPa 条件下，CO_2 加氢生成乙醇的平衡转化率约高达 80%［图 7.25(b)］[88]，远高于类似条件下生成甲醇的平衡转化率（约 20%）[89]。然而从动力学角度分析，反应受到 CO_2 分子活化及 C—C 键偶联的动力学限制，相比于 CO_2 加氢制甲醇催化剂而言，合成乙醇催化剂需要同时完成 C—C 键偶联，为此 CO_2 加氢合成乙醇的挑战主要来源于如何实现 CO_2 的高效活化和 C—C 键的偶联。

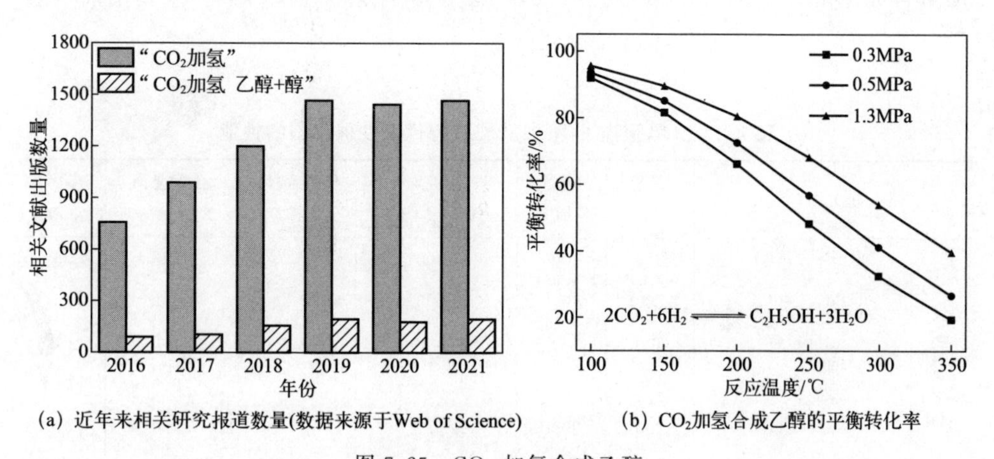

(a) 近年来相关研究报道数量(数据来源于Web of Science)

(b) CO_2加氢合成乙醇的平衡转化率

图 7.25 CO_2 加氢合成乙醇

7.3.2 贵金属负载型催化剂

贵金属负载型催化剂（Rh 基、Pd 基、Pt 基、Au 基和 Ir 基等）具有优异的 C—C 键偶联性能而被广泛应用于 CO_2 加氢合成乙醇。例如，韩布兴院士等人报道了 Pt/Co_3O_4 催化剂在反应釜中 CO_2 加氢制乙醇的选择性达到 57.0%[90]；Caparrós 等人发现 Fe_3O_4 负载的 Pd 催化剂在固定床 CO_2 加氢反应中也能实现

97.5%乙醇选择性[91]，然而反应空速大，CO_2 转化率较低（0.3%）；Lou 等人合成了一种独特的双原子 Pd/CeO_2 催化剂[92]，在较高 CO_2 转化率（9.2%）下，乙醇选择性依然高达 99.2%。该催化剂具有独特的 Pd_2O_4 构型，能直接解离 CO_2 到 CO，CO 能强吸附在 Pd_2/CeO_2 上，有利于其与 CH_3^* 中间物种 C—C 偶联生成乙醇前驱体，并抑制其进一步链增长生成其他 C_{2+} 产品。

7.3.3 非贵金属负载型催化剂

非贵金属催化剂由于价格低廉的优势，最近也被报道应用于 CO_2 加氢合成乙醇，然而大部分非贵金属催化剂的乙醇选择性仍然低于 20%（表 7.2），副产物主要是一氧化碳、甲醇和低碳烷烃。例如 Xu 等人报道了 Cs-$Cu_{0.8}Fe_{1.0}Zn_{1.0}$ 和 CuZnAl/K-CuMgAlFe 等催化剂应用于 CO_2 加氢合成高碳醇，发现碱金属组分可以加强 CO 和烷烃的插入反应[93,94]。更为有趣的是，丁维平教授团队运用金属铜与沸石分子筛两种组分构造成金属铜纳米团簇被贝塔分子筛骨架从四周较为紧密限制的复合催化剂，实现了乙醇为唯一有机产物的目标，乙醇选择性高达 69.5%（其余为 CO）[88]。除了 Cu 基催化剂以外，Co 基催化剂也被应用于 CO_2 加氢合成乙醇，例如 Na-Co/SiO_2、Co/$La_4Ga_2O_9$ 和 KCo-In_2O_3 等催化剂（表 7.2）[2,95-97]，然而乙醇的选择性依然较低。

表 7.2 文献报道 CO_2 加氢制乙醇代表性催化剂的性能

催化剂		温度/℃	压力/kPa	空速/[mL(g·h)]	CO_2 转化率/%	乙醇选择性/%	参考文献
贵金属催化剂	RhFeLi/TiO_2	250	3000	6000	15.7	31.3	[98]
	Pd_2/CeO_2	240	3000	3000	9.2	99.2	[92]
	Pd/Fe_3O_4	300	100	60000	0.3	97.5	[91]
	Pd_2Cu NPs/P25	200	3200	（反应釜）	—	92.0	[99]
	Pt/Co_3O_4	200	8000	（反应釜）	—	57.0	[90]
	Ir_1-In_2O_3	200	6000	（反应釜）	—	99.7	[100]
非贵金属催化剂	Na-Co_2C/SiO_2	250	5000	6000	21.5	7.6	[97]
	Co/$La_4Ga_2O_9$	270	3500	3000	4.6	34.7	[96]
	KCo-In_2O_3	380	4000	2250	36.6	11.1	[95]
	Cs-$Cu_{0.8}Fe_{1.0}Zn_{1.0}$	330	5000	4500	36.6	19.8①	[93]
	CuZnAl/K-CuMgAlFe	320	5000	6000	42.3	17.4①	[94]
	Cu@Na-Beta	300	1300	12000	7.9	69.5	[88]

① 乙醇及其他高碳醇的选择性。

7.3.4 小结与展望

将废弃 CO_2 转化为乙醇等高碳醇是一个有吸引力且有意义的课题[101]。与 CO_2 加氢制 C_1 醇相比，C_{2+} 醇的合成更具挑战性，大多数非均相催化剂的低活性和选择性是该课题的挑战。

在使用固定床反应器的 CO_2 加氢制乙醇中，主要使用 Rh 基催化剂。尽管 Rh 基催化剂对乙醇表现出高选择性和活性，但生产出的乙醇的价值仍然较低，无法证明其高昂的催化剂成本合理。廉价的改性 Co 基和改性 Cu 基催化剂相对于 Rh 基催化剂而言具有成本优势，但这些催化剂普遍存在 HA 选择性低的问题。在改性 Co 基催化剂中，甲烷是主要的产物，但其附加值较低。相比之下，改性 Cu 基催化剂（例如 CuFe 基催化剂）的主要副产物是 C_{2+} 烃，其价值高于甲烷。这两种催化剂的另一个缺点是催化剂的稳定性差，考虑到在实际的应用中催化剂都需要高的活性、选择性和稳定性，因此未来的研究仍然存在巨大挑战。

CO_2 加氢生成 HA 的未来挑战和展望如下：在高碳醇合成中获得的 HA 选择性（5%～35%）和 STY［20～100mg/(g 催化剂·h)］仍然远低于工业化需求的选择性（50%～90%）和 STY［300～1000mg/(g 催化剂·h)］。Pd 催化剂本身通常表现出 CO_2 加氢制甲醇的高活性。通过形成 PdZn 合金对 Pd 进行改性，Pd 基催化剂在高碳醇中表现出一定的催化活性，这是由于 PdZn 合金与 Cu 具有相似的电子特性。因此，规范合金化的活性金属的电子特性也可用于高碳醇合成。作为主要的副产品，CO 的循环利用可能是必要的。不仅如此，含 CO_2 的原料气体可以通过促进活性物质（例如钴）的形成来加速形成碳化物或碳化铁并增加反应物的浓度。此外，需要研究 H_2O 作为 RWGS 的副产物对催化剂稳定性和高碳醇合成的影响。尽管以前的一些工作表明水通过直接参与甲醇的形成来提高甲醇的选择性和产率，或通过加速甲醇质子化为烷基物质来提高高碳醇选择性，但水诱导的催化剂纳米颗粒团聚通常会导致失活。通过在温和条件下调节催化剂的亲水性和疏水性来研究水的作用将是一个很好的策略。此外，及时去除水可以有效地促进甲醇的热力学和动态形成，这可能与高碳醇的选择性有关。

另一个展望是需要对碱金属助剂效应和溶剂效应深入研究。超过一半的钴基和铜基催化剂均使用碱金属作为添加剂，碱金属在 CO_2 加氢产生的高碳醇中起关键作用。已证明碱金属能够抑制催化剂的还原，削弱催化剂的加氢能力，但对高碳醇的选择性的直接影响仍不清楚。一些研究表明，在高碳醇合成中使用极性溶剂，但溶剂、催化剂和反应物之间的相互作用仍不清楚。未来需要开发一些新的算法，以将碱金属和溶剂的独特作用与其他方法分开。在合成气转化为乙醇的过程中，已经报道了一些用于偶联反应过程的新型催化剂设计。可以预期，基于对催化剂活性位的理解而合理设计具有电子和几何效应平衡的多功能催化剂可能是未来 CO_2 加氢合成 HA 的潜在方向。

7.4 CO_2 加氢制二甲醚

7.4.1 研究背景

二甲醚（DME）是一种环保的清洁燃料，也是一种重要的化学中间体，可用于船舶、家庭、发电、氢载体和其他用途[57]。通过 CO_2 直接加氢合成 DME，将甲醇的合成和甲醇的脱水整合到混合催化剂上的单个反应器中，减轻了甲醇合成的热力学限制并降低了资本成本。与传统的铜锌铝（Cu-ZnO-Al_2O_3）催化剂相比，Cu-ZnO-ZrO_2(CZZ) 催化剂的甲醇合成效果更好[102-105]，而甲醇脱水发生在酸性催化剂上，如铁氧体沸石（FER）。具有不同直径的二维孔结构的 FER 催化剂最近被报道为更具活性的催化剂，因为其具有单一形式的活性中心分布和更有效的传质[106,107]，除了组成外，制备方法还影响结构、金属-载体相互作用以及最终的催化性能[108-110]。制备甲醇催化剂的常规方法是共沉淀法。溶胶-凝胶法可用于获得比表面积大、活性高的催化剂[111]。固体研磨方法具有制备速度快、操作简单的特点。

在铜基催化剂上合成甲醇的机理，包括载体的功能，已经得到了广泛的研究[112-115]。同样，也讨论了甲醇脱水的途径[116-119]。然而，CO_2 加氢反应形成甲醇的机理尚不明确。此外，CO_2 直接合成 DME 的机理也很少被讨论。

本章介绍了三种不同的制备方法合成的 CZZ/FER 杂化催化剂，讨论了制备过程对这些杂化催化剂的结构和催化性能的影响，从而进一步提高了其在 2000kPa 相对低压下的催化活性。通过在实际反应条件（反应压力和温度，CO_2 和 H_2 持续流过催化剂）下的原位 DRIFTS 光谱分析，研究了 CO_2 直接加氢合成 DME 的反应途径。

此外，本小节介绍的催化剂制备过程如下：制备了三种 CuZnZr 金属氧化物和商业 FER 沸石（SiO_2/Al_2O_3=20mol/mol）直接物理混合，用于 CO_2 直接加氢合成 DME。金属氧化物相与沸石的质量比为 2∶1。混合催化剂命名为 CZZ(X)/FER，其中“X”表示甲醇合成催化剂的制备方法，即共沉淀（C）、柠檬酸溶胶-凝胶（G）或固体研磨（S）。在三种制备方法中，三种金属元素的原子比（Cu∶Zn∶Zr）均固定在5∶2∶3，下文将详细介绍。

7.4.2 双功能CuZnZr/FER催化剂的制备

（1）共沉淀法制备催化剂

以碳酸钠溶液为沉淀剂，合成了共沉淀催化剂。将适当比例的$Cu(NO_3)_2 \cdot 2.5H_2O$（纯度99%）、$Zn(NO_3)_2 \cdot 6H_2O$（纯度98%）、$ZrO(NO_3)_2 \cdot nH_2O$（纯度99%）溶解在50mL去离子水中。将金属硝酸盐溶液和50mL的1.0mol/L Na_2CO_3溶液同时加入到70℃剧烈搅拌的100mL去离子水中。将浆液的pH维持在7.0±0.5，并在70℃下超声分散2h。沉淀被过滤并彻底清洗。残渣在110℃下干燥12h，在350℃下煅烧4h[109,111,120]。催化剂命名为CZZ(C)。

（2）柠檬酸溶胶-凝胶法制备催化剂

将适量的金属硝酸盐溶解在200mL的水中，与0.6mol/L的柠檬酸溶液快速混合，在60℃下剧烈搅拌加热，制备了溶胶-凝胶催化剂。由此得到的清澈的蓝色溶液在60℃的低压下通过旋转蒸发器蒸发。得到的湿凝胶在110℃下干燥72h，在350℃下煅烧4h。所得催化剂记为CZZ(G)。

（3）固体研磨法制备催化剂

将所需比例的硝酸盐与柠檬酸［$C_6H_8O_7/(Cu+Zn)=1.2$］混合，然后充分研磨30min，直到反应完成。该化合物在110℃下干燥24h，并在350℃下煅烧4h。该催化剂被标记为CZZ(S)。

7.4.3 混合催化剂的催化性能及影响因素

（1）催化性能比较

每种混合催化剂的催化试验结果见表7.3，包括二氧化碳转化率（X_{CO_2}）、对DME的选择性（S_{DME}）、甲醇和CO的选择性（S_{CH_3OH}）、S_{CO}以及DME的产率（Y_{DME}）。

通过CO_2直接加氢合成二甲醚需要经历三个主要反应：甲醇合成，甲醇脱水，逆水煤气变换反应[121]。产物包括DME、CH_3OH和CO，在210～290℃范围内未观察到CH_4等碳氢化合物。形成DME的反应是一个放热反应，而RWGS反应是吸热反应。显然，提高反应速率有利于获得较高的转化率。但是，较高的反应温度不利于二甲醚的形成。Ateka等人发现，该反应的最适温度为275℃；而An等人[122]建议最高反应温度应为250℃。因此，存在一个最佳温度使X_{CO_2}和S_{DME}组合最大。

表 7.3 混合催化剂的催化性能

催化剂	T_R /℃	X_{CO_2} /%	S_{DME} /%	S_{CH_3OH}/%	S_{CO} /%	Y_{DME} /%
CZZ(C)/FER	210	10.8	25.7	14.5	59.8	2.8
	230	14.9	28.5	13.3	58.2	4.3
	250	17.5	28.4	13.3	58.3	5.0
	270	20.2	17.6	11.3	71.1	3.6
	290	23.5	7.0	9.4	83.6	1.6
CZZ(G)/FER	210	8.5	28.5	18.2	53.6	2.4
	230	13.9	25.6	13.6	50.8	3.6
	250	18.0	24.6	13.8	61.6	4.4
	270	21.1	17.1	13.0	69.9	3.8
	290	22.4	6.9	9.2	83.9	1.5
CZZ(S)/FER	210	6.5	32.3	21.8	45.9	2.1
	230	11.3	23.9	15.8	60.3	2.7
	250	17.4	20.3	13.5	66.2	3.5
	270	20.4	15.6	11.5	72.9	3.2
	290	21.5	6.6	10.6	82.8	1.4

注：反应条件为 $T_R=210\sim290$℃，$P_R=2000$kPa，GHSV＝1800mL/(g・h)。CZZ(C)/FER、CZZ(G)/FER、CZZ(S)/FER 分别是指用共沉淀法（C）、柠檬酸盐溶胶-凝胶法（G）、固体研磨法（S）制备的工业铁基体（FER）沸石上负载 Cu-ZnO-ZrO_2。T_R 为反应温度；P_R 为反应压力；GHSV 为气体时空速。

在所研究的温度范围内，除 CZZ(C)/FER 催化剂外，X_{CO_2} 会升高，而 S_{DME} 和 S_{CH_3OH} 会随着温度的升高而降低。Y_{DME} 随温度的升高而增加，当温度为 250℃时达到最大值，然后随温度的进一步升高而降低。而 CZZ(C)/FER 催化剂上的 S_{DME} 首先在 210～230℃增加，然后在 230℃以上降低。相比之下，CZZ(G)/FER 催化剂具有相对较低的转化率和选择性。CZZ(S)/FER 催化剂在 210℃下的 S_{DME} 值高于其他两种催化剂，但数值随温度的升高而降低。在 Y_{DME} 方面，催化活性遵循 CZZ(C)/FER＞CZZ(G)/FER＞CZZ(S)/FER 的顺序。这些制备方法影响了不同催化剂的催化性能。因此，其结构、形态和吸附表征对于解释其活性的差异和更好地理解 DME 的合成机理具有重要意义。

(2) 结构性能

各 CZZ/FER 混合催化剂的比表面积、孔体积、平均孔径随制备方法不同而有差异，金属或金属氧化物晶粒尺寸见表 7.4。CZZ(C)/FER 样品具有最高的比表面积（245.1m^2/g）和孔容（0.42cm^3/g），而 CZZ(G)/FER 和 CZZ(S)/FER 的比表面积和孔容较低，分别为 230.1m^2/g、222.5m^2/g 和 0.26cm^3/g、0.27cm^3/g。虽然混合催化剂的比表面积与催化性能之间的直接关系尚未见报道，但催化剂的比表面积可能会显著改变 CO_2 加氢合成 DME 的催化性能。此外，CZZ(C)/FER 催化剂的大孔体积和较大平均孔径通常有利于通过促进分子传质获得良好的催化性能。

表 7.4 混合催化剂的织构和结构性能

催化剂	比表面积/(m^2/g)	孔容/(cm^3/g)	平均孔径/nm	CuO 晶粒尺寸/nm	Cu 晶粒尺寸/nm	ZnO 晶粒尺寸/nm
CZZ(C)/FER	245.1	0.42	6.9	10.9	17.5	18.6
CZZ(G)/FER	230.1	0.26	4.5	14.3	29.1	27.0
CZZ(S)/FER	222.5	0.27	4.9	14.7	28.3	28.2

注：根据最高谱带的半高宽（FWHM）数据，利用 Scherrer 方程得到了 CuO、Cu 和 ZnO 在 $2\theta=35.5°$、43.3°和 31.7°处的晶粒尺寸。

① XRD 谱图

新鲜催化剂和还原后催化剂的 XRD 谱图如图 7.26 所示。三个新制备的催化剂出现了 CuO 和 ZnO 相的衍射峰，在约 35.5°和 38.8°（JCPDS 48-1548）处观察到 CuO 峰。而 CZZ(C)/FER 催化剂的峰宽比其他催化剂的宽，这与制备方法有关，表明由于更小的晶粒尺寸，分散性更好。在 $2\theta\approx31.7°$处的衍射峰与 ZnO（JCPDS 65-3411）有关。而所有催化剂均未观察到明显的 ZrO_2 衍射峰，表明 ZrO_2 是无定形的或在催化剂中很好地分散。

催化剂在 300℃下采用 H_2 还原后，CuO 完全还原为金属 Cu，如图 7.26(b) 中没有显示 CuO 和 Cu_2O 相上的衍射峰，但还原后仍保留了 ZnO 相。2θ 为 43.3°、50.4°和 74.1°处的衍射峰可分别对应金属 Cu 的（111）、(200) 和（220）晶面（JCPDS 04-0836）。分析了 CuO、Cu 和 ZnO 的晶粒尺寸，结果如表 7.4 所示。催化剂中 CuO、Cu 和 ZnO 的微晶尺寸通过使用 Scherrer 方程并根据 CuO 的 2θ 为 35.5°、Cu 的 2θ 为 43.3°和 ZnO 的 2θ 为 31.7°处的峰的 FWHM 值计算。CZZ(C)/FER 催化剂的 Cu 晶粒尺寸最小，为 17.5nm。晶粒尺寸大小依次为 CCZ（S)/FER≈CZZ(G)/FER≫CZZ(C)/FER。CuO 和 ZnO 颗粒的大小也呈现出相似的趋势。CZZ(C)/FER 催化剂的铜晶粒尺寸较小，铜分散程度较高，这可能是其催化活性最好的因素之一。

② TEM 图像

TEM 图像揭示了不同方法制备的还原催化剂的典型结构。从图 7.27(a) 可

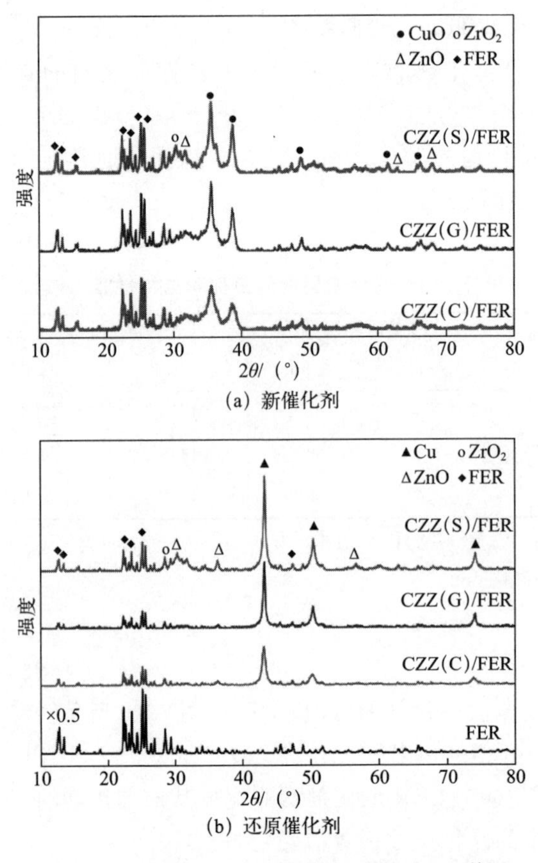

图 7.26　新催化剂和还原催化剂的 XRD 谱图

以看出，CZZ(C)/FER 样品由沸石外表面较分散的金属氧化物颗粒（小的、暗的、直径约 20nm、相对球形的颗粒）和沸石分子筛颗粒（大的、浅灰色的颗粒，直径约 200nm）组成，颗粒彼此相邻。金属团簇和金属氧化物团簇明显分散在 FER 沸石的外表面。此外，没有证据表明金属 Cu 颗粒与 ZnO 和 ZrO_2 基体分离，这导致金属 Cu 颗粒与金属氧化物颗粒之间存在密切的相互作用。而 CZZ(G)/FER 催化剂的金属和金属氧化物颗粒较大，如图 7.27(b) 所示。在 CZZ(S)/FER 催化剂上 [见图 7.27(c)]，金属和金属氧化物颗粒比其他催化剂更大，似乎与沸石颗粒更分离。根据观察，超声辅助共沉淀有利于催化剂组分的良好混合。更小的金属和金属氧化物颗粒的形成促进了 CO_2 加氢制甲醇的活性。生成的甲醇可以很容易地从 Cu-ZnO-ZrO_2 的活性位点转移到沸石的脱水位点生成 DME。不同的制备方法明显影响催化剂的形貌，导致 CO_2 直接合成 DME 的催化活性不同。

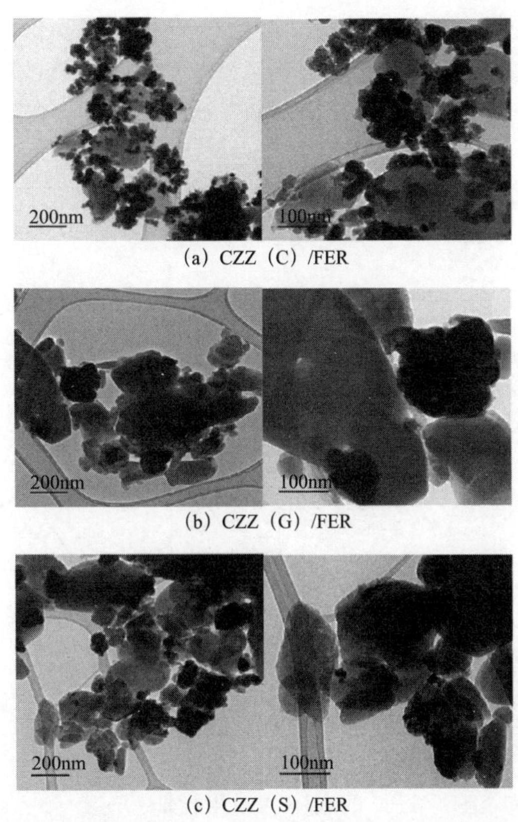

图 7.27 CZZ(C)/FER、CZZ(G)/FER 和 CZZ(S)/FER 催化剂的 TEM 图像

③ 催化剂的 H_2-TPR 图

通过 H_2-TPR（程序升温 H_2 还原）表征分析催化剂的还原行为，为实验选择合适的还原温度。三种催化剂对应的还原情况如图 7.28 所示。CZZ(C)/FER 催化剂的 TPR 曲线显示出一个以 232℃为中心的强还原峰，在最大峰的左侧有一个肩峰，在 215℃左右，表明该混合催化剂中铜氧化物分布不均。相比之下，CZZ(G)/FER 和 CZZ(S)/FER 催化剂表现出相似的还原模式，还原峰更宽，温度更高，分别集中在 237℃和 255℃。CZZ(C)/FER 催化剂具有较低的还原温度，这可能是由于较小的 CuO 微晶具有较高的分散性。这一结果与 XRD 分析结果一致。

④ 催化剂 XPS 分析

CZZ/FER 催化剂的 XPS 结果如图 7.29 所示。对于 CZZ(C)/FER 催化剂，Cu $2p_{3/2}$ 峰的结合能（BE）位于约 935.8eV，伴随的卫星峰为 944.3eV。Cu $2p_{1/2}$ 的 BE 为 955.9eV，卫星峰为 964.6eV，这是 Cu^{2+} 物种的特征。Cu $2p_{3/2}$ 和 Cu $2p_{1/2}$ 在 CZZ(S)/FER 和 CZZ(G)/FER 上的结合能移动到较低的位置，表

明 CuO-金属氧化物的相互作用较弱。CZZ(C)/FER 上的 Cu $2p_{3/2}$ 峰向更高结合能的移动可能与 CuO 分散性更好有关，这与 XRD 结果一致。这些变化表明 CuO 的化学状态受到不同制备方法的影响，从而导致观察到的催化性能的差异。

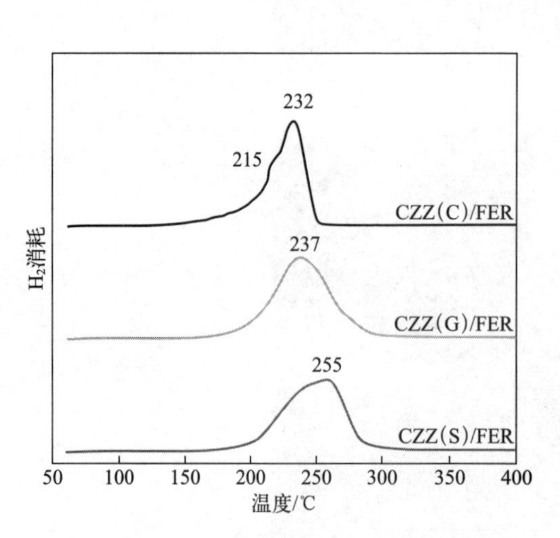

图 7.28　混合型催化剂的 H_2-TPR 图

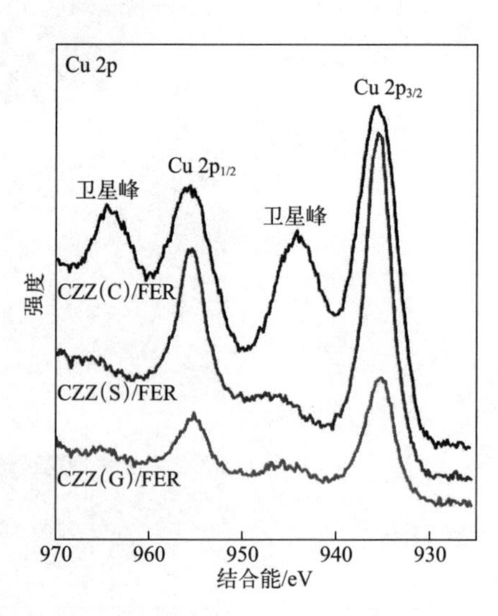

图 7.29　混合催化剂的 XPS 谱图

⑤ CO_2-TPD 和 NH_3-TPD 的吸附和脱附性能

CO_2-TPD 和 NH_3-TPD 表征结果可以评估催化剂表面的碱性和酸性位点的分布。图 7.30 为催化剂的 CO_2-TPD 谱图。所有的 CO_2-TPD 谱图中都有两个主峰，分别属于弱碱性位点（低温峰）和强碱性位点（高温峰）。与纯 FER 沸石相比，其峰中心为 177℃和 497℃时，催化剂的峰值转向较低的温度，表明混合催化剂中碱性位点的弱化。具体来说，每一种混合催化剂的低温峰值与弱碱性位点有关，弱碱性位点大约在 107℃，比纯 FER 沸石的低 70℃。高温峰值与较强的碱性位点相关，变化越大，表明存在一系列中等强度的位点。CZZ(C)/FER 峰较宽，在 305℃处达到最大值，是强碱性位点中最温和的；CZZ(G)/FER 在 360℃有一个较大的峰，对应中等强碱性位点；CZZ(S)/FER 在大约 410℃附近有一个峰，此峰宽且低，因此具有混合催化剂中最强的碱性位点；然而，与纯 FER 沸石上的强碱性位点相比，所有这些位点的温度至少比纯 FER 沸石温度低 80℃。低温、弱碱性位点可能与 OH 基团有关。混合催化剂上的中强碱性位点可能属于金属-氧对（如 Zn-O、Zr-O），而沸石上的强碱性位点对应于低配位 O^{2-}[123,124]。CZZ(G)/FER 和 CZZ(S)/FER 在 210℃下的高 S_{DME} 可归因于更强的碱性位点。相比之下，CZZ(C)/FER 催化剂表面的中等强碱性位点似乎促进了 CO_2 的选择性活化，导致在一定范围的高反应温度下 S_{DME} 的增强。

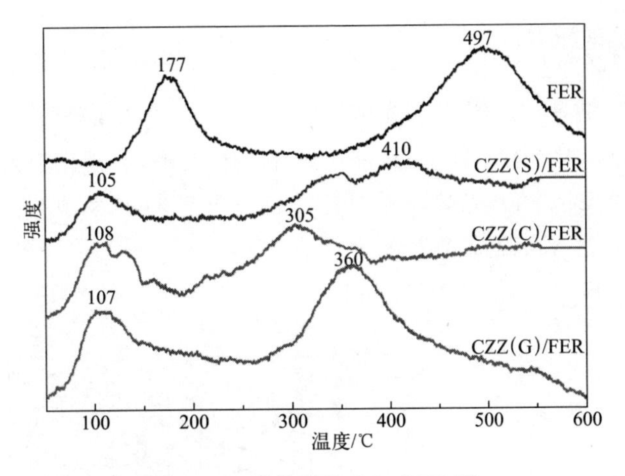

图 7.30　催化剂的 CO_2-TPD 图

图 7.31 为混合催化剂与纯 FER 沸石的 NH_3-TPD 结果对比。在纯 FER 沸石上，NH_3-TPD 谱图由三个主峰组成，分别与弱（100～300℃）、中（300～450℃）和强（450～650℃）酸位点相关联。类似地，混合催化剂有三个解吸峰。除 CZZ(C)/FER 催化剂外，各弱酸位点的峰值温度保持不变，CZZ(C)/FER 催化剂的峰值温度稍低，表明酸强度较弱。而在混合催化剂中，强酸位点的峰值温度升高，区域变大，说明强酸位点的强度和数量都有所增加。纯 FER 沸石上的中酸性位点数量明显少于混合催化剂，尤其是 CZZ(C)/FER 催化剂。CZZ(C)/FER 催化剂具有最强和最多的强酸位点，这可能是该催化剂表现出更好的催化性能的原因。

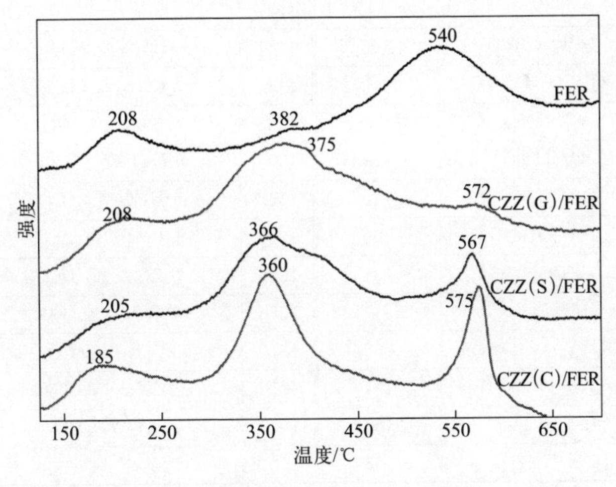

图 7.31　催化剂 NH_3-TPD 谱图

7.4.4 反应机理研究

二甲醚合成的原位 DRIFTS 光谱如图 7.32 所示。为了推导 CO_2 直接加氢合成 DME 的机理，对 CZZ(C)/FER 催化剂在 30～250℃、总压力为 2000kPa 的条件下进行了原位 DRIFTS 光谱分析。图 7.32～图 7.34 显示了各波段的位置，为其赋值所使用的参考文献见表 7.5。

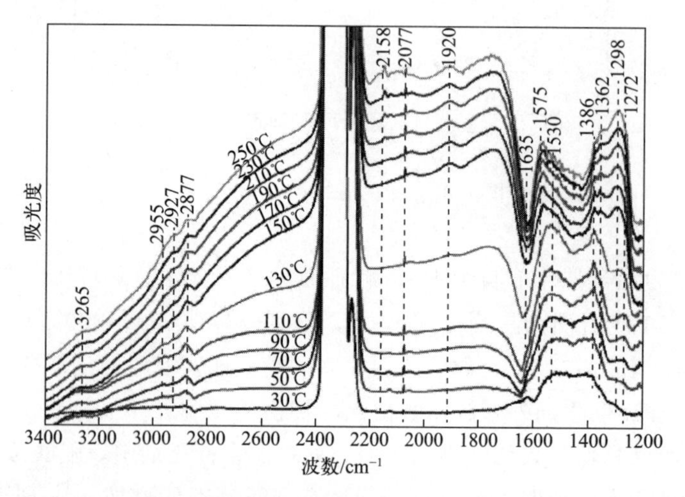

图 7.32 CZZ(C)/FER 催化剂在不同温度下 CO_2+H_2 的原位 DRIFTS 光谱

表 7.5 通过 CO_2 加氢合成 DME 期间 CZZ(C)/FER 上观察到的 IR 谱带的分配

波数/cm^{-1}	峰归属	参考文献	波数/cm^{-1}	峰归属	参考文献
2955	b-HCOO/$\nu_a(CO_2)+\delta(CH)$	[125]	1461	$CH_3O/\nu_a(CH_3)$	[136]
2927	$CH_3O/\nu_a(CH_3)$	[126],[127]	1440	i-$CO_3^{2-}/\nu_s(CO_3)$	[137]
2877	b-HCOO/$\nu(CH)$	[125]	1386	m-$CO_3^{2-}/\nu_s(CO_3)$	[131],[138]
2840	b-HCOO/$\nu(CH)$	[128]	1375	b-HCOO/$\nu_s(CO_2)$	[125]
2158	CO(g)/$\nu(CO)$	[129]	1362	m-HCOO/$\nu_s(CO_2)$	[139]
2077	CO/$\nu(CO)$	[130]	1329	b-$CO_3^{2-}/\nu_s(CO_3)$	[140],[141]
1920	CO/$\nu(CO)$	[131]	1298	b-$CO_3^{2-}/\nu_s(CO_3)$	[134]
1635	$H_2O/\delta(CH)$	[126],[132]	1285	m-HCOO/$\nu_s(CO_2)$	[65]
1593	b-$CO_3^{2-}/\nu_s(CO_3)$	[133]	1272	b-$CO_3^{2-}/\nu_s(CO_3)$	[140],[141]
1585	m-HCOO/$\nu(CO_2)$	[134]	1076	$CH_3O/\nu(CO)$	[127],[142]
1575	b-HCOO/$\nu_a(CO_2)$	[134]	1037	$CH_3O/\nu(CO)$	[127],[142]
1530	b-$CO_3^{2-}/\nu_a(CO_3)$	[135]			

注：b：双齿；m：单齿；i：离子；ν：伸缩振动；ν_s：对称振动；ν_a：反对称振动。

从图中观测到多个波数（2955cm^{-1}、2927cm^{-1}、2877cm^{-1}、2077cm^{-1}、1530cm^{-1} 和 1386cm^{-1}），2955cm^{-1} 处的谱带呈双齿形甲酸盐（b-HCOO），随着温度的升高，谱带强度逐渐降低。以 2927cm^{-1} 为中心的带归因于甲氧基，当温度升高到 210℃以上时会出现并逐渐增加。相比之下，2877cm^{-1} 处的峰也归因于双齿甲酸盐（b-HCOO），在所有温度下均可观察到强度随温度升高而增加，但在温度高于 150℃时达到恒定值。位于 1530cm^{-1} 和 1386cm^{-1} 的波段，对应于碳酸盐（CO_3^{2-}），随着温度的升高而不断减小，最终在 150℃以上消失，而同时出现在 1575cm^{-1} 和 1362cm^{-1} 的新波段被认为是 b-HCOO 和 m-HCOO 物种。双齿碳酸盐物种（b-CO_3^{2-}）在 1272cm^{-1} 处的波段特征将其频率移至 1298cm^{-1}。这些谱带的强度随着温度的升高而增强，在 2077cm^{-1}、2158cm^{-1} 和 1920cm^{-1} 处 CO 明显被吸附。在 2077cm^{-1} 处的尖峰是由于 CO 在还原 Cu 的低指数平面上线性吸附，表明在低温下 CO 被吸附。在 150℃时，1920cm^{-1} 开始出现桥接 CO 吸附带，并随着温度的升高逐渐增加。在 170℃以上，在 2158cm^{-1} 处也出现了气体 CO 的峰值，表明 RWGS 反应形成了 CO。1530cm^{-1} 和 1386cm^{-1} 的条带消失，归属于碳酸盐（CO_3^{2-}），伴随着 1575cm^{-1} 和 1362cm^{-1} 的新条带出现，归属于甲酸盐（HCOO），这可能表明形成双齿和单齿甲酸盐基团的两种可能途径。第一种是通过吸附的 CO_2（CO_2^*）的直接加氢，形成称为 O═C—COH* 的中间体，然后异构化形成 m-HCOO* 或 b-HCOO*。第二种途径是指 CO_2^* 分解产生 O* 和 CO*。额外的 CO_2^* 与 O* 的反应可以形成对称的 CO_3^{2-*}，然后进行加氢形成 m-HCOO。在 30℃下，b-HCOO 在 2877cm^{-1} 处的谱带与第一个途径一致，其中甲酸盐物种通过 CO_2 的直接加氢产生。另一方面，CO_3^{2-} 的谱带逐渐消失（1530cm^{-1} 和 1386cm^{-1}），而 m-HCOO 的谱带同时生长，与后者途径一致。1635cm^{-1} 处的负峰归因于水分子的旋转振动，随着温度的升高而增大，尤其是在 150℃以上，证明水是由甲醇脱氢作用所产生。

在压力为 2000kPa、温度为 250℃下，CZZ(C)/FER 催化剂在 CO_2 加氢过程中不同反应时间的原位红外光谱如图 7.33 所示。与图 7.32 相比，一系列新谱带（2840cm^{-1}、1593cm^{-1}、1461cm^{-1} 和 1329cm^{-1}）出现。20min 后，2927cm^{-1} 处的峰归属于甲氧基的出现并随着时间的推移强度继续增加。40min 后，在 2876cm^{-1} 出现的波段可归属于 b-HCOO 物种。在 1593cm^{-1} 的波段归属于 b-CO_3^{2-} 且 20min 后达到稳态，而在 1329cm^{-1} 的波段随着时间的推移强度降低。随着反应时间的延长，在 1461cm^{-1} 处甲氧基的谱带衰减，这是由甲醇脱水引起的。同时，由于 m-HCOO 的作用，1362cm^{-1} 的谱带在 20min 后开始出现并逐渐增大并成为主导。

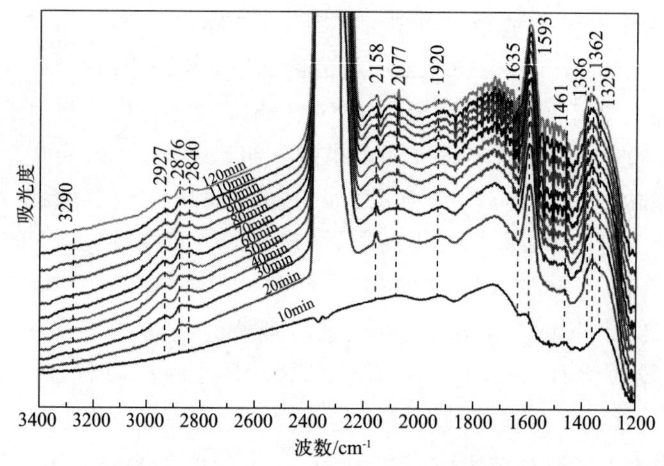

图 7.33　不同反应时间 CO_2+H_2 在 CZZ(C)/FER 催化剂上的原位 DRIFTS 光谱

为了比较 DME 和甲醇的形成机理，在 30～250℃温度范围内，在 CZZ(C) 催化剂上进行了 CO_2 加氢制甲醇过程中的 DRIFTS，光谱如图 7.34 所示。由于信号微弱，在 2800～3000cm^{-1} 范围内的波段无法观测到。30℃时光谱在 1585cm^{-1}、1440cm^{-1}、1375cm^{-1}、1285cm^{-1}、1076cm^{-1} 和 1037cm^{-1} 处出现峰值。高于 170℃，与 m-HCOO [$\nu_s(CO_2)$1585cm^{-1}] 相关的光谱开始出现并随着温度升高而增加，而 1375cm^{-1} 和 1285cm^{-1} 处的峰值，由于 b-HCOO 和 m-HCOO 分别在 30～250℃的温度范围内稳定增加。1440cm^{-1} 处的峰归因于 i-CO_3，随温度升高而衰减。甲酸盐种类的增加伴随着碳酸盐的减少，这再次表明碳酸盐中间体种类在从 CO_2 合成甲醇期间转化为甲酸盐种类。当温度升高时，1076cm^{-1} 和 1037cm^{-1} 处的谱带可分别对应线性和桥连甲氧基的 ν(CO) 振动模式并且谱带逐渐增加。甲氧基和甲酸盐种类强度的相似变化证明甲氧基的形成伴随着甲酸盐的形成。甲氧基物种被进一步加氢以产生甲醇。

由于 DME 和甲醇吸附主要导致催化剂表面的甲氧基、甲酸和甲醇种类，且这些基团的振动频率接近，很难区分这些谱带。然而，位于约 3200cm^{-1} 的带，归因于未解离吸附甲醇的 O—H 拉伸频率，是未解离吸附甲醇的独特特征[143,144]。如图 7.32 所示，在 50℃以上，吸附甲醇的强度稳定增加，然后随着温度的升高而降低，说明甲醇首先通过甲氧基加氢生成甲醇，然后再通过甲醇脱水生成二甲醚。

如上所述，通过比较这些光谱，碳酸盐、甲酸和甲氧基表面物种是 CO_2 加氢反应的主要产物。未观察到吸附甲醛的谱带。因此，甲醇似乎是通过甲酸和甲氧基中间体的加氢反应生成。甲醇和二甲醚是由 CO_2 直接加氢产生的，而不是通过 CO 路线。换句话说，CO_2 加氢合成二甲醚时，CO_2 是主要的碳源。

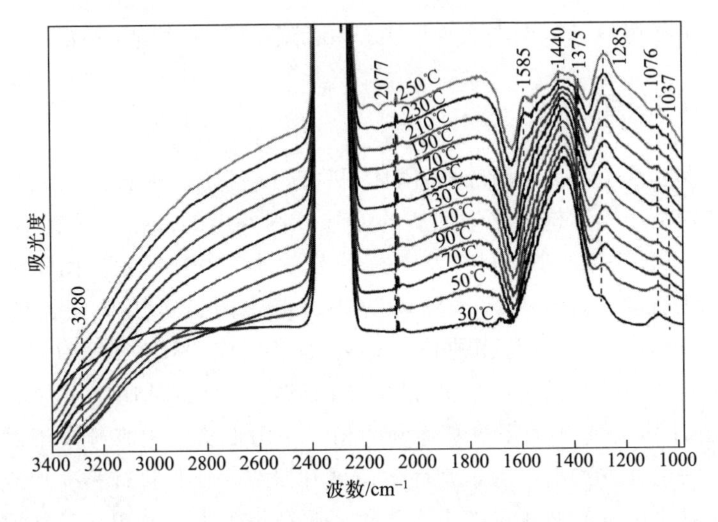

图 7.34　CZZ(C) 催化剂上 CO_2+H_2 在不同温度下的原位 DRIFTS 光谱

7.4.5 反应机理示意图

基于上述分析和参考文献，CuZnZr/FER 催化剂上 CO_2 直接加氢合成二甲醚的反应机理如图 7.35 所示[113,133,135,145,146]。在上层路径中，解离吸附的 CO_2 直接与表面原子 H 发生反应，H 由金属 Cu 位点上吸附的 H_2 解离提供（见图 7.35）[147,148]，形成甲酸盐中间物种（b-HCOO 和 m-HCOO）。b-HCOO 可以加氢成 HCOOH，并进一步加氢成 H_2COOH。然后 H_2COOH 分解为 H_2CO 和 OH，而 H_2CO 连续加氢生成 H_3COH。在这些反应中，甲酸盐中间物种加氢水解是 CO_2 加氢反应的限速步骤[149]。这与 Ateka 等人[150] 提出的甲醇合成是控制步骤，甲醇脱水明显更快的观点一致。与中间甲酸盐一起，碳酸盐路径与下部路径平行发生，通过 O^* 吸附 CO_2^*，然后加氢形成 m-HCOO 物种。m-HCOO 可以分解为 CO 和 OH[151]。从金属催化剂中脱附的甲醇分子被再吸附在沸石的

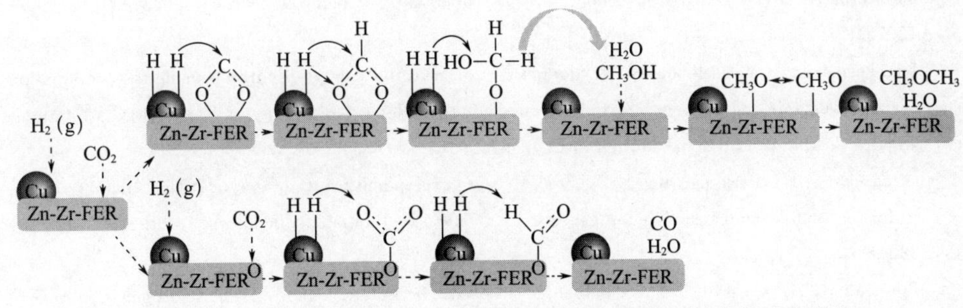

图 7.35　CZZ(C)/FER 催化剂上 CO_2 直接加氢合成二甲醚的反应机理

活性位点上生成甲氧基，两个表面甲氧基相互作用形成产物 DME。

7.4.6 小结与展望

采用共沉淀法、溶胶-凝胶法和固体研磨法制备了三种直接合成二甲醚的双功能催化剂，由于其结构和化学性质的差异，制备出的催化剂具有不同的活性。由于较小的 CuO 和 Cu 微晶尺寸与更好的分散性、更高的比表面积和较低的还原温度，因此通过共沉淀与超声辅助制备的催化剂显示出最佳的催化活性和 DME 产率。碳酸盐和甲酸盐物种是在 CO_2 加氢生成 DME 过程中 CuZnZr/FER 催化剂的关键中间体。此外，CO_2 是主要的碳源，甲醇是通过甲酸盐物种途径形成，而 DME 是通过表面甲氧基物种的相互作用形成。未来倾向于对金属氧化物和分子筛的组合方式引起的亲密性效应展开研究，比如设计核壳型双功能催化剂。此外，对二甲醚的合成机理也有待进一步研究，尤其是甲醇是如何脱水生成二甲醚的机理有待解密。

参考文献

[1] Wang W H，Hime Y. Recent advances in transition metal-catalysed homogeneous hydrogenation of carbon dioxide in aqueous media[M]//Lyad Karame Hydrogenation. 2012：249-268.

[2] Inoue Y，Izumida H，Sasaki Y，et al. Catalytic fixation of carbon dioxide to formic acid by transition-metal complexes under mild conditions[J]. Chemistry Letters，1976，5：863-864.

[3] Leitner W. Carbon dioxide as a raw material：the synthesis of formic acid and its derivatives from CO_2 [J]. Angewandte Chemie International Edition in English，1995，34：2207-2221.

[4] Jessop P G，Ikariya T，Noyori R. Homogeneous hydrogenation of carbon dioxide[J]. Chemical Reviews，2002，95：259-272.

[5] Jessop P G，Joó F，Tai C C. Recent advances in the homogeneous hydrogenation of carbon dioxide[J]. Coordination Chemistry Reviews，2004，248：2425-2442.

[6] Wang W H，Himeda Y，Muckerman J T，et al. CO_2 hydrogenation to formate and methanol as an alternative to photo-and electrochemical CO_2 reduction[J]. Chemical Reviews，2015，115：12936-12973.

[7] Klankermayer J，Wesselbaum S，Beydoun K，et al. Selective catalytic synthesis using the combination of carbon dioxide and hydrogen：catalytic chess at the interface of energy and chemistry[J]. Angewandte Chemie International Edition in English，2016，55：7296-7343.

[8] Gunasekar G H，Park K，Jung K D，et al. Recent developments in the catalytic hydrogenation of CO_2 to formic acid/formate using heterogeneous catalysts[J]. Inorganic Chemistry Frontiers，2016，3：882-895.

[9] Filonenko G A，van Putten R，Schulpen E N，et al. Highly efficient reversible hydrogenation of carbon dioxide to formates using a ruthenium PNP-pincer catalyst [J]. ChemCatChem，2014，6：

1526-1530.

[10] Bredig G, Carter S. Katalytische synthese der ameisensäure unter druck[J]. Berichte Der Deutschen Chemischen Gesellschaft, 1914, 47: 541-545.

[11] Farlow M W, Adkins H. The hydrogenation of carbon dioxide and a correction of the reported synthesis of urethans[J]. Journal of the American Chemical Society, 1935, 57: 2222-2223.

[12] Srivastava V. In situ generation of Ru nanoparticles to catalyze CO_2 hydrogenation to formic acid[J]. Catalysis Letters, 2014, 144: 1745-1750.

[13] Stalder C J, Chao S, Summers D P, et al. Supported palladium catalysts for the reduction of sodium bicarbonate to sodium formate in aqueous solution at room temperature and one atmosphere of hydrogen[J]. Journal of the American Chemical Society, 2002, 105: 6318-6320.

[14] Su J, Yang L, Lu M, et al. Highly efficient hydrogen storage system based on ammonium bicarbonate/formate redox equilibrium over palladium nanocatalysts[J]. ChemSusChem, 2015, 8: 813-816.

[15] Bi Q Y, Lin J D, Liu Y M, et al. An aqueous rechargeable formate-based hydrogen battery driven by heterogeneous Pd catalysis[J]. Angew Chem Int Ed Engl, 2014, 53: 13583-13587.

[16] Lee J H, Ryu J, Kim J Y, et al. Carbon dioxide mediated, reversible chemical hydrogen storage using a Pd nanocatalyst supported on mesoporous graphitic carbon nitride[J]. Journal of Materials Chemistry A, 2014, 2: 9490.

[17] Joó F, Joó F, Nádasdi L, et al. Homogeneous hydrogenation of aqueous hydrogen carbonate to formate under exceedingly mild conditions—a novel possibility of carbon dioxide activation†[J]. Chemical Communications, 1999, 11: 971-972.

[18] Su J, Lu M, Lin H. High yield production of formate by hydrogenating CO_2 derived ammonium carbamate/carbonate at room temperature[J]. Green Chemistry, 2015, 17: 2769-2773.

[19] Preti D, Resta C, Squarcialupi S, et al. Carbon dioxide hydrogenation to formic acid by using a heterogeneous gold catalyst[J]. Angewandte Chemie International Edition in English, 2011, 50: 12551-12554.

[20] Preti D, Squarcialupi S, Fachinetti G. Conversion of syngas into formic acid[J]. ChemCatChem, 2012, 4: 469-471.

[21] Filonenko G A, Vrijburg W L, Hensen E J M, et al. On the activity of supported Au catalysts in the liquid phase hydrogenation of CO_2 to formates[J]. Journal of Catalysis, 2016, 343: 97-105.

[22] Yin A, Wen C, Guo X, et al. Influence of Ni species on the structural evolution of Cu/SiO_2 catalyst for the chemoselective hydrogenation of dimethyl oxalate[J]. Journal of Catalysis, 2011, 280: 77-88.

[23] Nguyen L T M, Park H, Banu M, et al. Catalytic CO_2 hydrogenation to formic acid over carbon nanotube-graphene supported PdNi alloy catalysts[J]. RSC Advances, 2015, 5: 105560-105566.

[24] Takahashi H, Liu L H, Yashiro Y, et al. CO_2 reduction using hydrothermal method for the selective formation of organic compounds[J]. Journal of Materials Science, 2006, 41: 1585-1589.

[25] Urakawa A, Jutz F, Laurenczy G, et al. Carbon dioxide hydrogenation catalyzed by a ruthenium dihydride: a DFT and high-pressure spectroscopic investigation[J]. Chemistry, 2007, 13: 3886-3899.

[26] Huff C A, Sanford M S. Catalytic CO_2 hydrogenation to formate by a ruthenium pincer complex[J]. ACS Catalysis, 2013, 3: 2412-2416.

[27] Tanaka R, Yamashita M, Nozaki K. Catalytic hydrogenation of carbon dioxide using Ir(Ⅲ)-pincer complexes[J]. Journal Of The American Chemical Society, 2009, 131: 14168-14169.

[28] Moret S, Dyson P J, Laurenczy G. Direct synthesis of formic acid from carbon dioxide by hydrogenation in acidic media[J]. Nature Communications, 2014, 5: 4017.

[29] Filonenko G A, Hensen E J M, Pidko E A. Mechanism of CO_2 hydrogenation to formates by homogeneous Ru-PNP pincer catalyst: from a theoretical description to performance optimization[J]. Catalysis Science & Technology, 2014, 4: 3474-3485.

[30] Hull J F, Himeda Y, Wang W H, et al. Reversible hydrogen storage using CO_2 and a proton-switchable iridium catalyst in aqueous media under mild temperatures and pressures[J]. Nature Chemistry, 2012, 4: 383-388.

[31] Federsel C, Jackstell R, Beller M. State-of-the-art catalysts for hydrogenation of carbon dioxide[J]. Angewandte Chemie International Edition in English, 2010, 49: 6254-6257.

[32] Urakawa A, Iannuzzi M, Hutter J, et al. Towards a rational design of ruthenium CO_2 hydrogenation catalysts by Ab initio metadynamics[J]. Chemistry, 2007, 13: 6828-6840.

[33] Hübner S, de Vries J G, Farina V. Why does industry not use immobilized transition metal complexes as catalysts? [J]. Advanced Synthesis & Catalysis, 2016, 358: 3-25.

[34] Erkey C. Homogeneous catalysis in supercritical fluids[J]. Chemical Reviews, 2011, 1: 475-491.

[35] Jessop P G, Ikariya T, Noyori R. Homogeneous catalytic hydrogenation of supercritical carbon dioxide[J]. Nature, 1994, 368: 231-233.

[36] Kröcher O, Köppel R A, Baiker A. Highly active ruthenium complexes with bidentate phosphine ligands for the solvent-free catalytic synthesis of *N*,*N*-dimethylformamide and methyl formate[J]. Chemical Communications, 1997, 5: 453-454.

[37] Rohr M, Günther M, Jutz F, et al. Evaluation of strategies for the immobilization of bidentate ruthenium-phosphine complexes used for the reductive amination of carbon dioxide[J]. Applied Catalysis A: General, 2005, 296: 238-250.

[38] Schmid L, Kröcher O, Köppel R A, et al. Silica xerogels containing bidentate phosphine ruthenium complexes: textural properties and catalytic behaviour in the synthesis of *N*,*N*-dimethylformamide from carbon dioxide[J]. Microporous and Mesoporous Materials, 2000, 35/36: 181-193.

[39] Schmid L, Rohr M, Baiker A. A mesoporous ruthenium silica hybrid aerogel with outstanding catalytic properties in the synthesis of *N*,*N*-diethylformamide from CO_2, H_2 and diethylamine[J]. Chemical Communications, 1999, 22: 2303-2304.

[40] Zhang Y, Fei J, Yu Y, et al. Silica immobilized ruthenium catalyst used for carbon dioxide hydrogenation to formic acid (Ⅰ): the effect of functionalizing group and additive on the catalyst performance[J]. Catalysis Communications, 2004, 5: 643-646.

[41] Yu Y M, Fei J H, Zhang Y P, et al. MCM-41 bound ruthenium complex as heterogeneous catalyst for hydrogenation Ⅰ: effect of support, ligand and solvent on the catalyst performance[J]. Chinese Journal of Chemistry, 2006, 24: 840-844.

[42] Baffert M, Maishal T K, Mathey L, et al. Tailored ruthenium-N-heterocyclic carbene hybrid catalytic materials for the hydrogenation of carbon dioxide in the presence of amine[J]. ChemSusChem, 2011, 4: 1762-1765.

[43] Xu Z, McNamara N D, Neumann G T, et al. Catalytic hydrogenation of CO_2 to formic acid with sili-

ca-tethered iridium catalysts[J]. ChemCatChem, 2013, 5: 1769-1771.

[44] McNamara N D, Hicks J C. CO_2 capture and conversion with a multifunctional polyethyleneimine-tethered iminophosphine iridium catalyst/adsorbent[J]. ChemSusChem, 2014, 7: 1114-1124.

[45] Zhang Z, Xie Y, Li W, et al. Hydrogenation of carbon dioxide is promoted by a task-specific ionic liquid[J]. Angewandte Chemie, 2008, 120: 1143-1145.

[46] Zhang Z, Hu S, Song J, et al. Hydrogenation of CO_2 to formic acid promoted by a diamine-functionalized ionic liquid[J]. ChemSusChem, 2009, 2: 234-238.

[47] Feng X, Ding X, Jiang D. Covalent organic frameworks[J]. Royal Society of Chemistry Chemical Society Reviews, 2012, 41: 6010-6022.

[48] Rogge S M J, Bavykina A, Hajek J, et al. Metal-organic and covalent organic frameworks as single-site catalysts[J]. Royal Society of Chemistry Chemical Society Reviews, 2017, 46: 3134-3184.

[49] Beloqui Redondo A, Morel F L, Ranocchiari M, et al. Functionalized ruthenium-phosphine metal-organic framework for continuous vapor-phase dehydrogenation of formic acid[J]. ACS Catalysis, 2015, 5: 7099-7103.

[50] Yang Z Z, Zhang H, Yu B, et al. A Troger's base-derived microporous organic polymer: design and applications in CO_2/H_2 capture and hydrogenation of CO_2 to formic acid[J]. Chem Commun (Camb), 2015, 51: 1271-1274.

[51] Kuhn P, Antonietti M, Thomas A. Porous, covalent triazine-based frameworks prepared by ionothermal synthesis[J]. Angewandte Chemie International Edition in English, 2008, 47: 3450-3453.

[52] Bavykina A V, Goesten M G, Kapteijn F, et al. Efficient production of hydrogen from formic acid using a covalent triazine framework supported molecular catalyst[J]. ChemSusChem, 2015, 8: 809-812.

[53] Park K, Gunasekar G H, Prakash N, et al. A highly efficient heterogenized iridium complex for the catalytic hydrogenation of carbon dioxide to formate[J]. ChemSusChem, 2015, 8: 3410-3413.

[54] Gunniya Hariyanandam G, Hyun D, Natarajan P, et al. An effective heterogeneous Ir(Ⅲ) catalyst, immobilized on a heptazine-based organic framework, for the hydrogenation of CO_2 to formate[J]. Catalysis Today, 2016, 265: 52-55.

[55] Bavykina A V, Rozhko E, Goesten M G, et al. Shaping covalent triazine frameworks for the hydrogenation of carbon dioxide to formic acid[J]. ChemCatChem, 2016, 8: 2217-2221.

[56] Peng G, Sibener S J, Schatz G C, et al. CO_2 hydrogenation to formic acid on Ni(111) [J]. The Journal of Physical Chemistry C, 2012, 116: 3001-3006.

[57] Álvarez A, Bansode A, Urakawa A, et al. Challenges in the greener production of formates/formic acid, methanol, and DME by heterogeneously catalyzed CO_2 hydrogenation processes[J]. Chemical Reviews, 2017, 117: 9804-9838.

[58] Tackett B M, Gomez E, Chen J G. Net reduction of CO_2 via its thermocatalytic and electrocatalytic transformation reactions in standard and hybrid processes[J]. Nature Catalysis, 2019, 2: 381-386.

[59] Kattel S, Liu P, Chen J G. Tuning selectivity of CO_2 hydrogenation reactions at the metal/oxide interface[J]. Journal of The American Chemical Society, 2017, 139: 9739-9754.

[60] Zhou G, Liu H, Xing Y, et al. CO_2 hydrogenation to methane over mesoporous Co/SiO_2 catalysts: effect of structure[J]. Journal of CO_2 Utilization, 2018, 26: 221-229.

[61] Díez-Ramírez J, Sánchez P, Kyriakou V, et al. Effect of support nature on the cobalt-catalyzed CO_2

hydrogenation[J]. Journal of CO_2 Utilization, 2017, 21: 562-571.

[62] Melaet G, Ralston W T, Li C S, et al. Evidence of highly active cobalt oxide catalyst for the Fischer-Tropsch synthesis and CO_2 hydrogenation[J]. Journal of the American Chemical Society, 2014, 136: 2260-2263.

[63] Li W, Nie X, Jiang X, et al. ZrO_2 support imparts superior activity and stability of Co catalysts for CO_2 methanation[J]. Applied Catalysis B: Environmental, 2018, 220: 397-408.

[64] Wang L, Guan E, Wang Y, et al. Silica accelerates the selective hydrogenation of CO_2 to methanol on cobalt catalysts[J]. Nature Communications, 2020, 11: 1033.

[65] Wang L, Wang L, Zhang J, et al. Selective hydrogenation of CO_2 to ethanol over cobalt catalysts [J]. Angewandte Chemie International Edition in English, 2018, 57: 6104-6108.

[66] Dostagir N H M D, Rattanawan R, Gao M, et al. Co single atoms in ZrO_2 with inherent oxygen vacancies for selective hydrogenation of CO_2 to CO[J]. ACS Catalysis, 2021, 11: 9450-9461.

[67] Jimenez J D, Wen C, Royko M M, et al. Influence of coordination environment of anchored single-site cobalt catalyst on CO_2 hydrogenation[J]. ChemCatChem, 2019, 12: 846-854.

[68] Bavykina A, Kolobov N, Khan I S, et al. Metal-organic frameworks in heterogeneous catalysis: recent progress, new trends, and future perspectives[J]. Chemical Reviews, 2020, 120: 8468-8535.

[69] Huang Z, Fan L, Zhao F, et al. Rational engineering of multilayered Co_3O_4/ZnO nanocatalysts through chemical transformations from matryoshka-type ZIFs[J]. Advanced Functional Materials, 2019, 29: 1903774.

[70] Zhang J, An B, Li Z, et al. Neighboring Zn-Zr sites in a metal-organic framework for CO_2 hydrogenation[J]. Journal of the American Chemical Society, 2021, 143: 8829-8837.

[71] Zhao Y, Zhou H, Zhu X, et al. Simultaneous oxidative and reductive reactions in one system by atomic design[J]. Nature Catalysis, 2021, 4: 134-143.

[72] Dang Q, Li Y, Zhang W, et al. Spatial-controlled etching of coordination polymers[J]. Chinese Chemical Letters, 2021, 32: 635-641.

[73] Hu X, Wang C, Luo R, et al. Double-shelled hollow ZnO/carbon nanocubes as an efficient solid-phase microextraction coating for the extraction of broad-spectrum pollutants[J]. Nanoscale, 2019, 11: 2805-2811.

[74] Zhang P, Guan B Y, Yu L, et al. Formation of double-shelled zinc-cobalt sulfide dodecahedral cages from bimetallic zeolitic imidazolate frameworks for hybrid supercapacitors[J]. Angewandte Chemie International Edition in English, 2017, 56: 7141-7145.

[75] Wei J, Chen Y, Ma Y, et al. Precisely engineering architectures of Co/C sub-microreactors for selective syngas conversion[J]. Small, 2021, 17: e2100082.

[76] Zhan G, Zeng H C. ZIF-67-derived nanoreactors for controlling product selectivity in CO_2 hydrogenation[J]. ACS Catalysis, 2017, 7: 7509-7519.

[77] Lu Y, Zhan W, He Y, et al. MOF-templated synthesis of porous Co_3O_4 concave nanocubes with high specific surface area and their gas sensing properties[J]. ACS Appl Mater Interfaces, 2014, 6: 4186-4195.

[78] Su P, Ma S, Huang W, et al. Ca^{2+}-doped ultrathin cobalt hydroxyl oxides derived from coordination polymers as efficient electrocatalysts for the oxidation of water[J]. Journal of Materials Chemistry A, 2019, 7: 19415-19422.

[79] Lin Q, Zhang Q, Yang G, et al. Insights into the promotional roles of palladium in structure and performance of cobalt-based zeolite capsule catalyst for direct synthesis of C_5-C_{11} iso-paraffins from syngas[J]. Journal of Catalysis, 2016, 344: 378-388.

[80] Chen C, Hu Z P, Ren J T, et al. ZnO supported on high-silica HZSM-5 as efficient catalysts for direct dehydrogenation of propane to propylene[J]. Molecular Catalysis, 2019, 476: 110508.

[81] Efremova A, Rajkumar T, Szamosvölgyi Á, et al. Complexity of a Co_3O_4 system under ambient-pressure CO_2 methanation: influence of bulk and surface properties on the catalytic performance[J]. The Journal of Physical Chemistry C, 2021, 125: 7130-7141.

[82] Yang C, Liu S, Wang Y, et al. The interplay between structure and product selectivity of CO_2 hydrogenation[J]. Angewandte Chemie International Edition in English, 2019, 58: 11242-11247.

[83] Dong H, Liu Q. Three-dimensional networked Ni-phyllosilicate catalyst for CO_2 methanation: achieving high dispersion and enhanced stability at high Ni loadings[J]. ACS Sustainable Chemistry & Engineering, 2020, 8: 6753-6766.

[84] Behrens M, Studt F, Kasatkin I, et al. The active site of methanol synthesis over Cu/ZnO/Al_2O_3 industrial catalysts[J]. Science, 2012, 336: 893-897.

[85] Tian H, Liu X, Dong L, et al. Enhanced hydrogenation performance over hollow structured Co-CoO_x@N-C capsules[J]. Advanced of Science, 2019, 6: 1900807.

[86] Kuld S, Thorhauge M, Falsig H, et al. Quantifying the promotion of Cu catalysts by ZnO for methanol synthesis[J]. Science, 2016, 352: 969-974.

[87] Zhong J, Yang X, Wu Z, et al. State of the art and perspectives in heterogeneous catalysis of CO_2 hydrogenation to methanol[J]. Royal Society of Chemistry Chemical Society Reviews, 2020, 49: 1385-1413.

[88] Ding L, Shi T, Gu J, et al. CO_2 hydrogenation to ethanol over Cu@Na-Beta[J]. Chem, 2020, 6: 2673-2689.

[89] Jiang X, Nie X, Guo X, et al. Recent advances in carbon dioxide hydrogenation to methanol via heterogeneous catalysis[J]. Chemical Reviews, 2020, 120: 7984-8034.

[90] He Z, Qian Q, Ma J, et al. Water-enhanced synthesis of higher alcohols from CO_2 hydrogenation over a Pt/Co_3O_4 catalyst under milder conditions[J]. Angewandte Chemie International Edition in English, 2016, 55: 737-741.

[91] Caparrós F J, Soler L, Rossell M D, et al. Remarkable carbon dioxide hydrogenation to ethanol on a palladium/iron oxide single-atom catalyst[J]. ChemCatChem, 2018, 10: 2365-2369.

[92] Lou Y, Jiang F, Zhu W, et al. CeO_2 supported Pd dimers boosting CO_2 hydrogenation to ethanol [J]. Applied Catalysis B: Environmental, 2021, 291: 120122.

[93] Xu D, Ding M, Hong X, et al. Selective C_{2+} alcohol synthesis from direct CO_2 hydrogenation over a Cs-promoted Cu-Fe-Zn catalyst[J]. ACS Catalysis, 2020, 10: 5250-5260.

[94] Xu D, Yang H, Hong X, et al. Tandem catalysis of direct CO_2 hydrogenation to higher alcohols[J]. ACS Catalysis, 2021, 11: 8978-8984.

[95] Witoon T, Numpilai T, Nijpanich S, et al. Enhanced CO_2 hydrogenation to higher alcohols over K-Co promoted In_2O_3 catalysts[J]. Chemical Engineering Journal, 2022, 431: 133211.

[96] An K, Zhang S, Wang J, et al. A highly selective catalyst of Co/$La_4Ga_2O_9$ for CO_2 hydrogenation to ethanol[J]. Journal of Energy Chemistry, 2021, 56: 486-495.

[97] Zhang S, Wu Z, Liu X, et al. Tuning the interaction between Na and Co_2C to promote selective CO_2 hydrogenation to ethanol[J]. Applied Catalysis B: Environmental, 2021, 293: 120207.

[98] Yang C, Mu R, Wang G, et al. Hydroxyl-mediated ethanol selectivity of CO_2 hydrogenation[J]. Chemical Science, 2019, 10: 3161-3167.

[99] Bai S, Shao Q, Wang P, et al. Highly active and selective hydrogenation of CO_2 to ethanol by ordered Pd-Cu nanoparticles[J]. Journal of the American Chemical Society, 2017, 139: 6827-6830.

[100] Ye X, Yang C, Pan X, et al. Highly selective hydrogenation of CO_2 to ethanol via designed bifunctional Ir_1-In_2O_3 single-atom catalyst[J]. Journal of the American Chemical Society, 2020, 142: 19001-19005.

[101] Xu D, Wang Y, Ding M, et al. Advances in higher alcohol synthesis from CO_2 hydrogenation[J]. Chem, 2021, 7: 849-881.

[102] Zhang Y, Li D, Zhang S, et al. CO_2 hydrogenation to dimethyl ether over CuO-ZnO-Al_2O_3/HZSM-5 prepared by combustion route[J]. Rsc Advances, 2014, 4: 16391-16396.

[103] Arena F, Mezzatesta G, Zafarana G, et al. Effects of oxide carriers on surface functionality and process performance of the Cu-ZnO system in the synthesis of methanol via CO_2 hydrogenation[J]. Journal of Catalysis, 2013, 300: 141-151.

[104] Dasireddy V D B C, Likozar B. The role of copper oxidation state in Cu/ZnO/Al_2O_3 catalysts in CO_2 hydrogenation and methanol productivity[J]. Renewable Energy, 2019, 140: 452-460.

[105] Arena F, Barbera K, Italiano G, et al. Synthesis, characterization and activity pattern of Cu-ZnO/ZrO_2 catalysts in the hydrogenation of carbon dioxide to methanol[J]. Journal of Catalysis, 2007, 249: 185-194.

[106] Bonura G, Frusteri F, Cannilla C, et al. Catalytic features of CuZnZr-zeolite hybrid systems for the direct CO_2-to-DME hydrogenation reaction[J]. Catalysis Today, 2016, 277: 48-54.

[107] Bonura G, Cannilla C, Frusteri L, et al. DME production by CO_2 hydrogenation: key factors affecting the behaviour of CuZnZr/ferrierite catalysts[J]. Catalysis Today, 2017, 281: 337-344.

[108] Bonura G, Cordaro M, Cannilla C, et al. The changing nature of the active site of Cu-Zn-Zr catalysts for the CO_2 hydrogenation reaction to methanol[J]. Applied Catalysis B: Environmental, 2014, 152/153: 152-161.

[109] Ren S, Shoemaker W R, Wang X, et al. Highly active and selective Cu-ZnO based catalyst for methanol and dimethyl ether synthesis via CO_2 hydrogenation[J]. Fuel, 2019, 239: 1125-1133.

[110] Chang K, Wang T, Chen J G. Hydrogenation of CO_2 to methanol over CuCeTiO catalysts[J]. Applied Catalysis B: Environmental, 2017, 206: 704-711.

[111] Frusteri F, Bonura G, Cannilla C, et al. Stepwise tuning of metal-oxide and acid sites of CuZnZr-MFI hybrid catalysts for the direct DME synthesis by CO_2 hydrogenation[J]. Applied Catalysis B: Environmental, 2015, 176/177: 522-531.

[112] Zhang Y, Zhong L, Wang H, et al. Catalytic performance of spray-dried Cu/ZnO/Al_2O_3/ZrO_2 catalysts for slurry methanol synthesis from CO_2 hydrogenation[J]. Journal of CO_2 Utilization, 2016, 15: 72-82.

[113] Zhao Y F, Yang Y, Mims C, et al. Insight into methanol synthesis from CO_2 hydrogenation on Cu(111): complex reaction network and the effects of H_2O[J]. Journal of Catalysis, 2011, 281: 199-211.

[114] Grabow L C, Mavrikakis M. Mechanism of methanol synthesis on Cu through CO_2 and CO hydrogenation[J]. ACS Catalysis, 2011, 1: 365-384.

[115] Yang Y, Mims C A, Mei D H, et al. Mechanistic studies of methanol synthesis over Cu from CO/CO_2/H_2/H_2O mixtures: the source of C in methanol and the role of water[J]. Journal of Catalysis, 2013, 298: 10-17.

[116] Sun K, Lu W, Qiu F, et al. Direct synthesis of DME over bifunctional catalyst: surface properties and catalytic performance[J]. Applied Catalysis A: General, 2003, 252: 243-249.

[117] Ivanova I I, Kolyagin Y G. Impact of in situ MAS NMR techniques to the understanding of the mechanisms of zeolite catalyzed reactions[J]. Royal Society of Chemistry Chemical Society Reviews, 2010, 39: 5018-5050.

[118] Schiffino R S, Merrill R P. A mechanistic study of the methanol dehydration reaction on. gamma. -alumina catalyst[J]. The Journal of Physical Chemistry, 2002, 97: 6425-6435.

[119] Akarmazyan S S, Panagiotopoulou P, Kambolis A, et al. Methanol dehydration to dimethylether over Al_2O_3 catalysts[J]. Applied Catalysis B: Environmental, 2014, 145: 136-148.

[120] Witoon T, Kidkhunthod P, Chareonpanich M, et al. Direct synthesis of dimethyl ether from CO_2 and H_2 over novel bifunctional catalysts containing CuO-ZnO-ZrO_2 catalyst admixed with WO_x/ZrO_2 catalysts[J]. Chemical Engineering Journal, 2018, 348: 713-722.

[121] Yang Y, Evans J, Rodriguez J A, et al. Fundamental studies of methanol synthesis from CO_2 hydrogenation on Cu(111), Cu clusters, and Cu/ZnO(0001)†[J]. Physical Chemistry Chemical Physics, 2010, 12: 9909-9917.

[122] An X, Zuo Y Z, Zhang Q, et al. Dimethyl ether synthesis from CO_2 hydrogenation on a CuO-ZnO-Al_2O_3-ZrO_2/HZSM-5 bifunctional catalyst[J]. Industrial & Engineering Chemistry Research, 2008, 47: 6547-6554.

[123] Romero-Sáez M, Dongil A B, Benito N, et al. CO_2 methanation over nickel-ZrO_2 catalyst supported on carbon nanotubes: a comparison between two impregnation strategies[J]. Applied Catalysis B: Environmental, 2018, 237: 817-825.

[124] Quindimil A, de-la-Torre U, Pereda-Ayo B, et al. Ni catalysts with La as promoter supported over Y-and BETA-zeolites for CO_2 methanation[J]. Applied Catalysis B: Environmental, 2018, 238: 393-403.

[125] Busca G, Lamotte J, Lavalley J C, et al. FT-IR study of the adsorption and transformation of formaldehyde on oxide surfaces[J]. Journal of the American Chemical Society, 2002, 109: 5197-5202.

[126] Ojamae L, Aulin C, Pedersen H, et al. IR and quantum-chemical studies of carboxylic acid and glycine adsorption on rutile TiO_2 nanoparticles[J]. Journal Of Colloid And Interface Science, 2006, 296: 71-78.

[127] Jung K T, Bell A T. An in situ infrared study of dimethyl carbonate synthesis from carbon dioxide and methanol over zirconia[J]. Journal of Catalysis, 2001, 204: 339-347.

[128] Sexton B A. Observation of formate species on a copper (100) surface by high resolution electron energy loss spectroscopy[J]. Surface Science, 1979, 88: 319-330.

[129] Medina J C, Figueroa M, Manrique R, et al. Catalytic consequences of Ga promotion on Cu for CO_2 hydrogenation to methanol[J]. Catalysis Science & Technology, 2017, 7: 3375-3387.

[130] Pritchard J, Catterick T, Gupta R K. Infrared spectroscopy of chemisorbed carbon monoxide on copper[J]. Surface Science, 1975, 53: 1-20.

[131] Evans J V, Whateley T L. Infra-red study of adsorption of carbon dioxide and water on magnesium oxide[J]. Transactions of the Faraday Society, 1967, 63: 2769.

[132] Kecskes T. FTIR and mass spectrometric study of HCOOH interaction with TiO_2 supported Rh and Au catalysts[J]. Applied Catalysis A: General, 2004, 268: 9-16.

[133] Sun Q, Liu C W, Pan W, et al. In situ IR studies on the mechanism of methanol synthesis over an ultrafine $Cu/ZnO/Al_2O_3$ catalyst[J]. Applied Catalysis A: General, 1998, 171: 301-308.

[134] Collins S E, Baltanas M A, Bonivardi A L. Infrared spectroscopic study of the carbon dioxide adsorption on the surface of Ga_2O_3 polymorphs[J]. Journal Of Physical Chemistry B, 2006, 110: 5498-5507.

[135] Clarke D B, Bell A T. An infrared study of methanol synthesis from CO_2 on clean and potassium-promoted Cu/SiO_2[J]. Journal of Catalysis, 1995, 154: 314-328.

[136] Shido T. Reactant-promoted reaction mechanism for catalytic water-gas shift reaction on MgO[J]. Journal of Catalysis, 1990, 122: 55-67.

[137] Fisher I, Bell A. In-situ infrared study of methanol synthesis from H_2/CO_2 over Cu/SiO_2 and $Cu/ZrO_2/SiO_2$[J]. Journal of Catalysis, 1997, 172: 222-237.

[138] Jensen M B, Morandi S, Prinetto F, et al. FT-IR characterization of supported Ni-catalysts: influence of different supports on the metal phase properties[J]. Catalysis Today, 2012, 197: 38-49.

[139] Sakata Y, Domen K, Maruya K I, et al. Decomposition of methanol over oxidized and reduced copper surfaces studied by double modulation Fourier transform infrared reflection absorption spectroscopy[J]. Applied Surface Science, 1989, 35: 363-370.

[140] Daturi M, Binet C, Lavalley J C, et al. Surface FTIR investigations on $Ce_xZr_{1-x}O_2$ system[J]. Surface and Interface Analysis, 2000, 30: 273-277.

[141] Takano H, Kirihata Y, Izumiya K, et al. Highly active Ni/Y-doped ZrO_2 catalysts for CO_2 methanation[J]. Applied Surface Science, 2016, 388: 653-663.

[142] Binet C, Daturi M. Methanol as an IR probe to study the reduction process in ceria-zirconia mixed compounds[J]. Catalysis Today, 2001, 70: 155-167.

[143] McInroy A R, Lundie D T, Winfield J M, et al. The application of diffuse reflectance infrared spectroscopy and temperature-programmed desorption to investigate the interaction of methanol on eta-alumina[J]. Langmuir, 2005, 21: 11092-11098.

[144] Tamm S, Ingelsten H H, Skoglundh M, et al. Mechanistic aspects of the selective catalytic reduction of NO_x by dimethyl ether and methanol over γ-Al_2O_3[J]. Journal of Catalysis, 2010, 276: 402-411.

[145] Schilke T C, Fisher I A, Bell A T. In situinfrared study of methanol synthesis from CO_2/H_2 on titania and zirconia promoted Cu/SiO_2[J]. Journal of Catalysis, 1999, 184: 144-156.

[146] Jiang X, Nie X, Wang X, et al. Origin of Pd-Cu bimetallic effect for synergetic promotion of methanol formation from CO_2 hydrogenation[J]. Journal of Catalysis, 2019, 369: 21-32.

[147] Kramer R. Adsorption of atomic hydrogen on alumina by hydrogen spillover[J]. Journal of Catalysis, 1979, 58: 287-295.

[148] Hoang D L, Berndt H, Lieske H. Hydrogen spillover phenomena on Pt/ZrO_2[J]. Catalysis Let-

ters，1995，31：165-172.

[149] Nakamura J，Nakamura I，Uchijima T，et al. A surface science investigation of methanol synthesis over a Zn-deposited polycrystalline Cu surface[J]. Journal of Catalysis，1996，160：65-75.

[150] Ateka A，Ereña J，Bilbao J，et al. Kinetic modeling of the direct synthesis of dimethyl ether over a CuO-ZnO-MnO/SAPO-18 catalyst and assessment of the CO_2 conversion[J]. Fuel Processing Technology，2018，181：233-243.

[151] Mei D，Xu L，Henkelman G. Dimer saddle point searches to determine the reactivity of formate on Cu(111) [J]. Journal of Catalysis，2008，258：44-51.

第8章 新兴 CO_2 加氢技术

CHAPTER 8

上述前 7 章介绍了传统 CO_2 加氢技术，然而近些年涌现了许多新兴 CO_2 加氢技术，例如电催化 CO_2 还原技术、光热 CO_2 加氢技术和等离子体催化 CO_2 加氢技术。本章将在前面传统 CO_2 加氢技术基础上，重点介绍上述三类新兴 CO_2 加氢技术，这些新技术反应条件相对温和，有望解决传统 CO_2 加氢技术高温高压等问题，是未来 CO_2 加氢技术的发展趋势。

8.1 电催化 CO_2 还原技术

8.1.1 研究背景

随着全球经济的快速发展，人类对能源需求量直线上升。我国是一个多煤、贫油、少气的国家，煤炭作为一种重要的化石燃料在我国能源结构中占据了重要的地位。如何减少煤炭使用过程的 CO_2 排放对人类环境的影响，是当前迫切需要解决的问题。一方面，可以寻找清洁的能源，例如，用低碳或不含碳的燃料作为煤炭的替代物是一种减少 CO_2 排放的有效途径。另一方面，将 CO_2 捕获、存储以及转换，减少大气中存在的 CO_2。尤其是，将 CO_2 转化为有附加值的化学品，对于建立碳中和体系非常有利，这吸引研究者们的广泛关注。CO_2 转化为化学品的方法主要涉及热化学[1]、光化学[2-4]、生物化学[5] 和电催化转化[6,7]。在这些途径中，电催化 CO_2 还原（CO_2 RR），在室温和常压下进行，操作简单，近年来开展了许多研究。如图 8.1 所示，利用太阳能、风能等可再生能源产生的日益廉价、清洁的电能将 CO_2 转化为燃料和化学原料，既可以消耗过量的 CO_2，又能将这些可再生能源转化为化学品进行储存，对保护环境和推动社会与经济的可持续发展，具有巨大而深远的战略意义[8]。

对于 CO_2 分子，在 C 和 O 之间的 σ 键和 π 离域键，促使 C—O 键呈现一些

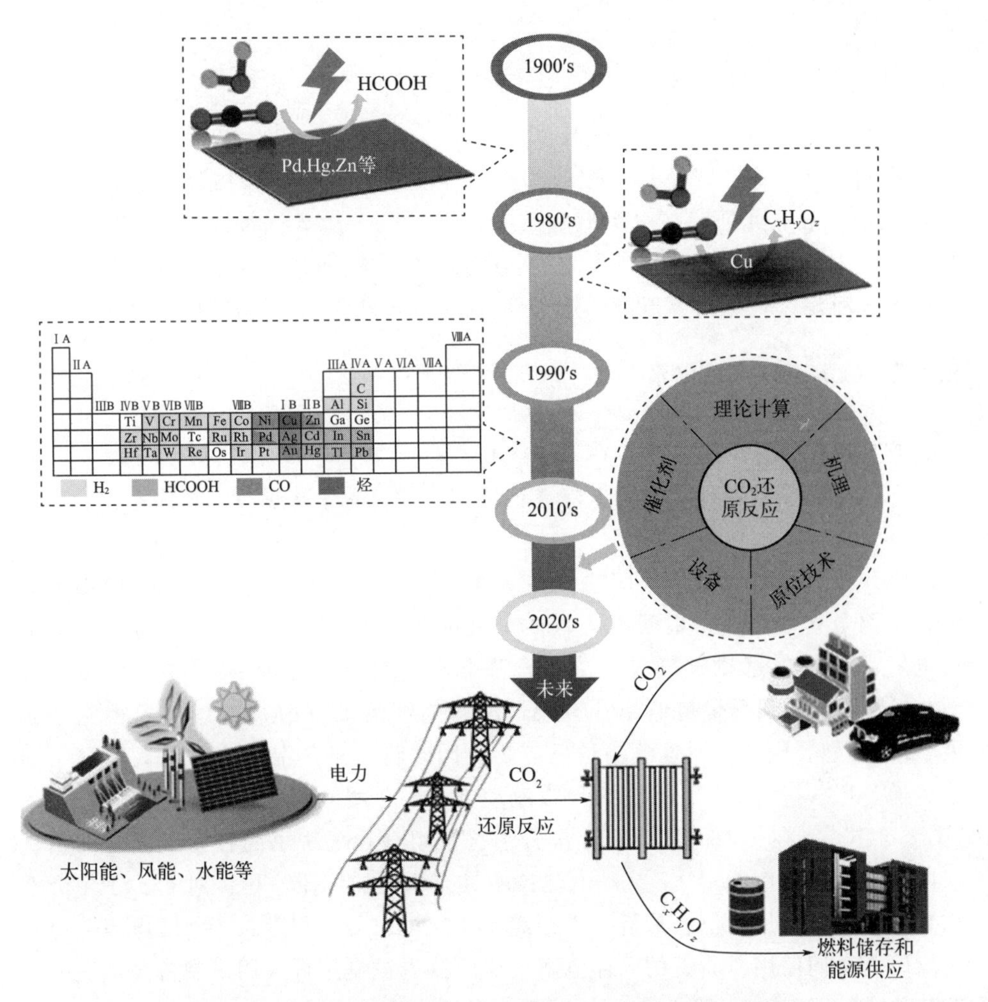

图 8.1 按照能源、设备配置、产品检测、产品配送的顺序概述的整个电催化 CO_2 还原研究过程[8]

三键特征。因此，线性的 CO_2 分子热力学稳定，保持化学惰性。此外，CO_2 电还原过程还涉及多电子和多质子转移。而且，CO_2 还原在动力学上比较缓慢。所以，需要电催化剂来促进 CO_2 的还原。电催化 CO_2 还原的产物种类较多，包括 HCOOH、CO、CH_4、CH_3OH、C_2H_4 和 C_2H_5OH 等。相应的反应和平衡电势［相对于可逆氢电极电势（NHE)］如下[9]：

$$CO_2+2H^++2e^- \longrightarrow HCOOH_{(aq)} \qquad E_0=-0.12V \tag{8.1}$$

$$CO_2+2H^++2e^- \longrightarrow CO_{(g)}+H_2O \qquad E_0=-0.10V \tag{8.2}$$

$$CO_2+8H^++8e^- \longrightarrow CH_{4(g)}+2H_2O \qquad E_0=0.17V \tag{8.3}$$

$$CO_2+6H^++6e^- \longrightarrow CH_3OH_{(aq)}+H_2O \qquad E_0=0.03V \tag{8.4}$$

$$2CO_2 + 12H^+ + 12e^- \longrightarrow C_2H_{4(g)} + 4H_2O \qquad E_0 = 0.08V \qquad (8.5)$$

$$2CO_2 + 12H^+ + 12e^- \longrightarrow C_2H_5OH_{(aq)} + 3H_2O \qquad E_0 = 0.09V \qquad (8.6)$$

$$2H^+ + 2e^- \longrightarrow H_2 \qquad E_0 = 0V \qquad (8.7)$$

不同产物的反应路径具有相似的平衡电势，这表明要以极高的选择性催化CO_2充满挑战。此外，在水系电解质中，当CO_2 RR运行时，应将析氢过程抑制，避免副产物H_2产生。当然，一个有前景的CO_2 RR催化剂，除了要具备高的活性和稳定性，还需要以高的选择性将CO_2还原为期待的产品。

8.1.2 CO_2 RR测试体系

测试部分主要由电化学工作站、CO_2反应装置和产物评价设备组成。

电化学工作站：用于提供电能并记录相应的电化学数据（如反应电位、电流密度等）。

CO_2反应装置：提供反应的主要场所。最初广泛使用的反应器是H型电解池，由两个仓室组成，中间由一片质子交换膜隔开。然而，在实验条件下，H型电解池不像电解槽那样是动态的，质量传递较差，实际应用受到限制。在CO_2 RR中，增强质量传输非常有效，因此连续流动（Flow）反应器得到了发展。Flow型反应器可以连续输送反应物，同时将电解产品取出，从而加强了质量传递。Flow反应器主要包括含膜流动池[10]［图8.2(a)］和微流控池[11,12]［图8.2(b)］。在2016年，Kenis报告了这个组合，分析了两种含膜流动池的优点以及微流控反应池[13]。流动电池技术具有增强的传质作用，对CO_2 RR商业化具有重要的应用价值。最近，零距离反应池可以最大程度减小溶液电阻，也被大量研究者们使用。新型的固体电解质反应器也被夏川等人用来制备高纯度的液体产物[14]。随着CO_2 RR需求的提高，开发出许多形式的反应器，对于这个领域发展起到重要作用。

产物评价设备：气相色谱在线分析气体组分，核磁用于液体产物的鉴定和分析。

8.1.3 CO_2 RR评价参数

起始电位：是指期望反应开始发生时所施加在电极表面的电压。众所周知，CO_2 RR的平衡电位是在标准电位的基础上计算出来的反应物的吉布斯能，表明CO_2 RR的热力学行为。因此，起始电位通常比相应的平衡电位更负，这个差值定义为过电势（η）。一个高活性的CO_2 RR催化剂的过电势值通常较小。

电流密度（J）：通过将总电流除以工作电极的几何表面积计算得出。当电化学测定催化剂的活性表面积（ECSA），然后可计算出电催化剂的ECSA电流。

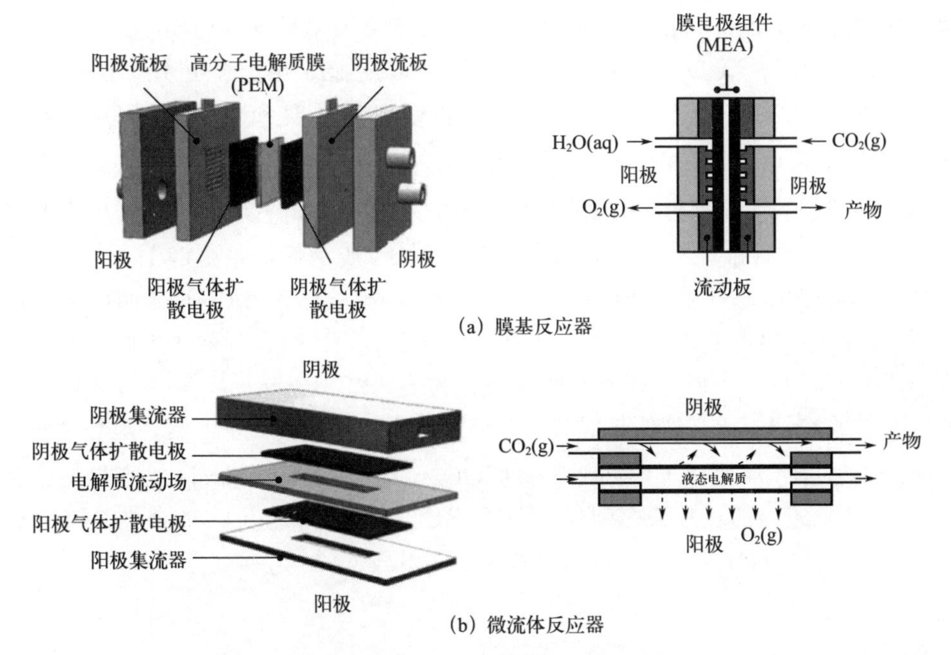

图 8.2 CO_2 电还原反应器［分解图（左）和截面图（右）］

法拉第效率（FE）：反应形成所消耗的电子数占总共使用电子数的比例。

根据以下方程式计算 FE：

$$FE=\frac{\alpha nF}{Q} \tag{8.8}$$

式中，α 是转移的电子数（α=2，4，6，8，12，根据不同的产物）；n 是产物的物质的量；F 是法拉第常数（96485C/mol）；Q 是反应时间内通过的总电荷，该参数直接表示电催化剂对 CO_2 RR 产物的选择性。

塔菲尔（Tafel）斜率：朝向目标产物的电流密度的对数对所施加电压的依赖性的斜率，这反映了 CO_2 RR 的动力学[15]。基于对实验获得的 Tafel 斜率和理论计算的 Tafel 斜率比较分析，可以进一步推测反应机理。

8.1.4 CO_2 RR 反应机理

通常而言，整个 CO_2 RR 过程主要包括三个主要步骤：CO_2 的化学吸附；C—O 键的断裂、通过电子转移过程形成 C—H 键、质子耦合；产物的解吸。实际上，在 CO_2 RR 过程中，由于通过第一步中的单电子转移形成 CO_2 自由基有高的反应能垒，CO_2 RR 所需要的外加势比平衡势更负［pH 值为 7 时，−1.90V (vs RHE)］[16]。当 CO_2 自由基在电催化剂表面形成，接下来的多步电荷转移反应几乎都会瞬间发生。部分不同反应路径的平衡电势相似导致了 CO_2 RR 反应产物的广泛分布。此外，在水电解质中析氢是一种极具竞争性的副反应。

CO_2 RR反应碳一产物主要包括甲酸、一氧化碳、甲醇、甲烷。甲酸/甲酸盐：在电催化剂表面上的第一个中间体初始键强度和方式对 CO_2 RR 中 HCOOH 的反应途径有很大影响。当电极几乎不吸附 CO_2^{*-} 中间体，游离在电解质中 CO_2^{*-} 通过外球面反应途径形成 HCOOH［图 8.3(a)］[17]。CO_2 中的碳原子 CO_2^{*-} 带有未配对电子将被 H_2O 中的 H^+ 质子化，并获得 HCO_2^{*-}。最后，HCOOH 是通过在水介质还原 HCO_2 形成的。当第一种中间体倾向于通过一个 O 原子（单齿形式）或两个 O 原子（双齿形式）结合到催化剂时，经过 C 原子质子化后的两个原子对生成甲酸是有利的［图 8.3(b)］[18,19]。另一种是通过 CO_2^* 的 C 原子键合到催化剂表面来形成的［图 8.3(c)］[20]。然后是与水分子的激子或质子反应生成 HCOOH 或 $HCOO^-$[21]。最近，Bocarsly 等人提出，在 Sn 原子表面吸附的碳酸根中间体参与了 $HCOO^-$ 的形成。CO_2 RR 在金属电极上，如 In、Sn、Hg 和 Pb 被认为是选择生成甲酸。

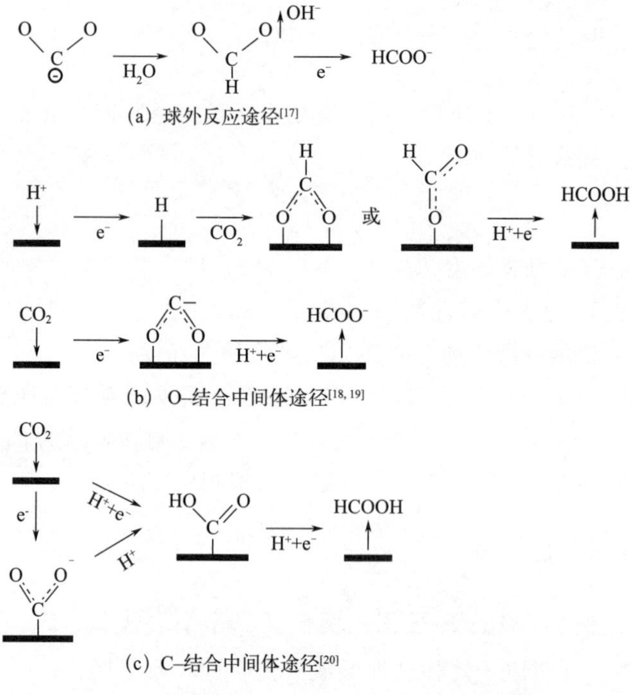

(a) 球外反应途径[17]

(b) O-结合中间体途径[18, 19]

(c) C-结合中间体途径[20]

图 8.3　HCOOH（$HCOO^-$）产物的反应途径

一氧化碳：与 HCOOH 的形成相比，如果初始中间体通过 C 原子与电催化剂具有一定强度吸附在催化剂表面上，CO 可以是主要产品。在这种情况下，对

于 CO_2 分子质子耦合电子转移，通常认为初始形成 $^*COOH$（* 表示吸附物种，如图 8.4 所示）[22]。另外，当 CO_2^{*-} 是最初的中间体时，为形成 $^*COOH$ 需要去耦合电子和质子转移（图 8.4 中的下行路线）。CO 是通过另一个质子耦合电子转移还原 $^*COOH$ 并随后解吸 $^*CO$ 而产生的。据报道，Au[23]、Ag[24]、Zn[25] 和 Pd[26] 对 $^*CO$ 中间体具有适中的结合强度，并且产生的 CO 超过 90%。

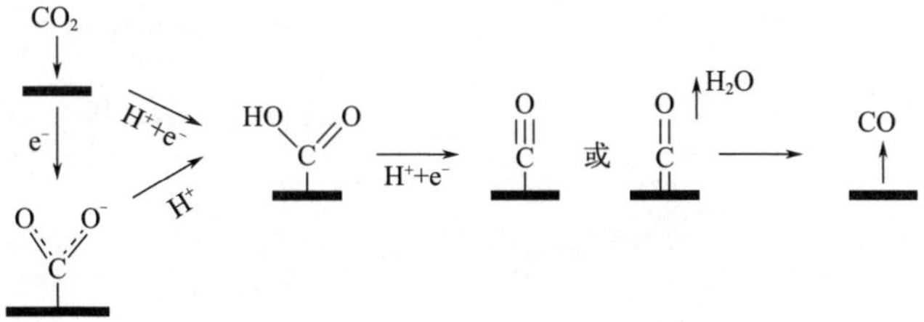

图 8.4　CO 产物的反应路径[22]

甲烷、甲醇：研究者们普遍认为，$^*CO$ 是 CO_2 RR 中形成碳氢化合物的关键中间体。在 2010 年，Peterson 等人根据密度泛函理论（DFT），提出了在铜电极上 CH_4 的形成途径[27]。根据热力学分析，吸附的 CO_2 首先被还原为 $^*CO$，然后 C 原子连续被加氢，生成 $^*CHO$、$^*CH_2O$ 和 $^*CH_3O$。最后，CH_4 是伴随着后期破坏 C—O 键形成 $^*O$ 而产生的。然而，这个机理无法解释 CH_2O 在铜上还原的实验通常产生的 CH_3OH、CH_3O 不能还原为甲烷[28]。2013 年，de Wulf 等人基于热力学和动力学分析，采用了另一种反应途径（向下路线，图 8.5）。通常认为 C—O 键的断裂发生在形成初期，此时 $^*CO$ 最初还原为 $^*COH$，然后是 $^*C$。这样，CH_4 就通过 $^*C \rightarrow {}^*CH \rightarrow {}^*CH_2 \rightarrow {}^*CH_3 \rightarrow CH_4$ 路径形成了。在 CO_2 RR 过程中，从铜电极表面观察到了石墨碳，证实了这一假设[29]。铜基材料被认为是生产碳氢化合物（包括甲烷、甲醇、乙烯、乙醇等）的最有效的电催化剂。

多碳产物：碳氢化合物（C_{2+}）形成过程中 C—C 耦合步骤非常重要，已经引起了研究者的广泛关注。通常，C—C 键的形成主要通过两种途径。一种途径是，$^*CO$ 首先被加氢和 $^*CHO$ 参与随后的质子转移过程[30]。另一种途径是，$^*CO$ 与在低过电位下形成 $^*OCCO$ 中间体构成初始 C—C 耦合。Pérez-Gallent 等人通过原位光谱首次在 Cu(100) 表面上观察到 $^*OCCOH$ 中间体，证实了这一推测[31]。对于 CO_2 RR，值得注意的是，电催化剂的结构和电极周围的局部环境，对反应过程中的 C—C 耦合步骤有很大影响[32]。

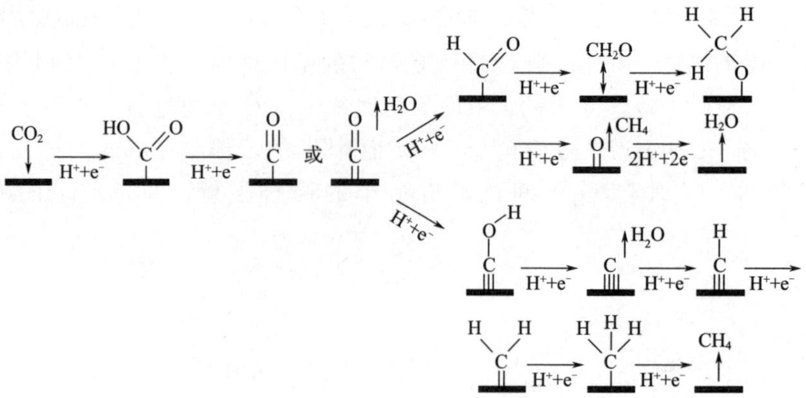

图 8.5 CH_4 产物的反应路径

8.1.5 CO_2 RR 还原催化剂

用于 CO_2 RR 的催化剂可分为无机和有机两大类。自 20 世纪 70 年代以来，一些金属-有机配合物作为一类典型的均相电催化剂，由于其特殊的配位结构和活性中心可以与二氧化碳分子紧密结合[33]。几十年来，金属-有机配合物的电催化剂，因它优异的选择性而受到研究者青睐，但也有一些缺点，如合成过程复杂，还原活性低且具有毒性[34]。非均相金属电催化剂伴随着一些有利的因素特点，如低毒、易于合成的工艺和显著的电化学活性，已被大量应用起来。无机金属化合物（金属氧化物、硫化物等）和碳基化合物，这些材料也被用作关键的催化材料用于 CO_2 RR。

金属有机配合物：金属-大环配合物、金属-联吡啶配合物、其他金属-有机配合物。

金属：如图 8.6 所示，根据不同的反应途径和主要产物（CO、$HCOO^-$、烃类、醇类等)，用于 CO_2 还原的金属电催化剂可以分为三类[35]。金属 Sn、In、Sb 和 Pb 被归为一类，CO_2^{*-} 中间体很容易地从它们表面脱附，在水体系中主要生成 $HCOO^-$[36]。相比之下，Au、Ag、Pd 和 Zn 能与 $^*COOH$ 中间体紧密结合，而几乎不能与生成的 $^*CO$ 中间体结合，这类金属主要倾向于生成 CO。特别地，金属 Cu 被单独划分为第三类，Cu 有利于结合 $^*CO$ 中间体并通过二聚化途径将其从 $^*COH$ 或 $^*CHO$ 中间体转化为醇或其他烃。需要注意，其他一些金属如 Pt、Ni 具有较低的析氢过电位，与 $^*CO$ 中间体具有强结合能力，因此析氢反应（HER）将在水溶液体系下胜过 CO_2 RR[37]。

合金：金属合金化可以调节反应中间体（如 $^*COOH$ 和 $^*Co$）的结合能，从而来提高 CO_2 RR 的反应动力学和选择性。例如，新型 Pd_xPt_{100-x}/C 电催化剂在约 0V（vs RHE）时将 CO_2 转化为 HCOOH，其与 0.02V（vs RHE）的理论平衡电位相当接近[38]。

无机金属化合物：金属氧化物、硫化物、碳化物。

碳基非金属材料：金属 Pd、Au、Ag 和 Cu 等已被作为电催化剂广泛用于 CO_2 还原。但存在价格相对昂贵、过电位高、选择性差等问题有待解决。最近，碳纳米管、石墨烯、碳纤维等碳基非金属材料被认为是潜在的金属替代品，它们可以带来良好的催化活性，同时降低了使用成本。

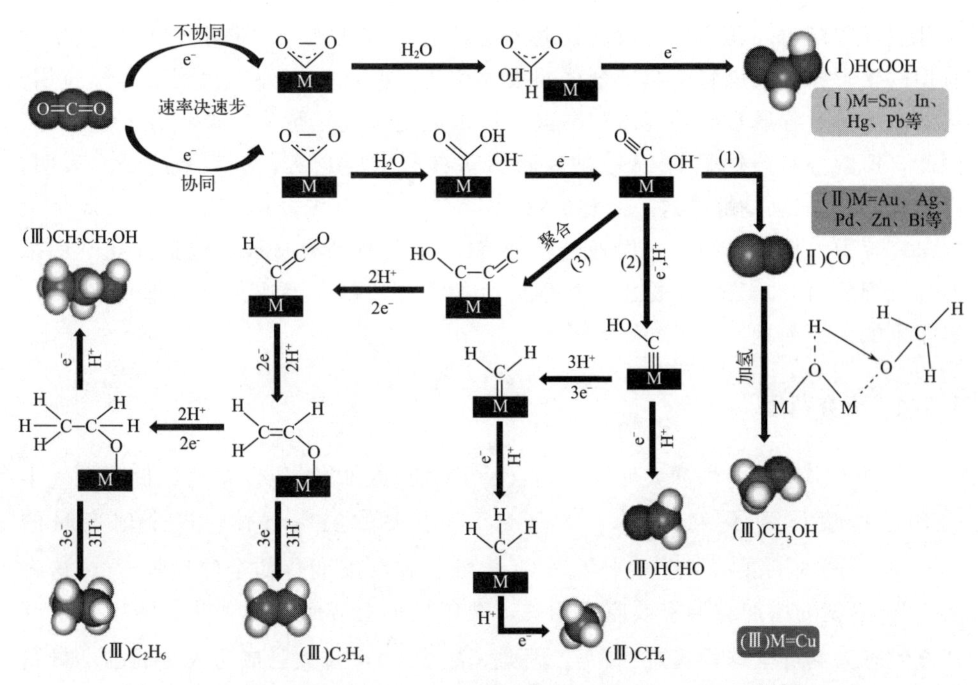

图 8.6 不同金属电催化剂在水溶液中还原 CO_2 的机理[35]

8.1.6 小结与展望

CO_2 通过电催化还原成有使用价值的化学品一直是研究人员关注的科研领域，已经取得了重大进展，例如测试的评价体系的搭建、还原反应机理的推测、高活性催化剂的设计。目前技术已经实现两电子还原产物甲酸和一氧化碳的高选择性制备，在后期将会考虑规模化商业生产。多碳产物具有更高的附加值，下一步是进行 CO_2 RR 深度还原，实现高选择性生产高能量密度的碳氢燃料以及多碳产物。然而对于多碳产物的制备，现有的铜基催化剂受限于单一活性位点的多电子转移过程和缓慢的 C—C 耦合步骤，仍面临着活性低、选择性差等问题。如何设计多组分催化剂增强C—C耦合，利用原位技术调查反应产物的中间体，以及改进现有的反应测试装置，对于提高多碳产物的活性和选择性起着重要的作用。为此，今后的研究可以借助传统热催化CO_2加氢催化体系，比如双功能金属氧化物-分子筛体系，进行CO_2电催化串联制备多碳产物研究。

8.2 光热CO_2加氢技术

近几十年来，化石资源燃烧造成的人为CO_2排放过多，已经引起了严重的全球生态和能源问题。作为解决这些问题的有效方法之一，催化CO_2加氢生产有用的化学原料或燃料引起了全球的极大关注，并已在工业上得到了实际应用。然而，这些过程通常需要高压和高温，这极大地提高了成本，并存在安全问题。因此，探索温和条件下的CO_2加氢新策略具有重要意义。近年来的研究表明，光催化CO_2加氢是解决这一问题的可行策略。本节首先概述了光辅助CO_2加氢的研究背景，接着介绍了国内外光辅助CO_2加氢的研究进展，包括催化剂的探索和机理的研究。最后，提出了当前阶段的关键挑战，并提出了光催化CO_2加氢技术的未来前景。

8.2.1 研究背景

根据美国国家海洋和大气管理局（NOAA）在2020年发布的数据，大气中的CO_2浓度达到了416mg/L[39]。CO_2是主要的温室气体，占全球变暖的63%[40]。图8.7展示了近几十年来CO_2浓度和温度变化的全球趋势[41]。这表明CO_2浓度的增加与温室效应正相关，温室效应会导致冰川融化、海平面上升甚至生态失衡等全球性灾难[42,43]。因此，减少CO_2排放已成为人类面临的最紧迫的课题之一。

已经开发了几种有效的技术来控制CO_2排放。第一条途径是通过使用可再生清洁能源（如太阳能、风能等）替代化石燃料，从源头上减少CO_2排放。第二种方法是所谓的碳捕获和储存（CCS）技术，捕获和储存CO_2以将其与大气隔离，这对应对全球气候变化具有重要意义[44]。然而，高成本和泄漏风险问题阻碍了该技术的广泛应用。理想情况下，第三种方式，CO_2转化和利用(CCU)，已被证明是缓解CO_2问题最具吸引力和前景的方法。CO_2可以转化为其他有价值的化学原料或燃料，进一步用于工业，如CO、甲烷、甲醇等[45]。因此，可以建立中性碳循环。

从环境保护和碳资源利用的角度来看，将CO_2转化为增值化学品是非常重要的。近年来，CO_2转化技术（包括CO_2甲烷重整和CO_2加氢）在燃料生产工

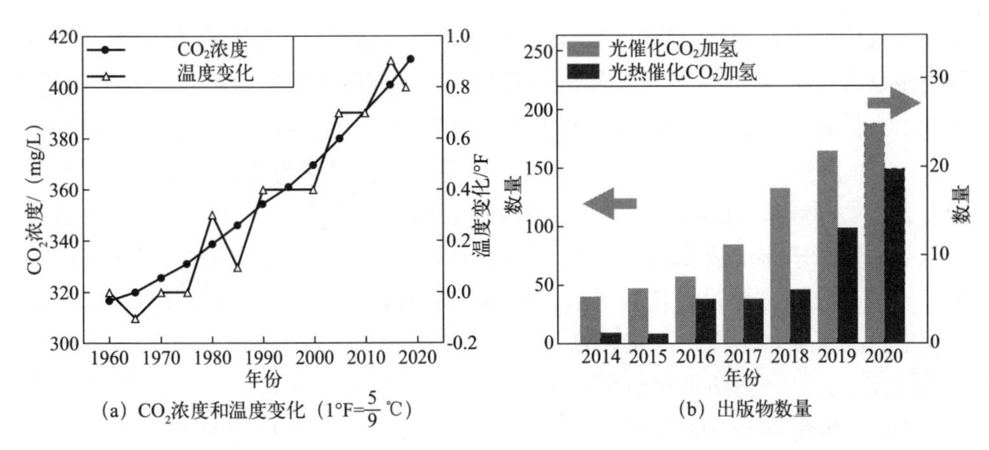

(a) CO_2浓度和温度变化（1°F=$\frac{5}{9}$℃）　(b) 出版物数量

图 8.7　近几十年 CO_2 浓度和全球温度的变化（与 1901—2000 年相比）及近年来关于光催化 CO_2 加氢和光热催化 CO_2 加氢的出版物数量（虚线框内的内容为预测结果）

业中得到了实际应用[46-49]。CH_4 和 CO_2 都可以在高压和高温下反应生成 CO 和 H_2 摩尔比为 1∶1 的合成气，这是羰基化反应和费-托合成的理想原料。另外，CO_2 加氢制备有用的化学品也越来越受到人们的关注，具有广阔的实际应用前景。例如，冰岛碳循环国际公司（CRI）已经成功地将 CO_2 转化为 CH_3OH，三井化学公司也建成了一个 100t/a 的试验工厂，成功地从 CO_2 中生产 CH_3OH[50]。CO_2 和 H_2 之间的催化反应可以通过几种途径进行（表 8.1），包括逆水煤气变换［RWGS，反应（1）］、甲醇合成反应［MSR，反应（2）］、甲烷化反应［萨巴蒂尔反应，反应（3）］等等[51,52]。许多增值碳氢化合物，从 C_1 分子到通过 C—C 键形成的高分子量 C_{2+} 化合物，都可以通过 CO_2 加氢来实现[53]。显然，认识到这一点的主要挑战之一是氢作为还原剂的需求，以及能源输入来自可再生资源，而不是目前依赖化石资源的主要途径[54,55]。

表 8.1　基于 CO_2 加氢的典型燃料生产工艺

反应序号	反应	$\Delta G^{\ominus}$/(kJ/mol)	$\Delta H^{\ominus}$/(kJ/mol)
(1)	$CO_2(g)+H_2(g) \longrightarrow H_2O(g)+CO(g)$	28.6	41.2
(2)	$CO_2(g)+3H_2(g) \longrightarrow CH_3OH(g)+H_2O(g)$	3.5	−40.9
(3)	$CO_2(g)+4H_2(g) \longrightarrow CH_4(g)+2H_2O(g)$	−113.6	−165.0
(4)	$CO_2(g)+H_2(g) \longrightarrow HCOOH(l)$	34.3	−31.0

由于 CO_2 中的碳元素处于最高的价态，所以上述反应需要在苛刻的条件下进行，能耗和成本都很高。受自然光合作用的启发，如果在温和的条件下，借助

太阳光线的照射，催化 CO_2 加氢合成有机物质，这被称为太阳能-化学能转换过程，不仅可以减少 CO_2 利用过程中的能源消耗，同时也有效缓解温室效应问题。目前，光催化 CO_2 加氢生产燃料可在单一光照射或光热条件下进行[48,49,56]。如图 8.7(b) 所示，光催化二氧化碳转化只需要太阳辐射作为能量输入，已有大量的研究[57]。然而，光催化的光利用和转化效率有限。目前，光热效应在金属基催化剂的等离子体增强 CO_2 加氢反应中得到了广泛的研究和应用[58,59]。这些催化剂能够吸收入射光并将其局部转化为热，从而提高“点”温度，促进 CO_2 加氢反应。为了获得更高的产量，除了光照射外，还引入了外部热。与传统的热催化系统相比，这种光热催化过程可以以更低的能耗实现更高的 CO_2 转化率。图 8.8 比较了几种 CO_2 加氢路线的优缺点。迄今为止，催化 CO_2 转化过程的挑战在于催化效率有限和产物选择性低。

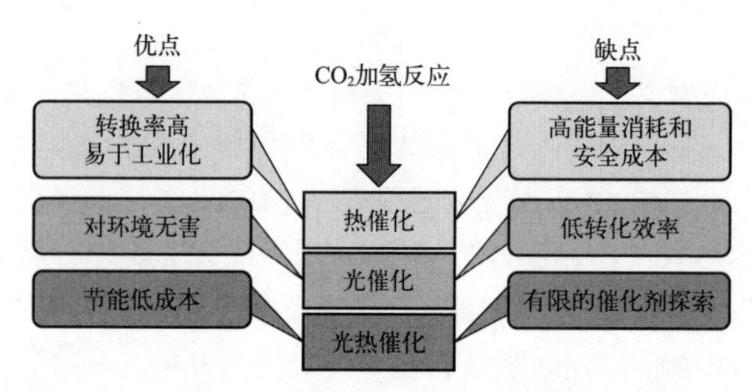

图 8.8 典型 CO_2 加氢工艺对比

尽管反应系统对于实现强大的催化效率至关重要，但光促进 CO_2 还原研究的主要核心是催化剂的设计，这在很大程度上决定了光辅助 CO_2 还原过程的效率。因此，探索和开发各种高效催化剂是一个重要的研究方向[41,45,60-62]。过去几十年见证了光促进 CO_2 加氢工艺催化剂探索的快速发展，如图 8.9 中的时间线所示[48,63-74]。

8.2.2 光热 CO_2 加氢技术综述

厦门大学马来西亚分校 Wee Jun Ong 等人综述了光热 CO_2 加氢技术研究进展[75]。目前，科学家在寻找有利的解决方案和技术来缓解这些缺点。其中，太阳能的捕获、转换和存储，包括光催化[76-82] 和光热转换[56,83]，引起了人们的广泛关注。值得注意的是，作为缓解能源和环境问题的一种潜在策略，生产所谓的“太阳能燃料”的能源光催化技术已受到越来越多的关注[84-87]。光催化的目标是将阳光转化并储存为可用作燃料的化合物，从而形成化学键，从阳

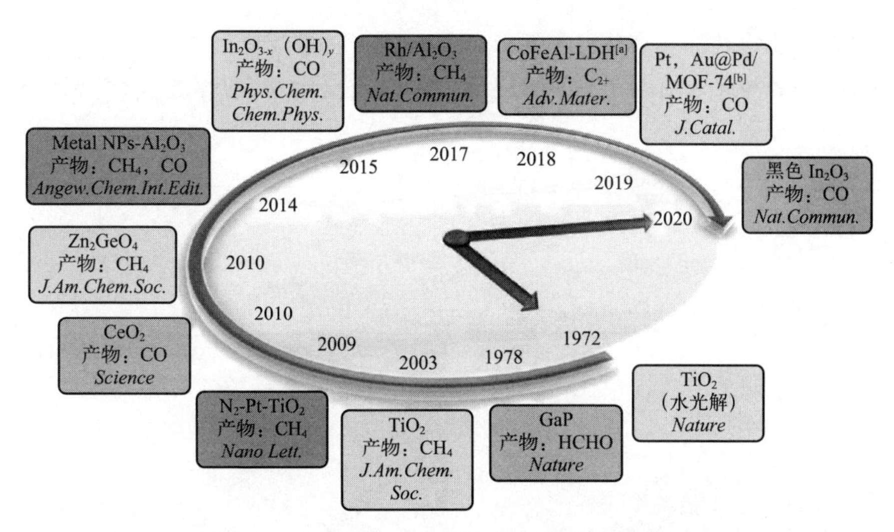

图 8.9 光促进 CO_2 加氢技术的最新进展时间表

光中捕获丰富、清洁和无害的能量[88]。自 1972 年 Fujishima 等人[65] 首次报道光催化以来，利用太阳能催化包括水分解和 CO_2 还原在内的上坡化学反应来生产增值化学物质已成为一种有前途的绿色能源技术[49,89,90]。最近，光辅助 CO_2 加氢工艺被认为是实现中性碳循环的一种方法，许多研究人员正在研究这项技术[91,92]。

CO_2 是一种惰性的线性对称分子，具有很高的热力学稳定性[93,94]。由于在 298K 时键能很高，很难打破 C ═O 双键将 CO_2 转化为其他含碳化合物[95,96]。此外，在氢光还原过程中，高能氧化还原中间体通常会形成较大的动力学障碍[97]。1978 年，Halmann 演示了在 p 型磷化镓上通过光电解法在水溶液中进行 CO_2 加氢的研究[67]。在光照射下，第一阶段除生成甲酸外，随着反应的进行也得到甲醛和甲醇。计算得出，太阳能对甲醛和甲醇的最大转化效率分别为 0.97%和 0.61%。随后，对光照下各种半导体，如 TiO_2[98,99]、ZnO[100,101] 和 g-C_3N_4[102] 对于 CO_2 加氢的催化能力进行了评价。目前，在半导体基光催化剂上进行的 CO_2 加氢反应在光照下的总产率相对较低[91,103]。如图 8.10(a) 所示，CO_2 光催化加氢反应的基本机理是光产生的电子-空穴对向吸附的反应物分子转移[91]。当光子的能量大于催化剂的带隙（$h\nu > E_g$）时，电子（e^-）从价带 (VB) 跃迁到导带（CB)，形成光致载流子[49]。它们中的大部分会在本体中重新结合，剩余的载流子会转移到表面，从而激活被吸收的 CO_2 和 H_2 分子，然后形成光生成的中间活性物种（CO_2^-，H·)，以实现 CO_2 加氢反应[104]。这个过程可以称为光化学反应过程或光催化。在研究的催化剂中，无机金属氧化物因其活性高、稳定性好、易获得和低毒而成为 CO_2 加氢反应的常用催化剂[105,106]。发生在金属氧化物（MO_x）表面的光催化 CO_2 加氢反应过程可以表示为[97,107]：

$$MO_x + h\nu \longrightarrow h_{VB}^+ + e_{CB}^- \tag{8.9}$$

$$H_2 + 2h_{VB}^+ \longrightarrow 2H^+ \tag{8.10}$$

$$H^+ + e_{CB}^- \longrightarrow H\cdot \tag{8.11}$$

$$CO_2 + 2e_{CB}^- + 2H\cdot \longrightarrow CO + H_2O \tag{8.12}$$

$$CO_2 + 8e_{CB}^- + 8H\cdot \longrightarrow CH_3OH + 2H_2O \tag{8.13}$$

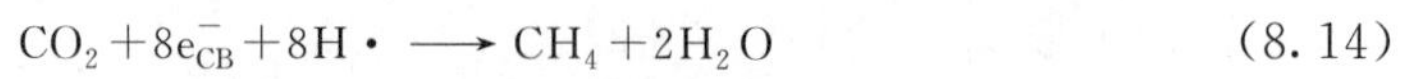

$$CO_2 + 8e_{CB}^- + 8H\cdot \longrightarrow CH_4 + 2H_2O \tag{8.14}$$

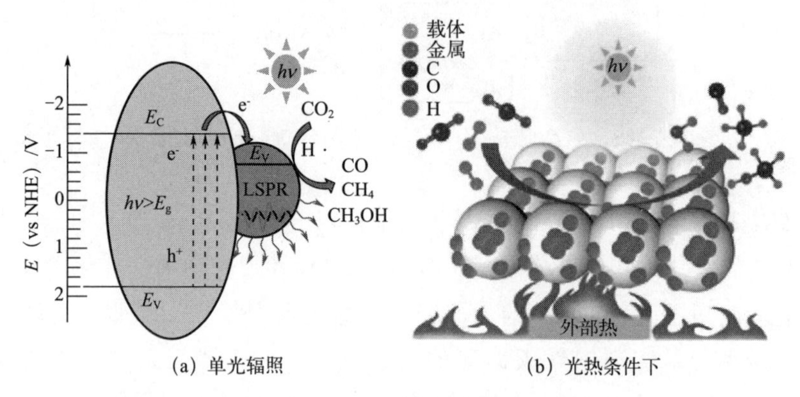

(a) 单光辐照　　(b) 光热条件下

图 8.10　光辅助催化 CO_2 加氢过程

（LSPR 指局域表面等离子体共振）

从上述光催化机理分析来看，限制光催化 CO_2 加氢效率的主要挑战是有限的光吸收、固有的快速电子空穴复合以及 CO_2 活化的高能垒[49,108,109]。为了提高光催化 CO_2 加氢反应的效率，人们提出了各种策略。例如，通过杂原子掺杂[110-112]、缺陷工程[101,113] 和敏化剂杂化[114,115]，可以有效地扩大催化剂的光吸收区域。与半导体光催化剂相比，以较低的费米能级负载金属纳米颗粒，并构建具有合适能带排列的非均相纳米复合材料来促进电荷分离过程，已被证明是阻碍电子-空穴对复合率的有效策略[76,116,117]。此外，形貌和结构工程，如创造具有高比表面积的多孔结构，可以显著增加反应物吸附和转化的活性位点数量[118-122]。通过这些方法，太阳能燃料生产的光催化效率已经大大提高，这些策略在光催化 CO_2 加氢方面的应用将在后面的章节中详细介绍。

具体而言，半导体光催化剂表面负载的金属纳米颗粒不仅具有电子捕集器的作用，提高了载流子的分离效率，而且还具有热“点”的作用，有效地活化了反应物分子。自 Ritchie 等人[123] 报道了金表面等离子体共振（SPR）效应以来，光子能量在金属表面的扩散和转移受到了广泛的研究[124,125]。如图 8.10(a) 所示，当入射光子的频率与表面自由电子的固有频率相匹配时，共振振荡将打破恢复力，诱导能量从光能转化为热能（光热效应）[124,126,127]。Meng 等人凭借Ⅷ族金属（Rh、Ir、Ni、Co、Ru、Pd、Pt 和 Fe）NPs 独特的活化能力和优异的光热性能，实现了 CO_2 的光诱导氢化成增值化合物[69]。类似地，其他金属基光催化剂也被广泛地应用于 CO_2 加氢反应[128,129]。此外，也有报道称金属表面的光生电子可以促进 M—H 键的形成，从而使 H_2 分子分裂，有利于加氢反应的进行[130]。所有这些开拓性的研究突出了金属纳米粒子在光促进的 CO_2 加氢过程中的重要性。

上述研究表明，CO_2 加氢反应可以在单光照射下进行，金属基催化剂的光热效应可以进一步提高转化效率。然而，转化效率和产品选择性还远远达不到实际工业应用的要求[131,132]。如图 8.10(b) 所示，最近的研究表明，通过将外部加热和光照结合起来，即所谓的“光热催化过程”，可以实现具有相对较低能耗和较高转化效率的高效 CO_2 加氢[77,133-137]。在光热催化过程中，来自光照和外部热量的能量都有助于转化过程，光催化、热催化和光热过程都在加氢过程中发挥重要作用。由于光照和外部热量的协同效应，该催化过程以降低的活化能（E_a）进行，催化剂通常比单纯光照（光催化）和热条件（热催化）下的简单叠加获得更高的 CO_2 转化率[75]。例如，萨巴捷（Sabatier）甲烷化作为一种典型的放热反应，通常在高于 400℃的工作温度下通过热催化过程进行[138,139]。令人惊讶的是，在光照射下，温度低于 150℃该反应也可以被激活[140]。此外，由于照明和外部热量的共同作用，非热效率的增加（通常与温度升高呈强正相关）可能是催化性能提高的另一个不可忽视的因素。目前，通过光热催化可以获得高选择性的产品。虽然已经有很多关于光热催化 CO_2 加氢技术的研究，但由于这些实验现象是由不同的外场耦合而产生的复杂性，其背后的机理还不太清楚。此外，表面缺陷、单金属和双金属表面沉积等因素无疑将影响激发电荷的行为，这需要进一步揭示。

一般来说，光辅助的 CO_2 加氢反应是绿色化学的积极倡导者，尤其是光热催化过程。尽管在这一领域中还存在一些障碍，但值得相信的是，光辅助 CO_2 加氢催化将受到极大的关注。新型催化剂的探索和机理的深入理解将进一步促进转化效率提高到 mol/(g 催化剂・h) 或更高[141]。

8.2.3 小结与展望

本节综述了单光催化和光热催化条件下 CO_2 加氢催化剂的开发和机理认识的最新研究进展（图 8.11）。

由于其特殊的能带结构、优异的光吸收能力和强大的化学稳定性，大量金属

图 8.11 光辅助催化 CO_2 加氢研究前景[75]

氧化物催化剂被报道用于 CO_2 光催化加氢。为了进一步提高光催化剂的催化效率，在氧化物载体表面沉积了费米能级较低的金属纳米粒子，可以有效地扩大光响应范围，降低光生电子-空穴对的复合速率，促进 H_2 和 CO_2 分子的活化。对于负载型金属基催化剂，金属纳米粒子的 LSPR 产生的光热效应也通过提高局部温度来降低光催化 CO_2 加氢反应的能量屏障。与单纯的热驱动工艺和光驱动工艺相比，光热催化 CO_2 加氢制烃工艺可以更有效地进行。在大多数情况下，外部热和光照射之间存在协同效应，这说明光热催化具有较低的表观活化能和较高的非热属性。在研究的光催化 CO_2 加氢体系中，产物主要通过甲烷化反应（$8e^-$）、甲醇合成（$6e^-$）和逆水煤气变换（$2e^-$）等多电子过程生成。在初始阶段，它们都以羧基途径或甲酸途径开始。之后，形成特定的中间体并吸附在催化剂表面。从原理上讲，中间体和催化剂之间的结合能是可调的，并且主要取决于催化剂的表面电子性质。调整这些物种在催化剂上的吸附能可以改变反应路径的趋势，从而选择性获得所需的产品。借助 DFT 计算，确定了关键中间体，如 $^*HCO_3$、$^*HCOO$、$^*CO$、$^*CHO$ 和 $^*CH_3OH$，这有助于揭示反应途径。对于光催化 CO_2 加氢反应，已报道了各种性能增强的催化剂，并深入研究了系统的反应机理。然而，这一领域仍存在一些亟待解决的挑战，我们提出以下几点研究展望。

（a）应进一步探索一种具有高活性、最佳选择性与稳定性和低成本的催化剂。尽管报道的催化剂表现出令人感兴趣的 CO_2 加氢效率和选择性，但产率仍然保持在 mmol/(g 催化剂 · h) 级别[121]，这与工业应用的要求较远，因此，需要更有效的催化剂。应采取单金属或双金属沉积、杂原子掺杂、异质复合结构、缺陷和结构工程以及多晶型优化等策略来改进催化剂从而提高 CO_2 催化转化率。此外，目前研究的大多数催化剂仍然基于贵金属，高昂的成本将是阻碍其广泛应用的另一个问题。因此，在未来的研究中，可尝试更多的过渡非贵金属基催化剂。鉴于大量开创性研究充分体现了高通量实验和光催化第一原理计算的巨大影响，大数据和机器学习将成为未来研究中不可或缺的组成部分。预计大数据和机器学习将为探索光催化 CO_2 加氢高效催化剂提供总体方向和理论指导，帮助研究人员充分理解催化剂的内在结构-性能关系。

（b）由于没有标准程序来评价催化剂的反应条件，如光源、压力和催化剂的制备方法，因此比较一种催化剂的优缺点很有挑战性。故应在该领域建立一个规范性基准。此外，绩效评价技术需要创新。对于光催化剂，为了清楚地区分光热效应和固有光催化效应，需要完善直接协议且可行的技术。目前，有几种先进的温度提取技术，如扫描热显微镜、光纤等离子体传感器和纳米温度计，可以取代传统的热电偶温度提取方法。在未来，可以研究气液反应器、流动条件、非化学计量反应物和大气压力对 CO_2 加氢性能的影响，催化反应系统的设计预计将受到越来越多的关注。

（c）到目前为止，基于多电子过程提出的机制是合理的，但仍存在争论。由于反应途径的多样性，获得高选择性的特定产品仍然是一个难题。在单光照射下，光热效应引起的局部温度升高到目前为止还无法量化，这给该过程的热贡献带来了不确定性。在光热催化过程中，外部热量和光照之间的协同作用尚未清楚。同样，随着越来越多的双金属催化剂进入视野，双金属催化剂的协同效应值得进一步研究。因此，先进的表征方法，如超快泵-探针光谱学，应采用 X 射线吸收光谱（XAS）和 X 射线光电子能谱（XPS）以及超广谱表征（例如基于同步辐射的 XAS），以便更好地了解电荷载流子的动力学和反应过程中能量状态的演化，为今后新型催化剂和催化体系的设计提供了理论指导。

（d）应更多地关注催化剂或催化系统，通过这些催化剂或催化系统可以有效地将 CO_2 转化为高价值的含碳物种。在工业应用中，生产的 C_1 碳氢化合物建议进一步转化为 C_{2+} 碳氢化合物。如今，已经报道了一些关于 CO_2 加氢制 C_{2+} 的研究，需要更好地理解相关机理，以阐明中间体之间的结合过程（例如 $^*CH_3$ 二聚和费-托合成）。此外，未来还可以研究针对 C_{2+} 燃料的 CO_2 加氢串联催化设计[142]。通过光辅助催化，CO_2 直接高效转化为具有更高碳链的增值化合物，这将有助于建立一个封闭的碳环。

8.3 等离子体催化 CO_2 加氢技术

8.3.1 研究背景

在过去的一个世纪里，生物圈中 CO_2 的浓度显著增加，CO_2 浓度的增加对生态系统造成了破坏性影响，如水文和植被格局的改变、地表温度的升高、灾害性天气的频繁发生等[143]。为了应对这些问题，发展显著减少 CO_2 排放的创新技术得到了广泛的关注，近年来这方面技术已取得了重大进展。

将 CO_2 转化为高附加值的平台化学品和合成燃料（例如 CO、CH_4、二甲醚、甲醇）因其具有减少 CO_2 排放并将其作为碳源的潜力而备受关注。例如，CO_2 与 CH_4 的转化被认为是一个很有前途的合成气生成过程，合成气是生产氧化物（如醇）和液态烃的主要化工原料[144]。事实上，人们已经研究和开发了不同的 CO_2 转化为高附加值燃料和化学品的工艺，包括：热催化、电催化、光催化和等离子体工艺[144-149]。选择何种 CO_2 储存和利用工艺需要了解 CO_2 的化学和物理性质。CO_2 利用努力的目标是开发有价值的 CO_2 应用，而地质储存可能不是有利的解决方案，图 8.12 显示了 CO_2 的资源化利用方向。

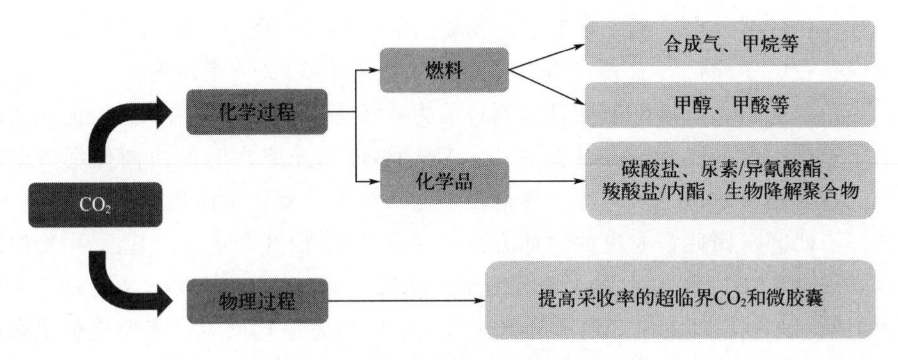

图 8.12　CO_2 资源化利用的主要方向

转化 CO_2 的主要挑战是克服 CO_2 分子的高稳定性：分解和活化 CO_2 是一个热力学上不利的过程，需要大量的能量来打破双键[149]。低温等离子体（NTP）的应用是一项很有前途的创新技术，它为有效地将 CO_2 转化为高价值的化学品和燃料提供了一种富有吸引力的解决方案[148-152]。这是因为等离子体有可能在相关环境条件下使热力学不利的化学反应发生。特别是，NTP 是在非平衡条件下（低温低压）进行的，反应速率通常很高，而且很快就能达到反应平衡。NTP 中产生的高能电子平均能量为 1～10eV，能够通过电离、激发和解离激活 CO_2 分子，产生雪崩式的反应物种（如受激原子、离子、分子和自由基），从而引发和传递化学反应[153,154]。此外，NTP 系统的紧凑性、安装便捷性和灵活性为集成从可再生资源（如太阳能和风能）获取能源的技术提供了潜力，这些技术用于 CO_2 转化为燃料，可以使它们成为能源存储系统，在电网的高峰时段从可再生能源中获取多余电力。最终可能形成碳中和过程，因为该技术可以针对工业应用进行扩展。

使用 NTP 转换 CO_2 的主要挑战是提高能源效率和增加等离子体过程的竞争力。将催化剂与 NTP 相结合，创造了一个耦合等离子体催化过程，具有产生等离子体催化协同作用的能力，可以提高 CO_2 的转化以及目标产品的选择性和产量。这种等离子体催化效应是由于等离子体中形成的特定激发态具有足够的能量和正确的官能团与催化剂表面相互作用，并在它们弛豫和失去激发能之前发生反应[155]。然而，关于如何设计具有成本效益的、活跃和稳定的等离子体催化 CO_2 转化催化剂的现有研究仍然十分有限。等离子体反应器的改造或新的设计概念可能提高 NTP CO_2 转化过程的能源效率的方法。利用 NTP 研究了多种 CO_2 转化途径，即甲烷干重整［DRM，式(8.15)］[153,156-179]，CO_2 加氢［式(8.16)～式(8.18)］[180-183]，CO_2 用水还原［式(8.19)～式(8.20)］[184,185]，CO_2 分解为 CO 和 O_2［式(8.21)］[186-193]，如图 8.13 所示。

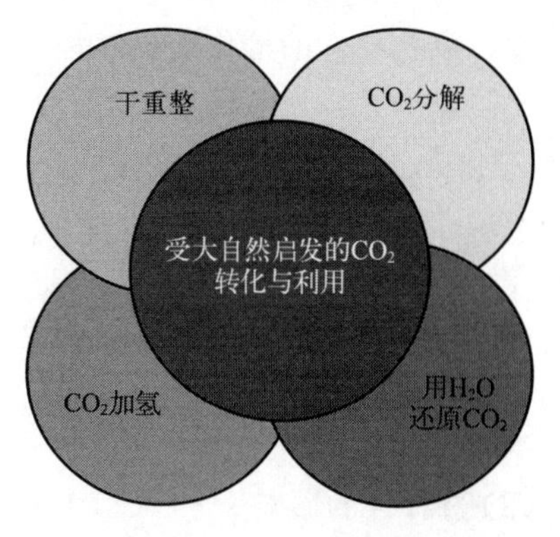

图 8.13　CO_2 转换路线

$$CO_2+CH_4 \longrightarrow 2CO+2H_2 \quad \Delta H=247kJ/mol \tag{8.15}$$

$$CO_2+4H_2 \longrightarrow CH_4+2H_2O \quad \Delta H=-165kJ/mol \tag{8.16}$$

$$CO_2+3H_2 \longrightarrow CH_3OH+H_2O \quad \Delta H=-40.9kJ/mol \tag{8.17}$$

$$CO_2+H_2 \longrightarrow CO+H_2O \quad \Delta H=41.2kJ/mol \tag{8.18}$$

$$CO_2+H_2O \longrightarrow CO+H_2+O_2 \quad \Delta H=525kJ/mol \tag{8.19}$$

$$CO_2+2H_2O \longrightarrow CH_3OH+3/2O_2 \quad \Delta H=676kJ/mol \tag{8.20}$$

$$2CO_2 \longrightarrow 2CO+O_2 \quad \Delta H=283kJ/mol \tag{8.21}$$

河北工业大学沈伯雄教授等人综述了基于 NTP 技术的 CO_2 转化和利用的研究进展[194]，本小节在此基础上重点介绍了不同类型的 NTP 在 CO_2 转化方面的进展。

8.3.2　等离子体催化 CO_2 加氢制 CO

RWGS 反应是 CO_2 转化的主要途径之一。RWGS 生产的 CO 具有很高的灵活性，因为 CO 可用于甲醇合成和下游的费-托（FT）反应，用于合成一系列燃料和化学品[195]。但 RWGS 是一种吸热反应，需要较高的温度，且转化受到平衡限制。RWGS 和 FT 在一个反应器中的组合有吸引力，因为整个过程比 RWGS 放热和热力学更容易[195]。RWGS 将 CO_2 部分转化为 CO，生成合成气和 CO_2 的混合物，然后用于改性 FT 或 CO_2-FT，用于合成含氧化合物和长链烃。但 RWGS 反应会消耗额外的 H_2，增加了反应的成本。由于 RWGS 反应产生大量副产物 H_2O，对后续 FT 反应中催化剂的活性有负面影响，因此设计耐水、高选择性的催化剂仍然是RWGS和改进FT过程的一个挑战。

相对于等离子体DRM反应和CO_2裂解的广泛研究，等离子体辅助RWGS反应的研究较少[196-201]。在DBD（介电阻挡放电）反应器中[196]，Zeng和Tu考察了H_2和CO_2摩尔比对RWGS反应的影响。他们发现，当H_2和CO_2摩尔比从1∶1增加到4∶1时，CO_2转化率几乎呈线性增加。H_2和CO_2摩尔比的提高也显著提高了CO收率，但CO选择性没有显著提高[54]。Kano等人利用低压射频放电研究了在固定H_2和CO_2摩尔比为4∶1的RWGS反应中，气体流量对CO选择性的影响[198]。CO选择性随着总流量的增加而逐渐增加，这可能是由于高流量时气体混合物停留时间的缩短抑制了O和CO的复合[198]。最近，Zeng和Tu研究了Ar对Ni/Al_2O_3催化剂上等离子体催化RWGS反应的影响，使用了150℃的DBD反应器[199]。在无催化剂的等离子体RWGS反应中，当放电功率为30W、H_2和CO_2摩尔比为4∶1时，Ar体积分数从0增加到60%，CO_2的转化率从18.3%提高到38.0%。放电中亚稳态Ar物种的产生为CO_2的分解提供了新的反应途径，导致CO_2转化增强[199]。Oshima等人在电晕放电反应器中额外加热200℃[202]，在La-ZrO_2负载的金属催化剂（Pt、Pd、Ni、Fe和Cu）上进行了RWGS反应。与仅使用La-ZrO_2载体的反应相比，在放电中放置La-ZrO_2载体金属催化剂提高了CO_2的转化率。Pt/La-ZrO_2的CO_2转化率最高，能够达到40%，同时CO的选择性为99%。此外，与其他催化剂相比，Pt/La-ZrO_2在相同输入电流下放电脉冲电压的增强更为显著，这也可能促进CO_2的转化[202]。Sun等人在Pd/ZnO催化剂上进行了等离子体催化RWGS，并利用原位光谱技术评价了Pd-ZnO界面对CO_2转化的影响。他们发现Pd-ZnO界面上的ZnO_x@PdZn通过促进催化剂表面双齿碳酸盐和双齿甲酸盐物种的生成，显著改善了CO_2的转化[197]。Liu等人研究了以$LaNiO_3$为前驱体制备的Ni/La_2O_3催化剂的DBD中的RWGS反应[200]。在600～900℃的不同煅烧温度下，使用Ni/La_2O_3，CO_2转化率为52%～57%。当DBD与Ni/La_2O_3催化剂结合时，在放电功率为60W时，CO选择性达到最大值（78%），CH_4选择性为最小值（5%）。他们还发现，在90W的高放电功率下，H_2和CO_2摩尔比从1∶4增加到4∶1，CO的选择性从85%降低到12%[200]。结果显示，与使用$LaNiO_3$、$La_{0.9}Sr_{0.1}NiO_{3+\delta}$和$Ni/La_2O_3$催化剂相比，使用$La_{0.9}Sr_{0.1}Ni_{0.5}Fe_{0.5}O_{3+\delta}$（LSNFO）钙钛矿催化剂可提高等离子体催化RWGS反应中CO的产量[203]。LSNFO在等离子体过程中优异的催化性能归因于均匀的Ni-Fe合金的形成以及催化剂表面存在大量氧空位的残留钙钛矿结构[203]。

8.3.3 等离子体催化 CO_2 加氢制 CH_3OH

目前，由于 CH_3OH 在不断扩大的氢能经济中具有重要的应用前景，人们对在温和条件下开发 CO_2 直接加氢制 CH_3OH 越来越感兴趣[195]。CH_3OH 是一种重要的化工原料，在能源和化学工业中都具有重要的意义，且易于储存和运输[204]。CO_2 加氢制 CH_3OH 可通过直接或间接合成途径实现。间接合成途径需要先通过 RWGS 反应生产合成气，然后通过改良的 FT 工艺生产 CH_3OH。直接 CO_2 加氢制 CH_3OH 是一个放热、体积减小的过程，在低温、高压下（通常 30～300atm，1atm＝101325Pa）被热力学所青睐[205]。然而，通常需要高温来激活 CO_2；在较高温度下，RWGS 反应产生的 CO 开始与 CH_3OH 生成竞争，降低了 CH_3OH 的选择性。催化剂的使用为提高该工艺中 CH_3OH 的选择性提供了一条途径。事实上，目前的研究主要集中在 CO_2 直接高压加氢制 CH_3OH 选择性催化剂的设计和开发上，而 Cu 基催化剂由于 Cu 在该反应中具有良好的活性[205] 而得到了广泛的研究。然而，除了对高压的要求外，CO_2 直接加氢的另一个主要缺点是生成 H_2O，这会使用于该反应的催化剂失活。

NTP 为 CO_2 直接加氢制 CH_3OH 提供了一个有前途的途径，在温和的条件下，如低温和高环境压力下。Eliasson 等人利用 DBD 研究了 CO_2 加氢反应，在常压下 CH_3OH 的产率为 0.2%，放电功率为 400W[206]。在较高的压力（8 bar）下，他们发现在放电区引入 $Cu/ZnO/Al_2O_3$ 催化剂可以使 CH_3OH 产率从 0.1%提高到 1.0%，CH_3OH 选择性从 0.4%提高到 10.0%，CO_2 转化率从 12.4%提高到 14.0%[206]。然而，CH_3OH 的产率和选择性仍明显低于热催化法的报道。Bill 等人使用热催化和等离子体催化，在 $CuO/ZnO/Al_2O_3$ 催化剂上比较了 CO_2 加氢制 CH_3OH[207]。DBD 等离子体与催化的结合显著降低了最佳温度，从 220℃（在热催化与填充床反应器）到 100℃（在等离子体催化）。与单纯等离子体反应相比，在放电区引入 $CuO/ZnO/Al_2O_3$ 催化剂可使 CH_3OH 产率提高约 10 倍。最近，Wang 等人报道了一种等离子体催化工艺，在室温和常压下[180] 直接加氢制 CH_3OH。为此，研制了一种新型的、专门设计的 DBD 反应器。将 $Cu/\gamma\text{-}Al_2O_3$ 置于等离子体中，CH_3OH 产率达到 11.3%，CH_3OH 选择性达到 53.7%[180]。他们还发现反应器结构对该反应中 CH_3OH 的生成有很大的影响，因为反应器结构的改变会改变放电性质、反应温度以及等离子体与催化剂的相互作用，这些都以不同的方式影响 CO_2 的加氢反应。

8.3.4 等离子体催化 CO_2 加氢制 CH_4

CH_4 是天然气的主要成分，是烹饪和家庭供暖的重要燃料。它同时可以充当燃料为涡轮机提供能量，并产生蒸汽发电。但燃烧天然气和其他化石燃料会产生导致全球变暖的温室气体。然而，通过加氢将 CO_2 转化为 CH_4，有可能产生一种可持续的天然气替代品，并创造零净燃料经济，特别是如果可以使用可再生能源（例如太阳能电解水）将可持续地生产 H_2。当 H_2 与 CO_2 的比例为 4∶1 时，CH_4 的选择性和 CO_2 的转化率最佳[181]。CO_2 是一种稳定的分子，需要活跃的催化剂或提供高能量才能进行化学转化，但 H_2 的加入为甲烷化提供了空间，在低温下，甲烷化是放热的，具有热力学优势。因此，低温和高压促进了反应的进行。近年来，利用 NTP 在低温下将 CO_2 加氢制 CH_4 受到了越来越多的关注[208-214]。Nakagawa 等人利用脉冲放电在有无 H_2 的情况下进行了 CO_2 减排[211]。研究发现，使用 H_2 降低 CO_2 与气体压力无关。在压力$<$0.6bar 的条件下，当 CO_2 原料中存在 H_2 时，CO_2 的转化率约增加一倍[211]。Eliasson 等人研究了 DBD 在有无催化剂的情况下对 CO_2 加氢的作用[206]。数值模拟和实验结果表明，生成 CH_4 是 CH_3OH 生成的主要竞争反应。在等离子体放电条件下，CH_4 选择性可达 3.4%，在放电区加入催化剂后，CH_4 选择性可达 12%～13%。研究表明，在更高的温度、更低的排放功率、更低的压力和更低的 CO_2/H_2 下，甲烷化比 CH_3OH 生成更有优势[206]。de Bie 等人对 DBD 等离子体中 CO_2 加氢在不同 H_2/CO_2 和停留时间下进行了一维流体建模[204]。无催化剂等离子体 CO_2 加氢反应中最常见的产物为 CH_4、H_2O 和 CO，少量生成 CH_3OH、C_2H_6、O_2 和 CH_2O。无论气体混合比例如何，CO_2 转化率都很低，因此改变 H_2 与 CO_2 摩尔比对氧化物和碳氢化合物的密度影响不大[204]。Bacariza 等人研究了常压下，在热和非热条件使用沸石基催化剂进行的 DBD 等离子体辅助 CO_2 甲烷化反应[212]。结果表明，Si 与 Al 比值越高，催化剂的性能越好，这是由于反应产生的水的亲和力低，从而降低了催化剂在 Sabatier 反应中的抑制作用。在 25W 的放电功率下，NiCe/沸石催化剂的 CH_4 产率为 74%，选择性$>$95%。在最佳催化剂条件下，提高温度可以提高 CO_2 的转化率，但对 CH_4 的选择性影响不大[212]。Nizio 等人在二氧化铈-氧化锆负载镍催化剂上进行了低温低压等离子体催化 CO_2 甲烷化反应。在 90℃等离子体存在下，使用 Ni［15%（质量分数）］负载在铈-氧化锆混合氧化物（Ce/Zr＝58∶42）上的催化剂，CO_2 转化率高达 80%，CH_4 选择性为 100%。在没有等离子体的情况下，相同的转化率和选择性只能在更高的温度（约 300℃）和相同的催化剂下实现[213]。

最近的研究着眼于使用镍基催化剂促进等离子体催化 CO_2 甲烷化。Ahmad 等人使用 Ni 基催化剂填充的 DBD 反应器，系统地研究了 NTP 辅助 CO_2 甲烷化过程中的等离子体-催化相互作用[214]。在 150℃，优化的系统实现了 60%的 CO_2 转化率和超过 97%的 CH_4 选择性。这种高性能归因于：a. 等离子体驱动下的反应物（CO_2 和 H_2）的活化；b. 活性 Ni 的存在不会受到放电的不利影响；c. 等离子体激活气相与催化剂之间的协同作用[214]。Ge 等人研究了等离子体辅助 CO_2 甲烷化对 Ni-Ce 催化剂低温活性和反应性能的影响[215]。他们发现，与热还原相比，等离子体还原催化剂为 CO_2 吸附创造了更多的基础位点，在较低的反应温度下大大提高了 CO_2 的转化率。等离子体还原催化剂在 303℃时最大 CO_2 转化率为 87%，CH_4 选择性为 99.4%。相比之下，热还原催化剂在 370℃时产率最高为 80%，CH_4 选择性相似[215]。最近，Chen 等人研究了 Ni/silicalite-1 催化剂的金属分散和载体结构对等离子体催化 CO_2 加氢制甲烷的影响。他们的研究结果表明，在 NTP 条件下，分级介孔-微孔结构和伴生的分散良好的 Ni 物种非常有利于催化 CO_2 甲烷化[209]。

参考文献

[1] Chen X, Su X, Su H Y, et al. Theoretical insights and the corresponding construction of supported metal catalysts for highly selective CO_2 to CO conversion[J]. ACS Catalysis, 2017, 7: 4613-4620.

[2] Chang X, Wang T, Gong J. CO_2 photo-reduction: insights into CO_2 activation and reaction on surfaces of photocatalysts[J]. Energy & Environmental Science, 2016, 9: 2177-2196.

[3] Liu L, Jiang Y, Zhao H, et al. Engineering coexposed {001} and {101} facets in oxygen-deficient TiO_2 nanocrystals for enhanced CO_2 photoreduction under visible light[J]. ACS Catalysis, 2016, 6: 1097-1108.

[4] Schreier M, Luo J, Gao P, et al. Covalent immobilization of a molecular catalyst on Cu_2O photocathodes for CO_2 reduction[J]. Journal of the American Chemical Society, 2016, 138: 1938-1946.

[5] Appel A M, Bercaw J E, Bocarsly A B, et al. Frontiers, opportunities, and challenges in biochemical and chemical catalysis of CO_2 fixation[J]. Chemical Reviews, 2013, 113: 6621-6658.

[6] Zhu D D, Liu J L, Qiao S Z. Recent advances in inorganic heterogeneous electrocatalysts for reduction of carbon dioxide[J]. Advanced Materials, 2016, 28: 3423-3452.

[7] Zheng T, Jiang K, Wang H. Recent advances in electrochemical CO_2-to-CO conversion on heterogeneous catalysts[J]. Advanced Materials, 2018, 30: 1802066.

[8] Wang G, Chen J, Ding Y, et al. Electrocatalysis for CO_2 conversion: from fundamentals to value-added products[J]. Chemical Society Reviews, 2021, 50: 4993-5061.

[9] Nitopi S, Bertheussen E, Scott S B, et al. Progress and perspectives of electrochemical CO_2 reduction on copper in aqueous electrolyte[J]. Chemical Reviews, 2019, 119: 7610-7672.

[10] Millet P, Ngameni R, Grigoriev S, et al. PEM water electrolyzers: from electrocatalysis to stack development[J]. International Journal of Hydrogen Energy, 2010, 35: 5043-5052.

[11] Jayashree R S, Yoon S K, Brushett F R, et al. On the performance of membraneless laminar flow-based fuel cells[J]. Journal of Power Sources, 2010, 195: 3569-3578.

[12] Whipple D T, Finke E C, Kenis P J. Microfluidic reactor for the electrochemical reduction of carbon dioxide: the effect of pH[J]. Electrochemical and Solid State Letters, 2010, 13: B109.

[13] Ma S, Sadakiyo M, Luo R, et al. One-step electrosynthesis of ethylene and ethanol from CO_2 in an alkaline electrolyzer[J]. Journal of Power Sources, 2016, 301: 219-228.

[14] Fan L, Xia C, Zhu P, et al. Electrochemical CO_2 reduction to high-concentration pure formic acid solutions in an all-solid-state reactor[J]. Nature Communications, 2020, 11: 1-9.

[15] Shinagawa T, Garcia-Esparza A T, Takanabe K. Insight on Tafel slopes from a microkinetic analysis of aqueous electrocatalysis for energy conversion[J]. Scientific Reports, 2015, 5: 1-21.

[16] Jitaru M, Lowy D, Toma M, et al. Electrochemical reduction of carbon dioxide on flat metallic cathodes[J]. Journal of Applied Electrochemistry, 1997, 27: 875-889.

[17] Hori Y, Wakebe H, Tsukamoto T, et al. Electrocatalytic process of CO selectivity in electrochemical reduction of CO_2 at metal electrodes in aqueous media[J]. Electrochimica Acta, 1994, 39: 1833-1839.

[18] Ertem M Z, Konezny S J, Araujo C M, et al. Functional role of pyridinium during aqueous electrochemical reduction of CO_2 on Pt(111) [J]. The Journal of Physical Chemistry Letters, 2013, 4: 745-748.

[19] Montoya J H, Shi C, Chan K, et al. Theoretical insights into a CO dimerization mechanism in CO_2 electroreduction[J]. The Journal of Physical Chemistry Letters, 2015, 6: 2032-2037.

[20] Zhang S, Kang P, Meyer T J. Nanostructured tin catalysts for selective electrochemical reduction of carbon dioxide to formate[J]. Journal of the American Chemical Society, 2014, 136: 1734-1737.

[21] Zu X, Li X, Liu W, et al. Efficient and robust carbon dioxide electroreduction enabled by atomically dispersed $Sn^{\delta+}$ sites[J]. Advanced Materials, 2019, 31: 1808135.

[22] Nie X, Esopi M R, Janik M J, et al. Selectivity of CO_2 reduction on copper electrodes: the role of the kinetics of elementary steps [J]. Angewandte Chemie International Edition, 2013, 125: 2519-2522.

[23] Liu M, Pang Y, Zhang B, et al. Enhanced electrocatalytic CO_2 reduction via field-induced reagent concentration[J]. Nature, 2016, 537: 382-386.

[24] Lu Q, Rosen J, Zhou Y, et al. A selective and efficient electrocatalyst for carbon dioxide reduction [J]. Nature Communications, 2014, 5: 1-6.

[25] Rosen J, Hutchings G S, Lu Q, et al. Electrodeposited Zn dendrites with enhanced CO selectivity for electrocatalytic CO_2 reduction[J]. ACS Catalysis, 2015, 5: 4586-4591.

[26] Gao D, Zhou H, Wang J, et al. Size-dependent electrocatalytic reduction of CO_2 over Pd nanoparticles[J]. Journal of the American Chemical Society, 2015, 137: 4288-4291.

[27] Peterson A A, Abild-Pedersen F, Studt F, et al. How copper catalyzes the electroreduction of carbon dioxide into hydrocarbon fuels[J]. Energy & Environmental Science, 2010, 3: 1311-1315.

[28] Schouten K, Kwon Y, van der Ham C, et al. A new mechanism for the selectivity to C_1 and C_2 spe-

cies in the electrochemical reduction of carbon dioxide on copper electrodes[J]. Chemical Science, 2011, 2: 1902-1909.

[29] deWulf D W, Jin T, Bard A J. Electrochemical and surface studies of carbon dioxide reduction to methane and ethylene at copper electrodes in aqueous solutions[J]. Journal of the Electrochemical Society, 1989, 136: 1686.

[30] Schouten K J P, Qin Z, Pérez Gallent E, et al. Two pathways for the formation of ethylene in CO reduction on single-crystal copper electrodes[J]. Journal of the American Chemical Society, 2012, 134: 9864-9867.

[31] Pérez-Gallent E, Figueiredo M C, Calle-Vallejo F, et al. Spectroscopic observation of a hydrogenated CO dimer intermediate during CO reduction on Cu(100) electrodes[J]. Angewandte Chemie International Edition, 2017, 129: 3675-3678.

[32] Arán-Ais R M, Gao D, Roldan Cuenya B. Structure-and electrolyte-sensitivity in CO_2 electroreduction[J]. Accounts of Chemical Research, 2018, 51: 2906-2917.

[33] Meshitsuka S, Ichikawa M, Tamaru K. Electrocatalysis by metal phthalocyanines in the reduction of carbon dioxide[J]. Journal of the Chemical Society, Chemical Communications, 1974, 5: 158-159.

[34] Schneider J, Jia H, Muckerman J T, et al. Thermodynamics and kinetics of CO_2, CO, and H^+ binding to the metal centre of CO_2 reduction catalysts[J]. Chemical Society Reviews, 2012, 41: 2036-2051.

[35] Zhang W, Hu Y, Ma L, et al. Progress and perspective of electrocatalytic CO_2 reduction for renewable carbonaceous fuels and chemicals[J]. Advanced Science, 2018, 5, 1: 1700275.

[36] Li H, Oloman C. Development of a continuous reactor for the electro-reduction of carbon dioxide to formate-Part 1: process variables[J]. Journal of Applied Electrochemistry, 2006, 36: 1105-1115.

[37] Durst J, Siebel A, Simon C, et al. New insights into the electrochemical hydrogen oxidation and evolution reaction mechanism[J]. Energy & Environmental Science, 2014, 7: 2255-2260.

[38] Baruch M F, Pander Ⅲ J E, White J L, et al. Mechanistic insights into the reduction of CO_2 on tin electrodes using in situ ATR-IR spectroscopy[J]. ACS Catalysis, 2015, 5: 3148-3156.

[39] Len T, Luque R. Addressing the CO_2 challenge through thermocatalytic hydrogenation to carbon monoxide, methanol and methane[J]. Green Chemistry, 2023, 25: 490-521.

[40] Chen G Q, Bo Z. Greenhouse gas emissions in China 2007: inventory and input-output analysis[J]. Energy Policy, 2010, 38: 6180-6193.

[41] Wu J, Huang Y, Ye W, et al. CO_2 reduction: from the electrochemical to photochemical approach [J]. Advanced Science, 2017, 4: 1700194.

[42] Thomas C D, Cameron A, Green R E, et al. Extinction risk from climate change[J]. Nature, 2004, 427: 145.

[43] Meinshausen M, Meinshausen N, Hare W, et al. Greenhouse-gas emission targets for limiting global warming to 2degrees C[J]. Nature, 2009, 458: 1158-1162.

[44] Reiner D M. Learning through a portfolio of carbon capture and storage demonstration projects[J]. Nature Energy, 2015, 1: 15011.

[45] Low J, Cheng B, Yu J. Surface modification and enhanced photocatalytic CO_2 reduction performance of TiO_2: a review[J]. Applied Surface Science, 2017, 392: 658-686.

[46] Liu C J, Ye J, Jiang J, et al. Progresses in the preparation of coke resistant Ni-based catalyst for steam and CO_2 reforming of methane[J]. ChemCatChem, 2011, 3: 529-541.

[47] Tao X M, Bai M G, Li X, et al. CH_4-CO_2 reforming by plasma - challenges and opportunities[J]. Progress in Energy and Combustion Science, 2011, 37: 113-124.

[48] Xiao Z, Li X, Du Z, et al. Product selectivity in plasmonic photocatalysis for carbon dioxide hydrogenation[J]. Nature Communications, 2017, 8: 14542.

[49] Wang C, Sun Z, Zheng Y, et al. Recent progress in visible light photocatalytic conversion of carbon dioxide[J]. Journal of Materials Chemistry A, 2019, 7: 865-887.

[50] Olah G A. Towards oil independence through renewable methanol chemistry[J]. Angewandte Chemie International Edition, 2013, 52: 104-107.

[51] Aziz M A A, Jalil A A, Triwahyono S, et al. CO_2 methanation over heterogeneous catalysts: recent progress and future prospects[J]. Green Chemistry, 2015, 17: 2647-2663.

[52] Ezendam S, Herran M, Nan L, et al. Hybrid plasmonic nanomaterials for hydrogen generation and carbon dioxide reduction[J]. ACS Energy Letters, 2022, 7: 778-815.

[53] Zhou W, Cheng K, Kang J, et al. New horizon in C_1 chemistry: breaking the selectivity limitation in transformation of syngas and hydrogenation of CO_2 into hydrocarbon chemicals and fuels[J]. Chemical Society Reviews, 2019, 48: 3193-3228.

[54] Centi G, Quadrelli E A, Perathoner S. Catalysis for CO_2 conversion: a key technology for rapid introduction of renewable energy in the value chain of chemical industries[J]. Energy & Environmental Science, 2013, 6: 1711-1731.

[55] Rawalekar S, Mokari T. Rational design of hybrid nanostructures for advanced photocatalysis[J]. Advanced Energy Materials, 2013, 3: 12-27.

[56] Wang L, Wang Y, Cheng Y, et al. Hydrogen-treated mesoporous WO_3 as a reducing agent of CO_2 to fuels (CH_4 and CH_3OH) with enhanced photothermal catalytic performance[J]. Journal of Materials Chemistry A, 2016, 4: 5314-5322.

[57] Wang Q, Astruc D. State of the art and prospects in metal-organic framework (MOF)-based and MOF-derived nanocatalysis[J]. Chemical Reviews, 2019, 120: 1438-1511.

[58] Zhang X, Li X, Reish M E, et al. Plasmon-enhanced catalysis: distinguishing thermal and nonthermal effects[J]. Nano Letters, 2018, 18: 1714-1723.

[59] Zhang H, Wang T, Wang J, et al. Surface-plasmon-enhanced photodriven CO_2 reduction catalyzed by metal-organic-framework-derived iron nanoparticles encapsulated by ultrathin carbon layers[J]. Advanced Materials, 2016, 28: 3703-3710.

[60] Ulmer U, Dingle T, Duchesne P N, et al. Fundamentals and applications of photocatalytic CO_2 methanation[J]. Nature Communications, 2019, 10: 3169.

[61] Puga A. Light-promoted hydrogenation of carbon dioxide-an overview[J]. Topics in Catalysis, 2016, 59: 1268-1278.

[62] Tahir M, Amin N. Recycling of carbon dioxide to renewable fuels by photocatalysis: prospects and challenges[J]. Renewable & Sustainable Energy Reviews, 2013, 25: 560-579.

[63] Chen G, Gao R, Zhao Y, et al. Alumina-supported CoFe alloy catalysts derived from layered-double-hydroxide nanosheets for efficient photothermal CO_2 hydrogenation to hydrocarbons[J]. Advanced

Materials, 2018, 30: 1704663.

[64] Wang L, Dong Y, Yan T, et al. Black indium oxide a photothermal CO_2 hydrogenation catalyst[J]. Nature Communications, 2020, 11: 1-8.

[65] Fujishima A, Honda K. Electrochemical photolysis of water at a semiconductor electrode[J]. Nature, 1972, 238: 37-38.

[66] Nishimura S, Abrams N, Lewis B A, et al. Standing wave enhancement of red absorbance and photocurrent in dye-sensitized titanium dioxide photoelectrodes coupled to photonic crystals[J]. Journal of the American Chemical Society, 2003, 125: 6306-6310.

[67] Halmann M. Photoelectrochemical reduction of aqueous carbon dioxide on p-type gallium phosphide in liquid junction solar cells[J]. Nature, 1978, 275: 115-116.

[68] Han Y, Xu H, Su Y, et al. Noble metal (Pt, Au@Pd) nanoparticles supported on metal organic framework (MOF-74) nanoshuttles as high-selectivity CO_2 conversion catalysts[J]. Journal of Catalysis, 2019, 370: 70-78.

[69] Meng X, Wang T, Liu L, et al. Photothermal conversion of CO_2 into CH_4 with H_2 over group Ⅷ nanocatalysts: an alternative approach for solar fuel production[J]. Angewandte Chemie International Edition, 2014, 53: 11478-11482.

[70] Ghuman K K, Wood T E, Hoch L B, et al. Illuminating CO_2 reduction on frustrated Lewis pair surfaces: investigating the role of surface hydroxides and oxygen vacancies on nanocrystalline $In_2O_{3-x}(OH)_y$[J]. Physical Chemistry Chemical Physics, 2015, 17: 14623-14635.

[71] Varghese O K, Paulose M, LaTempa T J, et al. High-rate solar photocatalytic conversion of CO_2 and water vapor to hydrocarbon fuels[J]. Nano Letters, 2009, 9: 731-737.

[72] Consortium M, Roy S, Ernst J, et al. Identification of functional elements and regulatory circuits by Drosophila modENCODE[J]. Science, 2010, 330: 1787-1797.

[73] Chen X, Liu L, Yu P Y, et al. Increasing solar absorption for photocatalysis with black hydrogenated titanium dioxide nanocrystals[J]. Science, 2011, 331: 746-750.

[74] Liu Q, Zhou Y, Kou J, et al. High-yield synthesis of ultralong and ultrathin Zn_2GeO_4 nanoribbons toward improved photocatalytic reduction of CO_2 into renewable hydrocarbon fuel[J]. Journal of the American Chemical Society, 2010, 132: 14385-14387.

[75] Yang Z, Qi Y, Wang F, et al. State-of-the-art advancements in photo-assisted CO_2 hydrogenation: recent progress in catalyst development and reaction mechanisms[J]. J. Mater. Chem. A, 2020, 8: 24868-24894.

[76] Zhang R, Huang Z, Li C, et al. Monolithic g-C_3N_4/reduced graphene oxide aerogel with in situ embedding of Pd nanoparticles for hydrogenation of CO_2 to CH_4[J]. Applied Surface Science, 2019, 475: 953-960.

[77] Wang Z J, Song H, Pang H, et al. Photo-assisted methanol synthesis via CO_2 reduction under ambient pressure over plasmonic Cu/ZnO catalysts[J]. Applied Catalysis B: Environmental, 2019, 250: 10-16.

[78] Ong W J. 2D/2D graphitic carbon nitride (g-C_3N_4) heterojunction nanocomposites for photocatalysis: why does face-to-face interface matter?[J]. Frontiers in Materials, 2017, 4: 11.

[79] Wang F, Jin Z, Jiang Y, et al. Probing the charge separation process on In_2S_3/Pt-TiO_2 nanocompos-

ites for boosted visible-light photocatalytic hydrogen production[J]. Applied Catalysis B: Environmental, 2016, 198: 25-31.

[80] Wang F, Ho J H, Jiang Y, et al. Tuning phase composition of TiO_2 by Sn^{4+} doping for efficient photocatalytic hydrogen generation [J]. ACS Applied Materials & Interfaces, 2015, 7: 23941-23948.

[81] Wang F, Jiang Y, Gautam A, et al. Exploring the origin of enhanced activity and reaction pathway for photocatalytic H production on Au/B-TiO catalysts[J]. Acs Catalysis, 2014, 4: 1451-1457.

[82] Hu X, Chen P, Zhang C, et al. Energy transfer on a two-dimensional antenna enhances the photocatalytic activity of CO_2 reduction by metal-organic layers[J]. Chemical Communications, 2019, 55: 9657-9660.

[83] Liu H, Meng X, Dao T D, et al. Conversion of carbon dioxide by methane reforming under visible-light irradiation: surface-plasmon-mediated nonpolar molecule activation[J]. Angewandte Chemie, 2015, 127: 11707-11711.

[84] Peng J, Chen X, Ong W J, et al. Surface and heterointerface engineering of 2D MXenes and their nanocomposites: insights into electro-and photocatalysis[J]. Chem, 2019, 5: 18-50.

[85] Ren Y, Zeng D, Ong W J. Interfacial engineering of graphitic carbon nitride ($g-C_3N_4$)-based metal sulfide heterojunction photocatalysts for energy conversion: a review[J]. Chinese Journal of Catalysis, 2019, 40: 289-319.

[86] Chen X, Li N, Kong Z, et al. Photocatalytic fixation of nitrogen to ammonia: state-of-the-art advancements and future prospects[J]. Materials Horizons, 2018, 5: 9-27.

[87] Ong W J, Tan L L, Chai S P, et al. Facet-dependent photocatalytic properties of TiO_2-based composites for energy conversion and environmental remediation [J]. ChemSusChem, 2014, 7: 690-719.

[88] Goodarzi N, Ashrafi-Peyman Z, Khani E, et al. Recent progress on semiconductor heterogeneous photocatalysts in clean energy production and environmental remediation [J]. Catalysts, 2023, 13: 1102.

[89] Wang Q, Domen K. Particulate photocatalysts for light-driven water splitting: mechanisms, challenges, and design strategies[J]. Chemical Reviews, 2019, 120: 919-985.

[90] Hao L, Kang L, Huang H, et al. Surface-halogenation-induced atomic-site activation and local charge separation for superb CO_2 photoreduction[J]. Advanced Materials, 2019, 31: 1900546.

[91] Ghoussoub M, Xia M, Duchesne P N, et al. Principles of photothermal gas-phase heterogeneous CO_2 catalysis[J]. Energy & Environmental Science, 2019, 12: 1122-1142.

[92] Wu N. Plasmonic metal-semiconductor photocatalysts and photoelectrochemical cells: a review[J]. Nanoscale, 2018, 10: 2679-2696.

[93] Tao X M, Wang J M, Li Z W, et al. Theoretical study on the reaction mechanism of CO_2 hydrogenation to methanol[J]. Computational and Theoretical Chemistry, 2013, 1023: 59-64.

[94] Liu Q, Yang X, Li L, et al. Direct catalytic hydrogenation of CO_2 to formate over a Schiff-base-mediated gold nanocatalyst[J]. Nature Communications, 2017, 8: 1-8.

[95] Nguyen V H, Wu J C. Recent developments in the design of photoreactors for solar energy conversion from water splitting and CO_2 reduction[J]. Applied Catalysis A: General, 2018, 550: 122-141.

[96] Ong W J, Shak K P Y. 2D/2D heterostructured photocatalysts: an emerging platform for artificial photosynthesis[J]. Solar Rrl, 2020, 4: 2000132.

[97] Thampi K R, Kiwi J, Graetzel M. Methanation and photo-methanation of carbon dioxide at room temperature and atmospheric pressure[J]. Nature, 1987, 327: 506-508.

[98] Xie T F, Wang D J, Zhu L J, et al. Application of surface photovoltage technique in photocatalysis studies on modified TiO_2 photo-catalysts for photo-reduction of CO_2[J]. Materials Chemistry and Physics, 2001, 70: 103-106.

[99] Patil S B, Basavarajappa P S, Ganganagappa N, et al. Recent advances in non-metals-doped TiO_2 nanostructured photocatalysts for visible-light driven hydrogen production, CO_2 reduction and air purification[J]. International Journal of Hydrogen Energy, 2019, 44: 13022-13039.

[100] He Y, Wang Y, Zhang L, et al. High-efficiency conversion of CO_2 to fuel over $ZnO/g-C_3N_4$ photocatalyst[J]. Applied Catalysis B: Environmental, 2015, 168: 1-8.

[101] Gao H, Cao R, Xu X, et al. Construction of dual defect mediated Z-scheme photocatalysts for enhanced photocatalytic hydrogen evolution[J]. Applied Catalysis B: Environmental, 2019, 245: 399-409.

[102] Yu W, Chen J, Shang T, et al. Direct Z-scheme $g-C_3N_4/WO_3$ photocatalyst with atomically defined junction for H_2 production[J]. Applied Catalysis B: Environmental, 2017, 219: 693-704.

[103] Cheng Y H, Nguyen V H, Chan H Y, et al. Photo-enhanced hydrogenation of CO_2 to mimic photosynthesis by CO co-feed in a novel twin reactor[J]. Applied Energy, 2015, 147: 318-324.

[104] She H, Zhou H, Li L, et al. Construction of a two-dimensional composite derived from TiO_2 and SnS_2 for enhanced photocatalytic reduction of CO_2 into CH_4[J]. ACS Sustainable Chemistry & Engineering, 2018, 7: 650-659.

[105] Naldoni A, Altomare M, Zoppellaro G, et al. Photocatalysis with reduced TiO_2: from black TiO_2 to cocatalyst-free hydrogen production[J]. ACS Catalysis, 2018, 9: 345-364.

[106] Kar P, Zeng S, Zhang Y, et al. High rate CO_2 photoreduction using flame annealed TiO_2 nanotubes[J]. Applied Catalysis B: Environmental, 2019, 243: 522-536.

[107] Lo C C, Hung C H, Yuan C S, et al. Photoreduction of carbon dioxide with H_2 and H_2O over TiO_2 and ZrO_2 in a circulated photocatalytic reactor[J]. Solar Energy Materials and Solar Cells, 2007, 91: 1765-1774.

[108] Ong W J, Tan L L, Ng Y H, et al. Graphitic carbon nitride ($g-C_3N_4$)-based photocatalysts for artificial photosynthesis and environmental remediation: are we a step closer to achieving sustainability?[J]. Chemical Reviews, 2016, 116: 7159-7329.

[109] Zhong S, Xi Y, Wu S, et al. Hybrid cocatalysts in semiconductor-based photocatalysis and photoelectrocatalysis[J]. Journal of Materials Chemistry A, 2020, 8: 14863-14894.

[110] Xing M, Zhou Y, Dong C, et al. Modulation of the reduction potential of TiO_{2-x} by fluorination for efficient and selective CH_4 generation from CO_2 photoreduction[J]. Nano Letters, 2018, 18: 3384-3390.

[111] Zhu Y, Zhang Z, Lu N, et al. Prolonging charge-separation states by doping lanthanide-ions into {001}/{101} facets-coexposed TiO_2 nanosheets for enhancing photocatalytic H_2 evolution[J]. Chinese Journal of Catalysis, 2019, 40: 413-423.

[112] Shown I, Samireddi S, Chang Y C, et al. Carbon-doped SnS_2 nanostructure as a high-efficiency solar fuel catalyst under visible light[J]. Nature Communications, 2018, 9: 1-10.

[113] Jiao X, Chen Z, Li X, et al. Defect-mediated electron-hole separation in one-unit-cell $ZnIn_2S_4$ layers for boosted solar-driven CO_2 reduction[J]. Journal of the American Chemical Society, 2017, 139: 7586-7594.

[114] Liang M, Borjigin T, Zhang Y, et al. Controlled assemble of hollow heterostructured g-C_3N_4@CeO_2 with rich oxygen vacancies for enhanced photocatalytic CO_2 reduction[J]. Applied Catalysis B: Environmental, 2019, 243: 566-575.

[115] Huo Y, Yang Y, Dai K, et al. Construction of 2D/2D porous graphitic C_3N_4/SnS_2 composite as a direct Z-scheme system for efficient visible photocatalytic activity[J]. Applied Surface Science, 2019, 481: 1260-1269.

[116] Liu Y, Miao C, Yang P, et al. Synergetic promotional effect of oxygen vacancy-rich ultrathin TiO_2 and photochemical induced highly dispersed Pt for photoreduction of CO_2 with H_2O[J]. Applied Catalysis B: Environmental, 2019, 244: 919-930.

[117] Zhang W, Mohamed A R, Ong W J. Z-Scheme photocatalytic systems for carbon dioxide reduction: where are we now?[J]. Angewandte Chemie International Edition, 2020, 59: 22894-22915.

[118] Huo Y, Zhang J, Dai K, et al. All-solid-state artificial Z-scheme porous g-C_3N_4/Sn_2S_3-DETA heterostructure photocatalyst with enhanced performance in photocatalytic CO_2 reduction[J]. Applied Catalysis B: Environmental, 2019, 241: 528-538.

[119] Xiao J D, Jiang H L. Metal-organic frameworks for photocatalysis and photothermal catalysis[J]. Accounts of Chemical Research, 2018, 52: 356-366.

[120] Wan S, Ou M, Zhong Q, et al. Perovskite-type $CsPbBr_3$ quantum dots/UiO-66 (NH_2) nanojunction as efficient visible-light-driven photocatalyst for CO_2 reduction[J]. Chemical Engineering Journal, 2019, 358: 1287-1295.

[121] Ong W J, Putri L K, Mohamed A R. Rational design of carbon-based 2D nanostructures for enhanced photocatalytic CO_2 reduction: a dimensionality perspective[J]. Chemistry-A European Journal, 2020, 26: 9710-9748.

[122] Bai S, Gao C, Low J, et al. Crystal phase engineering on photocatalytic materials for energy and environmental applications[J]. Nano Research, 2019, 12: 2031-2054.

[123] Ritchie R H, Arakawa E, Cowan J, et al. Surface-plasmon resonance effect in grating diffraction [J]. Physical Review Letters, 1968, 21: 1530.

[124] Roucoux A, Philippot K. Homogeneous hydrogenation: colloids-hydrogenation with noble metal nanoparticles[M]//de Vries J G, Elsevier C J. The Handbook of Homogeneous Hydrogenation. New York: John Wiley & Sons, Inc, 2007: 217-256.

[125] Wang F, Wong R J, Ho J H, et al. Sensitization of Pt/TiO_2 using plasmonic Au nanoparticles for hydrogen evolution under visible-light irradiation[J]. ACS Applied Materials & Interfaces, 2017, 9: 30575-30582.

[126] Linic S, Christopher P, Ingram D B. Plasmonic-metal nanostructures for efficient conversion of solar to chemical energy[J]. Nature Materials, 2011, 10: 911-921.

[127] Jia J, Wang H, Lu Z, et al. Photothermal catalyst engineering: hydrogenation of gaseous CO_2

with high activity and tailored selectivity[J]. Advanced Science, 2017, 4: 1700252.

[128] Sastre F, Puga A V, Liu L, et al. Solar light complete photocatalytic CO_2 reduction to methane by H_2 at near ambient temperature[J]. J. Am. Chem. Soc. , 2014, 136: 6798-6801.

[129] O'Brien P G, Ghuman K K, Jelle A A, et al. Enhanced photothermal reduction of gaseous CO_2 over silicon photonic crystal supported ruthenium at ambient temperature[J]. Energy & Environmental Science, 2018, 11: 3443-3451.

[130] Schneck F, Ahrens J, Finger M, et al. The elusive abnormal CO_2 insertion enabled by metal-ligand cooperative photochemical selectivity inversion[J]. Nature Communications, 2018, 9: 1-8.

[131] Moniz S J, Shevlin S A, Martin D J, et al. Visible-light driven heterojunction photocatalysts for water splitting-a critical review[J]. Energy & Environmental Science, 2015, 8: 731-759.

[132] Chen J, Abazari R, Adegoke K A, et al. Metal-organic frameworks and derived materials as photocatalysts for water splitting and carbon dioxide reduction[J]. Coordination Chemistry Reviews, 2022, 469: 214664.

[133] Wu D, Deng K, Hu B, et al. Plasmon-assisted photothermal catalysis of low-pressure CO_2 hydrogenation to methanol over Pd/ZnO catalyst[J]. ChemCatChem, 2019, 11: 1598-1601.

[134] Yu F, Wang C, Ma H, et al. Revisiting Pt/TiO_2 photocatalysts for thermally assisted photocatalytic reduction of CO_2[J]. Nanoscale, 2020, 12: 7000-7010.

[135] Li Y, Wang C, Song M, et al. TiO_{2-x}/CoO_x photocatalyst sparkles in photothermocatalytic reduction of CO_2 with H_2O steam[J]. Applied Catalysis B: Environmental, 2019, 243: 760-770.

[136] Wang K, Jiang R, Peng T, et al. Modeling the effect of Cu doped TiO_2 with carbon dots on CO_2 methanation by H_2O in a photo-thermal system[J]. Applied Catalysis B: Environmental, 2019, 256: 117780.

[137] Wang Z J, Song H, Liu H, et al. Coupling of solar energy and thermal energy for carbon dioxide reduction: status and prospects [J]. Angewandte Chemie International Edition, 2020, 59: 8016-8035.

[138] Rönsch S, Schneider J, Matthischke S, et al. Review on methanation-From fundamentals to current projects[J]. Fuel, 2016, 166: 276-296.

[139] Brooks K P, Hu J, Zhu H, et al. Methanation of carbon dioxide by hydrogen reduction using the Sabatier process in microchannel reactors [J]. Chemical Engineering Science, 2007, 62: 1161-1170.

[140] Mateo D, Albero J, Garcia H. Titanium-perovskite-supported RuO_2 nanoparticles for photocatalytic CO_2 methanation[J]. Joule, 2019, 3: 1949-1962.

[141] Chen B R, Nguyen V H, Wu J C, et al. Production of renewable fuels by the photohydrogenation of CO_2: effect of the Cu species loaded onto TiO_2 photocatalysts[J]. Physical Chemistry Chemical Physics, 2016, 18: 4942-4951.

[142] Xie C, Chen C, Yu Y, et al. Tandem catalysis for CO_2 hydrogenation to C_2-C_4 hydrocarbons[J]. Nano Letters, 2017, 17: 3798-3802.

[143] Hansen J, Johnson D, Lacis A, et al. Climate impact of increasing atmospheric carbon dioxide[J]. Science, 1981, 213: 957-966.

[144] Wang W, Wang S, Ma X, et al. Recent advances in catalytic hydrogenation of carbon dioxide[J].

Chemical Society Reviews, 2011, 40: 3703-3727.

[145] Ashford B, Wang Y, Wang L, et al. Plasma-catalytic conversion of carbon dioxide[J]. Plasma Catalysis, 2019, 106: 271-307.

[146] Ganesh I. Electrochemical conversion of carbon dioxide into renewable fuel chemicals-The role of nanomaterials and the commercialization[J]. Renewable & Sustainable Energy Reviews, 2016, 59: 1269-1297.

[147] Ganesh I. Conversion of carbon dioxide into methanol-a potential liquid fuel: fundamental challenges and opportunities (a review)[J]. Renewable and Sustainable Energy Reviews, 2014, 31: 221-257.

[148] Snoeckx R, Bogaerts A. Plasma technology-a novel solution for CO_2 conversion?[J]. Chemical Society Reviews, 2017, 46: 5805-5863.

[149] Ashford B, Tu X. Non-thermal plasma technology for the conversion of CO_2[J]. Current Opinion in Green and Sustainable Chemistry, 2016, 3: 45-49.

[150] Tu X, Whitehead J C, Nozaki T. Plasma catalysis: fundamentals and applications[J]. Focus on Catalysts, 2019, 8: 7.

[151] Bogaerts A, Neyts E C. Plasma technology: an emerging technology for energy storage[J]. ACS Energy Letters, 2018, 3: 1013-1027.

[152] Mehta P, Barboun P, Go D B, et al. Catalysis enabled by plasma activation of strong chemical bonds: a review[J]. ACS Energy Letters, 2019, 5: 1115-1133.

[153] Zeng Y X, Wang L, Wu C F, et al. Low temperature reforming of biogas over K-, Mg-and Ce-promoted Ni/Al_2O_3 catalysts for the production of hydrogen rich syngas: understanding the plasma-catalytic synergy[J]. Applied Catalysis B: Environmental, 2018, 224: 469-478.

[154] Tu X, Whitehead J C. Plasma-catalytic dry reforming of methane in an atmospheric dielectric barrier discharge: understanding the synergistic effect at low temperature[J]. Applied Catalysis B: Environmental, 2012, 125: 439-448.

[155] Fridman A. Introduction to theoretical and applied plasma chemistry[M]. Cambridge: Cambridge University Press, 2008.

[156] Goula M, Charisiou N, Siakavelas G, et al. Syngas production via the biogas dry reforming reaction over Ni supported on zirconia modified with CeO_2 or La_2O_3 catalysts[J]. International Journal of Hydrogen Energy, 2017, 42: 13724-13740.

[157] Tanios C, Bsaibes S, Gennequin C, et al. Syngas production by the CO_2 reforming of CH_4 over Ni-Co-Mg-Al catalysts obtained from hydrotalcite precursors[J]. International Journal of Hydrogen Energy, 2017, 42: 12818-12828.

[158] Han J, Zhan Y, Street J, et al. Natural gas reforming of carbon dioxide for syngas over Ni-Ce-Al catalysts[J]. International Journal of Hydrogen Energy, 2017, 42: 18364-18374.

[159] Rodemerck U, Schneider M, Linke D. Improved stability of Ni/SiO_2 catalysts in CO_2 and steam reforming of methane by preparation via a polymer-assisted route[J]. Catalysis Communications, 2017, 102: 98-102.

[160] Taherian Z, Yousefpour M, Tajally M, et al. Promotional effect of samarium on the activity and stability of Ni-SBA-15 catalysts in dry reforming of methane[J]. Microporous and Mesoporous Materials, 2017, 251: 9-18.

[161] Yap D, Tatibouët J M, Batiot-Dupeyrat C. Catalyst assisted by non-thermal plasma in dry reforming of methane at low temperature[J]. Catalysis Today, 2018, 299: 263-271.

[162] Mei D, Liu S, Tu X. CO_2 reforming with methane for syngas production using a dielectric barrier discharge plasma coupled with Ni/γ-Al_2O_3 catalysts: process optimization through response surface methodology[J]. Journal of CO_2 Utilization, 2017, 21: 314-326.

[163] Ozkan A, Dufour T, Arnoult G, et al. CO_2-CH_4 conversion and syngas formation at atmospheric pressure using a multi-electrode dielectric barrier discharge[J]. Journal of CO_2 Utilization, 2015, 9: 74-81.

[164] Hussain K A, Muhammad T, Saidina A. Cold plasma dielectric barrier discharge reactor for dry reforming of methane over Ni/-Al_2O_3-MgO nanocomposite[J]. Fuel Processing Technology, 2018, 178: 166-179.

[165] Ray D, Reddy P, Subrahmanyam C. Ni-Mn/γ-Al_2O_3 assisted plasma dry reforming of methane[J]. Catalysis Today, 2017, 309: 212-218.

[166] Lu N, Bao X, Jiang N, et al. Non-thermal plasma-assisted catalytic dry reforming of methane and carbon dioxide over G-C_3N_4-based catalyst[J]. Topics in Catalysis, 2017, 60: 855-868.

[167] Snoeckx R, Zeng Y, Tu X, et al. Plasma-based dry reforming: improving the conversion and energy efficiency in a dielectric barrier discharge[J]. RSC Advances, 2015, 5: 29799-29808.

[168] Zeng Y, Zhu X, Mei D, et al. Plasma-catalytic dry reforming of methane over γ-Al_2O_3 supported metal catalysts[J]. Catalysis Today, 2015, 256: 80-87.

[169] Goujard V, Tatibouët J M, Batiot-Dupeyrat C. Use of a non-thermal plasma for the production of synthesis gas from biogas[J]. Applied Catalysis A: General, 2009, 353: 228-235.

[170] Li D, Li X, Bai M, et al. CO_2 reforming of CH_4 by atmospheric pressure glow discharge plasma: a high conversion ability[J]. International Journal of Hydrogen Energy, 2009, 34: 308-313.

[171] Qi C, Wei D, Xumei T, et al. CO_2 reforming of CH_4 by atmospheric pressure abnormal glow plasma[J]. Plasma Science and Technology, 2006, 8: 181.

[172] Huang A, Xia G, Wang J, et al. CO_2 reforming of CH_4 by atmospheric pressure ac discharge plasmas[J]. Journal of Catalysis, 2000, 189: 349-359.

[173] Li Y, Liu C J, Eliasson B, et al. Synthesis of oxygenates and higher hydrocarbons directly from methane and carbon dioxide using dielectric-barrier discharges: product distribution[J]. Energy & Fuels, 2002, 16: 864-870.

[174] Shang S, Liu G, Chai X, et al. Research on Ni/γ-Al_2O_3 catalyst for CO_2 reforming of CH_4 prepared by atmospheric pressure glow discharge plasma jet[J]. Catalysis Today, 2009, 148: 268-274.

[175] Nguyen H H, Nasonova A, Nah I W, et al. Analysis on CO_2 reforming of CH_4 by corona discharge process for various process variables[J]. Journal of Industrial and Engineering Chemistry, 2015, 32: 58-62.

[176] Patiño P, Pérez Y, Caetano M. Coupling and reforming of methane by means of low pressure radiofrequency plasmas[J]. Fuel, 2005, 84: 2008-2014.

[177] Ghorbanzadeh A, Modarresi H. Carbon dioxide reforming of methane by pulsed glow discharge at atmospheric pressure: the effect of pulse compression[J]. Journal of Applied Physics, 2007,

101：123303.

[178] Tu X，Whitehead J C. Plasma dry reforming of methane in an atmospheric pressure AC gliding arc discharge：Co-generation of syngas and carbon nanomaterials[J]. International Journal of Hydrogen Energy，2014，39：9658-9669.

[179] Scapinello M，Martini L，Dilecce G，et al. Conversion of CH_4/CO_2 by a nanosecond repetitively pulsed discharge[J]. Journal of Physics D：Applied Physics，2016，49：075602.

[180] GhasemiKafrudi E，Samiee L，Mansourpour Z，et al. Optimization of methanol production process from carbon dioxide hydrogenation in order to reduce recycle flow and energy consumption[J]. Journal of Cleaner Production，2022，376：134184.

[181] Zeng Y X，Tu X. Plasma-catalytic CO_2 hydrogenation at low temperatures[J]. IEEE Transactions on Plasma Science，2015，44：1-7.

[182] de la Fuente J F，Moreno S H，Stankiewicz A I，et al. Reduction of CO_2 with hydrogen in a non-equilibrium microwave plasma reactor[J]. International Journal of Hydrogen Energy，2016，41：21067-21077.

[183] Zeng Y，Chen G，Liu B，et al. Unraveling temperature-dependent plasma-catalyzed CO_2 hydrogenation[J]. Industrial & Engineering Chemistry Research，2023，62：19629-19637.

[184] Chen G，Silva T，Georgieva V，et al. Simultaneous dissociation of CO_2 and H_2O to syngas in a surface-wave microwave discharge[J]. International Journal of Hydrogen Energy，2015，40：3789-3796.

[185] Hoeben W，van Heesch E，Beckers F，et al. Plasma-driven water assisted CO_2 methanation[J]. IEEE Transactions on Plasma Science，2015，43：1954-1958.

[186] Silva T，Britun N，Godfroid T，et al. Understanding CO_2 decomposition in microwave plasma by means of optical diagnostics[J]. Plasma Processes and Polymers，2017，14：1600103.

[187] Xu S，Whitehead J C，Martin P A. CO_2 conversion in a non-thermal，barium titanate packed bed plasma reactor：the effect of dilution by Ar and N_2[J]. Chemical Engineering Journal，2017，327：764-773.

[188] Paulussen S，Verheyde B，Tu X，et al. Conversion of carbon dioxide to value-added chemicals in atmospheric pressure dielectric barrier discharges[J]. Plasma Sources Science and Technology，2010，19：034015.

[189] Yap D，Tatibouët J M，Batiot-Dupeyrat C. Carbon dioxide dissociation to carbon monoxide by non-thermal plasma[J]. Journal of CO_2 Utilization，2015，12：54-61.

[190] Butterworth T，Elder R，Allen R. Effects of particle size on CO_2 reduction and discharge characteristics in a packed bed plasma reactor[J]. Chemical Engineering Journal，2016，293：55-67.

[191] Aerts R，Somers W，Bogaerts A. Carbon dioxide splitting in a dielectric barrier discharge plasma：a combined experimental and computational study[J]. ChemSusChem，2015，8：702-716.

[192] Mei D，Tu X. Conversion of CO_2 in a cylindrical dielectric barrier discharge reactor：effects of plasma processing parameters and reactor design[J]. Journal of CO_2 Utilization，2017，19：68-78.

[193] Mei D，Zhu X，He Y L，et al. Plasma-assisted conversion of CO_2 in a dielectric barrier discharge reactor：understanding the effect of packing materials[J]. Plasma Sources Science and Technology，2014，24：015011.

[194] George A, Shen B, Craven M, et al. A review of non-thermal plasma technology: a novel solution for CO_2 conversion and utilization[J]. Renew. Sust. Energ. Rev., 2021, 135: 109702.

[195] Porosoff M D, Yan B H, Chen J G. Catalytic reduction of CO_2 by H_2 for synthesis of CO, methanol and hydrocarbons: challenges and opportunities[J]. Energy & Environmental Science: EES, 2016, 9: 62-73.

[196] Zeng Y, Tu X. Plasma-catalytic CO_2 hydrogenation at low temperatures[J]. IEEE Transactions on Plasma Science, 2015, 44: 405-411.

[197] Sun Y, Li J, Chen P, et al. Reverse water-gas shift in a packed bed DBD reactor: investigation of metal-support interface towards a better understanding of plasma catalysis[J]. Applied Catalysis A: General, 2020, 591: 117407.

[198] Kano M, Satoh G, Iizuka S. Reforming of carbon dioxide to methane and methanol by electric impulse low-pressure discharge with hydrogen[J]. Plasma Chemistry and Plasma Processing, 2012, 32: 177-185.

[199] Zeng Y, Tu X. Plasma-catalytic hydrogenation of CO_2 for the cogeneration of CO and CH_4 in a dielectric barrier discharge reactor: effect of argon addition[J]. Journal of Physics D: Applied Physics, 2017, 50: 184004.

[200] Liu L, Zhang Z, Das S, et al. $LaNiO_3$ as a precursor of Ni/La_2O_3 for reverse water-gas shift in DBD plasma: effect of calcination temperature[J]. Energy Conversion and Management, 2020, 206: 112475.

[201] Li J, Sun Y, Wang B, et al. Effect of plasma on catalytic conversion of CO_2 with hydrogen over Pd/ZnO in a dielectric barrier discharge reactor[J]. Journal of Physics D: Applied Physics, 2019, 52: 244001.

[202] Oshima K, Shinagawa T, Nogami Y, et al. Low temperature catalytic reverse water gas shift reaction assisted by an electric field[J]. Catalysis Today, 2014, 232: 27-32.

[203] Liu L, Das S, Chen T, et al. Low temperature catalytic reverse water-gas shift reaction over perovskite catalysts in DBD plasma[J]. Applied Catalysis B: Environmental, 2020, 265: 118573.

[204] de Bie C, van Dijk J, Bogaerts A. CO_2 hydrogenation in a dielectric barrier discharge plasma revealed[J]. The Journal of Physical Chemistry C, 2016, 120: 25210-25224.

[205] Wang L, Yi Y, Guo H, et al. Atmospheric pressure and room temperature synthesis of methanol through plasma-catalytic hydrogenation of CO_2[J]. ACS Catalysis, 2018, 8: 90-100.

[206] Eliasson B, Kogelschatz U, Xue B, et al. Hydrogenation of carbon dioxide to methanol with a discharge-activated catalyst[J]. Industrial & Engineering Chemistry Research, 1998, 37: 3350-3357.

[207] Bill A, Eliasson B, Kogelschatz U, et al. Comparison of CO_2 hydrogenation in a catalytic reactor and in a dielectric-barrier discharge[J]. Studies in Surface Science and Catalysis, 1998, 114: 541-544.

[208] Xu S, Chansai S, Shao Y, et al. Mechanistic study of non-thermal plasma assisted CO_2 hydrogenation over Ru supported on MgAl layered double hydroxide[J]. Applied Catalysis B: Environmental, 2020, 268: 118752.

[209] Chen H, Goodarzi F, Mu Y, et al. Effect of metal dispersion and support structure of Ni/silicalite-1 catalysts on non-thermal plasma (NTP) activated CO_2 hydrogenation[J]. Applied Catalysis B:

Environmental, 2020, 272: 119013.

[210] Chen H, Mu Y, Shao Y, et al. Nonthermal plasma (NTP) activated metal-organic frameworks (MOFs) catalyst for catalytic CO_2 hydrogenation[J]. AIChE Journal, 2020, 66: e16853.

[211] Nakagawa Y, Nishitani A K. Deoxidization of carbon dioxide by pulse power discharge[J]. Japanese Journal of Applied Physics, 1993, 32: L1568.

[212] Bacariza M, Biset-Peiró M, Graça I, et al. DBD plasma-assisted CO_2 methanation using zeolite-based catalysts: structure composition-reactivity approach and effect of Ce as promoter[J]. Journal of CO_2 Utilization, 2018, 26: 202-211.

[213] Nizio M, Albarazi A, Cavadias S, et al. Hybrid plasma-catalytic methanation of CO_2 at low temperature over ceria zirconia supported Ni catalysts[J]. International Journal of Hydrogen Energy, 2016, 41: 11584-11592.

[214] Ahmad F, Lovell E C, Masood H, et al. Low-temperature CO_2 methanation: synergistic effects in plasma-Ni hybrid catalytic system[J]. ACS Sustainable Chemistry & Engineering, 2020, 8: 1888-1898.

[215] Ge Y, He T, Han D, et al. Plasma-assisted CO_2 methanation: effects on the low-temperature activity of an Ni-Ce catalyst and reaction performance[J]. Royal Society Open Science, 2019, 6: 190750.

CHAPTER 9

第9章 总结与展望

作为一种主要的温室气体，大气中 CO_2 的浓度不断增加被认为是全球变暖和气候变化的因素之一，因此降低 CO_2 浓度成为全球关注的焦点。作为一种可再生且环保的碳源，将 CO_2 转化为燃料和化学品为缓解日益增加的 CO_2 积累提供了机会。基于可再生能源产氢的 CO_2 加氢技术是一种可行且强大的工艺。然而，由于 CO_2 的性质稳定和通过热力学计算不利于活化的结果，为了消除对转化率和选择性的限制，本专著在催化剂的合理设计和反应机理的探索等方面提出了各种加氢产物的方案。

当前，开发廉价的金属（如镍、铁和铜化合物）催化剂，使其在温和条件下也能起催化作用的催化剂是一个巨大的挑战。为了降低能耗，在反应器中引入电化学催化、等离子体催化和太阳能，不仅打破了反应平衡，而且还可以原位从水中得到氢气。未来的研究应该强调高活性催化剂和整体工艺的合理设计，以满足经济发展和碳源的可持续利用。

虽然 CO_2 加氢制备碳氢化合物备受关注，但该领域在工业化过程中仍旧存在诸多需要解决的问题。首先，合成 C_{2+} 产物中 CH_4 和 CO 副产物均较多；其次，目前的催化剂制备耦合策略多采用简单机械混合的方式，但是对耦合策略的原理还未有更深入的研究；最后，双功能分子筛催化剂会发生积炭，如何调控分子筛孔道结构和酸性位点分布，减缓积炭速率，延长催化剂的寿命等都是未来重要的研究方向，为此后面重点介绍两条路径（基于甲醇反应和基于费-托合成）生成 C_{2+} 产物的展望。

9.1 基于甲醇反应的 CO_2 加氢

将 CO_2 转化为高附加值产品的主要挑战在于形成过多的 CO 以及生成大量的水而导致所需产物的选择性降低。通常在高温（≥400℃）下脱水的过程中，

CO 和 CH_4 分别通过部分 CO_2 还原和加氢裂解而形成。迄今为止，所需产品的转化率（<30%）较低。此外由 CH_3OH 合成和脱水偶联产生的 H_2O 进一步使分离复杂化，并且在某些情况下会使催化剂失活。不过改变沸石结构已被证明会改变产物的分布并增加对所需产物的选择性，这是通过在 In_2O_3 与沸石组合上强化催化 CO_2 加氢过程中的空速来实现的[1,2]。通过引入 CO 转化的助剂，例如 In-FeK、In-CoNa 或 CuZnFe/沸石，可以对双功能催化剂改进从而减少 CO 的形成。此外，催化 CO_2 转化的技术还面临着一些其他挑战，例如揭示产物种类与分子筛类型之间的关系，通过改进双功能催化剂的结构来提高 CO_2 转化率和最终产物收率，以及进一步阐明反应机理。今后研究的重点展望如下。

首先需要对沸石特性进行更多研究，通过改变沸石结构可以更好地控制产品分布。例如，H-ZSM-5 沸石对二甲醚和汽油具有选择性，而 SAPO 分子筛则更适合用于生产低碳烯烃。然而沸石性质与 CO_2 加氢活性之间的结构-性质关系尚未得到系统研究。由于沸石合成过程中存在许多变量和反应条件（如模板剂、结晶温度、硅铝比等），沸石性质与 CO_2 加氢活性之间的关系仍然是一个热点研究领域[3-5]。择形催化被认为是影响催化剂性能的一个因素，因为 SAPO 沸石孔道只允许小的直链烃通过，而 H-ZSM 沸石孔道允许更大的支链和直链烃离开[6]。此外，密度泛函理论（DFT）计算将表面路易斯酸的密度和沸石结构中的缺陷与脱水活性联系起来。

其次，需要进一步研究双功能催化剂的结构。为了提高 CO_2 转化率和最终产品收率，应该优化双功能催化剂的形态和结构，而不仅仅是将其机械混合。对催化剂所需形态和结构的精确控制是一项重要且具有综合挑战性的任务，如利用包含多个金属氧化物核的核-壳结构来指导沸石壳生长。此外，据报道具有核壳结构和层状结构的催化剂对 C=O 键加氢表现出高活性和稳定性[7]。双功能催化剂通过逐层生长的方法组成，并可能表现出更好的性能。还应努力改善其他重要的内因，如甲醇合成催化剂上活性金属的分散度和微晶尺寸、沸石上的酸强度和酸位点、活性成分的整合方法。当甲醇合成催化剂和沸石以不同的空间排列合成时，将得到不同的产物分布[1,8,9]。ZnZrO 颗粒可以高度分散在 H-ZSM-5 的表面并保持其自身的结构[1,8,9]。两种成分充分物理混合似乎比颗粒形式或由一层石英砂在空间上隔开的双床层更好。

分析甲醇合成催化剂和沸石之间的串联仍然是一个挑战，DFT 计算可能是探索 CH_3OH 合成催化剂和脱水催化剂之间相互作用的有效方法。然而从 DFT 计算中获得的信息可能是有限的，因为所研究的系统处于理想条件下，这与填充床反应器中的系统不同。随着机器学习计算能力的不断提高，可以对更复杂和更现实的催化系统进行建模，从而深入了解 CO_2 加氢生成烯烃的机制，例如设计具有多个 CO_2 加氢界面的 3D 纳米晶体串联催化剂。

9.2 基于费-托合成的 CO_2 加氢

基于 FTS 的 CO_2 加氢的主要障碍在于 CO_2 的热稳定性和复杂的反应机理以及广泛的产物分布。由于 RWGS 过程是吸热的，而 FTS 过程是放热的，两者都需要在相同条件下有效催化，这对催化体系提出了严格的要求。设计的催化剂应该对 RWGS 反应有效，并且对随后的 FTS 反应也有足够的活性，不同的活性位点必须精确调整并谨慎地分散在载体材料上。根据不同种类的产物，这些挑战可以分类为合成烯烃、C_{5+} 烃和高级醇的挑战。

首要讨论的问题是低碳烯烃的生产仍然存在着重大的挑战。例如对于以甲醇为反应中间体的催化剂，$C_2 \sim C_4^{=}$ 的选择性可高于 80%，而通过 FTS 进行 CO_2 转化的催化剂对 $C_2 \sim C_4^{=}$ 的选择性仅达到约 50%。提高 C_{2+} 选择性的关键是开发具有兼容双功能活性位点的催化剂，用于两个反应步骤即 *CO 生成和随后的 *CO 加氢。适当设计的反应窗口极其重要，这两种不同类型活性位点的不相容活性所导致的结果可能是高 CH_4 选择性（约 30%），正如在 Fe 基催化剂催化 CO_2 加氢中，RWGS 的活化能高于 CH_4 形成的活化能，分别为 81.0kJ/mol 和 59.3kJ/mol[10]。CO_2-FTS 工艺的反应温度（约 320℃）低于甲醇介导路线的反应温度（约 380℃）。因此，由于 RWGS 反应的温度相对较低，CO 选择性（约 30%）明显降低，从而提高烃的选择性。

研究人员试图通过调整催化剂的结构和组成来提供可能的解决方案，以此提高 C_{2+} 的选择性。具体而言，已经尝试研发新型助剂、载体和实验条件。例如，铁基催化剂有利于甲烷的形成；然而，烯烃和长链烃的生产可以通过添加碱性助剂来提高。K 作为电子助剂，可以调节 $Fe^0/FeO_x/FeC_x$ 的相比例以保持最佳平衡。当表面 *H 通过向 Fe 的空 d 轨道提供电子而减少时，*CO 的解离吸附可以得到改善。由此产生的较高碳氢比通过形成不饱和烃有利于链增长和链终止[11]。因此，一个重要的挑战是提高表面碳氢比。H_2 和 CO 之间的竞争吸附发生在催化剂表面。由于难以通过 RWGS 反应转化 CO_2，CO 的分压总是受到限制。由于形成不饱和烃需要高碳氢比，因此可能的策略是增强 CO_2 活化和 CO 吸附，同时减弱 H_2 吸附。此外，还应仔细选择原料气中的 H_2 比例，为使基于 FTS 的 CO_2 加氢取得良好的效果，需要根据这些反应的特点进行更多的考虑，而不是简单模仿 CO 加氢过程。

为了提高对低碳烯烃的选择性，必须抑制中间体进一步的加氢。因此，提出了助剂和载体之间的协同作用。例如，Al_2O_3 载体可以与 K 助剂相互作用，在高于 500℃ 的煅烧温度下形成 $KAlO_2$ 相，这已被证明可以抑制烯烃的进一步加氢[12]。为了增强协同效应，活性金属可以与载体混合。一系列 K 改性载体（活性炭、TiO_2、ZrO_2、SBA-15、B-ZSM-5 和 Al_2O_3）与 Fe_5C_2 物理混合并测试 CO_2 的直接加氢。Fe_5C_2-10K/-Al_2O_3 催化剂以 73.5%的选择性将 40.9%的 CO_2 转化为 C_{2+} 产品，其中包含 37.3%的 $C_2 \sim C_4^=$ 和 31.1%的 C_{5+}[13]。铁基催化剂的一种有效的载体是 MOF 衍生的碳材料。一些研究人员开发了使用 MOF 制造碳负载铁基催化剂的方法[14,15]。已经报道了两种用于 CO_2 加氢的 Fe-MOF 衍生催化剂，对低碳烯烃和液体燃料具有高稳定性和选择性[15,16]。但是从未反应的 CO_2 和 H_2 中分离低碳烯烃仍然存在挑战，它们的分离需要越来越先进的材料和技术。

其次，C_{5+} 产品的生产具有一系列的挑战。由于 CO 加氢与 CO_2 加氢具有类似的反应机理，这些挑战与费-托合成合成低碳烯烃的挑战相似。C_{5+} 产物的选择性也与低碳烯烃合成的选择性相当。CO_2 加氢生成 C_{5+} 产品由多个步骤组成，包括 RWGS 反应、C—C 偶联和酸催化反应（低聚、异构化或芳构化），因此需要各步骤之间的合作来开发高效的多功能催化剂。由于沸石通常用于掺入活性位点，因此它们通常会由于焦炭沉积而失活。例如，在反应 12h 后，异链烷烃在 Na-Fe_3O_4/HMCM-22 催化剂上的选择性从约 60%降低到约 30%，并且 HMCM-22 的总酸度从 0.200mmol 吡啶/g 催化剂降低到 0.032mmol 吡啶/g 催化剂，这归因于空腔和通道中焦炭的形成和积累[17]。因此合成 C_{5+} 产物的一大挑战是减少沸石中的焦炭沉积，并提高催化剂的稳定性。由于较重的碳氢化合物包含许多成分，因此很难精确控制特定类型的产物，建议使用具有不同骨架拓扑结构的沸石来调节产品分布。因此通过 WGS 反应从产生的 CO 中重整 CO_2 是一个热力学有利的过程，这限制了 CO_2 的转化[18,19]。减少 CO 重整 CO_2 的一种方法是开发更好的多功能催化剂，通过使用合适的助剂促进碳化铁的形成，碳化铁在 FTS 中被称为重烃形成的活性中心[20]，可增强化学吸附和 CO_2 的分解[21]。此外，通过循环反应物，CO_2 的转化率增加，因此寻找合适的多功能催化剂组合或助剂并优化反应器是未来一个有吸引力的研究领域。双助剂系统通常旨在提高 RWGS 反应活性，同时提高 FTS 活性和 C_{5+} 选择性。最后，合成液体燃料的质量与商业汽油之间存在显著差距，辛烷值可以通过开发增加汽油中异链烷烃占比的催化剂而提高。

最后，合成高级醇也存在一定的挑战。对于合成高级醇而言，主要挑战是在平行反应的存在下，C—C 偶联过程中羟基的形成和插入。又因为铁基和钴基催化剂的形成途径不同，而且机理存在争议，使得反应变得更具挑战性。在 K/Fe/N 功能化碳纳米管催化剂上，醇的合成可以通过烃类，例如亚烷基（R—CH_2—CH ═）和由吸附的 CO（*CO）和 H_2（*H）组成的 *OH 之间的反应来解释[22]。假设 *CO 与 $^*CH_3$ 反应形成 $^*CH_3CO$，然后在 Na-Co/SiO_2 催化剂上

加氢形成 CH_3CH_2OH。为了提高高级醇的产率，应开发具有更稳定的碳化钴（$Co\text{-}Co_2C$）界面或 Co-M 合金纳米晶体的高效 Co 基催化剂。Co_2C 负责在表面吸附 CO，而 Co 金属可用于 CO 解离和随后的碳链生长[23]。高级醇的合成需要 C—C 偶联和 OH 形成之间的精确配合，否则会产生更多的甲醇或长链烃。此外，因为羟基能够稳定甲酸盐物质并使甲醇质子化，所以高金属分散性和载体上高密度羟基的协同作用可以提高对乙醇的选择性[24]。金属羟基氧化物，例如 FeOOH[25]、$TiO(OH)_2$[26] 和 $ZrO(OH)_2$[27] 可以加速 CO_2 的吸附和解吸过程，从而减少基于实验和 DFT 计算的 CO_2 捕获所需的能量。这些金属羟基氧化物可能是候选催化剂，因为它们含有可以增强 CO_2 加氢成高级醇的羟基。

9.3 CO_2 加氢催化剂的设计展望

近期出现的材料制备、表征和评价技术有助于将 CO_2 加氢合成高价值产品。然而这些技术在 CO_2 加氢中的应用才刚刚开始探索，因此这个方面的研究将试图填补关键技术的空白。今后研究的着力点在于研发新型催化剂，对当前用于 CO_2 活化的催化剂进行改性，开发大规模制备催化剂的方法以及智能评价催化剂。以反应理论和相关的多相催化 CO_2 加氢实验结果为指导，探索 CO_2 加氢三阶段转化技术的可行性：催化剂制备和改性、表征和人工智能（AI）指导的评价技术（见图 9.1）。

第一阶段是 CO_2 加氢催化剂的制备和改性。在催化剂制备之前，需要对 CO_2 加氢催化剂进行设计，今后该类型催化剂可以从以下几个方向进行设计：一是金属活性中心，需要考虑金属种类、尺寸大小、金属价态等性质；二是金属助剂，可以考虑碱金属、稀土金属和贵金属等助剂；三是载体，需要优化载体的种类、尺寸、晶相以及金属与载体的相互作用等性质；四是催化剂的结构，重点关注核-壳结构、双功能催化剂，以及“三明治”结构等。传统的劳动密集型实验室 CO_2 加氢催化剂制备可能会被更先进的 3D 打印方法所取代，包括高机械强度和表面积与体积比的特性，以及对孔隙率、尺寸和形状的精确控制[28]。具有可设计和可调结构的 3D 打印催化剂的开发具有吸引力，并且可能对大规模催化剂合成有用。尽管绿色 3D 打印已被用于制备高活性、可重复使用和稳定的催化剂，用于 CO_2 去除、甲烷燃烧、甲醇到烯烃的转化和合成气甲烷化[29-32]，但迄今为止尚未用于 CO_2 加氢或 CO_2 转化的催化剂。此外大多数 3D 打印的催化剂是毫米到微米尺寸的材料，而纳米或原子尺寸的催化剂仍然难以通过现有的 3D 打印技术进行打印。随着 CO_2 加氢催化剂的活性功能成分（例如金属、助剂和载体）的进一步研究，可以投入更多精力通过 3D 打印将它们整合到具有多种微结构的完全集成平台中。由于双功能催化剂中不同的空间排列会影响催化性能，因此3D打印可以将具有多种结构的组件组装在其首选配置中。因此3D打印为制备新型CO_2加氢催化剂，尤其是合成双功能催化剂提供了一种替代方法。不难意识到人工智能已被证明是包括材料发现和设计在内的一系列领域的重要工具[33]，今后将其应用于CO_2加氢催化剂制备，特别是与3D打印技术相结合，应用开创性的前景。3D打印战略在催化剂的潜在放大制造方面已经具有优势，人工智能技术将加速其应用，人工智能辅助的3D打印技术可以为CO_2的大规模转化开辟新的可能性。

此外，新的材料改性技术，如微波、超声波和等离子体处理，已被建议用于改性催化剂以促进CO_2活化，尤其是在颗粒尺寸或金属分散受3D打印技术影响的情况下。与未处理的催化剂相比，在催化剂制备和处理中使用非常规改性工具可以改善活性相分散，以获得更均匀的形态和更小的粒径[34-36]，较小的粒径会增加比表面积和可用的活性位点。微波辐射处理具有更好的传热性，因此可以提高催化剂的机械强度和CO_2吸附的平均碱位强度[34]。借助超声波、微波或等离子体处理合成的催化剂已用于CO_2加氢和CO_2/CH_4重整反应[35,37]。这些非常规方法需要高频率和输入功率，同时缩短处理时间[36,38,39]。此外，反应器可以用等离子体或微波增强来构建。CO_2-CH_3OH反应在等离子体反应器中完成，无须加热或加压，在$Cu/\gamma\text{-}Al_2O_3$催化剂上产生53.7%的CH_3OH选择性和21.2%的CO_2转化率[37]。等离子体和催化剂的耦合降低了与传统高温高压处理相关的动力障碍和能源成本，因此在3D打印之前或之后使用这些新的修饰技术有可能弥补3D打印技术带来的缺陷。

第二阶段是CO_2加氢催化剂的表征。新的材料表征技术，包括原位扫描透射电子显微镜（in-situ STEM）和产物时间分析（TAP）反应器，以及定性或定量物种鉴定，例如气相色谱-质谱（GC-MS），建议用于表征使用最先进的转化技术制备的催化剂。迄今为止，原位CO_2程序升温表面反应和漫反射红外傅里叶变换光谱（DRIFTS）已被广泛应用于阐明CO_2分子如何与催化剂动态相互作用。然而由于缺乏实验设施，原位条件下多相催化剂的其他表征方法具有挑战性，因此未来需要AI辅助的CO_2加氢催化剂表征，尤其是机器学习，可以将计算技术带到多相催化剂表征的前沿。例如，机器学习可用于帮助解释实验光谱。虽然成像和光谱结果很复杂，但将这些结果与结构功能信息联系起来，有助于设计新的催化剂并链接模型和实验[40]。Timoshenko等人使用X射线吸收近边结构（XANES）光谱和监督机器学习成功解码了负载Pt NPs的3D几何结构[41]，他们使用人工神经网络从实验XANES数据中了解了结构并重建了Pt NPs的形态。总之，理论模拟可以帮助获得更多的光谱和解卷积结构表征。

第三阶段是对CO_2加氢催化剂进行人工智能指导的评价技术。有望使用AI识别反应中间体和途径以及建立动力学模型。首先，人工智能引导的方法有望预测催化性能并发现有前景的催化剂。基于人工智能的催化剂评价可能在很大程度上有助于预测和提高催化剂的稳定性，但这需要付出更多的努力。Zahrt 等人指出，机器学习有可能改变化学家选择和优化催化剂的方式[42]。通过机器学习从 1499 种金属间化合物中识别出几种已知和未知的用于 CO_2 还原和析氢的电催化剂[43]。具体而言，已从 23141 个析氢反应的吸附位点中确定了 102 种合金中的 258 个候选表面。目前不方便在稳定性测试期间原位表征催化剂结构，因此有必要通过 AI 对催化剂结构动力学和转化进行原位监测。其次，我们需要更多自动化、集成和灵活的设置来评价催化剂。第三，可以在人工智能的帮助下进行数据分析和动力学模型评价。已经生成了大量 CO_2 加氢实验数据，应重新分析这些现有数据。Kitchin 建议可以应用机器学习来构建具有更复杂方法的模型[44]，生成新的相关数据和计算属性。此外，通过人工智能识别反应中间体和途径至关重要。与受各种活性中心强烈影响的更复杂的 CO_2 加氢反应路线相比，Rh(111) 上的简单合成气反应展示了 2000 多种潜在途径[45]。因此，有必要通过机器学习和 DFT 计算来分析反应机理。

最后，根据现有的实验数据和 DFT 计算结果预测催化剂特性之间的关系，如路易斯酸度、CO_2 转化率和产物选择性，与 AI 之间的关系将有助于讨论结

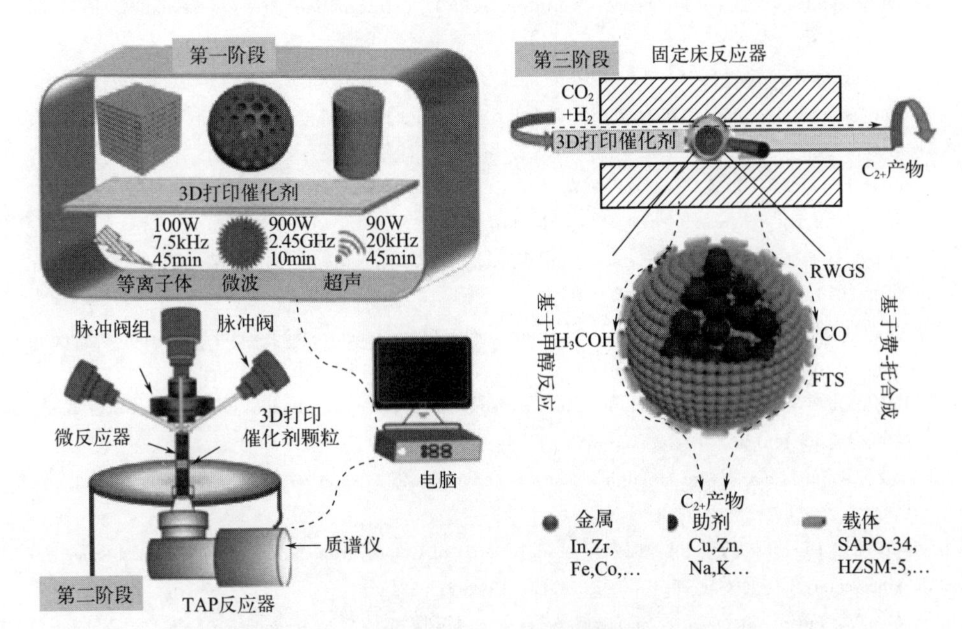

图 9.1 人工智能引导的 CO_2 加氢催化剂开发方案

（第一阶段利用 3D 打印技术和新材料改性技术制备和改性催化剂，如等离子体、微波和超声改性[36,38,39]；第二阶段使用先进的技术表征催化剂；第三阶段对催化剂进行人工智能指导的评价）

构-功能关系并加速发现催化机理。尽管人工智能在 CO_2 加氢方面提供了许多有前景的应用，但强大且通用的人工智能仍处于初级阶段。人工智能发展的难点在于大数据应用的缓慢发展和便捷的语言或软件。Li 等人指出建立筛选和合成催化剂的额外标准、量化机器学习模型的不确定性以及开发具有目标功能的更复杂活性位点的指纹至关重要且具有挑战性[46]。此外还需要更多用于机器学习的数据，包括与 CO_2 转化相关的所有反应，例如费-托合成、CO_2/CH_4 重整和 CO_2 加氢。总之，需要全球催化和材料设计领域的专家和科学家、机器学习从业者和算法开发人员的共同努力来推动 CO_2 加氢技术的发展。

参考文献

[1] Gao P，Li S，Bu X，et al. Direct conversion of CO_2 into liquid fuels with high selectivity over a bifunctional catalyst[J]. Nat. Chem.，2017，9：1019-1024.

[2] Bonura G，Cordaro M，Cannilla C，et al. Catalytic behaviour of a bifunctional system for the one step synthesis of DME by CO_2 hydrogenation[J]. Catal. Today，2014，228：51-57.

[3] Frusteri F，Bonura G，Cannilla C，et al. Stepwise tuning of metal-oxide and acid sites of CuZnZr-MFI hybrid catalysts for the direct DME synthesis by CO_2 hydrogenation[J]. Appl. Catal. B：Environ.，2015，176：522-531.

[4] Fujiwara M，Satake T，Shiokawa K，et al. CO_2 hydrogenation for C_{2+} hydrocarbon synthesis over composite catalyst using surface modified HB zeolite[J]. Appl. Catal. B：Environ.，2015，179：37-43.

[5] Graça I，González L V，Bacariza M C，et al. CO_2 hydrogenation into CH_4 on NiHNaUSY zeolites[J]. Appl. Catal. B：Environ.，2014，147：101-110.

[6] Olsbye U. Single-pass catalytic conversion of syngas into olefins via methanol[J]. Angew. Chem. Int. Ed.，2016，55：7294-7295.

[7] Yue H，Zhao Y，Zhao S，et al. A copper-phyllosilicate core-sheath nanoreactor for carbon-oxygen hydrogenolysis reactions[J]. Nat. Commun.，2013，4：2339-2346.

[8] Li Z，Qu Y，Wang J，et al. Highly selective conversion of carbon dioxide to aromatics over tandem catalysts[J]. Joule，2019，3：570-583.

[9] Li Z，Wang J，Qu Y，et al. Highly selective conversion of carbon dioxide to lower olefins[J]. ACS Catal.，2017，7：8544-8548.

[10] Owen R E，Mattia D，Plucinski P，et al. Kinetics of CO_2 hydrogenation to hydrocarbons over iron-silica catalysts[J]. ChemPhysChem，2017，18：3211-3218.

[11] Gao Y，Liu S，Zhao Z，et al. Heterogeneous catalysis of CO_2 hydrogenation to C_{2+} products[J]. Acta Phys.-Chim. Sin.，2018，34：858-872.

[12] Numpilai T，Witoon T，Chanlek N，et al. Structure-activity relationships of Fe-Co/K-Al_2O_3 catalysts calcined at different temperatures for CO_2 hydrogenation to light olefins[J]. Appl. Catal. A：Gen.，2017，547：219-229.

[13] Liu J, Zhang A, Jiang X, et al. Direct transformation of carbon dioxide to value-added hydrocarbons by physical mixtures of Fe_5C_2 and K-Modified Al_2O_3 [J]. Ind. Eng. Chem. Res., 2018, 57: 9120-9126.

[14] Ramirez A, Gevers L, Bavykina A, et al. Metal organic framework-derived iron catalysts for the direct hydrogenation of CO_2 to short chain olefins[J]. ACS Catal., 2018, 8: 9174-9182.

[15] Liu J, Sun Y, Jiang X, et al. Pyrolyzing ZIF-8to N-doped porous carbon facilitated by iron and potassium for CO_2 hydrogenation to value-added hydrocarbons[J]. J. CO_2 Util., 2018, 25: 120-127.

[16] Liu J, Zhang A, Liu M, et al. Fe-MOF-derived highly active catalysts for carbon dioxide hydrogenation to valuable hydrocarbons[J]. J. CO_2 Util., 2017, 21: 100-107.

[17] Wei J, Yao R, Ge Q, et al. Catalytic hydrogenation of CO_2 to isoparaffins over Fe-based multifunctional catalysts[J]. ACS Catal., 2018, 8: 9958-9967.

[18] Geng S, Jiang F, Xu Y, et al. Iron-based Fischer-Tropsch synthesis for the efficient conversion of carbon dioxide into isoparaffins[J]. ChemCatChem, 2016, 8: 1303-1307.

[19] Wei J, Ge Q, Yao R, et al. Directly converting CO_2 into a gasoline fuel[J]. Nat. Commun., 2017, 8: 15174-15181.

[20] Shi Z, Yang H, Gao P, et al. Effect of alkali metals on the performance of $CoCu/TiO_2$ catalysts for CO_2 hydrogenation to long-chain hydrocarbons[J]. Chin. J. Catal., 2018, 39: 1294-1302.

[21] Choi Y H, Jang Y J, Park H, et al. Carbon dioxide Fischer-Tropsch synthesis: a new path to carbon-neutral fuels[J]. Appl. Catal. B: Environ., 2017, 202: 605-610.

[22] Kangvansura P, Chew L M, Saengsui W, et al. Product distribution of CO_2 hydrogenation by K-and Mn-promoted Fe catalysts supported on N-functionalized carbon nanotubes[J]. Catal. Today, 2016, 275: 59-65.

[23] Pei Y P, Liu J Y, Zhao Y H, et al. High alcohols synthesis via Fischer-Tropsch reaction at cobalt metal/carbide interface[J]. ACS Catal., 2015, 5: 3620-3624.

[24] Yang C, Mu R, Wang G, et al. Hydroxyl-mediated ethanol selectivity of CO_2 hydrogenation[J]. Chem. Sci., 2019, 10: 3161-3167.

[25] Dutcher B, Fan M, Leonard B, et al. Use of nanoporous FeOOH as a catalytic support for $NaHCO_3$ decomposition aimed at reduction of energy requirement of $Na_2CO_3/NaHCO_3$ based CO_2 separation technology[J]. J. Phys. Chem. C, 2011, 115: 15532-15544.

[26] Lai Q, Toan S, Assiri M A, et al. Catalyst-$TiO(OH)_2$ could drastically reduce the energy consumption of CO_2 capture[J]. Nat. Commun., 2018, 9: 2672.

[27] Wu Y, Cai T, Zhao W, et al. First-principles and experimental studies of $[ZrO(OH)]^+$ or $ZrO(OH)_2$ for enhancing CO_2 desorption kinetics- imperative for significant reduction of CO_2 capture energy consumption[J]. J. Mater. Chem. A, 2018, 6: 17671-17681.

[28] Ruiz-Morales J C, Tarancón A, Canales-Vázquez J, et al. Three dimensional printing of components and functional devices for energy and environmental applications[J]. Energy Environ. Sci., 2017, 10: 846-859.

[29] Tubío C R, Azuaje J, Escalante L, et al. 3D printing of a heterogeneous copper-based catalyst[J]. J. Catal., 2016, 334: 110-115.

[30] Li Y H, Chen S J, Cai X H, et al. Rational design and preparation of hierarchical monoliths through 3D printing for syngas methanation[J]. J. Mater. Chem. A, 2018, 6: 5695-5702.

[31] Michorczyk P, Hedrzak E, Wegrzyniak A. Preparation of monolithic catalysts using 3D printed templates for oxidative coupling of methane[J]. J. Mater. Chem. A, 2016, 4: 18753-18756.

[32] Thakkar H, Eastman S, Hajari A, et al. 3D-printed zeolite monoliths for CO_2 removal from enclosed environments[J]. ACS Appl. Mater. Inter., 2016, 8: 27753-27761.

[33] Gómez-Bombarelli R. Reaction: the near future of artificial intelligence in materials discovery[J]. Chem, 2018, 4: 1189-1190.

[34] Cai W, de la Piscina P R, Toyir J, et al. CO_2 hydrogenation to methanol over CuZnGa catalysts prepared using microwave-assisted methods[J]. Catal. Today, 2015, 242: 193-199.

[35] Asghari S, Haghighi M, Taghavinezhad P. Plasma-enhanced dispersion of Cr_2O_3 over ceria-doped MCM-41 nanostructured catalyst used in CO_2 oxidative dehydrogenation of ethane to ethylene[J]. Microporous and Mesoporous Materials, 2019, 279: 165-177.

[36] Yahyavi S R, Haghighi M, Shafiei S, et al. Ultrasound-assisted synthesis and physicochemical characterization of Ni-Co/Al_2O_3-MgO nanocatalysts enhanced by different amounts of MgO used for CH_4/CO_2 reforming[J]. Energ. Convers. Manage., 2015, 97: 273-281.

[37] Wang L, Yi Y, Guo H, et al. Atmospheric pressure and room temperature synthesis of methanol through plasma-catalytic hydrogenation of CO_2[J]. ACS Catal., 2017, 8: 90-100.

[38] Nayebzadeh H, Haghighi M, Saghatoleslami N, et al. Fabrication of carbonated alumina doped by calcium oxide via microwave combustion method used as nanocatalyst in biodiesel production: influence of carbon source type[J]. Energ. Convers. Manage., 2018, 171: 566-575.

[39] Khoja A H, Tahir M, Amin N A S. Cold plasma dielectric barrier discharge reactor for dry reforming of methane over Ni/γ-Al_2O_3-MgO nanocomposite[J]. Fuel Process. Technol., 2018, 178: 166-179.

[40] Goldsmith B R, Esterhuizen J, Liu J X, et al. Machine learning for heterogeneous catalyst design and discovery[J]. AIChE J., 2018, 64: 2311-2323.

[41] Timoshenko J, Lu D, Lin Y, et al. Supervised machine-learning-based determination of three-dimensional structure of metallic nanoparticles[J]. J. Phys. Chem. Lett., 2017, 8: 5091-5098.

[42] Zahrt A F, Henle J J, Rose B T, et al. Prediction of higher-selectivity catalysts by computer-driven workflow and machine learning[J]. Science, 2019, 363: eaau5631.

[43] Tran K, Ulissi Z W. Active learning across intermetallics to guide discovery of electrocatalysts for CO_2 reduction and H_2 evolution[J]. Nat. Catal., 2018, 1: 696-703.

[44] Kitchin J R. Machine learning in catalysis[J]. Nat. Catal., 2018, 1: 230-232.

[45] Ulissi Z W, Medford A J, Bligaard T, et al. To address surface reaction network complexity using scaling relations machine learning and DFT calculations[J]. Nat. Commun., 2017, 8: 14621.

[46] Li Z, Wang S, Xin H. Toward artificial intelligence in catalysis[J]. Nat. Catal., 2018, 1: 641-642.

致谢

首先感谢张义焕、陈小寒、胡飞扬、张冲、胡译之、孙学明、熊城、王雪梅、管彤、邓浩、黄诗权、刘栋、张敏、王昕尧、涂子傲、金诚开、胡鸿林等人的帮助和支持，你们的努力和付出给予了本专著巨大的支持。

其次感谢南昌大学张荣斌教授、冯刚教授等人，你们的指导给予了本专著巨大的源泉。

再者感谢江西省“双千计划”项目（jxsq2023101072）、江西省自然科学基金杰出青年项目（20232ACB213001）、国家自然科学基金（22005296）、江西省自然科学基金青年项目（20224BAB213015）的支持，让本专著的研究内容得以开展。

最后感谢我的家人的支持，你们的鼓励是我奋斗的最大动力。